重庆川仪自动化股份有限公司

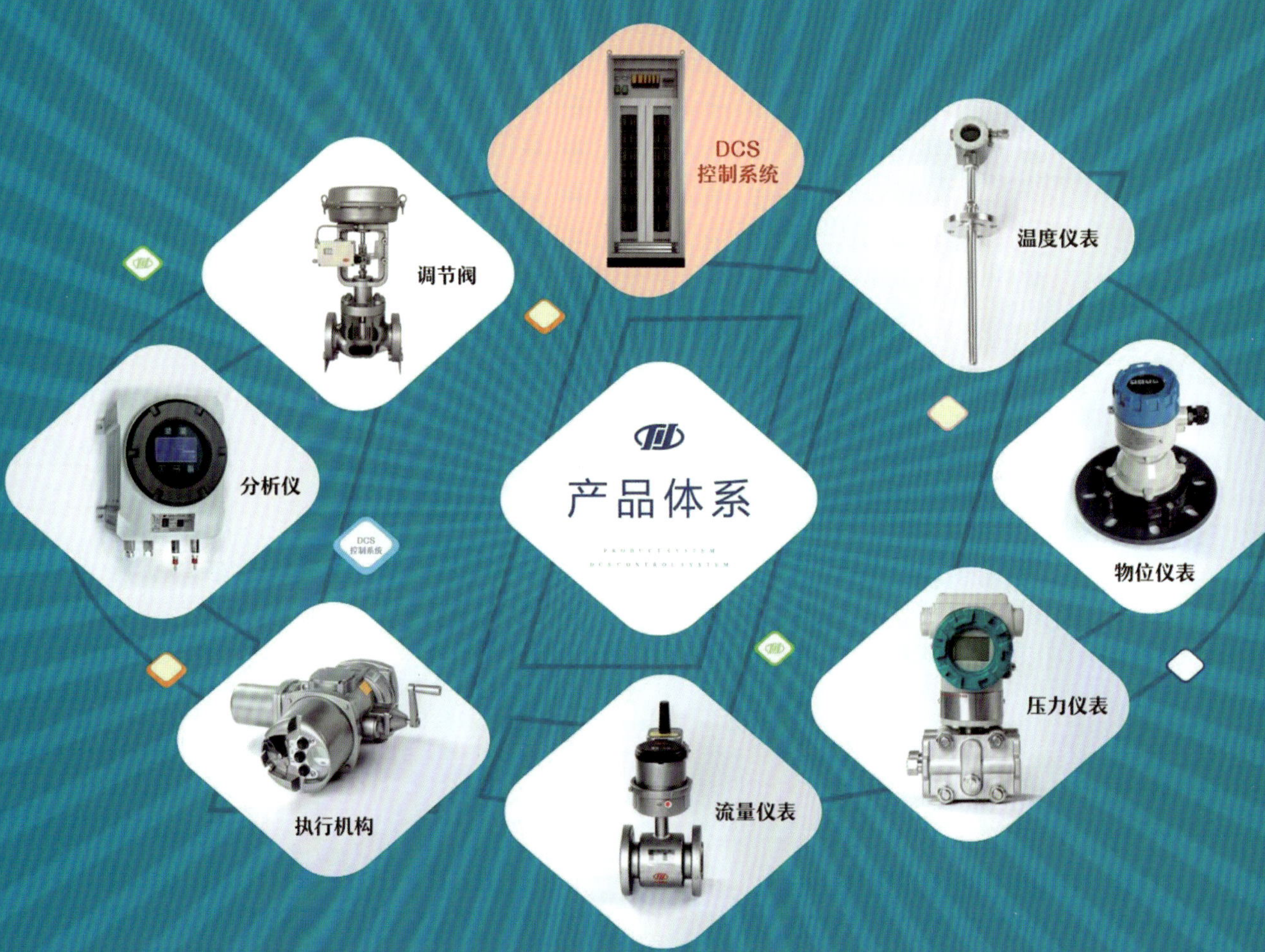

为您提供完整的

自动化解决方案

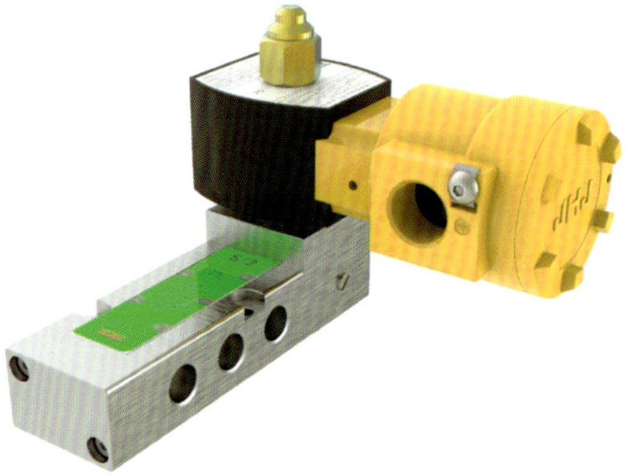

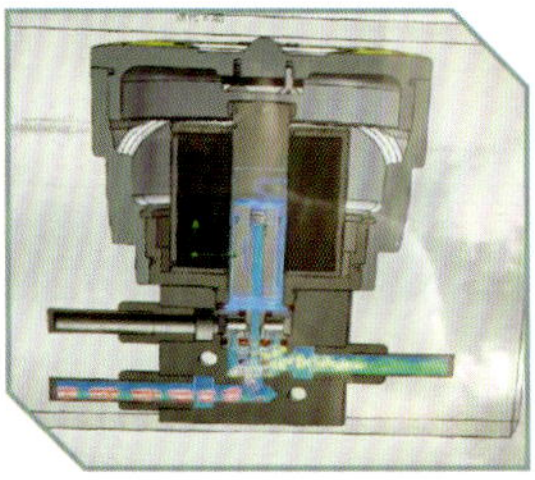

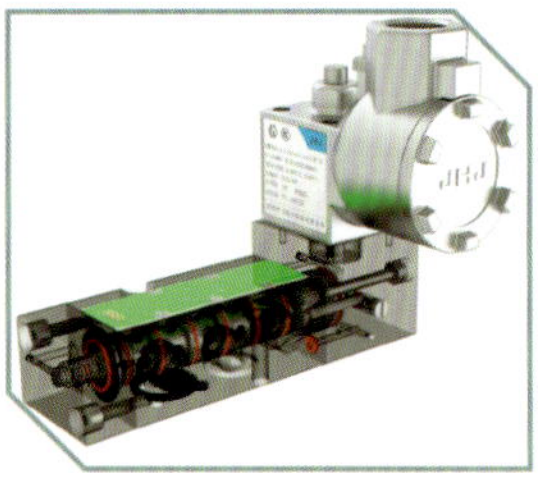

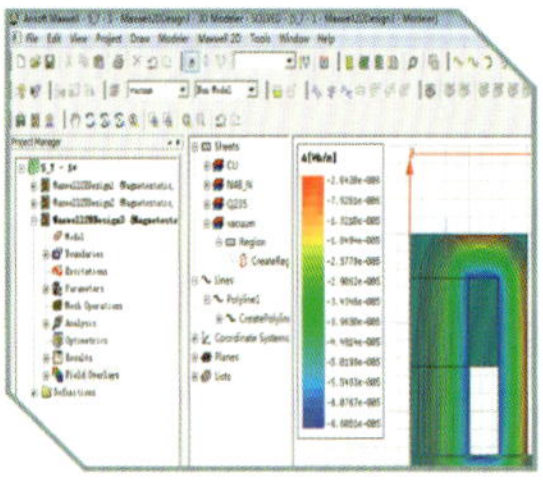

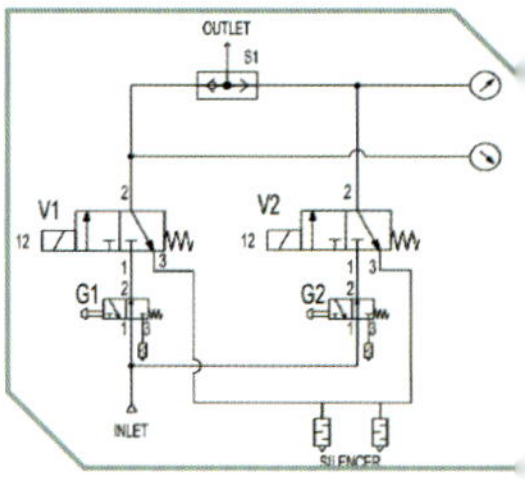

国雷安全防护技术（西安）有限公司

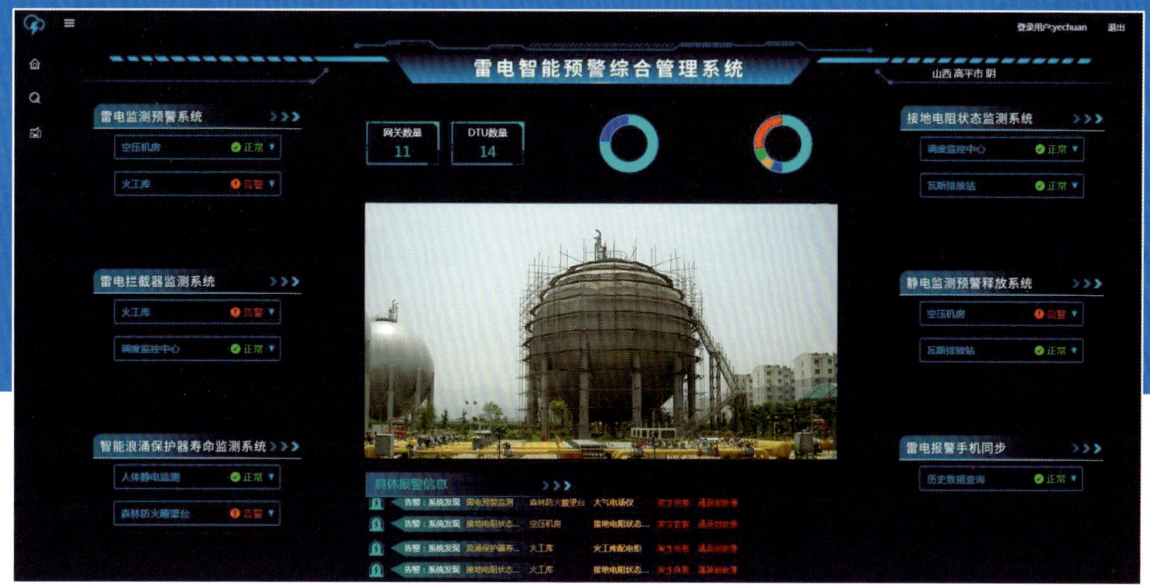

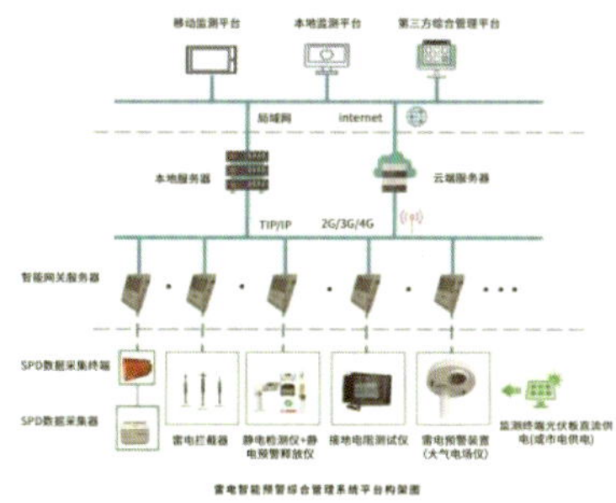

国雷安全防护技术(西安)有限公司是集智能化雷电技术研究、工程设计与施工等各类安全技术服务的综合性公司。公司拥有资深的智能化雷电安全技术专家及科研施工队伍，多年致力于煤炭化工、能源电力、石油危化、易燃易爆行业的安全治理及雷电预警、安全隐患排查、事故现场调查、隐患处理等技术支持和疑难问题解决方案。

公司《国雷雷电智能预警综合管理系统软件》获国家版权局认证通过，并具有特种防雷《专业承包资质证》《安全生产许可证》以及特有的《防爆电气设备安装、维修能力认定》证书；具有《安防工程资质》证书和完善的《质量管理体系认证》；获有相关机构颁发的各类荣誉证书。

公司与煤炭化工、石油燃气多公司长期合作，并将雷电智能预警监测管理系统技术应用于煤炭化工、燃油燃气、储油储气、弹药火工等行业。我们坚信“安全生产第一、施工质量第一、售后服务第一”的企业理念，期待与您的精诚合作，欢迎技术垂询！让我们共同为雷电灾害预防、静电防护等安全技术服务等领域的物联网等智能化发展而努力。

超高压球阀

应用范围

高压设备，泵系统
液压，喷水
试验台

技术参数

最大工作压力:
20000psig(1380bar)
工作温度:
-20°F(-28°C)到1200°F(648°C)

特点

直通式，直角式
碳钢，不锈钢，铜，合金400(蒙乃尔)，
2205双相钢

产品选型

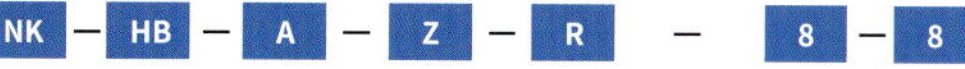

品牌代码	产品系列	阀体材质	流体方向	连接形式	管径尺寸		
					卡套/焊接	螺纹	
					(mm)	NPT/G (in)	M (mm)
	高压球阀	A-304	Z-直通	R-双内螺纹	φ6	1/8	8
		B-316	L-直角	RN-内外螺纹	φ8	1/4	10
		C-铜		N-双外螺纹	φ10	3/8	12
		W-碳钢		K-卡套	φ12	1/2	14
		M-蒙乃尔合金		KH-卡套转焊接	φ14	3/4	16
		S-2205双相钢		KR-卡套转内螺纹	φ18	1in	18
				KN-卡套转外螺纹			22
				RH-内螺纹转焊			
				NH-外螺纹转焊			
				DH-对焊			
				CH-承插焊			

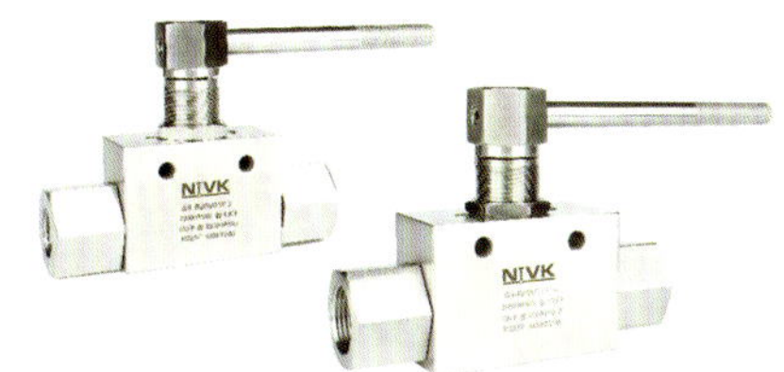

Y型锻造截止阀

应用范围

石油、化工、制药、化肥、电力行业等各种工况的管道上面，切断或接通介质

技术参数

最大工作压力:4500psig（310bar）
工作温度:-65°F(54°C)到1200°F(648°C)
设计:ASMEB16.34
测试:ASMEB16.34和API598
标记:MSS-SP-25
承插焊端:ASMEB16.11
对焊:ASMEB16.25
螺纹端:ASME1.20.1
式锻钢工艺阀，采用螺母阀帽结构设计，减少了阀体与阀帽之间的泄漏点，与整体锻钢工艺阀相比，强度与耐压性能有所减小。

产品整体选型

NK — GV — A — Y1 — 15 — FL — 10

品牌代码	产品系列	阀体材质	阀门系列	工作压力	端接类型	管径尺寸
	GV-	A-304SS	Y1-Y型整体式	15:1500LB(25MPa)	FL-法兰	10:DN10
	锻造截止阀	B-316SS	Y2-Y型分体式	25:2500LB(42MPa)	DH-对焊	15:DN15
	GZ-	C-WCB	T-T型式	35:3500LB(56MPa)	CH-承插焊	20:DN20
	锻钢闸阀			45:4500LB(76MPa)	R-内螺纹	25:DN25
					N-外螺纹	32:DN32
						40:DN40
						50:DN50

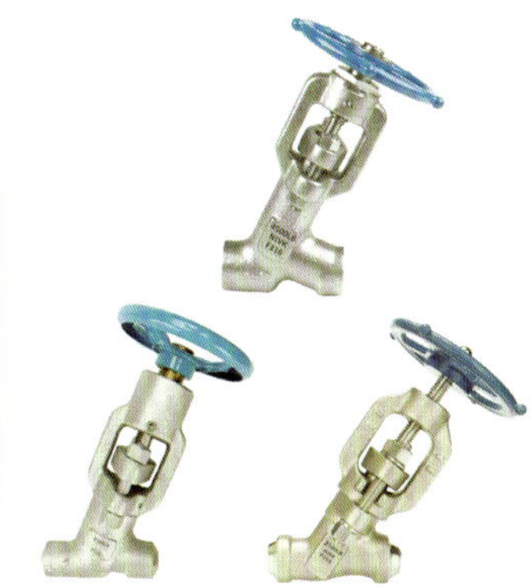

一体式锻件针阀

应用范围

耐腐蚀性，高温高压，放射性和热疑析

技术参数

最大工作压力:
10000psig(689bar)
工作温度:
PTFE填料:-54°C至232°C(-65°F至450°F)
PEEK填料:-54°C至260°C(-65°F至500°F)
石墨填料:-54°C至649°C(-65°F至1200°F)

特点

直通式，直角式
碳钢，不锈钢，铜，合金400(蒙乃尔)，
一体式锻造阀体，两截式阀杆设计，
上阀杆螺纹经特殊硬化处理，下阀杆表面经滚压硬化处理
上阀杆螺纹的润滑脂与系统介质隔离
非旋转的下阀杆以上下运动代替旋转升降，减少摩擦
手柄采用两端螺钉锁紧，稳固耐用

产品选型

NK — FN — A — H — Z — R — 8 — 8

品牌代码	产品系列	阀体材质	阀门系列	流体方向	连接形式	管径尺寸		
						卡套/焊接	螺纹	
						(mm)	NPT/G (in)	M (mm)
	一体式锻件	A-304	H-整体锻件	Z-直通	R-双内螺纹	φ6	1/8	8
		B-316		L-直角	RN-内外螺纹	φ8	1/4	10
		C-铜			N-双外螺纹	φ10	3/8	12
		W-碳钢			K-卡套	φ12	1/2	14
		M-蒙乃尔合金			KH-卡套转焊接	φ14	3/4	16
					KR-卡套转内螺纹	φ18	1in	18
					KN-卡套转外螺纹			22
					RH-内螺纹转焊			
					NH-外螺纹转焊			
					DH-对焊			
					CH-承插焊			

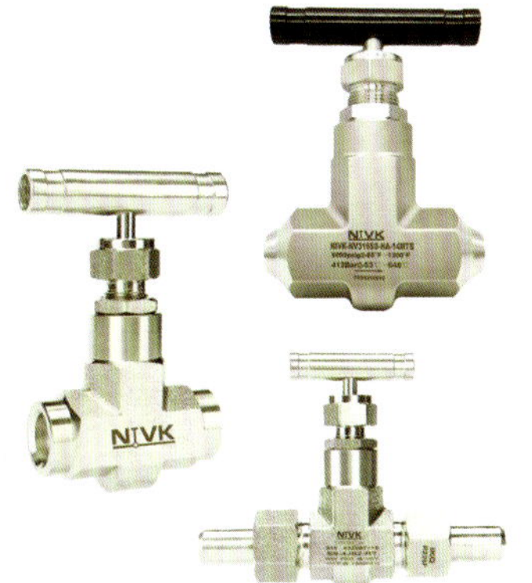

焊接接头

应用范围

仪器仪表，焊接腐蚀性流体，热循环震动

技术参数

最大工作压力:
20000psig(1379bar)
工作温度:
-325°F(-196°C)到1200°F(649°C)

特点

承插焊、对焊
碳钢，不锈钢，铜，合金400(蒙乃尔)，
2205双相钢

产品选型

NK — B — Z — RH — 8 — 8

品牌代码	产品材质	流体方向	连接形式	管径尺寸		
				卡套/焊接	螺纹	
				(mm)	NPT/G (in)	M (mm)
	A-304	Z-直通	KH-卡套转焊接	φ6	1/8	8
	B-316	WJ-90度弯通	RH-内螺纹转焊	φ8	1/4	10
	C-铜	T-三通	NH-外螺纹转焊	φ10	3/8	12
	W-碳钢	X-四通	DH-对焊	φ12	1/2	14
	M-蒙乃尔合金		HH-活接对焊	φ14	3/4	16
	S-2205双相钢		CH-承插焊	φ18	1in	18
						22

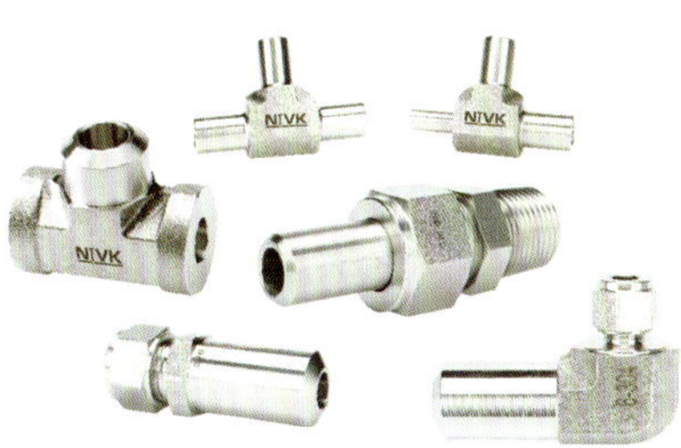

北京国控天成科技有限公司（简称国控天成）成立于2007年，本部设于北京，是国家高新技术企业、国家级专精特新小巨人企业、“安智联”理事单位，国内第一家提出“黑屏操作”“全流程自动”“一键操作”解决方案，并助力中国石化、中国石油等企业实现数字化转型和智能工厂建设，在相关领域市场占有率超过90%。

国控天成秉承“提高祖国工业的智能化水平”，致力于面向“工业3.0+工业4.0”需求，提供以自动化控制优化和大数据监控为核心的产品及解决方案，赋能用户提升自动化、数字化、智能化水平。为炼油、石油化工、煤化工、精细化工、电力等工业企业提供了如乙烯、催化、连续重整、MTO、乙炔等2000余套生产装置的优化及数据监控服务，使生产装置的“无人驾驶”成为可能。

公司的核心技术“以全流程自动和无人驾驶为目标的过程监控与控制器优化技术”处于领先水平，研究成果先后获得中国石油和化学工业联合会科技进步一等奖、中国石油和化工自动化行业科技进步一等奖、北京市科学技术三等奖。

产品服务

先进报警管理系统、报警王

生产装置的报警优化、长周期安全运行

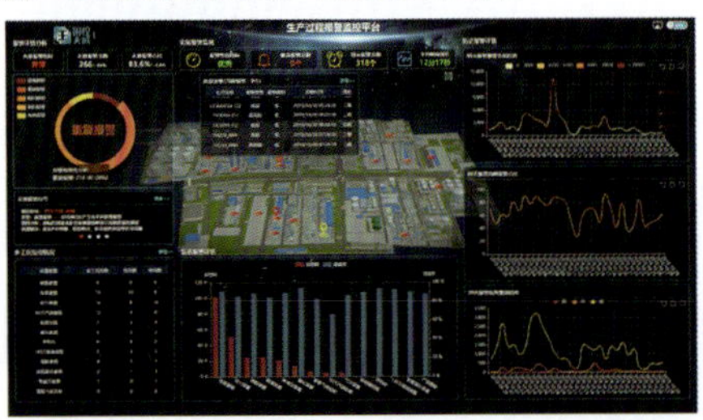

覆盖生产装置工艺、设备、控制系统等各单元的报警大数据监控、分析、管理及优化，为装置报警消减、分级、优化、多工况管理提供数据支撑和决策支持。

控制回路性能评估及优化

生产装置的评估、诊断、优化

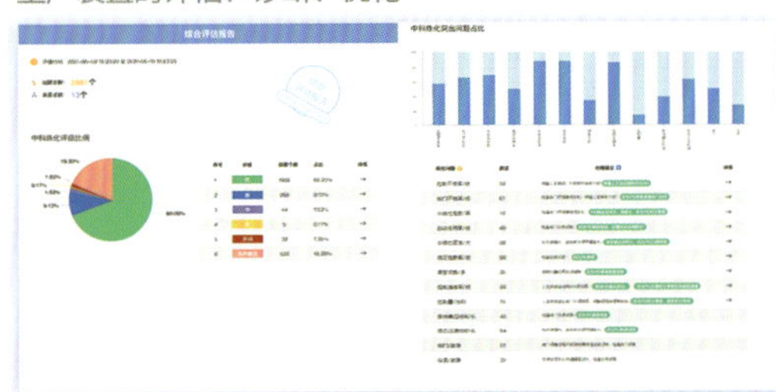

全面监控生产装置PID控制回路运行状态，分析、评估回路控制性能，基于对象特性进行闭环模型辨识，控制参数整定优化，提升自控率、平稳率，改善控制效果。

全流程优化

质量提升、节能减排、降本增效

生产装置控制方案建模，制定过程控制优化策略，完善控制逻辑、上下游联动全流程优化，实现生产装置“安稳长满优”。

黑屏操作

生产装置的无人驾驶、智能化管理

生产装置自控率、平稳率达到或接近100%，全面完善报警治理和智能管控，实现生产装置无人干预，智能化运行。

我们的客户

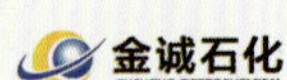

公司地址：北京市朝阳区樱花西街8号北方安华大厦515
座　　机：010-64446062
座　　机：13911105995
网址：www.sinocontrol.cn
邮箱：sinocontrol@sinocontrol.cn

企业官网

煤化工行业仪表设备

典型事故案例汇编（第二辑）

杨绍军 主编

中国机电一体化技术应用协会流程工业分会 组编

中国商业出版社

图书在版编目（CIP）数据

煤化工行业仪表设备典型事故案例汇编. 第二辑 / 杨绍军主编 ; 中国机电一体化技术应用协会流程工业分会组编. -- 北京 : 中国商业出版社, 2023.7
ISBN 978-7-5208-2522-1

Ⅰ. ①煤… Ⅱ. ①杨… Ⅲ. ①中. Ⅳ. ①煤化工…仪表装置－安全事故－案例－汇编 Ⅳ. ① TQ53

中国国家版本馆 CIP 数据核字 (2023) 第 112480 号

责任编辑：管明林

中国商业出版社出版发行

（www.zgsycb.com　100053　北京广安门内报国寺 1 号）

总编室：010-63180647　　编辑室：010-83114579

发行部：010-83120835/8286

新华书店经销

三河市龙大印装有限公司印刷

*

787 毫米 ×1072 毫米　16 开　23.5 印张　494 千字

2023 年 7 月第 1 版　2023 年 7 月第 1 次印刷

定价：158.00 元

* * * *

（如有印装质量问题可更换）

编　委　会

前　言

进入 21 世纪以来，随着煤炭清洁高效转化技术和产业规模化的迅猛发展，世界已进入能源和化工原料多元化的时代，现代煤化工行业已迈进快速发展期，我国煤制烯烃、煤制油（包括煤直接液化和间接液化）、煤制乙二醇、煤制芳烃、煤制天然气等现代煤化工产业集群数量、总体产能以及工艺路线和产品的多样性也走在了世界的前列。

从目前我国煤化工行业发展的趋势来看，其各项生产工作的连续性、安全性、稳定性和高效性日益突出，而为了适应此种发展要求，自动化仪表的安全保障作用越发凸显。如何从根源上打造仪表设备的本质安全、从管理上更加有效地管控各类不安全因素、最大限度地减少仪表设备原因导致装置生产波动甚至出现停车事故的发生，成为煤化工企业仪表从业人员亟待解决的问题。

为了提高煤化工企业的安全生产水平，保障企业安全平稳运行，更加充分发挥各煤化工企业仪表典型事故的教育意义和改进措施的借鉴意义，最大限度地规避各类事故的发生，中国机电一体化技术应用协会流程工业分会（原工程技术发展中心）继《煤化工行业仪表典型事故案例汇编》后，再次组织编写了《煤化工行业仪表设备典型事故案例汇编（第二辑）》，第二辑主要包括控制系统、机组仪表、仪表接地、温度仪表、压力仪表、液位仪表、流量仪表、阀门及附件、人为误操作以及其他事故等 10 个系列的典型事故案例。

该书为危险化学品企业仪表从业人员提供了基于实际事故案例的工具性文献，案例吸取了以往各类仪表事故暴露出的仪表专业问题和经验教训，通过事故案例深入剖析了在执行仪表标准规范、规程、管理制度方面存在的各类问题，通过学习该案例汇编，可以提高仪表从业人员项目管理水平，提升仪表人员维护保运以及隐患排查和治理的能力。

本汇编共计收录煤化工行业仪表原因导致的典型事故案例 96 篇，对事故经过、原因剖析（直接原因和间接原因）、整改方案、防范措施、借鉴意义、知识拓展等进行了严谨、详细的阐述和分析，从仪表设备的设计、选型、材质、安装、工程组态、调试、日常维护、定期保养、检修维护、功能试验等方面对避免和预防同类事故提出了有针对性的意见和建议，在仪表设备管理、故障检查、故障分析、故障处理、预防措施等环节积累了宝贵经验。

本书由 32 家危险化学品企业单位、74 位专业技术人员共同完成案例编写、资料整理和审核工作，在充分总结上一版汇编成功经验的基础上，着重从“事故的影响、案例的典型性、事故原因的隐蔽性和改进措施的可推广性”进行了严格的筛选，收录的案例对仪表产品研发制造、工程设计、项目建设、仪表选型和仪表维保、生产运行管理等不同企业、不同人员都有深刻的学习和借鉴意义。

在本书编写过程中，我们得到了协会领导的统筹和指导，同时也得到了业内很多专家、企业的帮助和支持，在此一并表示衷心的感谢！

由于时间仓促，书中难免存在不足之处，恳请专家、同人批评指正！

目　录

目　录

CCS 交换机故障导致甲醇合成气压缩机跳车事故

1. 事故单位及事故装置的基本情况

某煤化工企业为煤制烯烃项目，采用煤气化制甲醇、甲醇转化制烯烃、烯烃聚合工艺路线生产聚乙烯和聚丙烯产品。主要工艺流程为：水煤浆与氧气在气化装置加压气化得到粗合成气，经变换、低温甲醇洗净化得到满足甲醇合成要求的精制合成气，经甲醇合成装置获得 MTO（Methanol to Olefins）级甲醇，MTO 级甲醇经过甲醇制烯烃装置转化为乙烯和丙烯的混合物，再经烯烃分离装置获得聚合级乙烯和聚合级丙烯，最后通过聚乙烯和聚丙烯装置生产出颗粒状的聚乙烯和聚丙烯树脂产品以及碳四、碳五等副产品（图 1）。

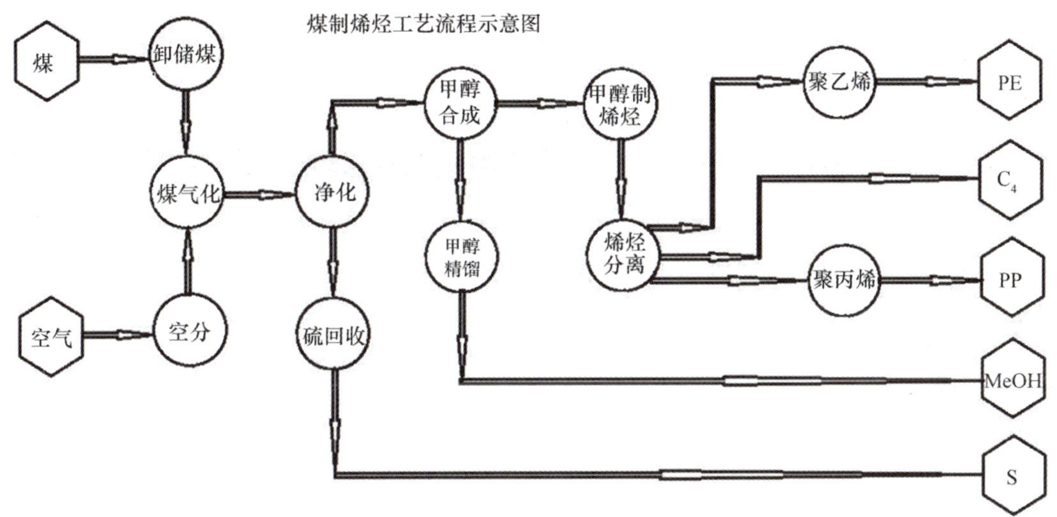

图 1　该项目工艺流程示意图

发生事故的装置为甲醇合成装置，该装置采用英国 Davy 公司的甲醇技术，生产 MTO 级甲醇作为下游 MTO 装置原料，生产能力为 180 万 t/年（按 100% 甲醇计），可根据需要抽出部分粗甲醇生产精甲醇，精甲醇生产能力为 60 万 t/年。

2. 事故情况

2.1 事故仪表的基本情况

导致事故发生的仪表设备为合成气压缩机组控制系统（Compressor Control System，CCS）操作站和工程师站通信的交换机，仪表设备图片如图 2 所示。

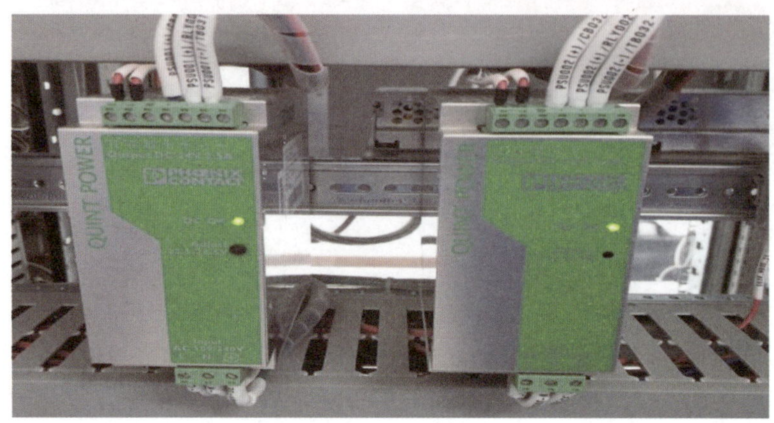

图 2　发生故障的 CCS 交换机

2.2 事故经过

2020 年 4 月 29 日 3 点 09 分，甲醇合成气压缩机跳车，随后甲醇合成装置停车。经检查，发现 CCS 交换机主机故障，电子元器件出现击穿、烧毁等情况；机组 203 超速保护器 B、C 单元保险熔断；24VDC 电压有较大波动并发出电源故障报警；合成气压缩机跳车首出记录事件顺序记录（Sequence of Event，SOE）为超速停车（图 3）。

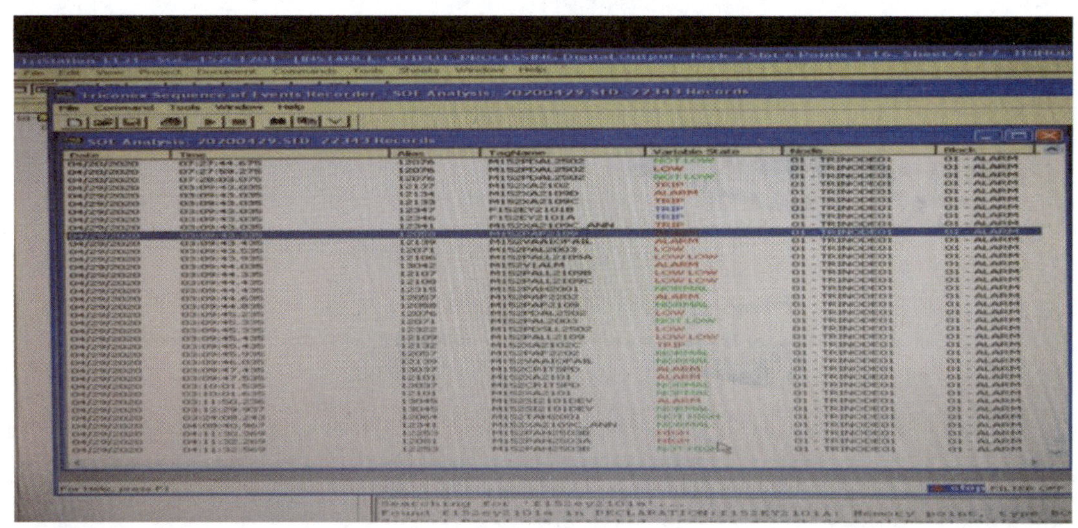

图 3　CCS 事件顺序记录

2.3 事故后果

该事故无人身伤亡情况；直接经济损失为更换交换机 2 台，价值 2000 元；间接经济损失为影响甲醇产量约 2200t。

3. 事故处置过程

3.1 事故处置情况

事故发生后，仪表专业人员对 CCS 交换机、203 超速保护器保险进行了更换，并对相关设备、供电回路进行了检查测试，系统恢复正常、联锁试验后，10 点 30 分甲醇合成装置逐步恢复正常生产（图 4）。

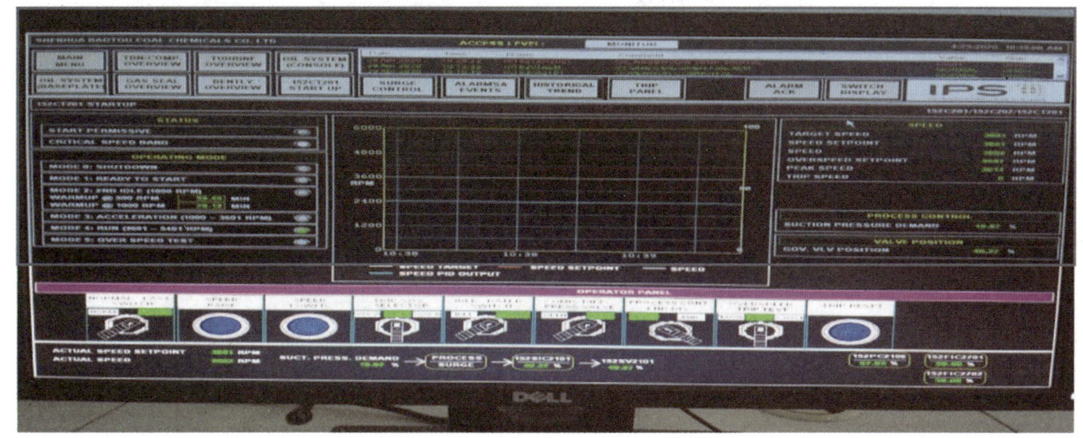

图 4　恢复生产期间的 CCS 监控画面

3.2 仪表故障消除情况

（1）更换 2 台 CCS 交换机、203 超速保护器 A、B、C 单元保险，将交换机与 203 超速保护器共用的电源回路进行独立整改，并对仪表设备及空开进行测试。

（2）完成故障仪表设备的更换后，根据故障原因分析结论对事故进行了反向模拟推演，再次验证了事故发生的原因，进一步排除了其他事故诱因，消除了仪表设备故障及潜在隐患。

4. 原因分析

4.1 直接原因

通过仪表设备的硬件故障情况及 CCS 报警信息综合分析，造成本次事故的直接原因为：CCS 交换机主机故障，电子元器件出现击穿、烧毁等情况（图 5、图 6），故障瞬间，24VDC 电压有较大波动并发出电源故障报警，24VDC 负串入正电压，导致 203 超速保护器三个超速模块中 B、C 两个模块的保险熔断（图 7），触发超速停车联锁，直接关闭速关阀，导致合成气压缩机无动力源被动停车，进而引起合成装置停车（图 8）。

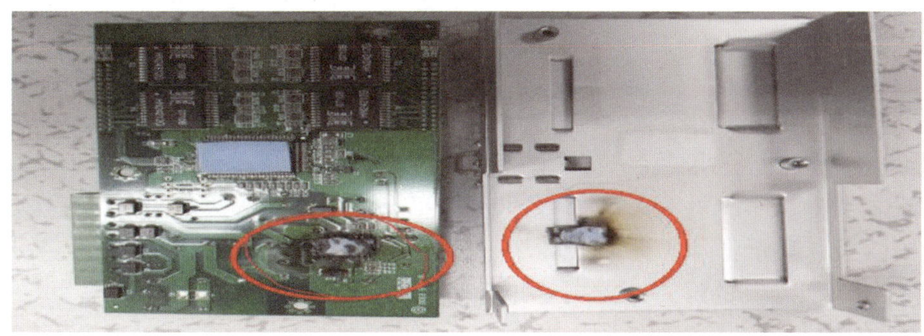

图 5　CCS 交换机电子元器件烧损图片

图 6　CCS 交换机电子元器件烧损图片

图 7　机组 203 超速保护器保险熔断图片

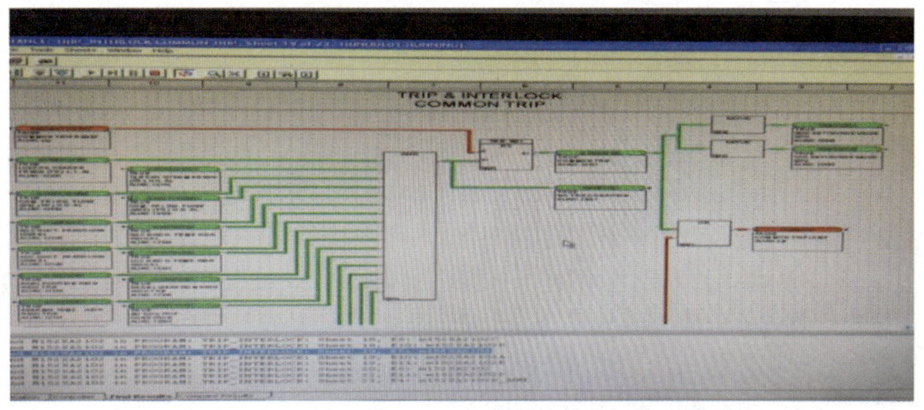

图 8　机组超速保护回路联锁逻辑图

4.2 间接原因

（1）CCS 交换机长期带载运行，电子电路元器件老化严重，导致电子元器件出现击穿、烧毁等情况。

（2）CCS 电源分配存在不足，203 超速保护器与交换机共用同一供电回路，在交换机出现电子元器件烧损的瞬间对 24VDC 电源回路设备造成冲击。

4.3 管理原因

从仪表设备设计审查、安装及检修质量管理、强制保养、巡检深度、定期校验试验和隐患排查治理等管理角度分析仪表设备技术及运维管理过程中存在的疏漏、不足，从管理层面分析未能及时发现、排查、治理潜在隐患及事故诱因的管理原因。

（1）班组分布式控制系统（Distributed Control System，DCS）维护人员未能认真履行专业规定的每半月进行一次控制系统红外成像测温工作，对甲醇合成装置控制系统测温及测温记录工作不及时，未能及时发现 CCS 交换机电子元器件烧损前的异常温升现象。

（2）控制系统管理人员在项目建设期设计资料审查、装置投产后历次仪表设备隐患专项排查期间未能识别出 CCS 电源分配存在的不足，埋下了单一仪表设备故障导致事故扩大的事故隐患。

（3）仪表专业各级管理人员对制度执行情况监督、管理不力，未能及时发现、纠正班组在制度执行期间存在的问题。

5. 事故整改情况及改进建议

5.1 事故整改情况

（1）完成 CCS 交换机、203 超速保护器保险等损坏元件的更换。

（2）对 CCS 交换机和 203 超速保护器供电回路进行了独立供电整改，开展全厂范围的关键仪表设备供配电隐患排查整改。

（3）组织全员学习、落实仪表专业管理制度。

5.2 改进建议

（1）建立全厂关键仪表设备台账，根据关键仪表设备运行时间（如 8 年或 10 年以上）、完好状况、环境情况等影响关键仪表设备健康稳定运行的要素进行定期评估，根据评估情况对存在问题的关键仪表设备进行重点管控、择机更新更换。

（2）仪表专业技术管理人员在项目审查、设备隐患排查工作中提高风险及隐患识别的意识，及时消除共因失效、关联设备导致事故扩大化等问题。

（3）在装置停工检修、控制系统点检期间加强对关键仪表设备、卡件电子元器件完好状况的排查，发现电子元器件有超温变色、烧焦异味、电弧冲击痕迹的设备及时进行重点管控、测试、更换。

（4）仪表专业管理人员定期抽查、督促企业及专业规章制度的执行情况，建立制度执行的考核机制，杜绝因制度落实不到位、工作质量不符合要求导致的仪表设备运维管理的工作质量下降。

6. 事故启示

在控制系统巡检中，利用红外成像仪对仪表用电设备进行扫描检查，可及时、直观、有效地发现仪表设备的异常超温情况，是提前掌握仪表设备的故障发展趋势、开展预知维修和消除设备潜在故障隐患的有效监测手段。

2012 年 12 月 9—20 日，在利用红外成像仪对全厂 DCS 进行隐患排查发现电站、甲醇等 DCS（图 9），8 块卡件超温，最高温度达 134.1℃，部分卡件的电子元器件已经出现超温变色的情况，如不及时发现将造成卡件烧损，进而导致锅炉 MFT 大联锁跳车等事故。造成卡件超温的原因为该卡件负载的部分停用仪表信号线接地、短路等，在对回路电缆进行排查、绝缘处理后卡件温度恢复正常。

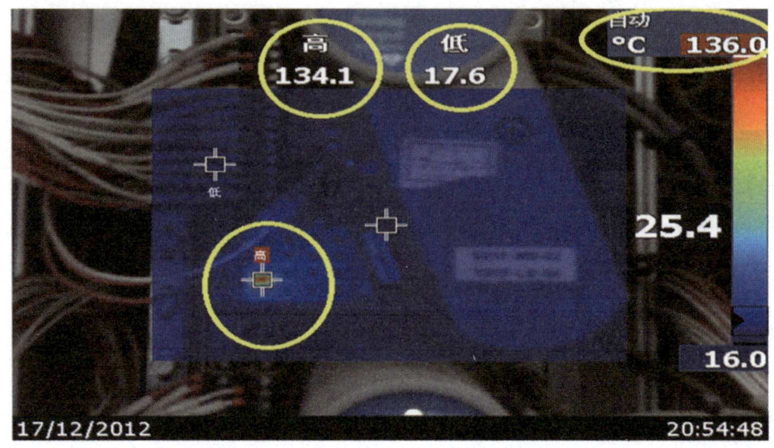

图 9　利用红外成像仪及时发现并消除 DCS 硬件超温问题

DCS 电源断路器故障造成全厂停车事故

1. 事故单位及事故装置的基本情况

某公司年产 60 万 t 甲醇项目于 2009 年投产，主要工艺装置有空分、热电站、煤浆制备、德士古气化装置、变换热回收装置、灰水处理、低温甲醇洗净化装置、卡萨利甲醇合成装置、精馏装置、超级克劳斯硫回收装置、氢回收装置、冷冻站、成品罐区、热电站、全厂水处理系统、汽车灌装站、输煤系统等。

主装置气化和甲醇合成使用横河 CS3000 控制系统，共用一套 DCS，由重庆川仪工程技术有限公司提供，其配置同一机柜间，机柜间内气化、甲醇合成装置控制系统机柜直流 24VDC 供电通过同一直流配电柜提供。

2. 事故情况

2.1 事故仪表的基本情况

直流配电柜内 220VAC 交流电由一路 UPS 电和一路市电提供，最终汇入同一总断路器，由总断路器分出多路 220VAC 交流电供给 24VDC 转换电源，经直流 24VDC 电源转换后分别供给各个机柜（图 1），断路器配置与控制系统一同建立。

断路器：系统编号 K103。

型号：C65N/2P 60A。

作用：整个 DCS220VAC 转 24VDC 总开关。

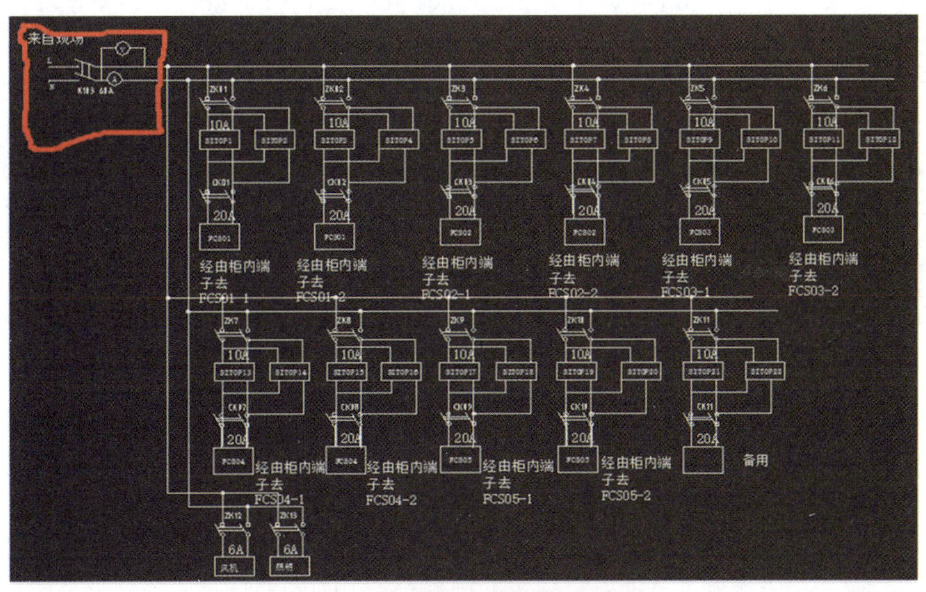

图 1 原控制系统供电原理图

2.2 事故经过

2020 年 6 月 8 日晚，甲醇合成、气化装置工艺人员反映操作站无数据且无法操作，DCS 值班人员快速抵达现场，了解情况开始检查，经过 5min 左右排查，DCS 值班人员初步判断为系统供电出现问题，去机柜间检查供电系统，DCS 供电分三部分：第一部分是交流供电，负责给 DCS 卡件、风扇照明等提供 220VAC 电源；第二部分是直流供电，负责 DCS 端子板及回路供电；第三部分是现场仪表供电。经过上述三路检查，发现直流配电柜 220VAC 总断路器（第二部分直流供电）有输入无输出且断路器在合闸状态，问题锁定在断路器故障，致使气化装置与甲醇合成装置控制系统机柜直流 24VDC 断电。

2.3 事故后果

此次事故直接导致气化装置与甲醇合成装置紧急停车，随后一期其他装置手动停车，提前进入大检修。

3. 事故处置过程

3.1 事故处置情况

事故发生后，公司领导立即组织开会确定解决方案，由于直流配电柜内冗余电源配置设计不合理，如果只更换总断路器，系统配电还是存在此类风险和隐患，于是公司决定提前进入大检修阶段，利用这段时间对直流配电柜冗余电源重新进行设计与改造，实现双路供电真正的冗余（图 2），确保不会再次发生此类事故。

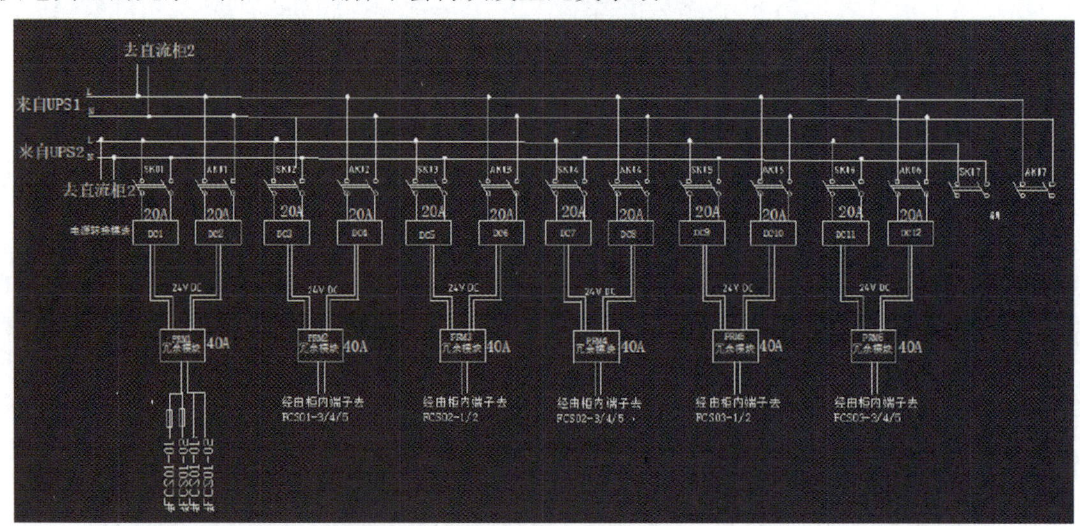

图 2　改造后控制系统供电原理图

3.2 仪表故障消除情况

（1）此次事故中故障断路器为施耐德公司产品，由于该断路器一直在额定电压和额定电流范围内使用且未达到使用寿命，因此怀疑产品质量存在问题，与施耐德公司沟通后，利用微信公众号“施耐德电气”中的防伪查询扫描防伪编码后发现此空开非施耐德正品。举一反三，随后扫码检查了一期所有装置的施耐德空开、断路器，发现部分施耐德空开为非正品。利用检修时间将气化合成装置机柜内所有空开及其他装置重要空开更换为正品施耐德产品。

（2）对直流配电柜进行改造：第一，将气化装置和甲醇合成装置机柜直流 24VDC 分开供电（图 3、图 4）；第二，在直流配电柜内不再使用总断路器，将市电和 UPS 电接入后利用母排端子形式分开接入各个 24VDC 转换电源上，再将转换后的 24VDC 直流电供给各个机柜，实现了机柜的冗余供电。

图 3　甲醇合成装置直流 24VDC 供电图

图 4　气化装置直流 24VDC 供电图

4. 原因分析

4.1 直接原因

断路器质量问题，正常使用期间突发故障是造成此次事故的直接原因。

4.2 间接原因

直流配电柜设计存在缺陷，虽然机柜内使用了市电与 UPS 电双路供电，但总断路器的存在使得回路供电未彻底实现冗余，当总断路器故障后所有机柜直流 24VDC 都断电。

4.3 管理原因

从整个项目建设到投运阶段，在运维管理过程中未能发现供电冗余存在问题，未能将潜在隐患进行解决处理，导致此次事故的发生。

5. 事故整改情况及改进建议

5.1 事故整改情况

对全厂的供电系统进行逐一排查，所有供电实现冗余配置，所有电子产品进行查询真伪，对一级负荷、二级负荷供电设备进行更换。

5.2 改进建议

（1）采购设备时选用正品，有质量保证，验货时增加真伪查询步骤。

（2）定期对电子设备进行更换。

（3）加强对设计的评审，优化。

6. 事故启示

（1）对全厂的供电系统进行逐一排查，所有供电实现冗余配置。

（2）逐一排查系统配置情况，优化系统。

（3）定期对电子设备进行更换。

（4）加强工艺人员在紧急情况下的应急处置措施。

（5）加强电气、仪表人员维护能力的提升。

DCS 卡件底板故障导致全厂停车事故

1. 事故单位及事故装置的基本情况

某煤化工项目蒸汽管网系统由自备热电站 3 台 280t/h 循环流化床锅炉提供蒸汽，热电站 DCS 采用美国霍尼韦尔 PKS，硬件为 C300 系列，软件为 R500 版本。某日由于 DI 卡 IOTA 底板故障导致两台锅炉 MFT 联锁同时被触发，造成两台锅炉停车，化工区装置因高压蒸汽中断全停车的严重生产事故。

2. 事故情况

2.1 事故仪表的基本情况

每台锅炉的一次风机和二次风机共用一套稀油站，每一套稀油站上有两台润滑油泵，正常生产时一用一备。“两台润滑油泵运行信号全部丢失”将会导致一次风机、二次风机同时跳车，“一次风机、二次风机同时跳车”将会触发锅炉 MFT 联锁动作。在 DCS 中两套锅炉对应的稀油站上 4 台润滑油泵运行信号同时接入在一块 DI 卡上，当此 DI 卡或其安装底板的公共电路故障时会导致卡上的 32 路数字量输入信号全部丢失。该 DI 卡设计时为非冗余 32 通道，型号为 CC-PDIL01，其安装底板 IOTA 型号为 CC-TDIL01，如图 1 所示。

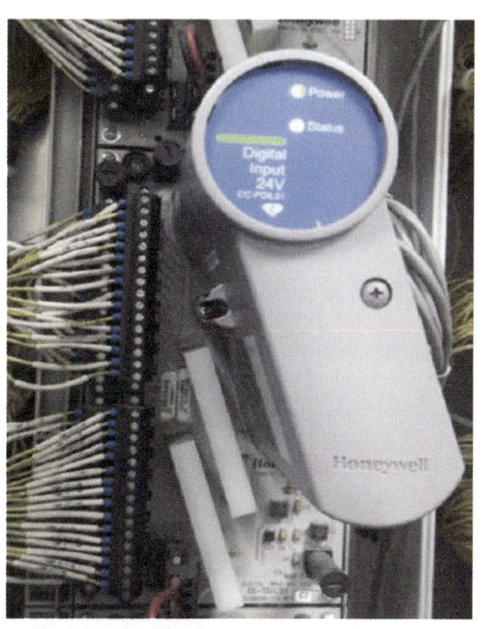

图 1　数字量输入卡

两套锅炉稀油站上的 4 台润滑油泵运行信号对应的 DI 卡通道详见表 1。

表 1　4 台润滑油泵运行信号对应的 DI 卡通道列表

位号	描述	卡件	通道号
XL_RH20101A	1 号锅炉稀油站 1# 润滑油泵	DI_24_6L1_20	4
XL_RH20102A	1 号锅炉稀油站 2# 润滑油泵	DI_24_6L1_20	10
XL_RH20101B	2 号锅炉稀油站 1# 润滑油泵	DI_24_6L1_20	22
XL_RH20102B	2 号锅炉稀油站 2# 润滑油泵	DI_24_6L1_20	28

两台润滑油泵运行信号丢失联锁停风机逻辑如图 2 所示。

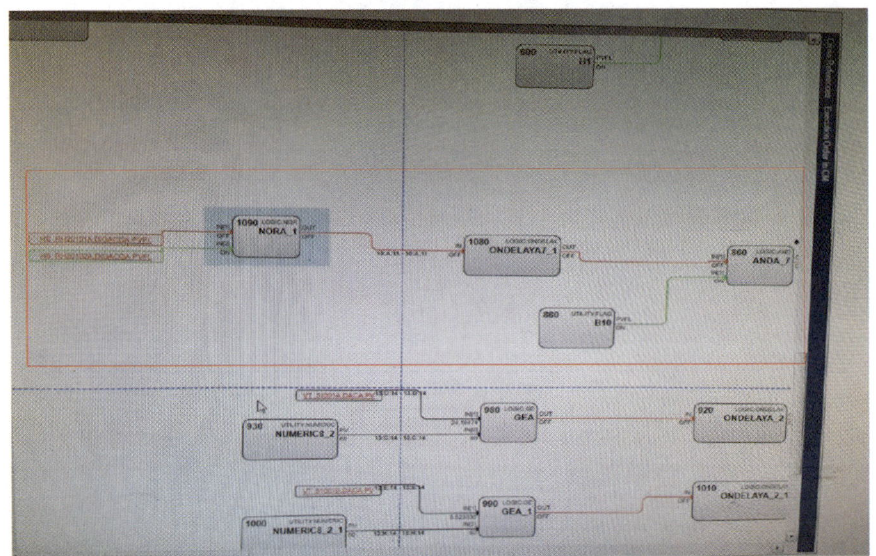

图 2　两台润滑油泵运行信号丢失联锁停风机逻辑

2.2　事故经过

某日下午锅炉运行人员反馈 1 号锅炉、2 号锅炉同时跳车，每台锅炉 MFT 联锁首出都显示“一次风机、二次风机停车”，而一次风机和二次风机的停车联锁首出显示“稀油站两台润滑油泵停止”。检查时发现润滑油泵现场实际一直处于运行而 DCS 显示停止状态，进而检查 DCS，对应的 DI 卡件状态灯显示正常，发现该 DI 卡的 IOTA 端子排上 32 路通道都没有 24VDC 电压，初步判断其原因是该 DI 卡的 IOTA 底板发生故障导致，进而引起该 DI 卡上的所有信号丢失。

2.3　事故后果

此次事故造成热电站 1 号、2 号锅炉停车，2 台 50MW 发电机组紧急停车，化工区 1 号空分装置、A 系列气化炉装置、合成氨装置、尿素装置、甲醇装置紧急停车。

3. 事故处置过程

3.1　事故处置情况

由于故障发生时比较紧急，事故造成的影响较大，而且故障现象也比较清晰明了，初步判断是 IOTA 底板出现故障导致。为了及时恢复生产，随后更换新的 IOTA 底板，DI 卡电压恢复正常，所有 DI 信号也恢复正常。化工区装置经过两天的开车也恢复了生产。

3.2 仪表故障消除情况

对更换下来的 IOTA 底板进行仔细检查，发现 IOTA 上的 F1 保险管熔断，规格为 0.5A，φ5×20mm。更换该保险管后安装在备用的卡槽位置上后，连接系统测试所有通道检测正常。

4. 原因分析

4.1 直接原因

此次事故的直接原因是该 DI 卡的 IOTA 底板公共电路上的 F1 保险管熔断导致此卡上的 32 路通道全部失电，所有 DI 信号丢失。

该型号 DI 卡的 IOTA 上总共有三个保险管，分别为 F1、F2、F3，都为 0.5A 250VAC。三个保险管布置如图 3 所示。

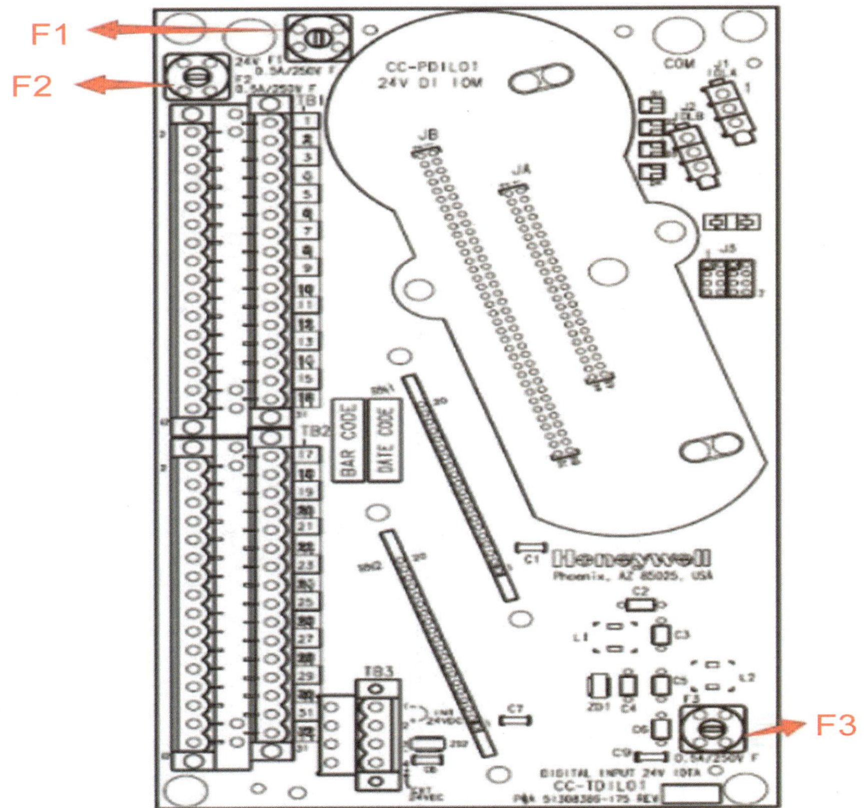

图 3　数字量输入卡 IOTA

F1、F3 两个保险管在电路当中的作用是由 TB3 端子的供电接线方式决定的，TB3 的供电接线方式如图 4 所示，分为 Internal 和 External 两种接线方式，本系统采用的是 Internal 方式。当 TB3 采用 Internal 供电方式时，内部 24VDC 电源通过 F1 与 F3 保险管串联后向 DI 卡所有通道提供电压，如图 5 所示。因此，可以得出本次事故的直接原因是 IOTA

底板上的 F1 保险管熔断导致。

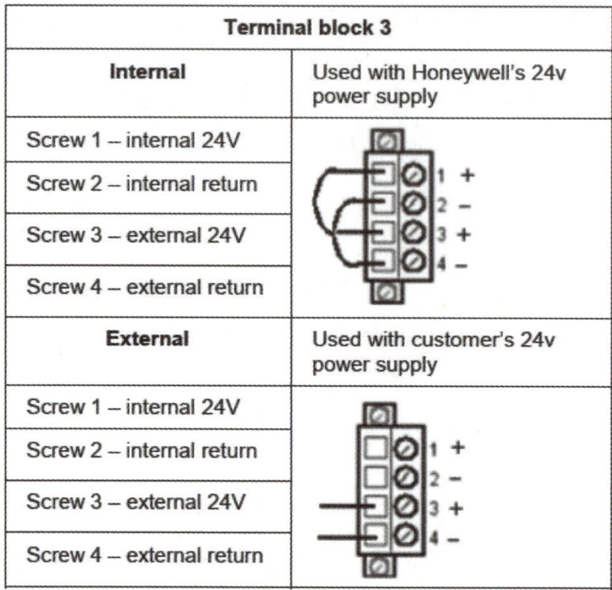

Terminal block 3	
Internal	Used with Honeywell's 24v power supply
Screw 1 – internal 24V	
Screw 2 – internal return	
Screw 3 – external 24V	
Screw 4 – external return	
External	Used with customer's 24v power supply
Screw 1 – internal 24V	
Screw 2 – internal return	
Screw 3 – external 24V	
Screw 4 – external return	

图 4　TB3 端子电源接线方式

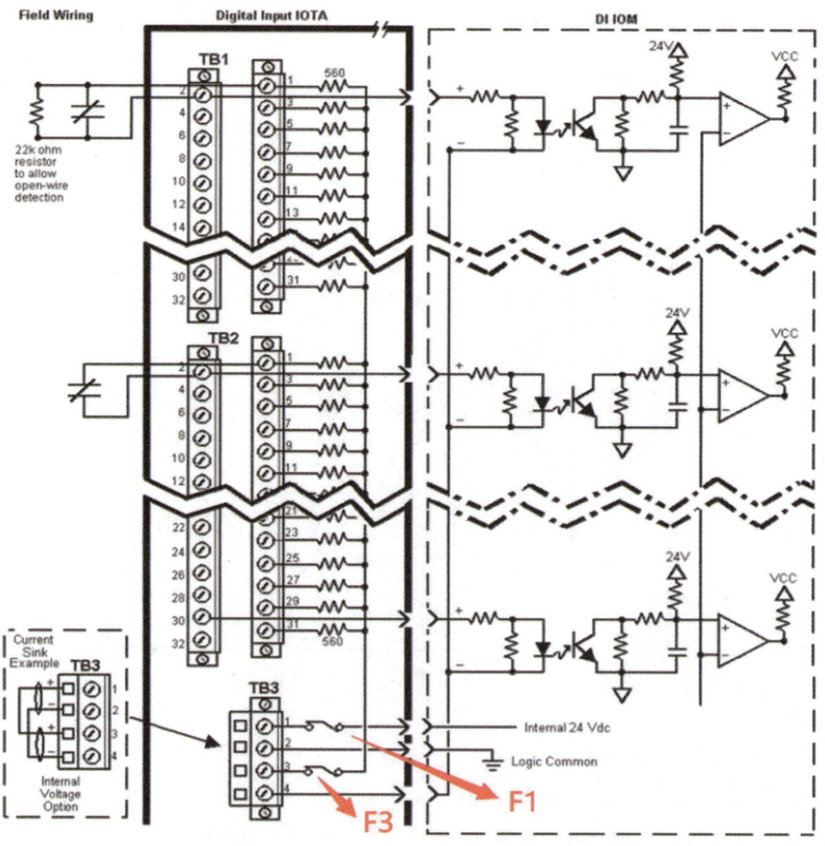

图 5　数字量输入卡电路原理图

4.2 间接原因

（1）在生产技术改造过程中，对关键联锁信号进行通道分配时，未充分考虑如何避免共因失效的产生，埋下了隐患。两台锅炉装置的稀油站共 4 台润滑油泵的运行信号没有分配到不同的卡件，导致共因失效情况的发生。

（2）在生产技术改造过程中为了保护一次风机和二次风机，在已有润滑油压力低低联锁停风机（润滑油压力低低二取一表决）的基础上增加“两台润滑油泵运行信号丢失联锁停风机”这条联锁。由于每套稀油站的两台润滑油泵已经设置了润滑油压低（润滑油压力低二取一表决）和主润滑油泵停机自启备用润滑油泵的联锁。而对于“两台润滑油泵运行信号丢失联锁停风机”这条联锁进行深度分析评估，认为只有当润滑油泵全部故障且运行信号依然在 DCS 中误显示，同时润滑油总管上的两台油压变送器也全部故障失去联锁作用时，才会联锁保护风机设备。对于此情况分析评估认为发生的概率极小，与此概率比较，此联锁回路中的误动作概率相对较大，从而降低了风机设备运行的连续可用性。从保护设备安全性考虑，两台压力变送器安装在润滑泵并联的出口润滑油总管上，当任意一台变送器测量值低或低低都可以联锁启动备泵或联锁停风机；从生产连续可用性考虑，“两台润滑油泵运行信号丢失联锁停风机”设置，安全性并未提高多少，但大大降低了可用性，增加了误动作的概率。

4.3 管理原因

一次风机、二次风机原设计是通过液力耦合器进行风机负荷调节，电机是工频运行，各部件的润滑由液力耦合器自带的油泵提供。为了减少电能耗，将风机负荷控制改为高压变频器控制，取消了液力耦合器，每台锅炉新增加一套稀油站，为一次风机和二次风机提供润滑油。在改造过程中，没有对每个细节进行严格审查和风险评估，一部分仪表线缆和 DCS 通道是利用拆除的液力耦合器的原控制电缆和 DCS 通道，一部分是利用备用通道和新敷设电缆。正是原控制电缆的存在，技改人员直接将所有 DI 点分配到一根多芯的电缆中，从而集中连接在了同一块 DI 卡中。

5. 事故整改情况及改进建议

5.1 事故整改情况

利用每台锅炉的检修周期，将两套稀油站 4 台润滑油泵的运行信号进行通道重新分配，将 1 号锅炉稀油站 1 号润滑油泵运行信号和 2 号锅炉稀油站 1 号润滑油泵运行信号保留在原 DI 卡上；新增加一块 DI 卡，用以分配 1 号锅炉稀油站 2 号润滑油泵运行信号和 2 号锅炉稀油站 2 号润滑油泵运行信号。

5.2 改进建议

（1）根据保险管的使用寿命实时进行预防性维护，对于涉及重要联锁或控制的供电回路，保险管使用周期定为一个大检修周期，利用每次大检修期间更换相应的保险管，减少此类事故的发生。

（2）针对 DCS 通道分配情况，举一反三，将热电站所有重要的监测点和联锁点进行一一排查，利用每台锅炉的检修周期将类似的 IO 通道进行重新分配，做到每台锅炉对应单独的控制器组，控制器与控制器之间尽量减少交叉引用，相互关联性较强的重要测点分配在不同的卡件上，消除共因失效这一深层隐患。

（3）针对一次风机、二次风机停车条件中的“两台润滑油泵运行信号丢失联锁停风机”联锁，经过与各专业进行危险与可操作性分析评估，建议通过联锁变更审批程序取消此项联锁。

6. 事故启示

这是一起典型的因控制系统卡件存在共因失效隐患导致的生产事故。

（1）在新、改、扩建项目建设的控制系统集成或技改技措的控制系统升级改造过程中，针对关键、重要联锁和控制回路或一、二次风机等重要设备的主电源分配，应尽量将风险分散，避免给后期生产运行埋下共因失效等隐患。

（2）霍尼韦尔 PKS 中 DI 卡件 IOTA 底板的 Internal 供电方式决定了 F1 和 F3 保险是串联关系，并且此串联是在 PCB 电路板中实现，增加了风险，根据本次事故的分析，现场及供电回路中不存在短路或者接地等情况发生，因此怀疑是保险管本身的问题。建议各企业从采购环节加强控制系统所使用的保险管的质量管控，从保障电仪设备长周期稳定运行环节加强保险管的预防性维护。

（3）热电装置电气与仪表之间往来的信号较多，理论上电气到仪表控制系统的 DI 信号是干接点，但在设备调试期间或日常维护过程中，由于电气操作不当会将 220VAC 电压窜至 DI 卡板，也会造成非计划停车，应当引起同行业管理和技术人员的重视。

DCS 卡件松动造成生产降负荷事故

1. 事故单位及事故装置的基本情况

本装置是煤焦油加氢装置，事故发生在 PSA 变压吸附制氢工段，PSA 产出的氢气与煤焦油在加氢工段进行加氢反应。

2. 事故情况

2.1 事故仪表的基本情况

制氢 PSA 采用浙江中控的 ECS-700 系列 DCS，DO 点采用 DO712-S11 卡件和继电器端子板实现。PSA 程控阀 XV2307G 通过 DO 点进行控制。

2.2 事故经过

2019 年 8 月 14—16 日工艺操作人员多次反映："PSA 程控阀 XV2307G，关闭时间比其他阀门慢（正常关闭时间小于 5s），具体慢多长时间不定，几秒到十几秒不等。"仪表维护人员多次到现场检查，未查出问题。仪表维护人员反映："每次到现场阀门已经恢复到正常工作状态。检查了所有的接线端子和电缆，更换了电磁阀保险和继电器。"车间仪表技术人员反映："DCS 的 DO 点输出时间，符合 PSA 系统运行要求时间，DCS 控制程序没有问题。"

2019 年 8 月 16 日 20 时 28 分接到调度通知，XV2307G 无法关闭，导致 7 号吸附塔自动下线。

2.3 事故后果

XV2307G 无法关闭，7 号吸附塔自动下线，导致 PSA 产氢能力从 27000NM^3/h 降至 25000NM^3/h，加氢工段由于氢气不足生产负荷从 55t/h 降至 43t/h。

3. 事故处置过程

3.1 事故处置情况

接到调度通知后，机管仪理部技术人员紧急组织检修人员一起查找 XV2307G 无法关闭的原因，通过 DCS 查看近期的报警记录发现，系统报警中有一条"卡件错误报警"出现多次，而且在极短的时间内报警自动恢复。技术人员在控制机柜内找到故障卡件所在位置发现，卡件正处于报警状态并且发现该卡件与周边卡件相比略高出 1 ~ 2mm，轻推卡件后，听见"咔"的一声，报警指示灯消失（图 1）。随后进行了回路测试，回路测试正常、XV2307G 阀门动作正常。通知工艺操作人员安排 7 号 PSA 吸附塔上线，经过 0.5h 的调整

PSA产氢能力恢复到正常水平，加氢工段通过4h的调整，煤焦油进料量恢复到了正常水平。

图1　DCS卡件

3.2 仪表故障消除情况

XV2307G的故障现象消除后，经过几个月观察再没有发现XV2307G阀门关闭迟缓现象，对制氢DCS卡件的运行状态进行检查，未发现有松动现象。

4. 原因分析

4.1 直接原因

DCS卡件松动是事故发生的直接原因。

4.2 间接原因

（1）系统投运前未对DCS进行确认，大修期间对DCS检查不彻底。

（2）仪表维护人员巡检不细致，未能及时发现卡件故障状态。

（3）故障现象出现后，检修维护不彻底，对故障原因未进行深入分析。

（4）工艺操作人员，对DCS卡件错误报警信息没有引起重视。

4.3 管理原因

（1）项目验收阶段，工作不细致，埋下事故隐患。

（2）企业规章制度落实不到位，大修期间对DCS检查不彻底，系统投运前未对DCS进行检查确认。

（3）《大修期间工业控制系统检查项目表》和《工业控制系统启车确认表》虽已执行，但不够细致。

（4）控制室定期巡检，但巡检不到位。

（5）工业控制系统报警处置记录填写不完善。

5. 事故整改情况及改进建议

5.1 事故整改情况

（1）加强项目管理，细致对待每个环节。

（2）强化规章制度落实，加强对检修人员的培训，使员工从思想上提高对巡检工作的重视，不搞形式主义。

（3）强化工艺操作人员对系统报警信息处置能力，及时记录并反馈。

5.2 改进建议

（1）加强管理制度的学习，从思想上提高员工的责任认识。

（2）发生频繁故障时，管理及技术部门应及时介入并彻底分析原因。

6. 事故启示

（1）往往简单的事情分析得很复杂，导致思路偏离。

（2）认真开展落实工业控制系统大修后的《大修期间工业控制系统检查项目表》和《工业控制系统启车确认表》工作。

（3）认真落实工业控制系统的报警管理。

DCS 控制站主控卡故障造成聚合装置停车事故

1. 事故单位及事故装置的基本情况

此项目是 40 万 t/年聚氯乙烯项目，发生事故装置是 $70m^3$ 聚合装置，将 24t 单体和水、分散剂、引发剂、终止剂等助剂加入聚合釜中，反应约 6h，反应温度需控制在 56±0.5℃。压力控制在 1MPa 以内。经历反应初期、剧烈的中期和末期然后将浆料泄放到浆料槽中等待干燥。满产生产期间共 20 台聚合釜，根据错峰入料，约 18 台聚合釜会同时反应。项目采用的是 DCS 控制，系统所有电源、主控卡、通信和输出都是 1∶1 冗余架构。

2. 事故情况

2.1 事故仪表的基本情况

发生事故的控制站负载聚合装置 2 线的总共 5 台聚合釜的监测和控制。事故发生前 5 台聚合釜都处于反应期的某个阶段。聚合釜所有入料、出料、反应期的数据监测、参数控制和联锁逻辑全部由此主控卡完成。主控卡、交换机和操作员站全部采用冗余结构。

2.2 事故经过

2019 年 12 月 15 日 1:00，聚合装置当班操作工发现聚合 2 线操作站数据一部分保持不动，另一部分显示为“####”，随即向值班仪表人员反馈此情况。值班仪表人员处理未果，将故障情况上报 DCS 工程师。DCS 工程师接到汇报后，立即去 DCS 机柜间检查交换机和主控卡运行情况。

交换机运行正常，但工作中的主控卡 Work 灯与 Fail 灯同时亮，备用主控卡 Work 灯未亮，处于备用状态。初步判断故障原因为冗余主控卡故障状态下未能自动切换到热备卡。

之后，DCS 工程师更换故障主控卡并到工程师站重新下装组态至新卡，下装完成后，操作员站恢复数据，随后配合工艺人员恢复生产。

2.3 事故后果

在故障处理过程中，有 3 台聚合釜处于超温或低温状态，超温的聚合釜提前加入了终止剂。产生等外品 60t，影响产量 120t，造成直接损失 112 万元。

3. 事故处置过程

3.1 事故处置情况

当班调度接到汇报后，要求现场工艺人员随时观察聚合釜反应状况，做好启动应急预案准备——手动加入紧急终止剂。

DCS工程师去了解自动阀门的状态，阀门均处于主控卡故障前输出值。可判断主控卡在故障时，I/O卡的输出保持在故障前一个周期的状态。随即DCS工程师通过按钮手动切换主副卡，但未切换成功；然后逐根拔出故障主控卡的网线，强制切换至备卡，但仍未成功。据此判断，两个主控卡同时故障或不能正常切换。

DCS工程师从库房中找取一对相同型号、版本的主控卡。将拨码地址更改后，更换故障主控卡并到工程师站重新下装组态至新卡。下装完成后，操作员站恢复数据。

随即更换冗余热备卡，相互冗余的主控卡开始自动备份程序，经过十几秒时间后，备份完成，副卡恢复热备状态。

3.2 仪表故障消除情况

更换相同型号、版本的一对主控卡后（图1），运行状态稳定，无故障出现。并对主控卡进行了手动切换试验，主、备卡切换正常，至此故障彻底消除。

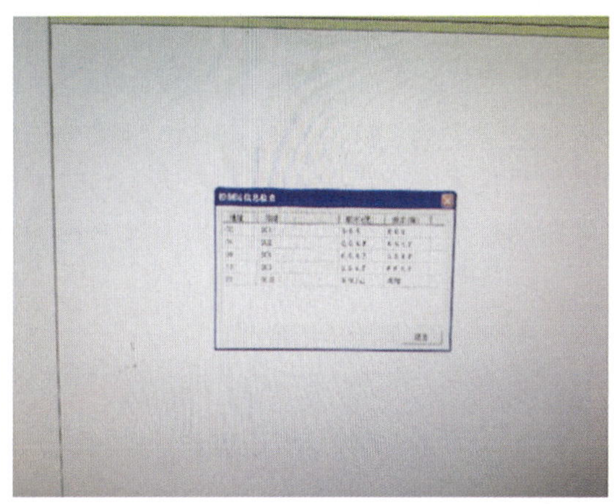

图1　主控卡版本型号已更换一致

4. 原因分析

4.1 直接原因

工作中的主控卡连续运行9年以上，电子元器件老化导致部分功能失效，是本次事故的直接原因。

4.2 间接原因

（1）主、副卡的版本型号不一致（图2），是导致本次事故的间接原因。在事故分析过程中，经技术人员测试，同型号、不同版本的主控卡进行手动切换试验时，偶有切换失败情况发生。

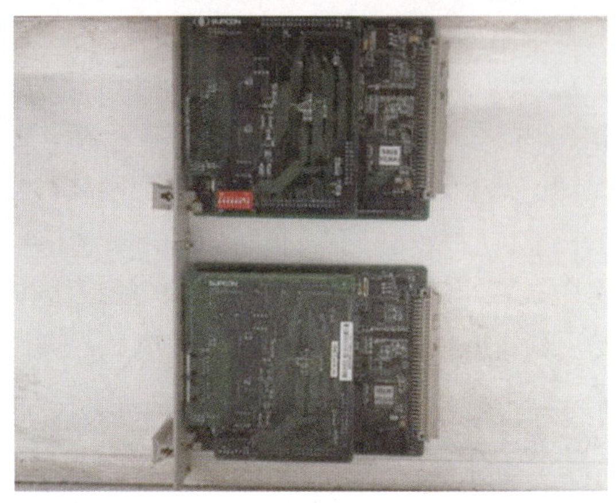

图 2　相同型号不同版本的主控卡

（2）大修对 DCS 点检时未进行系统冗余功能验证，导致控制器版本不一致这一隐患未及时消除。

4.3 管理原因

（1）DCS 点检制度不健全，大修期间未对冗余功能测试提出要求。

（2）备品备件采购过程对技术参数把关不严，造成采购的主控卡版本型号不一致。

（3）自控系统维护操作规程存在漏洞，在更换完主控卡，未做手动切换测试。

5. 事故整改情况及改进建议

5.1 事故整改情况

（1）采购控制卡时，对软、硬件版本型号应提出具体要求，不同型号的控制卡粘贴显著标识加以区分，防止非成对使用。

（2）排查当前运行的所有控制卡是否存在不同版本的情况，并择机进行整改。

（3）对正在运行和处于热备状态的控制卡的状态进行登记，定期巡检并核实是否发生过自动切换，及时评估设备的运行风险。

5.2 改进建议

（1）健全 DCS 点检制度，细化点检内容，达到验证系统完好性和可靠性的目的。

（2）完善自控系统维护操作规程，增加冗余功能测试等技术细节，并对更换后的部件粘贴时间标识，便于后期实施预防性维护。

6. 事故启示

这是一起由于预防性维护不到位而导致装置减产的典型案例，给同行们两点启示。

（1）DCS、SIS 作为整个生产过程的中枢神经系统，必须严格按照国家规范定期进行点检，确保其部件完好、端子紧固、卫生清洁、温度和湿度在指标范围，各项功能完好。

（2）在项目建设或日常维护中要特别注意冗余功能 CPU、通信卡、I/O 卡的软、硬件版本的一致性，并在厂家的指导下实施在线切换，尽量避免意外的发生。

DCS 冗余控制器不热备造成后系统全停事故

1. 事故单位及事故装置的基本情况

某煤化工企业为大型煤制天然气示范项目，单期设计产能为13.3亿m^3/年。工艺主要采用碎煤加压气化、粗煤气耐硫变换冷却、低温甲醇洗净化、克劳斯硫回收加氨法脱硫、甲烷化合成及废水处理等工艺技术，生产的天然气通过长输管道向外输送。

项目分化工区（加压气化设置16台气化炉）和动力区，动力区锅炉生产的高温高压蒸汽，经汽轮机发电做功或减温减压器减压降温为中压、低压、低低压的不同品质蒸汽供化工区使用，其中中压蒸汽（5.5MPa）主要是供化工区气化炉使用。生产期间，动力区一般采用3台锅炉、2台汽轮机（1台100MW抽凝式，1台30MW抽背式）运行，减温减压器热备的模式。当30MW抽背式机组跳车时，中压和低压蒸汽切换至减温减压器外供，设计为汽轮机和减温减压器无扰切换，实际切换中偶尔会造成蒸汽波动，遇有特殊情况时会造成化工区气化炉波动或跳车，致使全装置停产。

2. 事故情况

2.1 事故仪表的基本情况

动力区DCS采用Foxboro公司的I/A系统，FCP270控制器，FBM2xx系列IO卡件，Enterasys交换机，星形MESH网络结构，独网运行。

2.2 事故经过

2018年12月10日夜班，动力3号机（30MW抽背式）正常运行，负荷15.7MW；5.5MPa抽汽中调门开度0%、抽汽压力4.86MPa；2.0MPa外排电动门开度0%、排汽压力1.62MPa。供化工区5.5MPa母管压力4.64MPa，流量360t/h；2.0MPa母管压力1.51MPa，流量194t/h。

2018年12月10日3时22分，动力集控室听见异常响声，运行班长检查发现3号机处冒出大量蒸汽，由于蒸汽泄漏量及噪声特别大，人员无法靠近，返回集控室向调度汇报现场情况。

3时23分，运行班长发现公用系统5.5MPa外供蒸汽流量由360t/h变为0t/h，2.0MPa外供蒸汽流量由194t/h变为0t/h，情况紧急，经请示调度后立即安排投运减温减压站，降3号机运行负荷。副班长指挥调整锅炉侧负荷控制8.8MPa主汽压力。因2号5.5MPa减温减压站进汽调门操作不动，远程直接打开1号5.5MPa减温减压站进汽电动门（该阀门有缺陷，现场阀位停留在60%～70%，远程无法操作）。

3时24分，5.5MPa外供蒸汽流量恢复至300t/h；3时27分，2.0MPa外供蒸汽流量恢复至80t/h。3时40分，集控室基本调整稳定，经机组降负荷后，班长就地检查发现3号机处冒汽量大及声音异响的原因为3号机2.0MPa外排安全门重锤脱落，立即将情况汇报调度和中心相关领导。4时35分，因3号机外排安全门前法兰泄漏，机组运行情况下无法处理，经商议后决定停机处理。气化中心根据5.5MPa中压蒸汽恢复情况，在8台气化炉保压的情况下陆续开车恢复生产。

2.3 事故后果

动力区供化工区中压蒸汽（5.5MPa）压力突降，导致中压蒸汽压力低造成化工区加压气化8台气化炉联锁停车，影响天然气产量约16.9万 Nm^3。

3. 事故处置过程

3.1 事故处置情况

通过调取3号汽轮机DCS相关历史趋势，仪控人员发现3号机抽汽和排汽系统所有阀门（共计6台，详见表1）发生联锁误动作后关闭，导致汽机抽气和排气总管压力上涨（图1）。DCS趋势图上显示，3时24分43秒，6台阀门联锁关指令发出（图2）。

表1　3号汽轮机抽汽和排汽系统联锁动作阀门列表

序号	设备名称	阀门开关状态变化情况	备注
1	汽轮机抽汽逆止门	由全开状态变为全关状态	实际现场阀门关闭
2	汽轮抽汽快关门	由全开状态变为全关状态	实际现场阀门关闭
3	汽轮抽汽逆止门	由全开状态变为全关状态	实际现场阀门关闭
4	汽轮排汽至低压蒸汽母管电动门	由全开状态变为全关状态	实际现场阀门关闭
5	汽轮排汽快关门	由全开状态变为全关状态	实际现场阀门关闭
6	汽轮排汽逆止门	由全开状态变为全关状态	实际现场阀门关闭

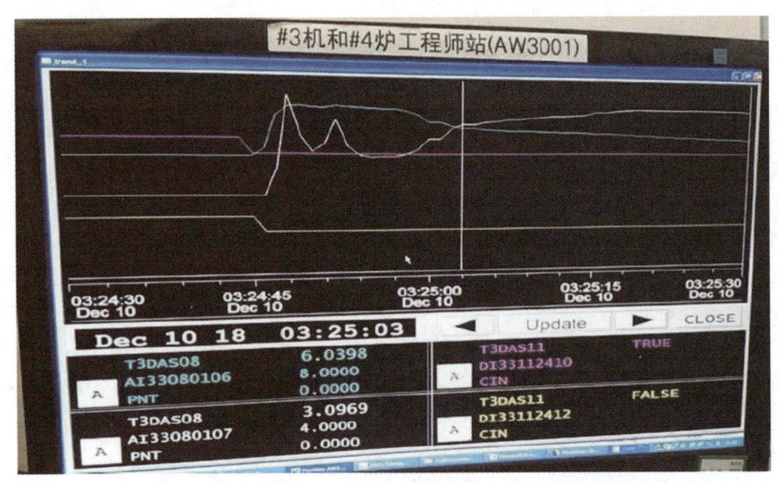

图1　电动门发生联锁关闭导致汽机压力上涨截图

注：蓝色为AI33080106-汽轮机抽汽总管压力，紫色为DI33112410-抽汽电动门开反馈，白色为AI33080107-汽轮机排汽总管压力，黄色为DI33112412-汽轮机排汽至低压供汽母管电动门开反馈。

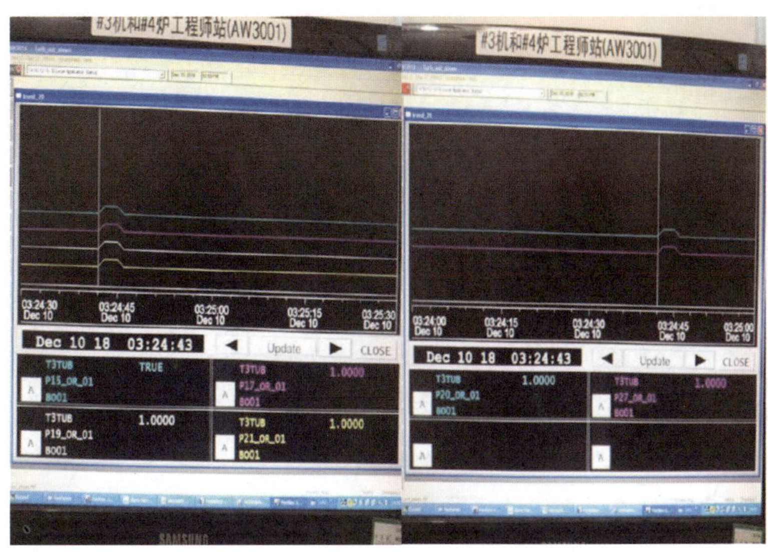

图 2　抽汽和排汽系统 6 台阀门联锁关指令发出截图

注：左侧曲线蓝色为汽轮机抽汽逆止门联锁关信号，紫色为汽轮机抽汽快关门联锁关信号，白色为汽轮机排汽逆止门联锁关信号，黄色为汽轮机排汽快关门联锁关信号；右侧曲线蓝色为汽轮机抽汽电动门联锁关信号，紫色为汽轮机排汽至低压蒸汽母管电动门联锁关信号。

根据动力 3 号汽轮机逻辑保护说明，这 6 台阀门联锁关的条件为“高压保安油失去（汽轮机跳闸）、主汽门全关、OPC 动作三个条件任意条件触发”（图 3）。通过查看历史趋势，高压保安油失去（汽轮机跳闸）联锁条件触发，该条件又是由 3 个独立的压力开关经三取二逻辑输出，但 3 个压力开关实际均未动作（图 4），初步判断为系统逻辑计算错误导致联锁触发。

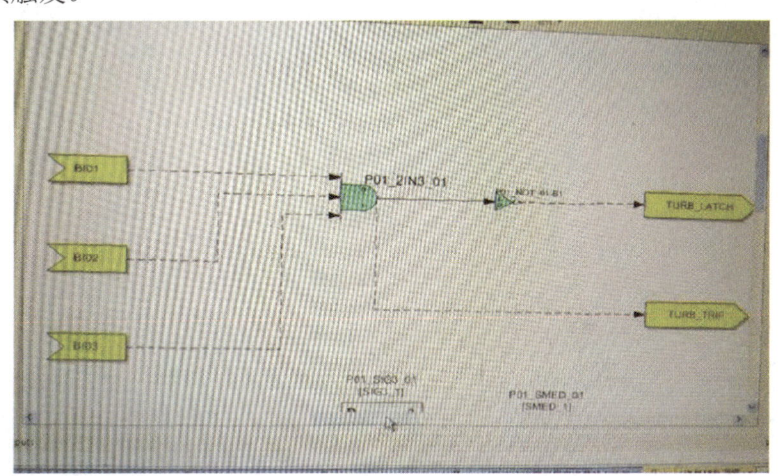

图 3　触发联锁关闭 6 台阀门的联锁逻辑图

注：PS1/PS2/PS3 分别是高压保安油压力开关 1/2/3，P01_2IN3_01 是三取二逻辑计算块，TURB_TRIP 是联锁关闭上述 6 个阀门的信号。

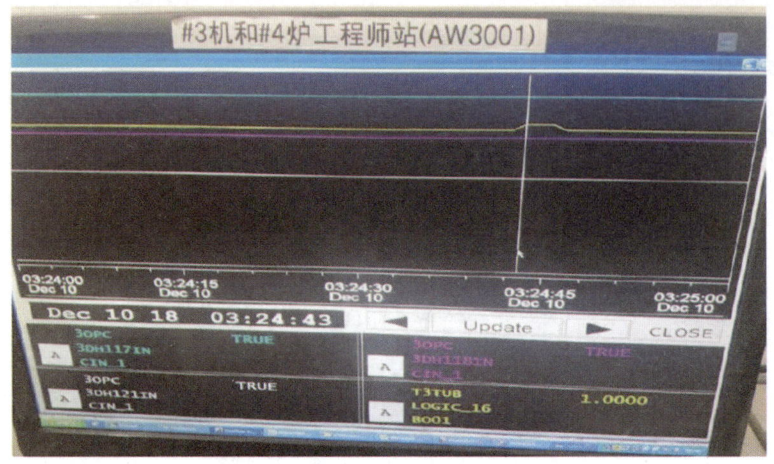

图 4　高压保安油压力开关状态及逻辑输出曲线截图

注：蓝色为高压保安油压力开关 1，紫色为高压保安油压力开关 2，白色为高压保安油压力开关 3，黄色为高压保安油压力低低联锁跳机输出。

3.2 仪表故障消除情况

为进一步分析逻辑计算块误发出高压保安油失去信号的原因，查看该逻辑在 CP3310 控制器（FCP270）内，重点对该控制器进行检查。经查，仪表巡检人员在 12 月 9 日巡检时，该控制器为左主、右从模式，但在事故发生后变为左从、右主模式，说明夜间控制器发生了切换，但切换时间不能确定。右侧控制器状态指示灯不正常（收讯灯常亮，正常应该是闪烁状态，图 5），所以确认控制器切换过程中，由于其异常导致了逻辑计算块误发出信号。随后找到备件将该控制器进行更换，所有指示灯正常，进行几次控制器切换实验均正常。

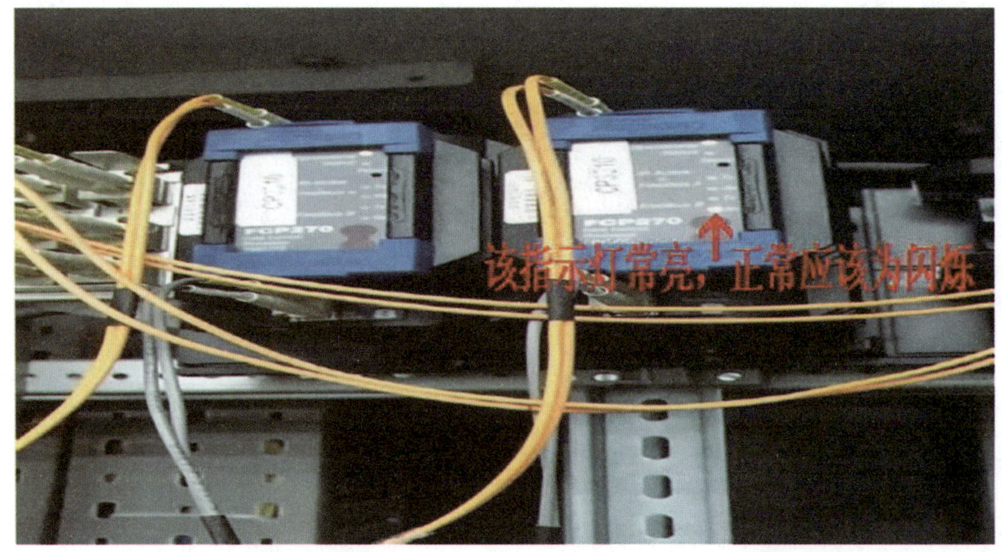

图 5　动力 3 号汽轮机 DCS 控制器（CP3310）故障状态

4. 原因分析

4.1 直接原因

通过以上详细分析，此次事故的直接原因是动力DCS控制器（CP3310）夜间突然故障，在切换过程中误发信号，导致联锁关闭3号汽轮机抽汽和排汽系统全部阀门（6台），使动力3号汽轮机2.0MPa排汽压力升高，安全阀起跳，外送5.5MPa、2.0MPa蒸汽中断，蒸汽管网压力低，最终导致8台气化炉联锁停车。

4.2 间接原因

（1）DCS控制器投用至今已有9年多时间，个别硬件出现运行不稳定情况。

（2）3号汽轮机抽汽及排汽压力升高机组不停机，但相关阀门关闭，逻辑保护不合理，存在安全隐患。

4.3 管理原因

（1）5.5MPa抽气压力最高涨到6.87MPa，配套安全阀（设定值5.95MPa）未起跳，未进行正确校验。

（2）仪表维护人员对机柜间系统硬件巡检不到位，未能及时发现事故隐患。

5. 事故整改情况及改进建议

5.1 事故整改情况

（1）对2.0MPa和5.5MPa安全阀重新校验，合格后安装，并做好相关记录。

（2）重新优化逻辑联锁，增加3号汽轮机抽汽及排汽系统阀门关闭联锁停机，避免抽汽及排汽压力升高。

（3）将机柜间内的温度、湿度、系统报警等信息引入操作画面上，设置报警显示，第一时间发现问题并及时进行处理。

5.2 改进建议

（1）加强对控制系统硬件的巡检，特别是控制器、服务器、交换机等的运行状态，发现异常及时处理，避免事故扩大。

（2）在系统检修期间对控制器、联锁、重要回路的卡件进行硬切换，统计整体故障率。针对故障率高的卡件，建议整体更换或系统升级。

（3）在动力中心及各班组之间对此次事故进行宣传和学习，要求仪表维护人员必须熟练掌握控制回路的原理及流程。同时加强工艺流程的学习，了解相关阀门的作用，一旦出现故障时能够综合分析原因，少走弯路，缩短故障处理时间，提高工作效率。

（4）针对此次事故中3号汽轮机抽汽及排汽压力升高、相关阀门关闭等不合理逻辑保护存在的问题，对动力中心所有工艺、设备联锁保护逻辑进行排查和梳理，根据实际情况进行优化，避免类似事故再次发生。

6. 事故启示

煤化工企业连续生产，DCS作为控制的核心，任何一个小的失误或故障，都可能引起联锁反应，造成生产波动或装置非停事故。因此仪表维护人员一定要加强机柜间的巡检，提高系统硬件巡检质量，及时发现设备异常；控制好室内卫生及温湿度，延长硬件使用寿命，避免因系统硬件故障，引起装置非停对企业造成重大经济损失和重大安全风险。

DCS 冗余控制器故障造成全厂停车

1. 事故单位及事故装置的基本情况

该煤化工项目有 2 台锅炉装置、1 套空分装置、3 台水煤浆气化炉。2 台锅炉一开一备，运行锅炉停车后（因备用锅炉在检修，无法迅速启动），会造成空分停车从而引起全厂停车。

2. 事故情况

2.1 事故仪表的基本情况

该厂 DCS 采用 FOXBORO 品牌，控制器型号为 FCP270，两台相同型号的控制器冗余配置，互为备用。正常运行时，随机分配主、备控制器，主控制器承担控制逻辑运算，备用控制器与主控制器同步数据。主控制器自检发现故障时自动离线，备用控制器自动上线切换为主控制器运行，正常切换不影响生产运行。正常运行时控制器不进行自动切换，可以通过系统管理软件在工程师站进行主、备控制器切换，也可以将运行中的主控制器手动强行复位让其离线重启，备用控制器自动切换为主控制器运行。正常运行时不推荐强制复位方法，可能导致控制器同时离线事故。

2.2 事故经过

2019 年 12 月 8 号 1 点 57 分，1 号锅炉操作站监测不到现场仪表测点数据，所有测点显示蓝底画面即测点为离线状态，其他操作站调取 1 号锅炉画面也显示测点均处于离线状态。经 DCS 值班人员进入机柜间检查，发现 1 号锅炉的两台 DCS 控制器均处于离线状态。查看系统日志，未发现任何控制器故障报警信息，仅有两条交换机端口断开报警记录，分析为控制器离线后两台控制器与交换机通信断开的记录。因此值班员尝试手动对左侧控制器进行复位，让另一台控制器上线，但未成功，两个控制器仍处于离线状态。

在工艺人员、仪表人员对 1 号锅炉调节阀、电动阀、风机等设备做安全措施期间，两台互为冗余的控制器同时自动上线，因控制器程序初始化，导致引风机跳车，引起 1 号锅炉停车。

发生故障控制器如图 1 所示：在控制器底板上左右安装两台型号相同的控制器，每台控制器与上位通信的数据采用 A（橙色光纤）、B（灰色光纤）两路光纤分别接入 A、B 两台冗余交换机进行数据通信；下位数据通过控制器底板总线进行通信。

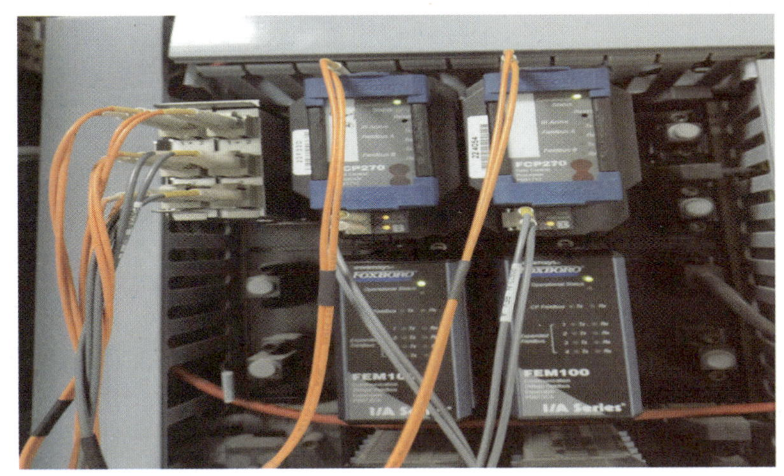

图 1　故障控制器

2.3 事故后果

冗余控制器离线导致运行的 1 号锅炉停车，引起全厂停车事故。

3. 事故处置过程

3.1 事故处置情况

手动对左侧控制器进行复位，右侧控制器未上线。随后对右侧控制器进行复位，左侧控制器未上线。经风险辨识，准备将所有风机启停继电器强制后更换控制器。在工艺人员、仪表人员对 1 号锅炉调节阀、电动阀、风机等设备做安全措施期间，左右两台互为冗余的控制器在故障离线状态同时自动上线。上线后系统已恢复运行，但程序初始化导致未来得及强制的继电器动作，引起锅炉跳车。后续进行控制器手动切换测试，无法通过切换测试，判断控制器存在故障。随后将两台控制器全部更换，通过切换测试后，系统恢复正常。

3.2 仪表故障消除情况

经过更换两台控制器处理，并通过控制器切换测试后，故障暂时已经消除。后续需要对控制器进行升级。

4. 原因分析

4.1 直接原因

主控制器离线（原因可能为自检故障，但系统诊断未记录自检故障信息），备用控制器因同步硬件故障，未接收到主控制器离线信息从而未能切换为主控制器上线运行，导致两台冗余的控制器同时离线，与上位的通信中断，由卡件保持输入输出状态。在两台控制器离线期间，从运行指示灯状态可以看出，两台控制器均作为备用控制器在自动同步下位数据，两台控制器同时自动上线后，从工程师站上载数据，所有程序初始化，继电器恢复初始值，造成 1 号锅炉停炉。

4.2 间接原因

1 号锅炉停炉后，对控制器进行切换测试，发现左侧控制器无法作为主控制器上线，判断为控制器硬件故障，并与厂家和其他用户沟通，得到验证。

4.3 管理原因

设备劣化分析时，已辨识出控制器使用时间较长，故障率变高，并提出升级方案，但未辨识出冗余控制器会同时离线。

5. 事故整改情况及改进建议

5.1 事故整改情况

事故处理过程中更换了两台控制器，整改完成。

5.2 改进建议

（1）2020 年检修期间，邀请 FOXBORO 厂家技术服务人员对所有 FCP270 控制器进行检测，对控制器的运行状况进行评估。

（2）2020 年检修期间对锅炉单元、空分单元 DCS 控制器进行升级，更换为厂家最新型号 FCP280。

（3）2020 年检修期间对剩余装置未升级的 FCP270 控制器软件版本升级，修复内部 BUG。

（4）有停车机会时，对控制器冗余功能测试，发现隐患及时处置。

6. 事故启示

跟厂家沟通，了解控制器的使用年限为 6 ～ 8 年，按照厂家的建议对到运行寿命的控制器进行更新。未到运行寿命的控制器，要定期联系厂家进行版本升级；对于停产控制器，要及时进行升级为最新的控制器。

DCS 冗余输出卡件故障导致气化装置跳车

1. 事故单位及事故装置的基本情况

某公司成立于 2008 年 12 月 29 日，主要工艺流程为：水煤浆与氧气在气化装置加压气化得到粗合成气，经变换、低温甲醇洗净化得到满足甲醇合成要求的精制合成气，经甲醇合成装置获得粗甲醇，最后经过精馏装置获得合格的精甲醇。

2. 事故情况

2.1 事故仪表的基本情况

气化装置的 DCS 采用横河的 CS3000 产品，其中冗余模拟量输出卡件型号为 AAI543-H，此型号输出卡为 16 通道“一用一备”的冗余卡。

2.2 事故经过

2021 年 4 月 21 日 9 时 56 分，该企业气化炉 A 跳车，气化炉联锁首出画面显示氧气分管流量低低，经仪表查找跳车原因后，发现气化炉 A 氧气调节阀 FV13007 先不明原因关闭，导致氧气流量低低，经仪表人员检查、故障排除后，于 14 时 48 分气化炉 A 连投成功，生产恢复正常。

2.3 事故后果

造成单系统非计划停车 4 小时 52 分，单系统日产量损失 20%，为一般二类生产事故。

3. 事故处置过程

3.1 事故处置情况

跳车后相关部门组织技术人员进行全面系统排查，ESD 系统 SOE 站显示氧气流量调节阀关闭（FVL-13007A 反馈最先出现），随后触发氧气流量低低（图 1），ESD-STOPA 停车。

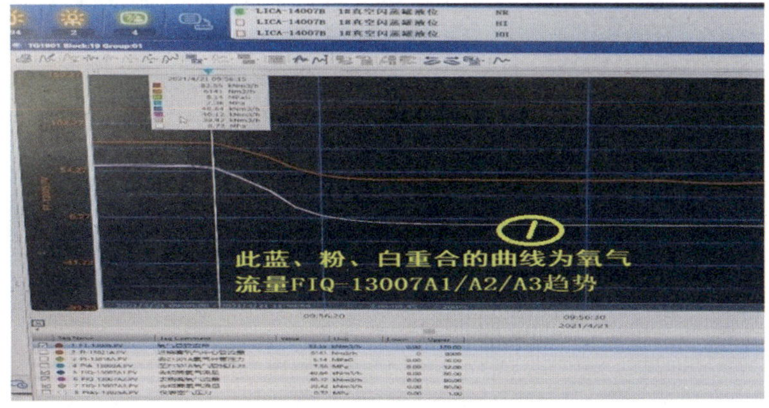

图 1　氧气流量 FIQ-13007A1/A2/A3 趋势

进一步排查氧气调节阀关闭原因，发现 DCS 报警在 9 时 56 分出现冗余模拟量输出卡报警（图 2），正好氧气调节阀的控制信号在此模拟量输出卡上。

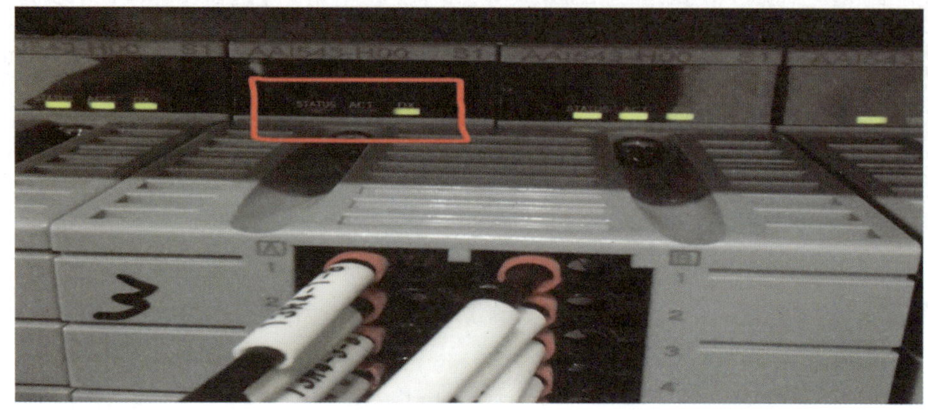

图 2　AO 冗余卡件不备用状态（红框内为状态灯）

该模拟量输出卡有 16 个通道，模拟量输出卡是一对冗余卡（一用一备）；正常情况主卡工作，副卡热备（互为主副卡），当主卡检测到故障会自动无扰切换到备用卡上，此时主卡处于不备用状态（图 3），这时如果触发故障的因素再次出现，工作副卡就会向不备用主卡切换，整个卡件会出现短暂的信号消失，从而导致卡件全部通道输出为零，故障关的调节阀就会关闭。

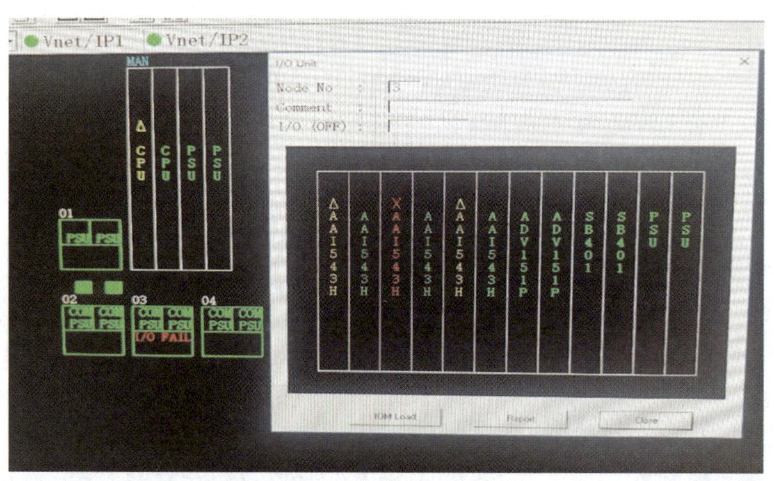

图 3　NODE 内卡件状态

红色表示不备用故障状态、绿色为运行、黄色为备用。

仪表人员怀疑造成氧气调节阀关闭的原因，可能是输出卡件连续两次切换，导致整个卡件所有信号输出为零。就进一步查询此卡件其他通道在跳车时输出和显示状态。

这块卡件导致氧气流量调节阀 FV-13007A（在第 12 通道）、碳洗塔排黑流量控制阀 HV-13004A（在第 9 通道）等相关阀门（图 4）误动作，致使氧气流量、碳洗塔排黑流量、急冷水流量等都有下降趋势；碳洗塔排黑流量 FIC-13004A（图 5）在跳车时的状态，流量有明显下降趋势。

msFCS0101 Train:1 Node:2 File:5AAI543-H.edf)

Window Help

Log Data | HART Variable

erminal	Signal	onversic	Service Comment	Lin	h Lin	Unit	Set Details	STD Tag Nam
2025101	Output	Current		4	20	mA	Direct Output	
2025102	Output	Current		4	20	mA	Direct Output	
2025103	Output	Current		4	20	mA	Direct Output	
2025104	Output	Current		4	20	mA	Direct Output	
2025105	Output	Current	至P1305A灰水量	4	20	mA	Direct Output	HV-13001A
2025106	Output	Current	至P1301A灰水量遥控	4	20	mA	Reverse Output	HV-13002A
2025107	Output	Current	至V1309A灰水流量	4	20	mA	Direct Output	FV-13003A
2025108	Output	Current	出T1301黑水流量调节阀	4	20	mA	Direct Output	FV-13004A
2025109	Output	Current	T1301A出口工艺气主管线	4	20	mA	Direct Output	HV-13004A
2025110	Output	Current	洗涤塔T1301A工艺气放空	4	20	mA	Reverse Output	HV-13005A
2025111	Output	Current	至P1301A氧气遥控	4	20	mA	Direct Output	HV-13006A
2025112	Output	Current		4	20	mA	Direct Output	FV-13007A
2025113	Output	Current		4	20	mA	Direct Output	LV-13008A
2025114	Output	Current		4	20	mA	Reverse Output	FV-13010A
2025115	Output	Current		4	20	mA	Direct Output	PV-13011A
2025116	Output	Current	去液空氧气流量	4	20	mA	Direct Output	FIS-13007A

图 4　模拟量冗余输出卡内通道

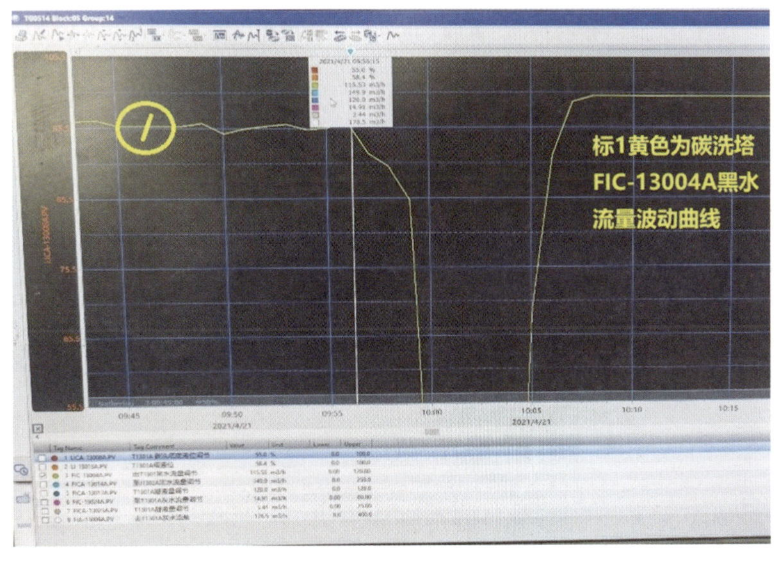

图 5　排黑流量 FIC-13004A 趋势

3.2 仪表故障消除情况

基于以上情况表明跳车原因是由冗余输出卡故障引起，此输出卡任何一通道出现短路或强电磁干扰，都会导致冗余卡互相切换。仪表人员及时检查卡件相关输出信号回路上的所有接线并重新紧固接线端子，排除强电干扰因素，并对此卡件热插拔后恢复工作状态。

装置连投后将卡件代码信息发横河电机株式会社分析，跳卡原因是由第 9 通道（HV-13004A）接线连续两次短路引起的卡件相互切换。为避免故障的再次发生，计划性停车后已将相关回路重新接线和检查电缆。

4. 原因分析

4.1 直接原因

氧气流量低低导致气化炉跳车。

4.2 间接原因

模拟量输出卡的第 9 通道（HV-13004A）接线连续两次短路引起的卡件相互切换，切换失败造成卡件输出信号消失。

4.3 管理原因

（1）仪表人员对重要联锁相关设备在运行中可能出现的问题、潜在隐患和事故诱因预估不充分；计划性检查和隐患排查治理工作不到位。

（2）在系统内重要联锁回路和一般回路分类不细致、不合理。

5. 事故整改情况及改进建议

5.1 整改情况

及时排查了系统接地、卡件安装情况；现场线路接线松动情况和可能存在的干扰因素，并重新紧固接线端子；并对出现故障的输出卡件进行“热插拔”后，恢复工作状态。

5.2 改进建议

（1）系统性停车后对容易引起跳车的回路的硬件、接线、电缆、外界干扰等因素进行定期、全面的检查、评估。

（2）将冗余卡件相关其他通道移除，只留下停车联锁相关回路，对关键的 I/O 点做优化配置，这些检查优化必须在全系统停车后才可以进行。

（3）进一步与系统厂家沟通，拿出避免类似故障的解决方案，消除造成跳卡的各种因素。

6. 事故启示

通过对本次事故的研究和总结，可得到如下启示：一是 DCS 冗余输出卡件在选型时尽量选择单通道的冗余卡件，使用多通道整体冗余卡件，存在卡件内全部通道整体信号消失的风险，为设备的稳定运行带来严重隐患；二是定期对仪表的完整回路以及现场的接线和干扰进行检查和判断；三是可能造成装置联锁跳车的重要仪表点不宜与非联锁仪表点共用一块卡。

DI 卡件端子板保险熔断导致锅炉停车事故

1. 事故单位基本情况

某精细化学品项目，采用拥有我国自主技术产权的中科高温浆态床费托合成工艺技术和航天长征粉煤加压气化技术制液体石蜡、稳定轻烃及液化石油气等。主要工艺流程为煤浆及粉煤与氧气在气化装置加压气化得到粗合成气，经变换、脱硫、脱碳净化得到满足高温浆态床要求的净化合成气，经高温浆态床后产出 F-T 蜡，最后经加氢裂化及加氢精制装置后获得相关精细化学品。

锅炉选择 4 台 480 t/h 高温高压循环流化床炉，DCS 选用国际某知名品牌。

2. 事故情况

2.1 事故仪表的基本情况

锅炉 DCS 选用国际某知名品牌，来自现场的仪表信号经过 DCS 端子柜及 DCS 卡件端子板后进入 DCS，本次事故的故障点出现在 DCS 端子板的保险丝上。

2.2 事故经过

2018 年 11 月 1 日 6 时 52 分，1 号锅炉引风机运行状态信号丢失导致锅炉 MFT 动作锅炉跳车，工艺人员迅速提高其他两台在运行锅炉的负荷，保证蒸汽管网的平稳运行。仪控人员接到工艺人员通知后立即组织检查，发现引风机运行状态信号接线牢靠，无虚接松动现象，检查卡件运行状态指示灯显示正常。在变电所内短接引风机运行信号发现 DCS 上位机显示无变化；在 DCS 端子柜及 DCS 卡件端子板上短接引风机运行状态信号发现 DCS 上位机显示状态仍然无变化。

根据上述检查测试，最终判断故障应该发生在 DCS 卡件端子板上，通过对端子板上安装的 3 个保险丝检查后发现，端子供电回路 0.5A 保险熔断，更换保险丝后测试信号状态恢复正常。

开关量输入卡件端子板如图 1 所示。

2.3 事故后果

1 号锅炉跳车 50min，其他两台锅炉紧急加负荷，保证蒸汽管网稳定运行。

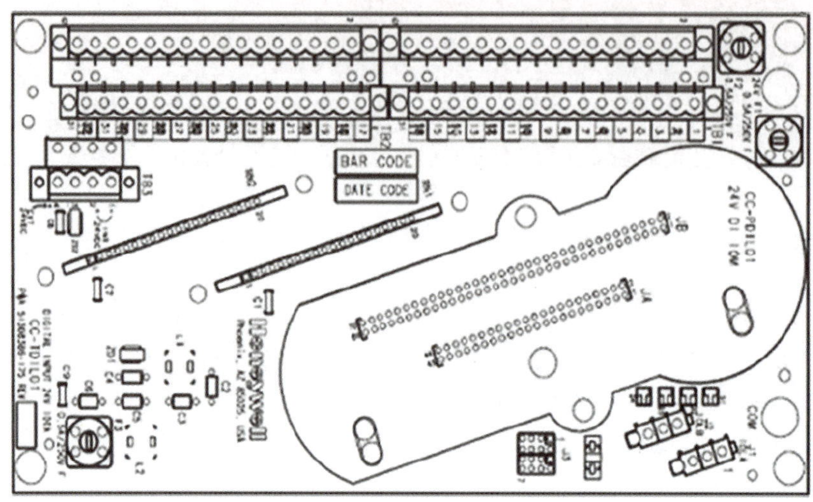

图 1　开关量输入卡件端子板

3. 事故处置过程

3.1 事故处置情况

事故发生后，工艺人员按照事故预案第一时间提高其他两台在运行锅炉的负荷，保证全厂蒸汽管网的平稳运行。仪控值班人员在接到工艺通知后立即组织电气人员、仪表人员进行故障排查、测试、分析，最终更换开关量输入卡件端子板保险丝后信号恢复正常，工艺组织投料开车。

3.2 仪表故障消除情况

测试引风机运行状态信号电缆绝缘合格，将开关量输入卡件端子板故障保险丝由原来的 0.5A 改为 1A，后信号恢复正常，使用效果良好。

4. 事故原因分析

4.1 直接原因

开关量输入卡件端子板供电回路 0.5A 保险熔断导致引风机运行状态信号丢失，触发锅炉 MFT 动作。

4.2 间接原因

跳车后检查引风机运行状态信号电缆绝缘良好，电气侧隔离继电器完好、开关量输入卡件端子板供电回路保险丝熔断（保险丝额定电流为 0.5A，端子板供电回路实际电流 0.42 A），更换保险丝后经反复测试，均未发现异常，根据以上情况综合判断本次事故的间接原因为保险丝在发热、氧化、应力疲劳等的作用下寿命缩短，实际额定电流降低，额定电流已达不到 0.5A，仪控人员日常劣化分析不到位，没有做到预防性检修。

4.3 管理原因

仪表管理维护人员对于卡件端子板保险丝工作情况疏于管理，劣化分析不到位、检查测试不到位，也没有相关管理制度，最终因疏于管理导致跳车事故发生。

5. 事故隐患整改情况及改进建议

5.1 事故整改情况

经过对国内某知名品牌 DCS 卡件端子板及国外其他知名品牌 DCS 卡件端子板运行情况调研，发现约 90% 的 DCS 厂家卡件端子板上均未设置该保险丝，端子板如图 2、图 3 和图 4 所示。

经过评估，考虑在每个输入回路上已设置有 1A 保险，在与 DCS 厂家技术人员、研发人员沟通后将全厂所有 DI 卡件端子板上 0.5A 保险更换为 1A，更换后系统已稳定运行 3 年，未出现同类故障。

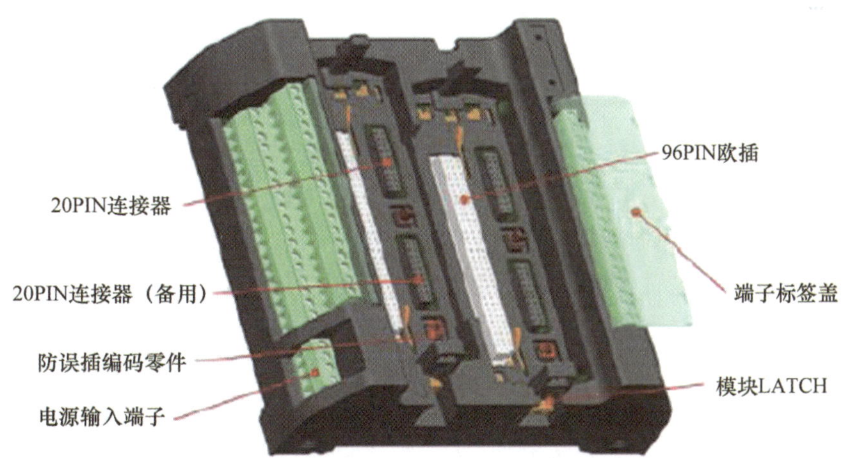

图 2　国内知名品牌 DCS 卡件端子板

图 3　国外知名品牌 DCS 卡件端子板

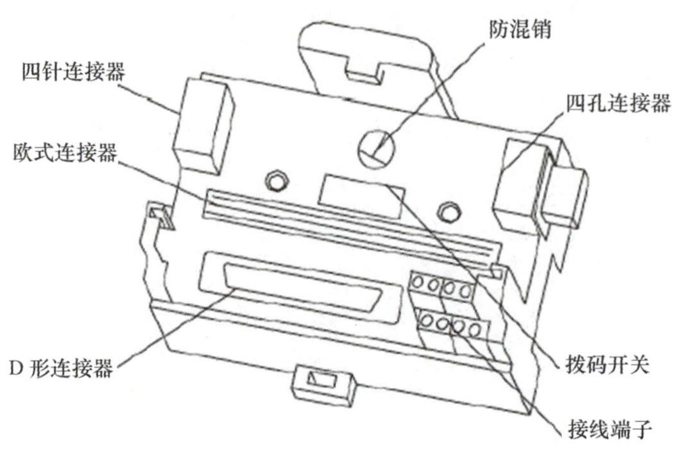

图 4　国内知名品牌 DCS 卡件端子板

5.2 改进建议

控制系统属于化工装置生产运行的核心设备，故障率相对较低，人们往往重视联锁投切、网络安全、控制器及卡件等，对于卡件端子板的保险、冷却风扇、湿度等一般不重视，不会进行劣化分析、定期测试等工作，最终导致故障累积。仪表管理人员及运维人员对主要设备及辅助设备的管理应该按统一标准执行，避免因小失大。

仪表管理人员应编制系统辅助类设备管理制度，并监督检查落实制度的执行情况。另外 DCS 维护人员应定期通过红外线测试仪检测保险的发热情况，查出异常立即处理。

设备劣化分析工作应全面，分析前应罗列设备清单并逐项进行，防止出现遗漏。

6. 事故启示

化工企业连续生产要求较高，控制系统作为化工生产的中枢神经，任何一个小的失误或故障，都可能对企业生产带来巨大的损失，联锁仪表设备尤为重要。自控人员在日常应加强成套资料的学习及设备劣化分析，提前掌握仪表设备的故障发展趋势，做到预防性检查测试，避免影响装置的稳定运行。

DI 卡件故障造成甲醇循环气压缩机停车事故

1. 事故单位及事故装置的基本情况

某煤化工企业为年产 40 万 t 煤制甲醇项目，采用四喷嘴水煤浆气化工艺，主要工艺流程：水煤浆与氧气在气化炉内加压气化得到粗合成气，经变换、低温甲醇洗、甲醇合成、甲醇精馏等工艺，产出精甲醇。

事故发生在甲醇循环气压缩机厂房，故障仪表类型：北京康吉森系统、DI 卡件。

2. 事故情况

2.1 事故仪表的基本情况

康吉森 DI 卡件故障，联锁信号 UZ_ESD 条件触发，引起 SOV_2222 和 SOV_2223 电磁阀失电（非冗余），两个速关阀关闭导致机组停车。

2.2 事故经过

2020 年 7 月 24 日 14 时 43 分，合成车间循环气压缩机组跳车。合成车间工艺人员调取机组的温度、振动、位移趋势均正常，中控联锁数值无异常。DCS 人员通过调取 ITCC 系统 SOE 事件记录（图 1）、异常通道信号画面（图 2）、卡件故障诊断信息（图 3），发现为 ITCC 画面联锁信号 UZ_ESD（图 4）条件触发，引起 SOV_2222 和 SOV_2223 电磁阀失电，两个速关阀关闭导致机组停车。

39:44.185	10035	dHS_P4111A_A_M	FALSE	01 - TRINODE01	01 - soe_block_1	主油泵电机远程/就地旋钮
39:44.185	10038	dHS_P4111B_A_M	FALSE	01 - TRINODE01	01 - soe_block_1	备用油泵电机远程/就地旋钮
39:44.185	10041	dHS_P4112_A_M	FALSE	01 - TRINODE01	01 - soe_block_1	事故油泵电机远程/就地旋钮
39:44.185	10044	dHS_E4113_A_M	FALSE	01 - TRINODE01	01 - soe_block_1	电加热器远程/就地旋钮
39:44.185	10047	dHS_P4113A_A_M	FALSE	01 - TRINODE01	01 - soe_block_1	凝泵A电机远程/就地旋钮
39:44.185	10050	dHS_P4113B_A_M	FALSE	01 - TRINODE01	01 - soe_block_1	凝泵B电机远程/就地旋钮
39:44.185	10062	dXS_DCS_SP	FALSE	01 - TRINODE01	01 - soe_block_1	DCS启动允许
39:44.185	10063	dUZ_ESD	FALSE	01 - TRINODE01	01 - soe_block_1	停压缩机指令
39:44.185	12147	sXL_DCS	FALSE	01 - TRINODE01	01 - soe_block_1	公共跳闸去DCS
39:44.185	12150	sXA_AOC_TR	TRUE	01 - TRINODE01	01 - soe_block_1	停机指示灯（操作台）
39:44.185	12151	sXA_LGB_TR	TRUE	01 - TRINODE01	01 - soe_block_1	公共跳闸指示灯
39:44.185	12152	sUA_ESD	FALSE	01 - TRINODE01	01 - soe_block_1	压缩机已停
39:44.185	12153	fTRIP_COMMON	FALSE	01 - TRINODE01	01 - soe_block_1	公共跳车
39:44.185	12154	sSOV_2222	FALSE	01 - TRINODE01	01 - soe_block_1	停机电磁阀
39:44.185	12155	sSOV_2223	FALSE	01 - TRINODE01	01 - soe_block_1	停机电磁阀
39:44.185	12157	fNOTRIP_COMMON	FALSE	01 - TRINODE01	01 - soe_block_1	公共跳车（启动条件）

图 1　SOE 事件记录

C2S6			
序号	位号	描述	状态
1			
2			
3	dHS_P4111A_A_M	主油泵电机远程/就地旋钮	
4			
5			
6	dHS_P4111B_A_M	备用油泵电机远程/就地旋钮	
7			
8			
9	dHS_P4112_A_M	事故油泵电机远程/就地旋钮	
10			
11			
12	dHS_E4113_A_M	电加热器远程/就地旋钮	
13			
14			
15	dHS_P4113A_A_M	凝泵A电机远程/就地旋钮	
16			
17			
18	dHS_P4113B_A_M	凝泵B电机远程/就地旋钮	
19			
20			
21	dHS_X4112_ST	排油烟风扇启动按钮	
22	dHS_X4112_SP	排油烟风扇停止按钮	
23	dXA_X4112_FLT	排油烟风扇电机故障指示	
24	dXS_P4113_R_ST	压缩机干气密封增压泵启停反馈	
25			
26			
27			
28			
29			
30	dXS_DCS_SP	DCS启动允许	
31	dUZ_ESD	停压缩机指令	
32	dTIMESYN	时间同步	

图 2　异常通道信号画面

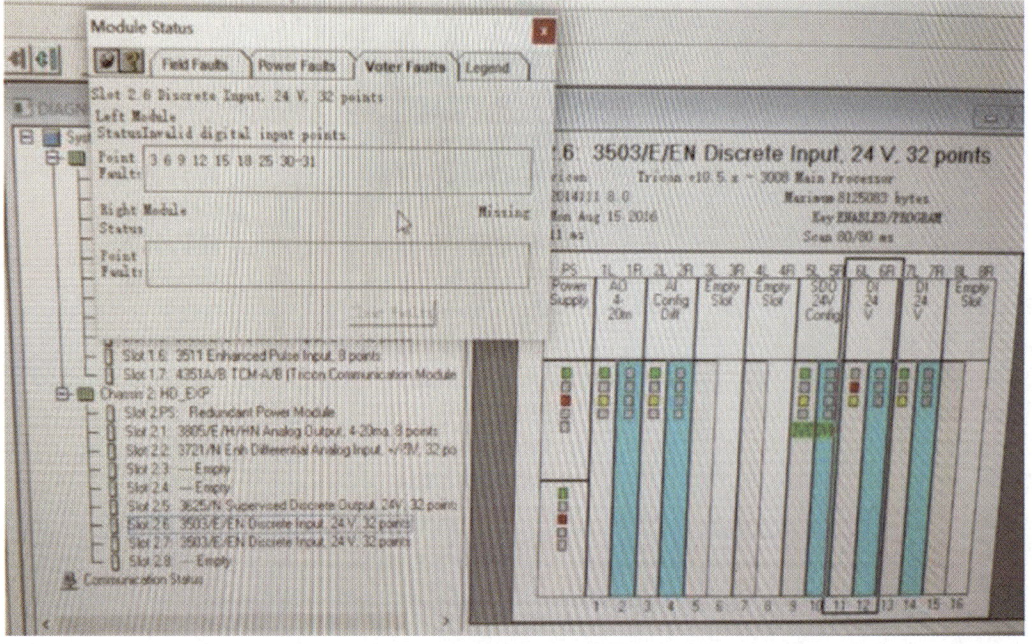

图 3　卡件故障诊断信息

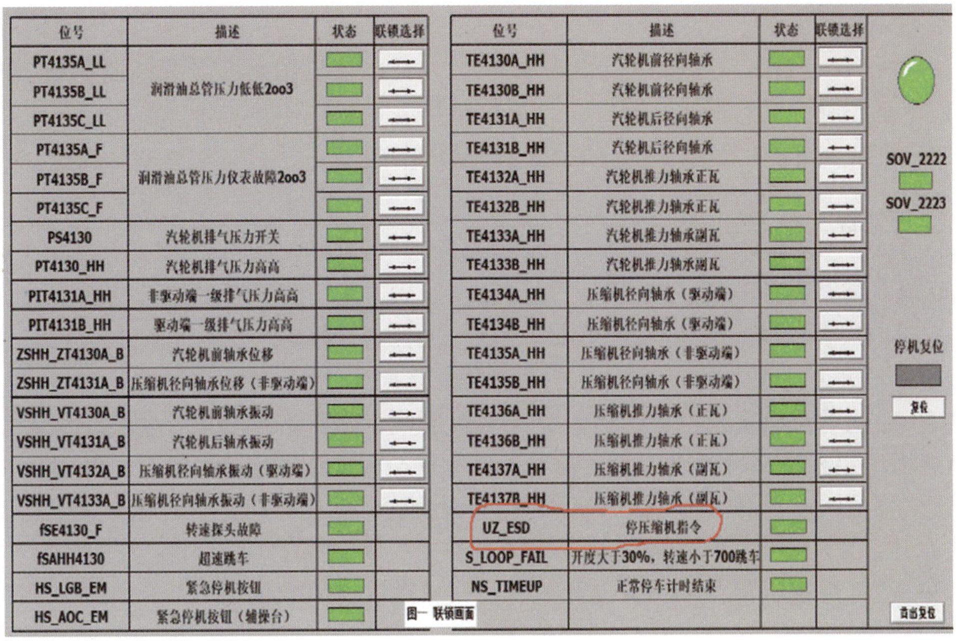

位号	描述	状态	联锁选择
PT4135A_LL	润滑油总管压力低低2oo3		
PT4135B_LL			
PT4135C_LL			
PT4135A_F	润滑油总管压力仪表故障2oo3		
PT4135B_F			
PT4135C_F			
PS4130	汽轮机排气压力开关		
PT4130_HH	汽轮机排气压力高高		
PIT4131A_HH	非驱动端一级排气压力高高		
PIT4131B_HH	驱动端一级排气压力高高		
ZSHH_ZT4130A_B	汽轮机前轴承位移		
ZSHH_ZT4131A_B	压缩机径向轴承位移（非驱动端）		
VSHH_VT4130A_B	汽轮机前轴承振动		
VSHH_VT4131A_B	汽轮机后轴承振动		
VSHH_VT4132A_B	压缩机径向轴承振动（驱动端）		
VSHH_VT4133A_B	压缩机径向轴承振动（非驱动端）		
fSE4130_F	转速探头故障		
fSAHH4130	超速跳车		
HS_LGB_EM	紧急停机按钮		
HS_AOC_EM	紧急停机按钮（辅操台）		

位号	描述	状态	联锁选择
TE4130A_HH	汽轮机前径向轴承		
TE4130B_HH	汽轮机前径向轴承		
TE4131A_HH	汽轮机后径向轴承		
TE4131B_HH	汽轮机后径向轴承		
TE4132A_HH	汽轮机推力轴承正瓦		
TE4132B_HH	汽轮机推力轴承正瓦		
TE4133A_HH	汽轮机推力轴承副瓦		
TE4133B_HH	汽轮机推力轴承副瓦		
TE4134A_HH	压缩机径向轴承（驱动端）		
TE4134B_HH	压缩机径向轴承（驱动端）		
TE4135A_HH	压缩机径向轴承（非驱动端）		
TE4135B_HH	压缩机径向轴承（非驱动端）		
TE4136A_HH	压缩机推力轴承（正瓦）		
TE4136B_HH	压缩机推力轴承（正瓦）		
TE4137A_HH	压缩机推力轴承（副瓦）		
TE4137B_HH	压缩机推力轴承（副瓦）		
UZ_ESD	停压缩机指令		
S_LOOP_FAIL	开度大于30%，转速小于700跳车		
NS_TIMEUP	正常停车计时结束		

SOV_2222

SOV_2223

停机复位

复位

首出复位

图一 联锁画面

图 4　联锁画面

2.3 事故后果

本次事故导致合成系统停车 6h，甲醇产量损失 281t。

3. 事故处置过程

经仪表人员排查，该 UZ_ESD 跳车条件与 DCS 联锁停循环气压缩机通过硬接线连接，硬接线之间通过中间继电器进行回路控制，后台查找 DCS 逻辑未发出停循环气压缩机指令，但循环气压缩机 ITCC 接收到 UZ_ESD 条件触发信号。之后对开关量 DI 卡（32 通道）状态进行排查，发现有 9 个通道同时异常且卡件报故障，其中 UZ_ESD 信号通道异常是导致联锁触发停车的根本原因。

找到原因后，仪表人员立即去库房领取新 DI 卡件，插入备用卡槽中，3s 后新卡件运行正常，9 个异常信号通道恢复正常。随后合成车间组织人员对合成系统重新开车，20 时 25 分合成系统开始接气，运行恢复正常。

4. 原因分析

4.1 直接原因

DI 卡件故障，致使 ITCC 画面联锁信号 UZ_ESD 条件触发，导致两个速关阀对应的两个电磁阀 SOV_2222 和 SOV_2223 失电，是此次事故发生的直接原因。

4.2 间接原因

在日常巡检中对 DCS 机柜间卡件状态巡检存在不细致、不到位现象，未能及时发现问题和解决问题。

4.3 管理原因

（1）对 ITCC 系统风险辨识及管控不到位。ITCC 系统作为机组关键控制系统，日常未对 ITCC 系统进行重点管理，对 I/O 卡件软件及硬件报警问题认识不足。

（2）机组关键控制回路 DI 卡件没有采用冗余模式。

5. 事故整改情况及改进建议

5.1 事故整改情况

（1）对 ITCC 和 SIS 机柜 10 日内组织一次全面排查，对重点设备机柜进行详细的排查，形成五定整改表，对存在的问题及时上报和整改。

（2）加强重点设备机柜的巡检，提高巡检频次。修订巡检制度，优化巡检记录，要求机柜巡检班组人员每日两次巡检，管理人员每日至少 1 次巡检，发现异常及时上报。

（3）对重点设备 ITCC 和 SIS 卡件进行梳理统计，对现有库存卡件进行清点排查，对不足备件进行采购储备，避免紧急情况下无备件更换。

（4）结合系统厂家，制订点检计划，在大修期间进行全面的检查、测试、系统优化等工作。

5.2 改进建议

（1）与同类企业开展对标对表。借鉴同类企业仪表控制系统的先进管理经验，加强卡件日常巡检及维护的管理。

（2）加强 DCS 班组人员日常培训。优化技能培训内容，重点对控制系统的日常操作和维护进行培训。

（3）在大修期间，应对机柜内的卡件、继电器、接线端子进行全面的测试、吹扫、紧固，接地线测试和整改，对重要机组机柜内超过 6 年的继电器进行批量更换。

（4）建议对于重点控制回路应采用冗余卡件，减少事故发生；对于部分采用组组隔离的卡件应更换为点点隔离的卡件。

6. 事故启示

全厂机组作为化工企业的核心设备，任一环节出现问题都会给生产造成巨大的影响和损失，特别是机组配套的现场仪表和系统卡件，在日常巡检和维护中，按管理制度认真执行，严格把关机柜间温度及湿度控制范围。当卡件故障报警时（系统报警和卡件指示灯报警），证明卡件已经有缺陷，存在跳车的风险，应及时上报，编制施工方案审批后，应及时处理或在线更换，及时消除隐患。

ESD 卡件故障导致 A/B 气化炉跳车事故

1. 事故单位及事故装置的基本情况

某煤化工企业，以煤炭深加工及销售为主营业务，公司 16 万 t/年煤制油工业化示范项目，主要产品柴油、石脑油、重柴油、LPG。自 2008 年建成投产，有 2 台锅炉装置、1 套空分装置、2 台水煤浆气化炉。3 台水煤浆气化炉两开一备运行，3 台气化炉共用一套 Tricon ESD 系统。

2. 事故情况

2.1 事故仪表的基本情况

气化炉联锁紧急停车功能由 Tricon 系统实现，3 台气化炉共用 1 套 Tricon 系统（简称 ESD 系统）。ESD 系统 DO（开关量输出）卡件型号 3625。设计建设时 A/B 气化炉的 ESD 系统跳车关闭 A/B 炉氧气调节阀设计同一块输出卡件上。通道分配如图 1 所示。

序号	位号	机架号	卡件号	通道号	描述
1	c_FV1206A_LOCK	3	1	13	A 炉氧气调节阀激活信号
2	c_FV1206B_LOCK	3	1	25	B 炉氧气调节阀激活信号
3	c_FSV_1206A1	4	6	1	A 炉氧气调节阀电磁阀开关指令
4	c_FSV_1206A2	4	6	2	A 炉氧气调节阀电磁阀开关指令
5	c_FSV_1206B1	4	6	3	B 炉氧气调节阀电磁阀开关指令
6	c_FSV_1206B2	4	6	4	B 炉氧气调节阀电磁阀开关指令

图 1　通道分配表

氧气调节阀关闭的路径有三种：

（1）通过 ESD 系统直接使电磁阀失电使调节阀关闭。

（2）通过 DCS 系统发出调节信号给阀门定位器使调节阀关闭。

（3）ESD 系统发出激活信号给 DCS，再由 DCS 发出调节信号给阀门定位器使调节阀关闭。

由于前期卡件频繁报警，经过与厂家技术人员沟通，厂家建议对 ESD 卡件进行双卡冗余配置运行。图 2 是氧气流程图。

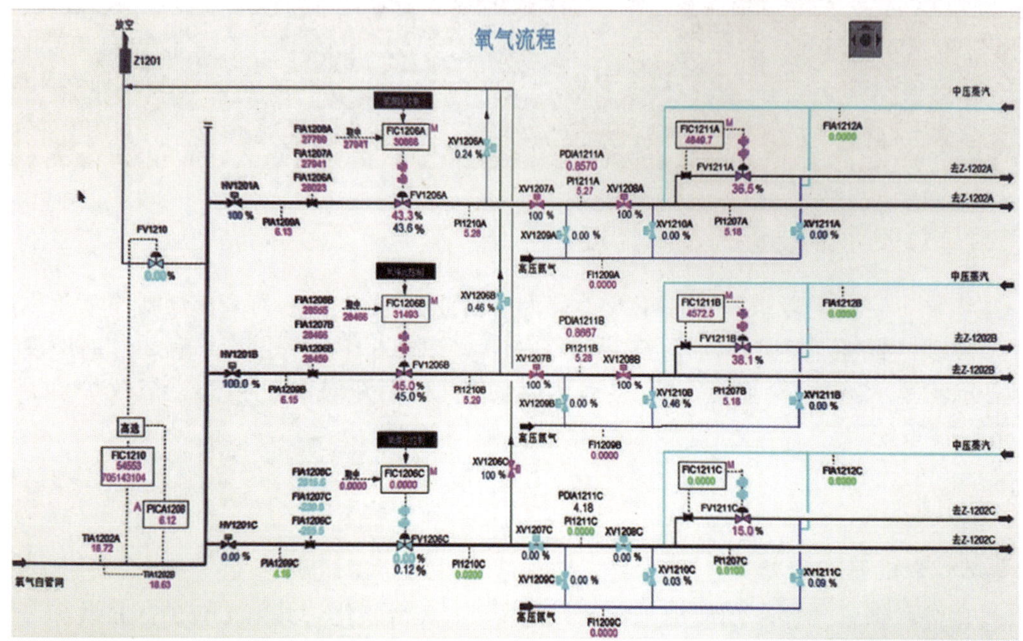

图 2　氧气流程图

气化炉联锁停车条件如图 3 所示。

气化炉A SDI

序号	条件	测量值			联锁设定值	SDI状态	第一事故
T-1	煤浆流量低三选二	56	56	55	19m3/h		
T-2	氧气流量低三选二	30860	30766	30604	9000Nm3/h		
T-3	氧煤比高联锁	O: 30766	C: 56	O/C: 552	630延10S后高于670		

图 3　气化炉联锁停车条件

氧气停车联锁逻辑如图 4 所示。

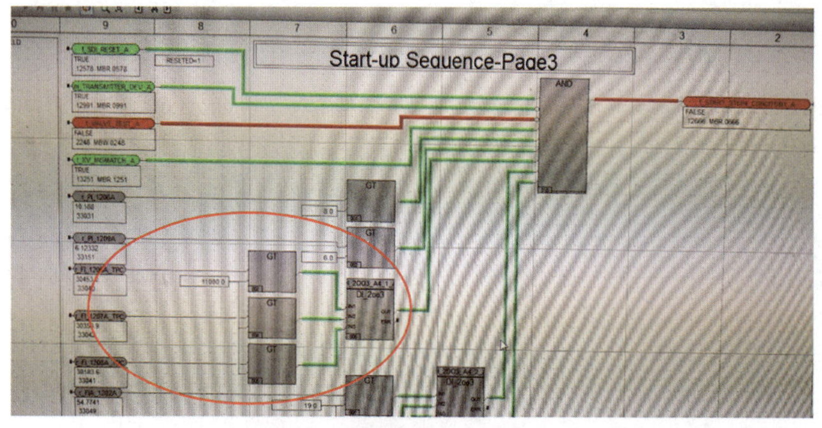

图 4　氧气停车联锁逻辑

2.2 事故经过

2011 年 8 月 1 日 7 时 00 分 25 秒，在运行的 A/B 2 台气化炉同时跳车，查第一事故报警为氧气流量低低。查趋势及 SOE，发现氧气流量低低为氧气调节阀 FV-1206A/B 意外关闭造成。

ESD 系统发出关闭氧气调节阀激活命令（FV1206A_LOCK、FV1206B_LOCK）给 DCS，DCS 接收命令后，输出调节信号给阀门定位器将氧气调节阀 FV-1206A/B 关闭。造成 A/B 两台气化炉氧气调节阀同时关闭。氧气流量下降到联锁值，最终 A/B 两台气化炉联锁停车。

2.3 事故后果

事故造成在运行的 2 台气化炉停车、后工序全部停车。

3. 事故处置过程

3.1 事故处置情况

经过检查判断为卡件故障，同时更换 2 块卡件，系统恢复正常，配合开车，恢复生产。

3.2 仪表故障消除情况

经过更换 2 块卡件，系统恢复正常，报警消除，阀门调试，开关符合工艺要求，配合气化炉开车。

4. 原因分析

4.1 直接原因

A/B 气化炉氧气流量低低，触发联锁条件，发出跳车指令，导致 A/B 气化炉停车。

4.2 间接原因

ESD 系统第 3 机架第一槽位 DO 卡件，双卡冗余配置运行，系统的 2 块冗余卡件会在整点进行主/备切换，主/备卡件切换失败，导致 2 块卡件同时离线，造成该卡件所带的所有带电继电器失电，继电器误将 FV1206A/B 激活信号发给 DCS，从而引起现场氧气调节阀关闭，导致氧气流量低低，最终导致装置停车。

ESD 系统第 1、第 2 槽位 DO 卡件冗余配置如图 5 所示。

图 5　ESD 系统 DO 卡件冗余配置

4.3 管理原因

（1）项目建设时期风险辨识不到位，通道分配原则不规范。相互备用设备联锁点设在同一块输出卡件上，未进行分散管理。

（2）前期卡件故障较多，盲目听从厂家建议，未辨识出主/备卡件切换风险。

（3）ESD 系统巡检存在漏洞，完善 ESD 巡检制度。

5. 事故整改情况及改进建议

5.1 事故整改情况

（1）停车事故发生后，更换 2 块卡件，系统恢复正常。

（2）完善 ESD 巡检制度。

5.2 改进建议

（1）将 Tricon 系统改为单卡运行，不进行冗余配置，防止整点切换故障导致继电器误动作。

（2）在时间整点前后 5min 期间内不对卡件进行更换操作，防止出现切换故障情况。

（3）完善 ESD 巡检制度，每日巡检两次。发现卡件故障报警第一时间进行复位，消除故障。如果故障无法消除，72h 内进行在线更换。

（4）定期查看 SOE 记录，诊断卡件或现场故障报警并消除，如遇无法判断的报警寻求 Tricon 技术人员的支持。

（5）检测同一过程变量的多套变送器信号宜接入不同输入卡件。冗余的最终元件应接到不同的输出卡件。

6. 事故启示

（1）建议多套相互备用的设备（如气化炉、锅炉、空分机组等），设计为独立的安全仪表系统，且安全仪表系统宜为静态，便于后期检修与维护。

（2）项目建设时应当在招标技术规格书中明确通道分配基本原则，同一联锁仪表点、相互备用设备联锁点不在同一块卡件上，避免共因失效。

（3）Tricon 系统建议单卡运行，不做冗余配置。并且在整点前后 5min 期间内不对卡件进行更换操作。

（4）每次停车检修时，检查相关 ESD 卡件，并做模拟试验。对卡件通道进行点检测试。

ESD 系统卡件故障导致装置全停事故

1. 事故单位及事故装置的基本情况

某煤化工企业为大型煤制天然气示范项目，单期设计产能为 13.3 亿 m^3/年。采用碎煤加压气化、低温甲醇洗净化、甲烷合成技术，生产的天然气通过长输管道向外输送，同时副产焦油、粗酚、硫黄、硫铵等产品。

该企业甲烷化合成装置主要是将来自低温甲醇洗的净化气经换热器加热后，进入脱硫槽进行精脱硫。脱硫后的原料气经加热后分为两股，分别进入第一大量甲烷化反应器和第二大量甲烷化反应器进行反应。

甲烷化循环压缩机是该装置中关键的设备，通过该设备将第一大量甲烷化反应器出口一部分产品气进行加压重新补充到反应器入口处，控制该反应器床层温度，确保产品气中甲烷含量大于 95% 以上，经过首站加压、脱水后送往长输管网。该机组停车，会导致后续首站装置停车，外供天然气中断。

2. 事故情况

2.1 事故仪表的基本情况

甲烷化装置 ESD 系统采用 TRICONEX 控制，数字量输入卡件（DI）型号 3503E（32 通道/块）。ESD 控制系统停车信号（位号：dESD_TRIP_V101）设置在数字量输入 C1S3 卡件中。

2.2 事故经过

2019 年 9 月 08 日 7:00 工艺人员告知，甲烷化循环气压缩机组停车，跳车首出为 ESD 控制系统停车信号（位号：dESD_TRIP_V101）。仪表人员接到通知后，立即逐级上报，并展开一系列排查和故障处理，于 8:57 仪表具备启机条件。

2.3 事故后果

甲烷化合成装置停车 124min，后续首站装置停车，中断外网供气。

3. 事故处置过程

3.1 事故处置情况

仪表人员接到工艺人员通知甲烷化循环气压缩机组停车后，立即逐级上报，部室及中心领导陆续到达现场。

随后对相关回路的紧急停车按钮、端子、继电器、卡件进行检查，未发现异常。调取 SOE 进行详细跳车原因查询，停车信号 dESD_TRIP_V101（图 1）在停车后又相继发生 2

次信号状态翻转的现象，时间间隔均为 200ms。通过分析及检查可能引起信号翻转的原因，初步怀疑为 C1S3 卡件（该卡件曾故障维修后使用）自身的故障引起其内部检测系统出现错误的判断，从而将错误信号输出导致装置停车。为避免相同故障再次发生，立即更换该卡件，8:57 仪表具备启机条件。

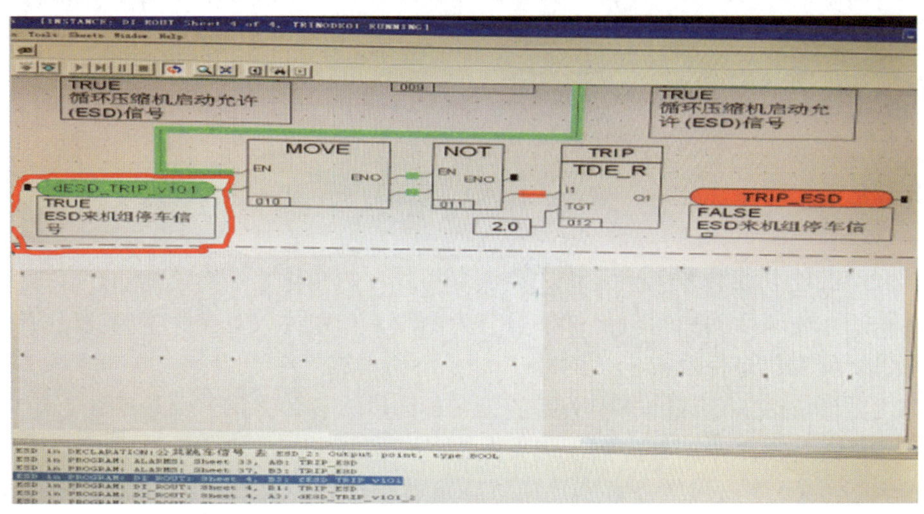

图 1　ESD 来机组停车信号（dESD_TRIP_V101）（图红框内）

3.2 仪表故障消除情况

仪表人员通过检查 SOE 记录事件的前后顺序，在 06:53:04.990 时，来 ESD 系统的跳车信号触发，同时在 06:53:05.190 时信号恢复，其中时间差值为 200ms。之后，在 06:53:07.190 到 06:53:07.390 及 06:53:07.990 到 06:53:08.190 这两个时间段内，停车信号 dESD_TRIP_V101 又相继发生 2 次信号状态翻转，时间间隔均为 200ms。通过分析及检查可能引起信号翻转的原因，初步确认为 C1S3 卡件自身的故障引起其内部检测系统出现错误的判断，从而将错误信号进行输出导致装置停车。

将“停车信号 dESD_TRIP_V101”所对应的循环气压缩机控制系统 C1S3（DI）卡件更换成新卡件后，再未出现此类情况。

4. 原因分析

4.1 直接原因

循环气压缩机控制系统 C1S3（DI）卡件本身故障，引起其内部检测系统出现错误的判断，从而将“停车信号”输出导致装置停车。

4.2 间接原因

C1S3（DI）卡件是 2019 年 4 月送至维修单位修复后的卡件，于 2019 年 8 月装置停车检修期间更换上线，更换原因为原卡件故障报警，为消除报警更换为此块修复的卡件（图 2）。此次停车前该卡未出现故障报警现象。

图 2　修复后的数字量输入卡件（DI-3503E）

上述现象说明，修复的卡件可靠性不高，不能用于停车回路关键部位。

4.3 管理原因

（1）仪表人员对重要联锁设备的老化情况预判能力不足，把控不到位，对修复后卡件的稳定性、可靠性认识上存在偏差。

（2）在事故处理过程中，仪表人员分工不明确，不能做到各尽其责，仪表人员技能水平有待提高。

（3）仪表人员不熟悉机组相关工艺流程，发生事故后不能有效地结合控制系统 SOE 中查到的事故信息进行综合的分析判断，延误了启机时间。

5. 事故整改情况及改进建议

5.1 事故整改情况

（1）企业要求，对于 DCS、ITCC、ESD、DEH 等涉及联锁停车系统卡件一旦出现故障需更换时，必须使用新卡件，严禁使用维修后的卡件（稳定性无法保证）。

（2）加强对电子机柜室内设备巡检，保证电子机柜室温度、湿度及卫生情况处于标准环境中，延长电子间设备的使用寿命，避免类似事故再次发生。

（3）组织仪表人员对机组控制系统操作和组态进行培训，要掌握相关工艺流程，联锁逻辑关系及重点部位的联锁值等，不断提高个人专业技术能力和综合判断能力，以便在发生事故后缩短故障排查和处理的时间。

5.2 改进建议

（1）仪表人员必须转变处理控制系统设备故障时的工作思路和工作方法，从保证设备的“安全性、稳定性、可靠性”出发来处理问题。有计划地做好控制系统设备的更新换代工作，减少误动概率，确保控制系统稳定运行。

（2）加强仪表专业基础管理，做好新学员的培训工作，针对 DCS、ITCC、ESD、DEH 等系统进行有计划的培训和学习，让更多的仪表人员掌握系统组态、下装及故障查询的步骤，不断提高控制系统操作能力，缩短各类故障查询时间，为安全生产提供保障。

6. 事故启示

煤化工生产企业 ESD 紧急停车系统，作为安全生产的保障，一旦出现故障，就会发生联锁反应，甚至造成装置停车事故。企业为了控制检维修费用，一些控制系统卡件故障维修后继续使用，都能理解。但是，一定要综合评估，维修后的卡件可以用于不重要的位置，涉及联锁停车系统卡件故障后一定要更换新卡件，避免因卡件本身原因引起装置非停对企业造成经济损失。

SIS 通信中断导致合成装置停车事故

1. 事故单位及事故装置的基本情况

某煤化工企业主要以煤为原料，经过气化、变换、净化、合成及精馏等工艺生产，生产纯度大于等于 99.99% 的精甲醇，副产液氩、液氮、液氧等，是国家全过程质量管理试点工程。

此次发生停车事故的为一期合成 SIS，造成一期合成及精馏系统、压缩机组跳车。

2. 事故情况

2.1 事故仪表的基本情况

SIS 用于保障安全生产的一套系统，安全等级高于 DCS 的自动化控制系统，当自动化生产系统出现异常时，SIS 会进行干预，降低事故发生的可能性。

公司一期 SIS 是 2013 年建设，选用罗克韦尔的 Trusted 系统，TMR 处理器内部设计为三重化，模块包含 3 个处理器，每个模块内部含 3 个通道，由每个模块内部实现 2003-通道三重化（图 1）。

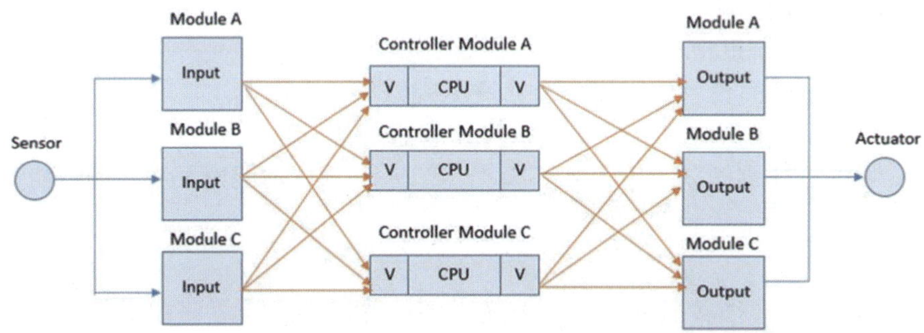

图 1　三重化原理图

2.2 事故经过

4 月 18 日 14 时 23 分，一期合成及精馏系统、合成压缩机组跳车。仪表工程师查看系统 SOE 事件记录（图 2），事件记录 14 时 13 分 47 秒，中控辅操台 HS_1104、HS_2302 急停按钮同时动作，导致系统跳车。

经与工艺人员确认，该时间段内无人操作按钮，随后确认机柜硬件、远程柜端子接线、辅操台端子接线，发现控制器三重冗余运行健康指示灯中一路处于报警状态，该报警虽不会触发系统停车故障，仪表工程师仍将控制器备件更换。

仪表人员将卡件诊断报告发送至罗克韦尔厂家售后，4 月 19 日下午回复，怀疑 SIS 远程柜通信存在中断现象，需要排查三路光纤光衰情况及相应通信附件健康状况。

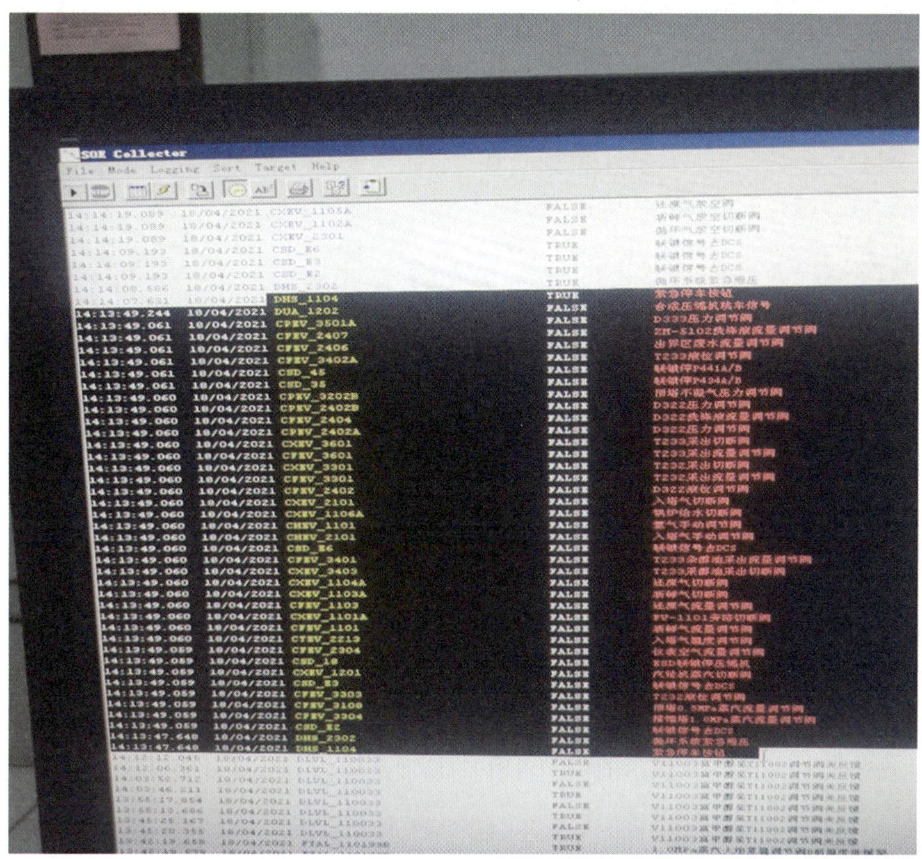

图 2 SOE 记录

2.3 事故后果

本次事件因一期合成及压缩机处于置换阶段，一期精馏处于产品优化阶段，所以此次跳车未造成直接经济损失。未影响两醇产量及硫黄产量。

3. 事故处置过程

3.1 事故处置情况

仪表 DCS 人员对远程机柜的 DI 测点进行强制，然后对冗余的光纤通道进行打光测试，并对光纤跳线进行更换。

3.2 仪表故障消除情况

在打光测试、更换跳线后，报警故障消除。

4. 原因分析

4.1 直接原因

一期合成 SIS 控制器三重冗余中一路故障，远程机柜通信中断，导致系统自检中将其余两重通信丢失是此次事件的直接原因。

4.2 间接原因

巡检中发现卡件故障，导出诊断报告，未及时分析是此次事件的间接原因。

4.3 管理原因

诊断报告发给厂家后，一直未得到回复，管理人员重视程度不够，未能及时制定消除隐患的有效措施，是此次事件的管理原因。

5. 事故整改情况及改进建议

5.1 事故整改情况

（1）巡检中发现卡件故障及时处理。

（2）工艺合成工段停车后更换控制器卡件。

（3）对合成 SIS 光纤进行光衰测试，更换光模块及光纤跳线。

5.2 改进建议

在以后系统的点检工作中，增加光衰测试内容，预防此类事件的再次发生。

6. 事故启示

本次事故造成一期合成系统切气停车，在前期巡检过程中，已发现通道报警情况，复位后报警消除，怀疑三重冗余通信中有一路丢包情况，并没有采取有效的防范整改措施，导致了此次事故的发生。在以后的维护工作中，一定积极对待各环节及类型的报警，及时消除，杜绝类似事件的再次发生。

TRICON 卡件故障造成丙烯压缩机停车事故

1. 事故单位及事故装置的基本情况

烯烃分离装置年产 30 万 t 聚合级乙烯产品和 30 万 t 聚合级丙烯产品，同时副产 9.9 万 t 混合 C4，2.6 万 t C5 以上产品以及 4.9 万 t 燃料气。其中聚合级乙烯产品、聚合级丙烯产品、混合 C4 产品以及 C5 以上产品分别送往烯烃罐区的储罐。燃料气则送往全厂的燃料气管网。

2. 事故情况

2.1 事故仪表的基本情况

TRICON DI 数字量输入模件型号为 3503E，每个数字输入模件内有三个相同的分电路（A、B、C）三重冗余。虽然三个分电路都装在同一模件内，但它们是完全隔离的，并独立运行。每个分电路同时对信号进行独立处理，任一分电路上的故障不会传递到另外两条分电路。

2.2 事故经过

2021 年 6 月 13 日 14:47:58 烯烃分离装置丙烯压缩机机组由 TRICON 控制系统 HS4104（现场手动紧急停车按钮）联锁触发，导致机组停机。经检查现场手动紧急停车按钮无人按动，检查硬线回路无松动迹象，该 HS4104（紧急停车）信号所在 DI 卡件相应通道报“非法数字量输入”报警，检修人员分别对控制系统与回路进行检查与检修（图 1），初步判断因 TRICON 模件故障导致 HS4104（紧急停车）信号丢失联锁触发停车。

06/13/2021	12:05:46.475	ETSX	42	C	1.5L	DEGRADED	Invalid digital input points, Low 4 High 0.
06/13/2021	12:05:53.257	ETSX	215	B	1.5L	INFO	Bad iop other MP.
06/13/2021	12:05:54.628	ETSX	215	A	1.5L	INFO	Bad iop other MP.
06/13/2021	12:05:56.690	ETSX	75	C	1.MPC	INFO	Chassis Alarm is on.
06/13/2021	12:05:56.689	ETSX	75	B	1.MPB	INFO	Chassis Alarm is on.
06/13/2021	12:05:56.690	ETSX	75	A	1.MPA	INFO	Chassis Alarm is on.

图 1　TRICON 硬件诊断记录

2.3 事故后果

因丙烯压缩机停车，导致烯烃分离装置停车，造成后续装置波动，停车 8h 后丙烯压缩机启车，恢复正常生产。此次停车直接经济损失约 1000 万元。

3. 事故处置过程

3.1 事故处置情况

对故障卡件进行了更换，观察卡件未发现明显故障点，并对现场与机柜间接线端子进行了紧固。

3.2 仪表故障消除情况

故障卡件更换新卡后，“非法数字量输入”故障报警消除。

4. 原因分析

4.1 直接原因

现场手动紧急停车按钮（HS4104）对应的 DI 通道信号误动作导致机组停车（图 2）。

Date	Time	Alias	TagName	Variable State	Node	Block	Group1	Group2	Description
06/13/2021	12:10:39.784	12392	f1160TAL4131	TRUE	05 - TRINODE05	01 - BLOCK1			TURBINE EXHAUST TEMP
06/13/2021	13:35:34.760	12392	f1160TAL4131	FALSE	05 - TRINODE05	01 - BLOCK1			TURBINE EXHAUST TEMP
06/13/2021	14:47:58.024	10003	d1160HS4104	FALSE	05 - TRINODE05	01 - BLOCK1			EMERGENCY STOP
06/13/2021	14:47:58.024	12139	f1160MODE0	TRUE	05 - TRINODE05	01 - BLOCK1			MODE 0
06/13/2021	14:47:58.024	12136	f1160XN4105E	FALSE	05 - TRINODE05	01 - BLOCK1			COMMON TRIP
06/13/2021	14:47:58.024	12169	f1160XN4105D	FALSE	05 - TRINODE05	01 - BLOCK1			COMMON TRIP
06/13/2021	14:47:58.024	12257	f1160XN4105B	FALSE	05 - TRINODE05	01 - BLOCK1			COMMON TRIP
06/13/2021	14:47:58.024	12389	f1160TUR_START		05 - TRINODE05	01 - BLOCK1			TURBINE START INDICATION
06/13/2021	14:47:58.024	12476	f1160XA4101	FALSE	05 - TRINODE05	01 - BLOCK1			COMMON TRIP
06/13/2021	14:47:58.024	12475	f1160HS4104	FALSE	05 - TRINODE05	01 - BLOCK1			EMERGENCY STOP
06/13/2021	14:47:58.024	12592	s1160XN4103B	FALSE	05 - TRINODE05	01 - BLOCK1			

图 2　SOE 事件记录

4.2 间接原因

此卡件未曾维修过，卡件性能存在不稳定性，此卡件未维修前经电路板维修框架单位解剖分析：卡件电路板贴片电阻性能不稳定导致卡件故障（图 3、图 4）。

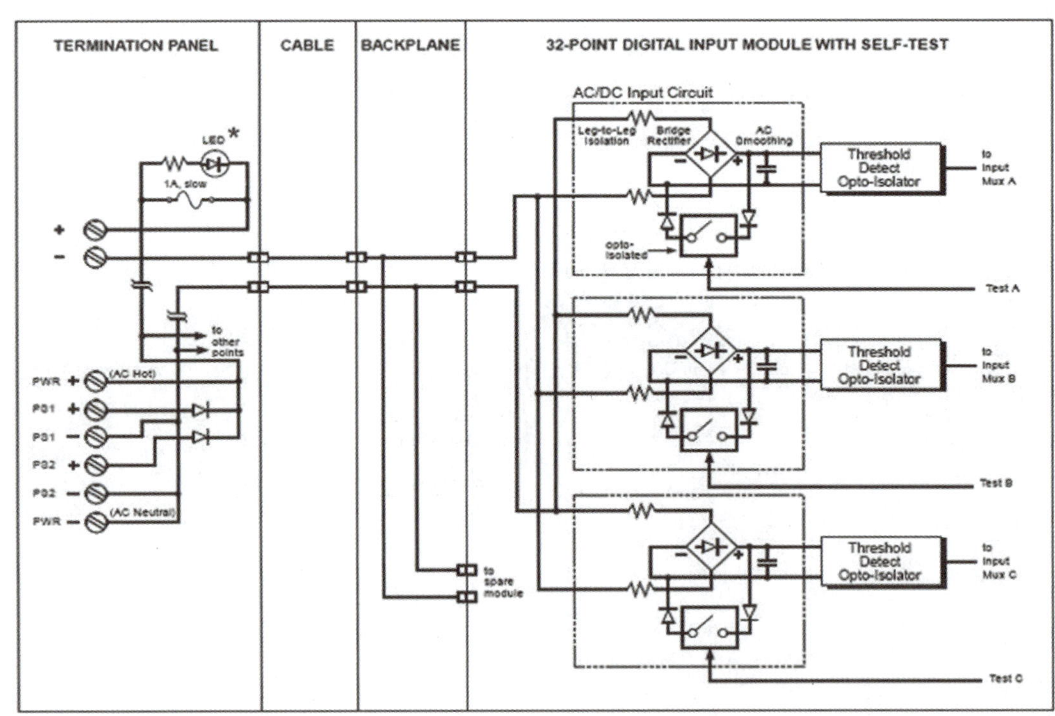

图 3　DI 卡件（3503E）内部电路图结构

图 4　故障 DI 卡件（3503E）内部电路图结构

表 1 为电路板维修框架单位对 6 月 13 日引发丙烯压缩机跳车的 DI 卡件的内部贴片电阻检查，经检测发现该通道电路的 3 个腿上的 4 个贴片电阻都已经损坏，其他电阻要么是电阻开路，要么是电阻值严重背离标准值，导致了 6 月 13 日在三重冗余回路中仅 C 路存在故障报警情况下触发联锁，与 TRICON 卡件 3-2-0 工作方式不符。这块故障 DI 卡件已经存在多个元器件故障，影响卡件正常的自检功能，存在卡件在无报警或者一腿报警情况下触发联锁的可能性。导致内部多个元器件损坏的可能原因：①连续运行超过 7 年，元器件逐渐老化；②机柜间空气质量差，存在酸性气体加速卡件元器件老化。

表 1　电路板维修单位对故障模件内部电阻测量结果

序号	位号	标准值（Ω）	实测值（Ω）	备注
1	RA120	1870	18110	
2	RA186	1870	1915	3 通道 A 腿
3	RA187	1870	2557	
4	RB115	1870	2127	
5	RB184	1870	3500	3 通道 B 腿
6	RB186	1870	1961	3 通道 B 腿
7	RB246	100	285	
8	RC130	1870	1907	
9	RC141	1870	开路	
10	RC183	1870	3500	
11	RC186	1870	1942	3 通道 C 腿
12	RC246	100	140	

5. 事故整改情况及改进建议

5.1 事故整改情况

对该 DI 卡件进行了更换，并对该卡件接线端子进行了紧固，也对现场就地控制盘的紧急停车按钮接线端子进行了紧固。

5.2 改进建议

（1）加强巡检，针对 TRICON 加强巡检频次，出现故障报警卡件进行及时更换，消除故障隐患。对目前未报过故障的 TRICON 卡件利用现有维修后的卡件进行替换，循环维修，消除卡件出故障的隐患。

（2）机柜间中央空调新风系统更换吸附剂，投用新风系统，改善机柜间内环境空气质量。

6. 事故启示

对于控制系统卡件应定期进行全生命周期健康检查，对于性能差的卡件进行及时更换或者轮修，保证卡件稳定健康运行。

UPS 电源故障导致气化炉跳车事故

1. 事故单位及事故装置的基本情况

某煤化工企业为煤焦制气气化装置，主要工艺流程为：煤浆经 2 台煤浆给料泵加压后和空分来的高压氧气分别送入 4 台工艺烧嘴。煤浆与氧气通过工艺烧嘴对喷进入气化炉，在气化炉燃烧室内进行部分氧化反应，生成的粗合成气送至下游净化装置。净化工序的主要作用是将气化送来的工艺气，经过变换、酸脱、甲烷化工艺处理，生产氢气、燃料气和甲醇合成气；副产 CO_2 气体和硫化氢酸性气。氢气产品一部分送往合成氨装置，一部分送往氢气管网，供炼油、化工等其他装置使用。

2. 事故情况

2.1 事故的基本情况

2021 年 3 月 18 日 20 时 05 分 42 秒，煤焦制气部的 1 号、2 号气化炉以及膨胀机 A 几乎同时联锁跳车。膨胀机 A 因转速联锁跳车，1 号、2 号气化炉因煤浆给料泵出口流量低低联锁动作跳车。

2.2 事故经过

事故发生后，工艺人员及时采取应急措施稳定生产，并及时通知电气、仪表人员到现场检查确认，并经查看操作站历史数据、报警信息等，判定为煤浆给料泵出口流量低低联锁动作，而触发联锁导致 1 号、2 号气化炉跳车，煤浆流量计为三取二联锁仪表，其供电方式为 220VAC，由两路 UPS 供电，一路 UPS 电源单独供一台煤浆流量计，另一路 UPS 电源同时供两台煤浆流量计（图 1）。经电气专业人员检查发现：因 UPS 电源故障，造成气化炉 SIS 的一路 UPS 电源断电 2s，该路 UPS 电源同时供两台煤浆流量计，因断电造成煤浆给料泵出口流量低低联锁动作，导致 1 号、2 号气化炉跳车。

图 1　改造前一路 UPS 电源同时供两台煤浆流量计

3 月 19 日，联系 UPS 厂家到厂检查，经 UPS 厂家人员初步确认后，将 UPS 复位正常。后经厂家技术人员再次检查确认，发现 UPS 内部卡件有烧焦现象。因生产已经运行正常，暂未做进一步处理。

2.3 事故后果

该事故直接造成煤焦制气部的 1 号、2 号气化炉以及净化装置 A 膨胀机跳车，导致氢气和燃料气减产较大，对后续炼油化工装置造成了很大的生产波动。

3. 事故处置过程

3.1 事故处置情况

事故发生后，电气、仪表人员检查确认无其他异常之后，煤焦制气工艺人员逐渐恢复生产，3 月 18 日工艺人员陆续对 1 号气化炉、2 号气化炉投料开车。

3.2 仪表故障消除情况

电气、仪表人员检查确认无其他异常之后，工艺人员逐步恢复生产，为确保装置的安全生产，消除 UPS 电源隐患问题，电气、仪表人员讨论整改方案并及时采取整改措施。办理联锁票，确保安全的情况下，在原仪表电源柜内对逐个使用 220VAC 供电的仪表整改，确保三取二的联锁仪表每一路 UPS 电源对应一个回路的仪表电源。改造后，至今未发生类似停车事故。

4. 原因分析

4.1 直接原因

UPS 电源归口于电气专业属地管理，因其内部故障造成煤焦制气 SIS 的一路 UPS 电源断电 2s，使得 220VAC 供电的仪表运行故障触发联锁，导致 1 号、2 号气化炉，膨胀机 A 同时跳车，是引起本次事故的直接原因，UPS 故障没有起到不间断电源供电的作用。

4.2 间接原因

仪表专业技术人员在项目建设阶段对设计资料的审查不仔细，未能识别出关键仪表电源分配存在的不足，对设计资料的审查把关不严，是此次事故的间接原因。

5. 事故整改情况及改进建议

5.1 事故整改情况

（1）后续开车阶段，为尽快消除生产隐患，在线增加第三路 UPS，在现有仪表柜中，增加第三路 UPS 电源及空气开关（图 2）。对逐个使用 220VAC 电源的仪表统一整改，确保三取二的联锁仪表每一路 UPS 电源对应一个回路的仪表电源。

（2）对其他区域 220VAC 供电回路的仪表也专项排查，并落实整改措施。

图 2　改造后新增一路 UPS 电源给煤浆流量计独立供电

5.2 改进建议

（1）要求厂家对现用 UPS 电源进行全面排查，针对此次事故的整改方案及措施，保证今后不再发生类似的事故。

（2）为防止因 UPS 电源故障再次出现类似本次停车的事故，评估是否有必要更换该品牌的 UPS 电源设备，确认是否需要对现用 UPS 产品进行分批逐步更换，以保证各装置的安全生产。

6. 事故启示

（1）对于其他采用 220VAC 电源供电的仪表，进行重点排查。特别是三取二联锁的仪表，要逐步改成三路 UPS 供电。

（2）对于只能采用单电源，无法实现电源冗余的重要仪表或系统，由厂家和设计部门提出整改方案，逐步解决。

（3）在后续新建的项目中，仪表电源设计要充分考虑联锁仪表的供电问题。未设计完的项目，可考虑采用直流电源供电；已经采购或只能使用 220VAC 供电的重要联锁仪表，要引入第三路 UPS 电源，保证三取二联锁的 3 台仪表分别接入不同 UPS 电源。

（4）对阿特拉斯膨胀机成套设备设计的单电源问题，按本次事故整改方案增加电源卡及冗余电源供电。

安全继电器回路故障造成合成气压缩机停车事故

1. 事故单位及事故装置的基本情况

某煤化工企业为煤制尿素项目，采用水煤浆气化得到粗合成气，经变换、低温甲醇洗、液氮洗装置得到 CO_2 和 H_2，经合成气压缩机加压进氨合成塔在触媒的作用下生成氨，再利用氨压缩机与组合式氨冷器、氨分离器产出液氨，采用斯特米卡邦公司 2000+TM 超优 CO_2 汽提工艺生产尿素。

事故装置发生在合成气体压缩工段，由液氮洗装置来的氢氮混合气经压缩机进口缓冲槽进入合成气压缩机，经压缩段加压至 15MPa 出合成气压缩机进氨合成塔催化反应生成气氨，合成气压缩机为氨合成装置核心动设备，如出现跳车将会造成整个合成、尿素装置停车。机组的振动、位移、超速保护在本特利 3500 进行联锁逻辑组态输出，公共跳车信号是机组所有跳车条件由 ITCC 系统逻辑组态输出，输入输出联锁在德国皮尔磁（pilz）安全继电器（图 1）硬接线回路实现。

安全继电器是由数个继电器与电路组合而成，采用冗余结构，为的是能互补彼此的异常缺陷，达到正确且低误动作的继电器完整功能，使其失误和失效值越低，安全因素则越高。

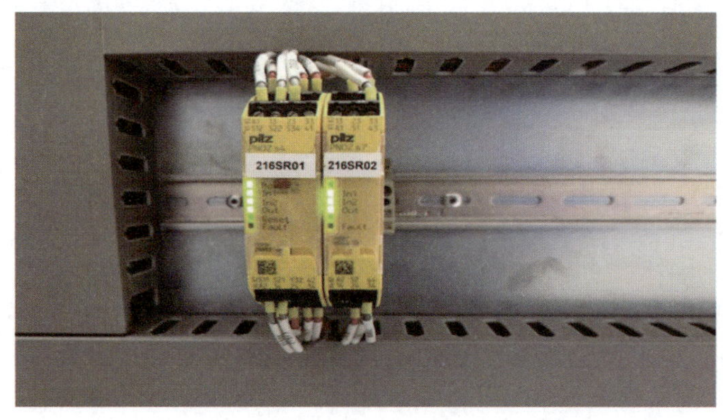

图 1　安全继电器

2. 事故情况

2.1 事故仪表的基本情况

合成气压缩机采用 GE 机组，控制系统使用 TRICONEX TS3000，现场所有仪控设备均由 GE 公司设计、集成、调试。机组的振动、超速、急停按钮（现场、辅操台、机柜）和 ITCC 系统输出的公共跳车共六路联锁信号分别输出两组触点在机柜端子排上进行串接后到安全继电器输入（图 2），端子排上的任一串联硬线信号断开安全继电器输出联锁两路跳车电磁阀、三段防喘振电磁阀失电（图 3），造成合成气压缩机跳车，合成装置停车，必须所有跳车信号全部恢复正常，安全继电器才可以进行手动复位。

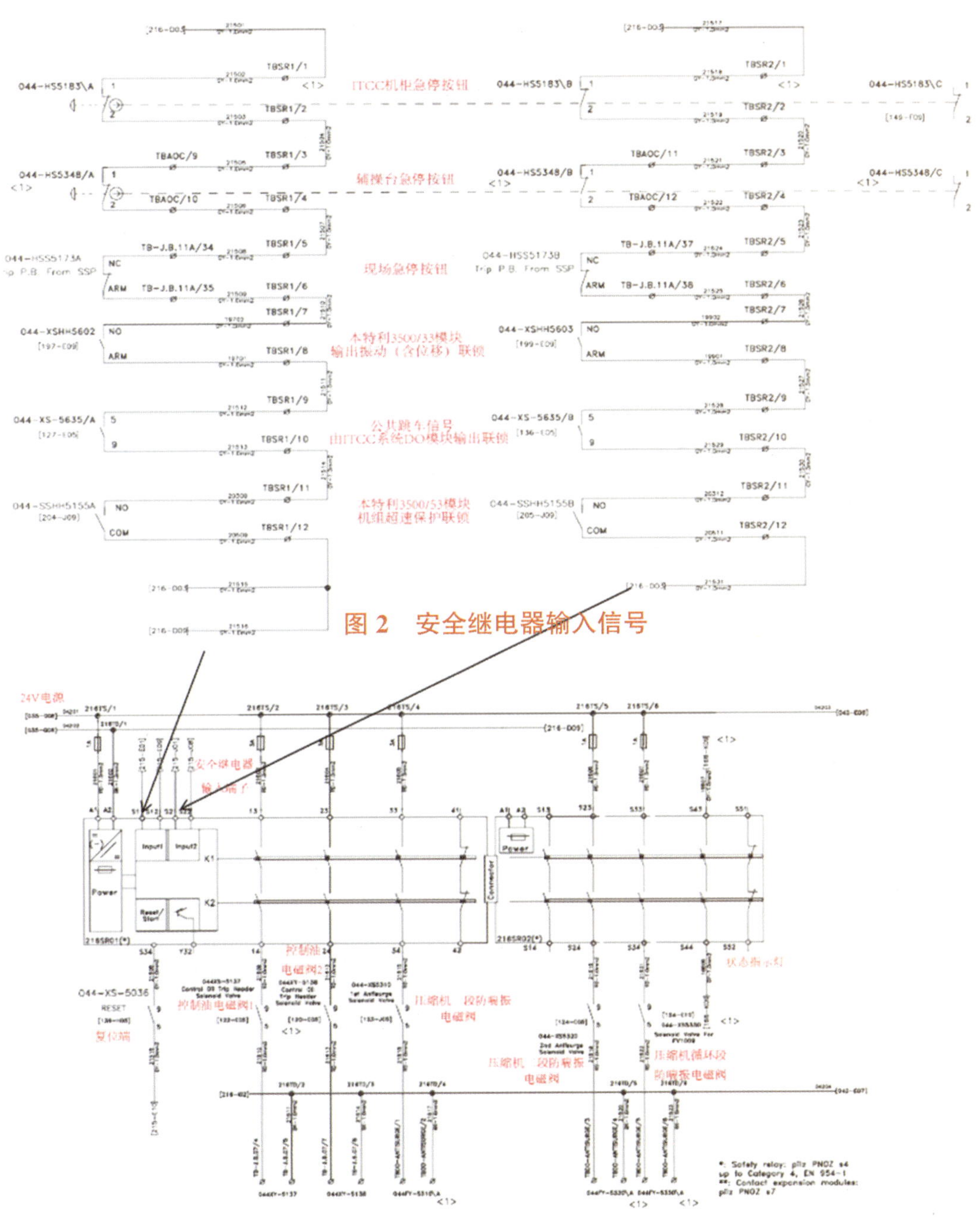

图 2　安全继电器输入信号

图 3　安全继电器输出信号

2.2 事故经过

2019 年 5 月 6 日 5 时 39 分 57 秒，合成气压缩机组运行正常无报警，突然发生跳车，造成合成装置封塔，尿素装置停车。仪表人员立即赶到工程师站查找压缩机跳车原因，检查 ITCC 系统的 SOE 报警首出条件（图 4），安全继电器输入反馈状态由“True”变成

“FLASE”（0=Trip）。通过报警首出判断可能为安全继电器硬联锁回路故障和安全继电器本体故障造成的停车，由于未能准确查明压缩机跳车原因和工艺人员催促启车，造成 5 月 13 日和 5 月 16 日出现两次相同原因的机组停车事故。

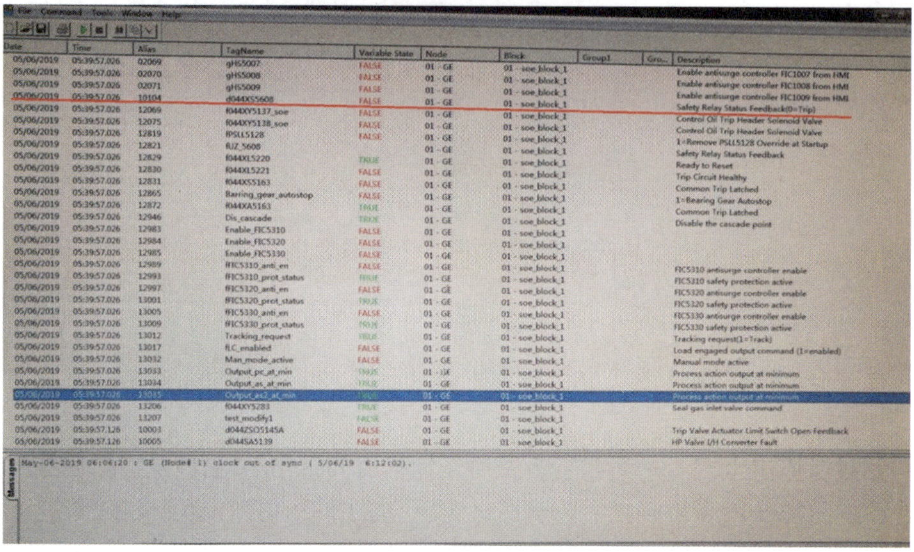

图 4　压缩机跳机时 SOE 事件记录

2.3 事故后果

由于安全继电器回路故障共造成合成气压缩机三次跳车，合成氨生产中断三次，共计 7.2h，合成氨减产 650t，尿素装置停车三次。

3. 事故处置过程

3.1 事故处置情况

2019 年 5 月 6 日发生第一次事故时，怀疑可能是安全继电器硬联锁回路故障或安全继电器本体故障造成跳车，由于安全继电器复位后各输入输出状态指示灯恢复正常，判断安全继电器硬联锁回路断开造成压缩机跳车的可能性较大，由于安全继电器是将 6 路联锁信号串联输出一路接入其输入端子，所以无法准确判断是哪一个联锁回路造成压缩机跳车，只能将相关安全继电器联锁回路的相关端子紧固后工艺启动压缩机冲转，合成装置正常启车。

2019 年 5 月 13 日 23:41:08 发生第二次跳车，检查 ITCC 系统的 SOE 与上一次发生跳车事件记录相同，在与同行业使用 GE 压缩机相同联锁控制的技术人员交流，建议将安全继电器更换或者完全将安全继电器硬接线联锁用 ITCC 系统替代，考虑到完全替代方案耗时较长、仪表系统维护人员技术力量无法保证安全顺利完成改造，遂将安全继电器模块更换，并尝试通过增加视频监控，查找是安全继电器输入两路中哪一路先触发跳车，最后通过监控捕捉到 2019 年 5 月 16 日 1:20:30 发生的第三次跳车（图 4）时安全继电器 216SR02 的输入 2 灯先灭然后 216SR01 的输入 1、输入 2 和 216SR02 的输入 1 灯同时灭，2 个安全继电器 FAULT 灯同时亮，但安全继电器 216SR02 输入 2 也有 6 路信号，查找事件信息和 ITCC SOE 事件并没有比安全继电器输入 2 通道触发跳车更早的信息，故将现场急停、中控急停和机柜急停三个输入 2 的信号短接， 如果再出现压缩机跳车，将排除这三个急停按钮的原因，再去短接其他的输入端子，随后对安全继电器输入 1 进行测试，确保在紧急状态输入 1 回路故障也能联锁压缩机跳车，随后工艺启动压缩机冲转，合成装置正常启车，此后再未发生停车事故。

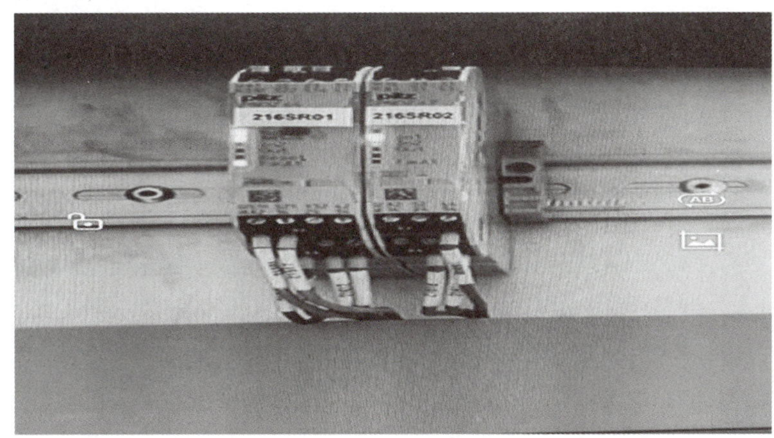

图 5　视频录像抓拍压缩机跳车时安全继电器状态

3.2 仪表故障消除情况

鉴于合成气压缩机连续发生三起停车事故，装置大修时将合成气压缩机回路检查列为重点检修项，通过大修对合成气压缩机两路输入 12 个测点逐一进行回路检查发现辅操台急停按钮（HS5348B）接线松动，至此彻底查清造成压缩机组停车事故的原因均为此回路接线松动引起，并取消临时采取的短接措施恢复原安全继电器 6 路输入信号接线，同时对其他机组控制系统的硬线回路都进行紧固检查。经过大检修的全面排查，自此再未发生因仪表接线松动造成的停车事故。

4. 事故原因分析

4.1 直接原因

中控辅操台急停按钮（HS5348B）内部接线松动，是造成压缩机组三次跳车的直接原因。

4.2 间接原因

（1）成套包厂商设计不合理，采用安全继电器输入硬线联锁无法在发生跳车事故时及时查找事故首出原因，造成机组误跳车后无从下手，无排查重点和故障方向。

（2）装置检修期间对系统机柜端子检查紧固不认真，没有及时发现端子松动隐患。

4.3 管理原因

（1）仪表检修质量验收不严格，边缘地带管理检查缺失。

（2）检修计划覆盖不全面，虽将控制系统端子检查紧固列入检修项，但未细化重点检查部位，重点设备、重点联锁回路的端子紧固工作完成后管理人员未进行质量验收。

（3）仪表技能培训不到位，未能提前将控制系统特殊设备进行研究，事故发生后才开始查图纸、找资料。

5. 事故整改情况及改进建议

5.1 事故整改情况

在装置检修期间，排查出辅操台急停按钮内部接线端子松动，进行举一反三，认真检查了其他辅操台和系统机柜端子，整改后再未出现因控制系统端子松动造成的仪表事故，并且将机柜急停按钮取消，减少一个非必要的跳车点。

5.2 改进建议

（1）压缩机组采用安全继电器控制的硬联锁回路，都面临发生事故后无法及时查找故障原因的难题，建议在项目设计阶段，尤其是国外工艺包的联锁控制，取消安全继电器硬联锁控制直接在ITCC系统上进行联锁逻辑控制，或者在安全继电器硬联锁的每一个回路接入普通继电器线圈，由继电器触点输出两路，一路按照硬联锁回路要求进行串联输出，另外一路进入ITCC系统，作用是发生事故后能及时查询SOE事件记录，准确找出跳车事故原因，有的放矢地处理故障问题。同时当仪表回路因为接地不良，瞬间浪涌等不明高频干扰源导致继电器输入或者输出的误动作联锁停车时，为查找判断回路故障提供帮助。

（2）国外机组逻辑控制都不设置联锁旁路，仪表失真无法检查确认，造成机组误跳车，建议增加联锁旁路。

（3）国外机组逻辑程序在ITCC系统内无中文描述，部分逻辑控制程序封装无法查看，造成查找和修改困难。建议考虑今后系统维护修改要求，增加程序注释及说明，开放源程序。

6. 事故启示

（1）大型机组作为煤化工装置的核心设备，任何一个环节出问题都会直接影响生产的安全稳定运行，甚至给企业造成重大事故和巨大的经济损失。工艺联锁控制要在设计审查、组态、调试期间充分考虑今后系统的维护需要，完善便于故障分析的相应组态，及时提出变更修改意见，保证发生事故或仪表失真时能有效、准确、安全地解决故障问题。同时事故发生后如无法查找事故源头，可采用视频监控录像方式进行事后判断分析，也可作为解决故障问题的一种方式。

（2）仪表专业人员日常维护中应该将重点仪表联锁回路检查作为重中之重，尤其是操作人员经常接触的设备部分（中控辅操台），通过加强仪表回路培训和仪表事故假想方面进行预防性维护，努力降低仪表事故的发生。

电源线接地短路造成操作站黑屏事故

1. 事故单位及事故装置的基本情况

某煤化工企业为 40 万 t/年中温煤焦油轻质化项目，是一家煤焦油轻质化资源综合利用的企业。主要生产轻质化煤焦油、兰炭、沥青焦，同时副产液氨、粗酚、硫黄等产品。

联合控制室设于该企业的中央控制室内。主要由操作间和机柜间组成，操作间内有调度中心、制氢车间和加氢车间进行监控和操作；机柜间内主要有加制氢 DCS、SIS、CCS、可燃有毒报警系统、调度信息系统和公共电源分配系统的控制柜及辅助柜。

此次黑屏事件发生在加氢 DCS 的所有操作站。

2. 事故情况

2.1 事故仪表的基本情况

加氢 DCS 操作站供电是由同一电源柜内同一母排下的空开控制（图 1）。

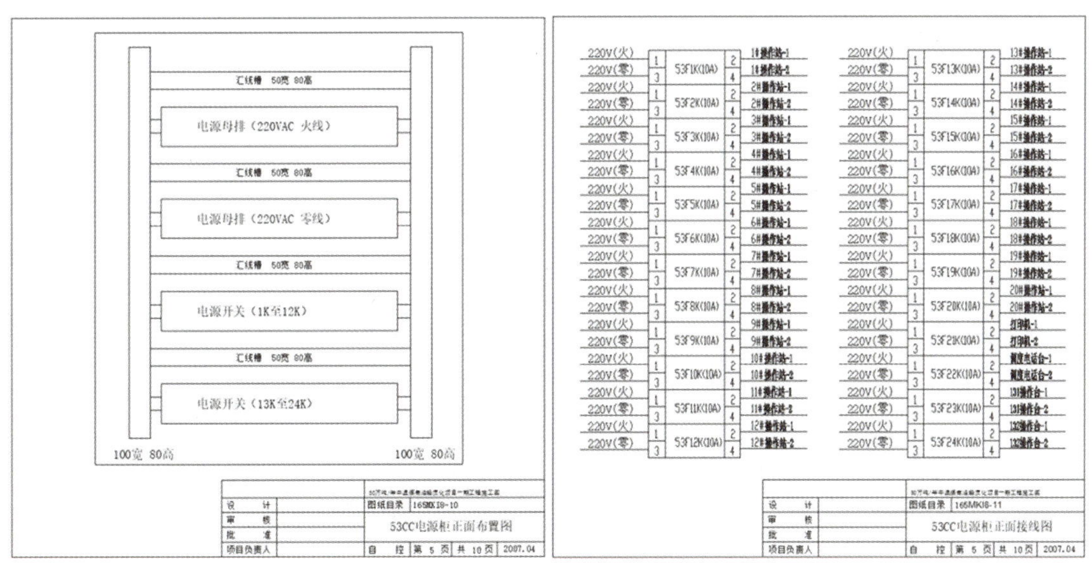

图 1 加氢 DCS 操作站

2.2 事故经过

2020 年 7 月 25 日加氢装置年度检修工作已经完成。2020 年 7 月 26 日，加氢装置进入开工阶段。7 时 58 分，仪表人员接到调度人员电话通知，加氢 DCS 所有操作站突然黑屏。

仪表人员接到调度人员通知后立即到联合控制室查找操作站黑屏原因，检查操作站电源时发现加氢 4 号操作站的空开处于断开状态，其他操作站空开都处于闭合状态，并且母排电源空开处于断开状态。初步判断是加氢4号操作站电源回路故障导致上级母排空开跳闸。工作人员按照电源投用顺序重新送电，启动除4号操作站外的其他操作员站。于2020年7月26日8时13分加氢装置逐步恢复了正常操作。

2.3 事故后果

由于是检修后生产开工阶段，加氢装置处于升温阶段，造成加氢装置延迟开车15min。

3. 事故处置过程

3.1 事故处置情况

仪表人员接到调度人员通知后立即到联合控制室并同时通知技术部仪表室专业技术人员，查找并分析计算机黑屏原因。通过检查控制站电源空开，发现加氢4号操作站的空开处于断开状态，其他操作站空开都处于闭合状态，而其母排电源空开处于断开状态，初步判断是由于加氢4号操作站电源回路故障导致上级母排电源空开跳闸。工作人员启动除4号操作站外的其他操作员站计算机，加氢装置逐步恢复了正常操作。

检查4号操作站电源回路发现，在防静电地板施工处找到了电源电缆的破皮点，并发现有打火的痕迹。对故障电缆处理并经测试绝缘合格后，空开可以合闸，重启4号操作站，恢复正常。

3.2 仪表故障消除情况

仪表技术人员及时赶到现场，找出了计算机黑屏的原因，在15min内重启了DCS的操作站，恢复了正常生产。

4. 原因分析

4.1 直接原因

本次事故直接原因是防静电地板的施工人员在施工过程中误将加氢4号操作站电源线（单芯的铜塑线）的火线压到防静电地板支架的下托片下面，破坏了电源线的绝缘皮，导致火线对地形成短路，并且引起上级母排空开跳闸，导致所有操作站黑屏。

4.2 间接原因

本次事故的间接原因是操作站电源线采用单芯线并且没有采取电缆防护措施，存在电缆绝缘层损坏的风险隐患。

4.3 管理原因

仪表专业人员在DCS安装和施工质量验收管理不到位，未能从隐患源头上控制，施工过程安全、技术交底和监护不到位，仪表维护人员巡检和隐患排查不彻底，未能及时发现事故隐患。

5. 事故整改情况及改进建议

5.1 事故整改情况

重新铺设铠装电源电缆，采用线缆入槽盒的防护方式；操作站电源一路用UPS供电，另一路用市电供电且两路冗余。对全厂控制系统进行一次类比排查和整改。

组织相关技术管理部门、管理维护人员学习此次事故，旨在以后控制系统电源设计和施工中杜绝类似问题出现，从源头进行控制。

5.2 改进建议

控制系统的电源线应采用带保护套电缆，并且应该增加线缆槽盒等防护方式；操作站的供电电源应该选用冗余的供电方式，即使一路电源故障，另外一路电源也能正常工作。

6. 事故启示

DCS 是生产环节中的关键设备，应该在系统设计、安装、施工和验收环节高度重视，严把验收关。

仪表维护人员的巡检工作，不能搞形式主义，巡检的目的是及时发现问题。巡检的重点在于要严、要细、要勤、要全面。严：严格执行巡检制度，违者必究。勤：坚持不间断巡检，及时发现问题并解决问题。细：细心地检查每一个环节，预知问题、防范问题。全：要充分利用目视管理的全局观，从人、机、物、法、环等多方面去发现现场的问题。

加强隐患排查工作的力度，提高隐患整改能力，保证自动化仪表稳定运行，为生产装置长周期稳定运行提供安全保障。

更换 DCS 电源模块造成净化装置停车事故

1. 事故单位及事故装置的基本情况

该煤化工项目有 2 台锅炉装置、1 套空分装置、3 台水煤浆气化炉，净化装置是单系列运行。

2. 事故情况

2.1 事故仪表的基本情况

正常控制系统机柜供电均为冗余配置，设置双路电源，在 24VDC 供电侧进行并联，保证双路供电，但是该故障机柜电源较为特殊，并联方式不同，导致事故发生。

2.2 事故经过

2014 年 12 月 17 日 10:25 左右，DCS 技术员巡检机柜间电源时，发现继电器柜内左侧的 220VAC 转直流 24VDC 供电电源指示灯不亮。10:27，车间副主任接到汇报后到机柜间查看并用万用表测量电源转换模块无直流 24VDC 输出，确定为电源模块故障。随后向生产部、机动部汇报，编制检修方案和办理检修作业票。技术员、班长和操作人员在车间副主任的监护下开始更换故障电源转换模块作业。在更换过程中接到工艺人员通知，部分阀门异常关闭，经过紧急组织恢复供电，阀门恢复正常。

2.3 事故后果

事故造成阀门电磁阀异常失电，净化系统停车。

3. 事故处置过程

3.1 事故处置情况

首先，断开 220VAC 供电空开；其次，拆除 220VAC 电源线；再次，拆除 24VDC 输出电源线；最后，将电源转换模块固定连接件拆除。12:05，净化工艺人员发现 1500 单元联锁阀门异常动作后立即通知 DCS 值班人员，经检查发现净化单元异常动作的联锁阀门继电器柜 24VDC 供电无输出。车间立即组织恢复电源，12:11，将新电源转换模块安装完毕，净化单元阀门恢复正常。

经过更换电源转换模块，恢复供电后现场阀门供电正常。

3.2 仪表故障消除情况

经过更换故障电源转换模块，现场恢复供电，配合装置开车。

4. 原因分析

4.1 直接原因

继电器柜电源接线图如图1所示，其24VDC负极在电源侧并联，检修作业过程中，在拆除电源24VDC负极接线后，造成冗余电源24VDC电源负极悬空，供电失效，导致电磁阀异常失电，净化系统停车。

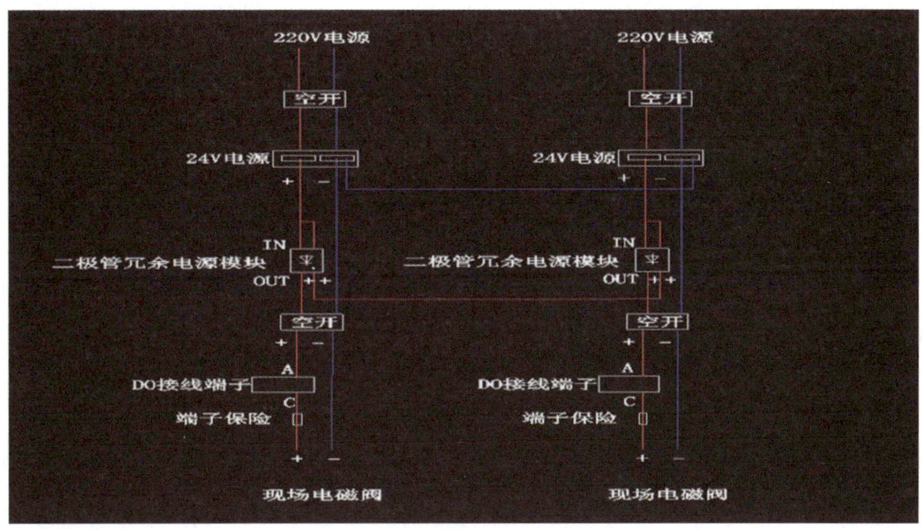

图1　原接线图

冗余电源常规接法应该是24VDC负极在空开端子侧并联，这样更换电源拆线时就不会导致另外电源失电（接线图见图2）。

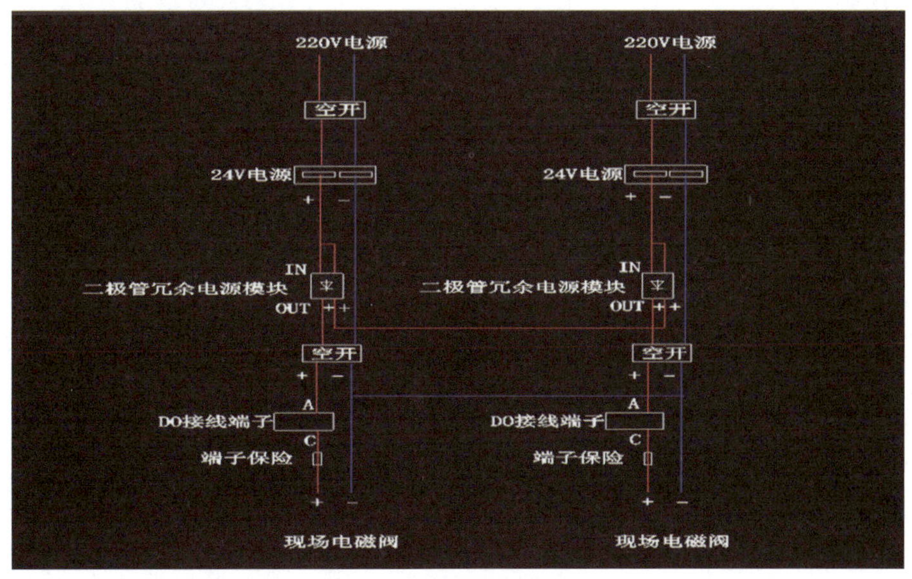

图2　修改后的接线图

4.2 间接原因

在编制检修方案时没有细致地查看冗余电源分配图，到现场机柜实际查看线路走向时，没有从起点到终点一条一条检查线路，没有发现继电器柜接线的特殊性，单凭以前检修过其他机柜经验编制检修方案。

4.3 管理原因

对于机柜供电线路标识不清；对于作业过程把关不严，风险辨识不够。

5. 事故整改情况及改进建议

5.1 事故整改情况

事故发生后，对所有控制系统机柜内的24VDC供电电源进行核实检查，对于存在类似情况进行整改，防止类似事故发生。

5.2 改进建议

（1）在DCS、PLC车间内部管控的设备和软件编程在线作业时，编制方案要附接线图、逻辑关系图，并现场实际查看线路走向及逻辑关系。

（2）检修作业人员详细学习方案后，在检修前再次复查实际接线及逻辑关系，确认无误后再进行检修作业。

（3）将机柜内详细供电接线图进行现场核对并在每个机柜内粘贴供电接线图。

（4）在检修DCS、ESD等系统设备时，要与工艺人员进行风险的交底，列出异常时可能影响的设备并通知工艺加强列表中设备的监控工作。

（5）对使用年限长的电源转换模块逐步进行更换。

6. 事故启示

（1）检修前要将现场实际情况核实清楚，该事故的问题是，认为就是冗余的设备，更换没有问题，没有想到有不冗余的情况出现。

（2）对于重要的、影响较大的检修，要写出详细的检修方案。

（3）对于机柜内部接线图要重新进行核实查验，条件具备可以贴到机柜后面，便于查看。

继电器触点氧化造成丙烯压缩机组停车事故

1. 事故单位及事故装置的基本情况

某煤化工企业为大型煤制天然气示范项目，单期设计产能为 13.3 亿 m^3/年。工艺主要采用碎煤加压气化、粗煤气耐硫变换冷却、低温甲醇洗净化、克劳斯硫回收加氨法脱硫、甲烷化合成及废水处理等工艺技术，生产的天然气通过长输管道向外输送。

该企业设置两套丙烯压缩制冷装置（两套装置分别独立且完全相同），装置采用杭州汽轮机股份有限公司的型号为 HNK40/56/20 的汽轮机，每套丙烯压缩制冷装置为其对应的一套低温甲醇洗工序提供 -40℃和 0℃两个级别的冷量。

2. 事故情况

2.1 事故仪表的基本情况

丙烯压缩制冷装置分别设有现场操作站和中央控制室集中操作站，分别设有辅操台，设置紧急停车按钮（图 1）。机组采用 ITCC（TRICON）控制，紧急停车控制回路中设有停车继电器（型号为 OMRON MY2N-J）隔离。

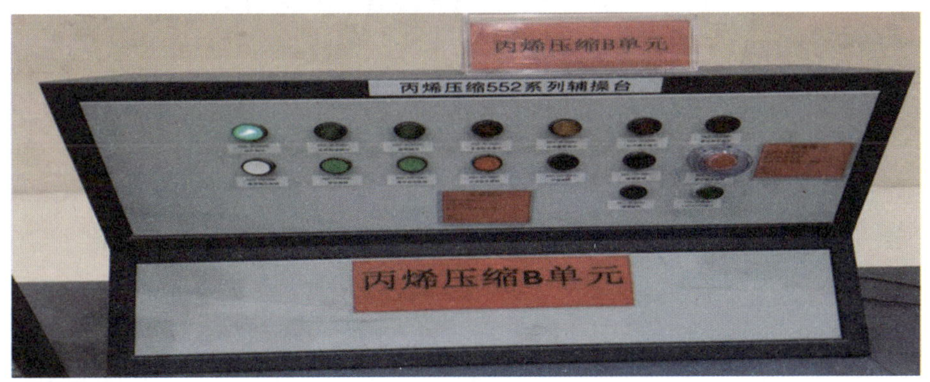

图 1　中央控制室丙烯压缩辅操台

2.2 事故经过

2019 年 8 月 23 日 9 时 36 分，仪表人员接到工艺人员通知丙烯压缩机组 B 单元停车。仪表人员立即到现场工程师站，调取 SOE 记录分析跳车原因，SOE 显示跳车条件为 d551HS166C（中央控制室紧急停车）。随后仪表人员快速到中央控制楼，了解工艺人员无人操作急停按钮。立即对中控楼紧急停车信号回路进行检查，检查急停按钮、DI 卡件及相关端子确认无异常，检查停车继电器发现触点有氧化虚接的现象，重新更换继电器，系统恢复正常。然后通知工艺人员进行系统开车，于 10 时 30 分丙烯压缩机组 B 开始开车。

2.3 事故后果

丙烯压缩机组 B 停机 54min，影响部分天然气产量。

3. 事故处置过程

3.1 事故处置情况

通过检查 SOE 记录事件的前后顺序，初步判断机组跳车的原因为 d551HS166C 中控紧急停车信号回路触发致使丙烯压缩机组 B 停车，急停信号触发后相继执行装置紧急停车动作。针对 SOE 事件记录对仪表相关设备进行如下检查：

（1）对中控紧急停车按钮 d551HS166C 进行触发试验，停车按钮动作正常，并对按钮及端子排接线端子进行检查，确认无异常。

（2）对系统控制卡件（DI）进行检查，确认无异常。

（3）对中控停车继电器接线端子检查无异常，对继电器触点检查时发现有氧化虚接的现象（图 2），立即更换新继电器。

图 2　继电器触点氧化图片

3.2 仪表故障消除情况

对中控紧急停车按钮 d551HS166C 控制回路继电器进行更换后，再未出现由于继电器触点氧化问题造成的停车事故。

4. 原因分析

4.1 直接原因

中控紧急停车信号回路继电器故障，继电器触点簧片在带电线圈磁力的作用下能保持正常的工作状态，触点簧片始终在外力的作用下被动吸合，随着多年运行，继电器触点簧片出现弹性疲劳、被氧化的情况，运行中触点虚接、状态瞬间翻转，致使停车联锁信号触发，最终导致丙烯压缩机组 B 停车。

4.2 间接原因

（1）中央控制室机柜间内未完全封闭，顶棚与控制室相通，有时环境中进入的腐蚀性气体也会进入机柜间内，造成继电器触点氧化。

（2）仪表人员对关键联锁设备的老化情况预判能力不足，把控不到位，技术水平欠缺，对重要仪表联锁设备的维护不到位。

4.3 管理原因

停车检修前，中心已安排仪表各班组对重要停车联锁回路进行端子除锈紧固、继电器检查更换等工作，班组对中央控制室远程柜内回路继电器忽略，存在工作落实不到位情况。

5. 事故整改情况及改进建议

5.1 事故整改情况

（1）利用丙烯压缩装置短停间隙，对涉及紧急停车控制回路继电器进行专项排查，对使用年限较长且触点有氧化迹象的继电器全部更换新继电器。

（2）对中央控制室机柜间顶棚进行封闭，与控制室完全隔离，防止有害气体进入机柜间。

5.2 改进建议

（1）根据各装置运行情况，全面细致检查各界区紧急停车控制回路，涉及的接线端子定期紧固，涉及的紧急停车按钮、继电器及相关卡件要进行维护和检查，对停车控制回路进行定期试验，根据使用年限必要时对紧急停车按钮或继电器进行更换，消除设备老化带来的隐患。

（2）加强对电子机柜间的密封，防止腐蚀性气体聚集在机柜内，加强设备巡检，保证电子机柜室温度、湿度及卫生情况处于标准的环境中，尽量延长电子间设备的使用寿命，避免类似事故再次发生。

（3）加强仪表人员对现场联锁控制逻辑的培训和学习，尤其是机组系统的操作和组态学习，不断提高个人专业技术能力，缩短故障排查和处理的时间，为生产运行提供保障。

（4）加强中心基础管理，安排工作按照“五定”的原则落实到人，并及时进行监督和检查，不断提升职工的执行力。

6. 事故启示

每个煤化工企业都会用到大量的继电器，继电器在电路中起着自动控制、安全保护、转换电路等作用。在重要的联锁控制回路中，任何一个继电器故障或误动，都可能引起联锁反应，造成生产波动或装置非计划停车事故。因此仪表维护人员一定要加强电子机柜间的巡检，提高系统硬件巡检质量，及时发现设备异常，对重要联锁中的电子元件要根据使用年限进行综合评估，必要时进行更换；加强电子机柜间的封闭管理，控制好室内卫生及温湿度，延长硬件使用寿命，避免因系统硬件故障引起装置非计划停车对企业造成重大经济损失。

继电器底板保险熔断导致停止供氢事故

1. 事故单位及事故装置的基本情况

某天然气制氢装置以天然气、干气为原料，采用干法脱硫、蒸汽转化，一氧化碳变换，热钾碱法脱 CO_2，PSA 工艺制得产品氢气。

变压吸附简称 PSA，是对气体混合物进行提纯的工艺过程。该装置 PSA 单元由 10 个吸附塔、3 个缓冲罐和一系列程控阀组成。主工序包括吸附、一～四均降、顺放、逆放、冲洗、四～一均升、产品氢终升 13 个工序（图 1）。

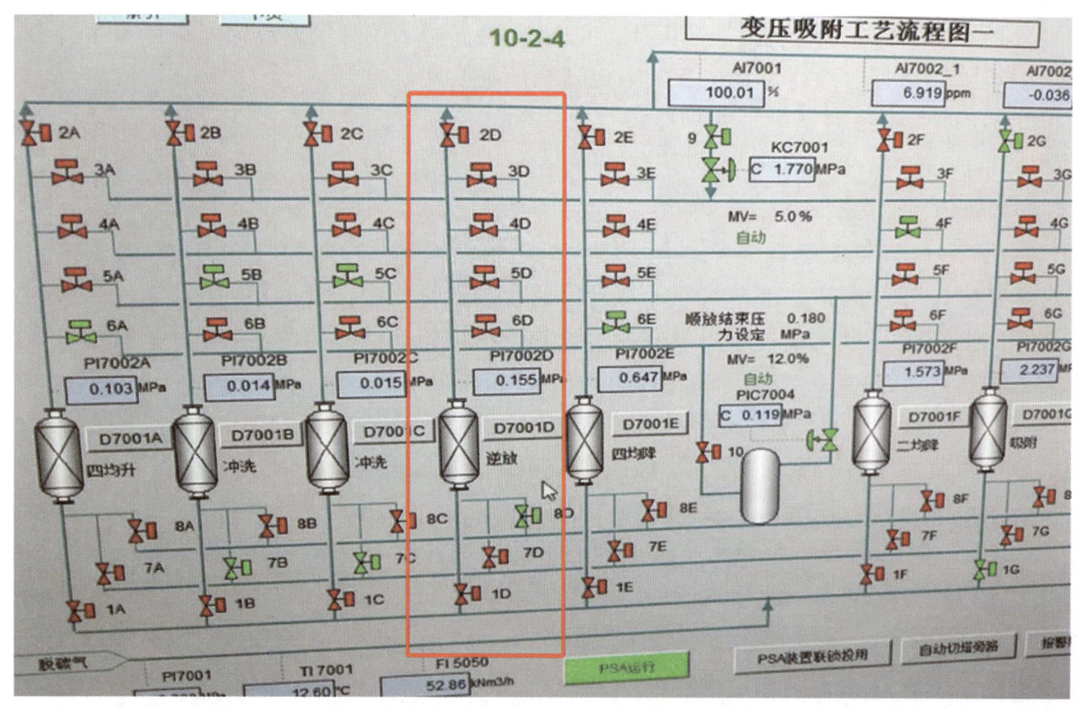

图 1　变压吸附（PSA）工艺流程图

2. 事故情况

2.1 事故仪表的基本情况

该 PSA 单元采用 Honeywell 公司的 PKS 300 控制系统。继电器底板型号为 Weidmuller RM 16 DO，其 24VDC 电源经过端子排上的保险（5A，250VAC）接到底板（图 2）。

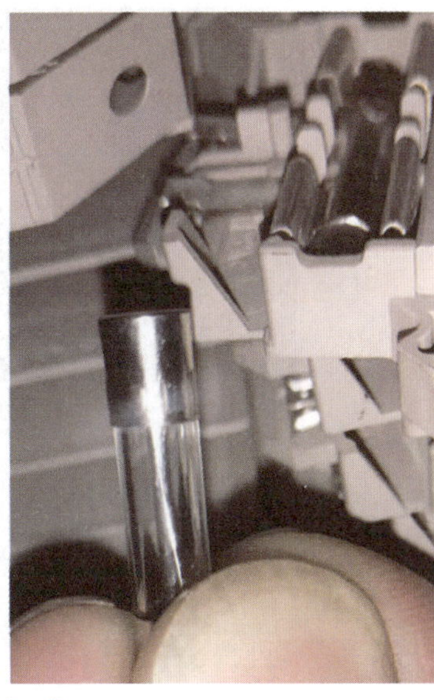

图 2　继电器底板的总电源保险

底板 LD1 ～ LD8 通道共用一路保险（5A，250VAC），LD9 ～ LD16 共用另一路保险。每个 DO 通道也都有独立保险（3.15A，250VAC）（图 3）。

图 3　继电器板卡及其保险

程控阀位于厂房内，均为单作用气开阀，配有单控电磁阀，电压为 24VDC，功耗为 12W（图 4）。

图 4　程控阀的电磁阀名牌

2.2 事故经过

2022 年 1 月 11 日 0 时 15 分，装置仪表值班人员接到工艺操作人员电话，反映装置 PSA 单元 4 号吸附塔 D7001D 的多台程控阀（位号：XV-7001D/7002D 等）突然关闭，无法打开，导致 PSA 单元顺控程序无法执行，触发联锁停止供氢，要求仪表人员立即进行检查处理。

2.3 事故后果

事故导致天然气制氢装置变压吸附单元停止向外供氢近 20min。

3. 事故处置过程

3.1 事故处置情况

现场工艺人员立即与仪表人员配合现场手动开启阀门，同时仪表人员立即对程控阀进行检查、处理。经仪表人员对故障点保险进行检查和更换后，阀门动作正常，装置及时恢复生产。

3.2 仪表故障消除情况

仪表人员检查发现吸附塔 D7001D 对应的 8 台程控阀 XV-7001D ～ 7008D 均位于同一继电器板卡的 LD1 ～ LD8 通道，进一步检查发现该 DCS 控制柜继电器底板的 LD1 ～ LD8 各通道独立保险正常，总保险（5A，250VAC）熔断，造成吸附塔 D7001D 的 8 台程控阀失电，阀门处于关位，无法打开。仪表人员立即更换新的保险，恢复正常供电，未再烧保险，程控阀阀门开关动作均正常。

现场初步检查 8 台程控阀电磁阀、线路，未发现异常。于是仪表人员配合工艺人员尽快恢复了 PSA 单元生产。

4. 原因分析

4.1 直接原因

控制柜内继电器底板保险熔断是本次事故发生的直接原因。

4.2 间接原因

（1）现场初步检查各程控阀电磁阀、线路等，未发现异常，排除短路、过载原因。注：每台电磁阀的电流按 12W/24V=0.5A 计算，正常生产时一般 2 ～ 3 台电磁阀同时供电，理论上供电电流一般为 1.0 ～ 1.5A，远小于总保险的 5A 熔断电流。

（2）继电器底板保险为陶瓷管保险，外观检查无异常，但不排除使用时间较长的老化现象，以及其他偶发性原因。

4.3 管理原因

（1）设计上，各程控阀控制回路的前后有 3 个保险，环节较多，增加了故障发生的概率。

（2）日常控制系统维护以及控制系统检修中，对于控制系统保险的更换等电源故障的相关记录不详，周期性的检查计划不全，不能及时发现保险老化及其他偶发性故障。

5. 事故整改情况及改进建议

5.1 事故整改情况

（1）制订排查计划，待 PSA 单元停工后，对各控制柜内继电器底板保险、电源保险以及其他关键回路的保险进行逐一排查，检查是否有保险老化、容量不符的现象。

（2）完善控制系统故障处理记录与检修记录，尤其是对于电源、保险的检查记录（图 5）。

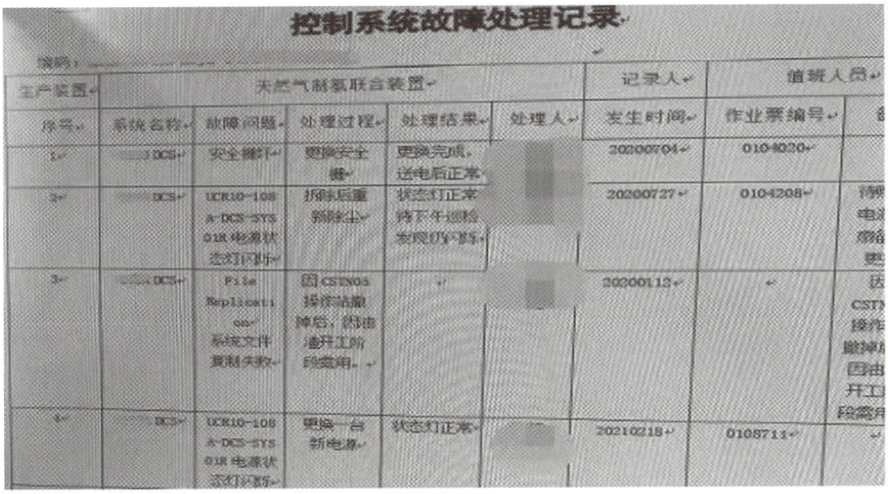

控制系统故障处理记录

编码：

生产装置	天然气制氢联合装置					记录人	值班人员	
序号	系统名称	故障问题	处理过程	处理结果	处理人	发生时间	作业票编号	[illegible]
1	DCS	安全栅坏	更换安全栅	更换完成，送电后正常		20200704	0104020	
2	DCS	UCR10-108A-DCS-SYS01R 电源状态灯闪烁	拆除后重新除尘	状态灯正常待下午巡检发现仍闪烁		20200727	0104208	[illegible]
3	DCS	File Replication 系统文件复制失败	因 CSTN05 操作站撤掉后，因由[illegible]开工阶段需用。			20200112		[illegible]
4	DCS	UCR10-108A-DCS-SYS01R 电源状态灯闪烁	更换一台新电源	状态灯正常		20210218	0108711	

图 5　控制系统故障处理记录

5.2 改进建议

（1）对重要仪表的供电回路进行优化，去除一些中间环节的保险，降低偶发性故障发生的可能性。

（2）对可能引起生产波动的仪表单路供电的继电器底板进行冗余供电改造，避免单路供电发生故障造成装置停车。

6. 事故启示

控制系统各部分的供电，一定要严格按照相关供电设计规范，加强对于负荷的分级的设计与管理、维护。将重要控制回路的供电作为一个检查重点，加强施工、维护、检修各方面的管控，防止因控制系统电源故障导致的生产波动甚至事故。

继电器底板接线错误导致三套装置停车

1. 事故单位及事故装置的基本情况

某煤化工企业为煤制甲醇项目，采用煤气化制精甲醇。主要工艺流程为：水煤浆与氧气在气化装置加压气化得到粗合成气，经变换、低温甲醇洗净化得到满足甲醇合成要求的精制合成气，经甲醇合成装置获得粗甲醇，最后经过精馏装置获得合格的精甲醇。

2. 事故情况

2.1 事故的基本情况

2021 年 9 月 20 日下午，该公司技术改造项目施工过程中，施工人员在调试新增锅炉给水泵 P004C 的时候，导致净化装置在运行的锅炉给水泵 P002A、P003A、P004A 和 P005B 等全部失电停运，2 路锅炉给水停送、1 路机封密封水停送。最终导致净化、甲醇合成和硫回收装置停车，气化装置减负荷运行。

2.2 事故经过

2021 年 9 月 20 日 15 时左右，净化装置发现变换单元所有锅炉给水泵中控显示无运行信号，高压机泵全部停运，低压机泵现场运行正常，1.7MPa、5.7MPa 锅炉给水停送、8.7MPa 机封密封水停送，停运泵和备用泵中控室均无法手动启动，高压机泵现场无法启动，净化装置立即汇报并减负荷，通过应急手段使变换单元各废锅保温保压。15 时 36 分甲醇装置汽包液位低，紧急手动切断进气。

仪表和电气管理人员接到通知后立即分头检查。电气人员到达净化装置配电室，检查发现净化 10kV I 段相关的电动机停车，I 段所带其他用电设备均运行正常，后台监控显示上述机泵停车的原因是仪表 DCS 发送了远程停泵信号，初步判断电气系统运行正常。为了尽快实现就地启动给水泵，电气管理人员在电气配电室将 DCS 送来的泵启停控制信号线断开。仪表人员到达机柜室检查发现，DCS 辅助柜 DCS-TBC-001-F 内所有继电器底板都处于失电状态（包括事故中被停运的锅炉给水泵继电器底板）。进一步检查发现与该机柜对应的 24VDC 配电柜内的供电空开跳闸。经与工艺和电气人员核实，此次锅炉给水泵停运时，有技改项目施工人员在电气配电室调试新增锅炉给水泵 P004C，初步判断空开跳闸可能与该调试作业有关。为了尽快恢复 DCS-TBC-001-F 机柜的供电，只能先断开 P004C 泵继电器底板的接线，然后确认机柜内其他线路都正常的情况下，将配电柜 24VDC 空开闭合上电。DCS-TBC-001-F 机柜内的继电器底板恢复正常供电。

2.3 事故后果

事故造成净化装置、甲醇合成装置和硫回收装置停车，气化装置减负荷运行。

3. 事故处置过程

3.1 事故处置情况

事故发生后，电气和仪表专业人员立即进行应急处理，具备开车条件之后，工艺人员组织逐步恢复生产。

3.2 仪表故障消除情况

仪表专业人员将 DCS-TBC-001-F 机柜内控制 P004C 泵的接线断开，将 24V 直流供电空开闭合恢复继电器底板供电，使 DCS 恢复正常运行状态。

4. 原因分析

4.1 直接原因

技改项目施工人员在进行新增锅炉给水泵 P004C 调试过程中，未经过条件确认的情况下，在电气配电室将 P004C 电气柜试验旋钮由工作位切换到试验位，然后将电气回路接通，使 220VAC 交流电串入 DCS，造成 24VDC 直流系统发生短路，导致仪表侧 24VDC 直流配电空开跳闸。此空开连接的数个继电器底板失电，最终导致数台运行的锅炉给水泵全部跳车。

发生短路的原因：承包商提供的《自控设计说明》中要求，新增锅炉给水泵 P004C 仪表控制回路的接线应为干接点接法，但是接线图中只指明了位置是继电器底板的第一通道，对接线端子未做说明。导致施工作业时误将 DCS 继电器底板接为湿接点，跳线也为 WET（湿接点）模式。电气侧回路送电使 220VAC 交流串入 DCS 24VDC 的负端导致短路，使 24V 直流供电空开跳闸。

4.2 间接原因

（1）控制系统厂家技术人员未对承包商提供的设计文件与现场实际情况进行对比核实，导致接线图与实际情况不符。

（2）DCS 供货商未按照承包商的设计要求将 P004C 泵 DO（Digital Output）继电器底板的跳线模式改为干接点，在施工人员接线时，也未提供相应的技术指导，导致跳线和接线都出现错误，为事故的发生埋下了隐患。

（3）施工单位技术人员对设计文件了解深度不够，接线时未对干接点的要求进行核实，误将 P004C 泵的控制线接到继电器底板的端子 A 和 B，带电调试前亦未对 DCS 端的接线状态进行确认。

（4）甲方单位作为技改项目主要管理团队，对设计资料的审查把关不严，相关技术人员对施工作业的检查确认和监管不到位。

5. 事故整改情况及改进建议

5.1 事故整改情况

（1）要求承包商和 DCS 供货商重新修改并完善设计图纸。

（2）更换 DCS-TBC-001-F 机柜内 P004C 泵对应的 DO 继电器底板备件，备件安装和接线整改严格按照 DO 继电器底板接线原理图（图 1）的干接点形式进行施工，确认无误后再进行接线。

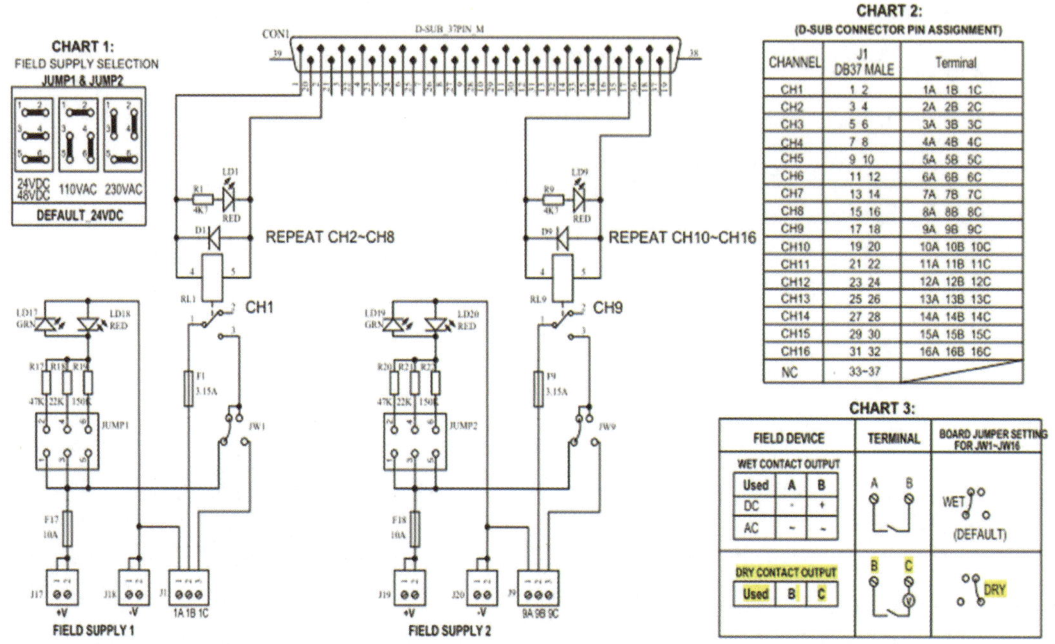

图 1　DO 继电器底板接线原理图

具体整改内容：将原来的湿接点接法改为干接点接法，并将继电器底板跳线由原来的 WET（湿接点）改为 DRY（干接点）跳线（图 2 和图 3）。图 2 中信号线接的是端子 A 和 B，跳线为 WET，是典型的湿接点接法。图 3 中将接线改为端子 B 和 C，并将跳线改为 DRY，为干接点接法。

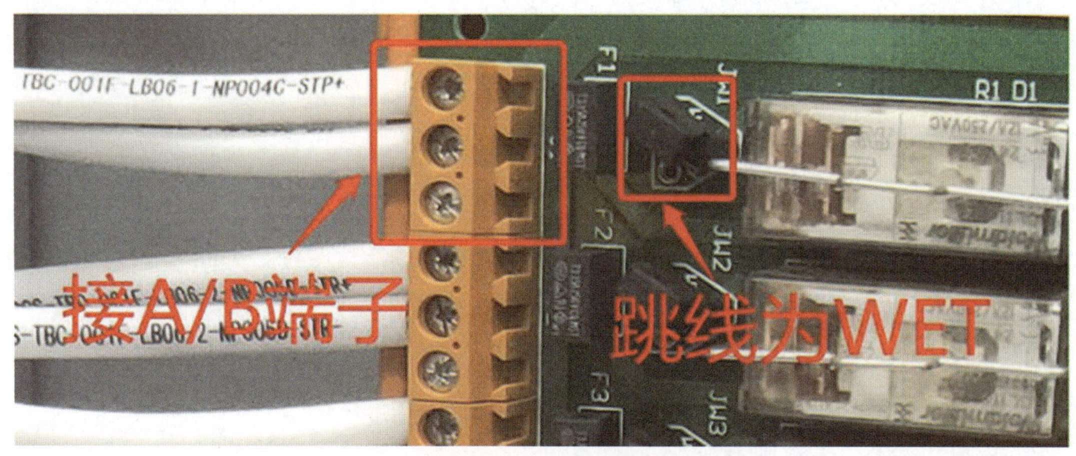

图 2　原继电器底板为湿接点接法

图3　整改后继电器底板为干接点接法

（3）要求施工人员在作业时一定要严格按照设计图纸进行施工，对设计图纸有疑惑时，要提前进行核实，确认无误再进行作业。

（4）甲方单位对修改的设计文件进行详细审查，严格把关，项目组技术人员对每一项施工作业都要进行严格监管。

5.2 改进建议

（1）甲方单位项目组应组织承包商技术人员、控制系统供货商技术人员、项目监理、施工单位技术人员和甲方技术人员等，对技改项目的设计资料进行多次审查，严格把关，保证设计资料完全符合技改项目的实际要求。

（2）施工单位人员在作业时，应严格按照设计图纸施工，同时还需要有甲方单位技术人员进行检查确认，保证施工质量。

6. 事故启示

（1）在设备首次投入运行之前，一定要逐项进行检查，将设备投运的各个条件确认完善后再进行调试和投运。

（2）在技术改造项目中，要加强施工过程的管控，尤其是涉及运行装置和运行设备的技改作业，更要加强运行设备技术对接，加强设计资料的审查和施工作业的监管。

交换机数据堵塞引发两台锅炉停车事故

1. 事故单位及事故装置的基本情况

某煤化工项目热动力装置设置 2 台 320t/h 高温高压煤粉锅炉及其配套脱硫、脱硝设施，产出的高温高压蒸汽（10.6MPa、540℃）供空分、甲醇、DMTO 等装置用于驱动蒸汽透平。锅炉装置过程控制系统使用霍尼韦尔 PKS C300 系列 DCS，现场设置单独机柜间，共设置 9 对控制器、5500 个 I/O 点；锅炉集控室设置 8 台操作站、2 台工程师站；控制器与操作站、工程师站间的数据通信采用冗余网络连接。系统于 2020 年投入使用。

2. 事故情况

2.1 事故仪表的基本情况

本次故障交换机为机架式安装交换机，24 个 10/100Base-TX 以太网端口，4 个千兆 SFP，2 个复用的千兆 10/100/1000Base-T 以太网端口 Combo，事故发生时，操作画面无数据（图 1），报警记录显示多个控制器通信报错（图 2），各操作员站 A、B 网均出现故障报警（图 3），初步怀疑是服务器数据中断引起，重启服务器后故障依然存在，分析可能是交换机故障，随即对交换机日志进行了查看，发现停车前交换机多个接口数据出现异常（图 4）。

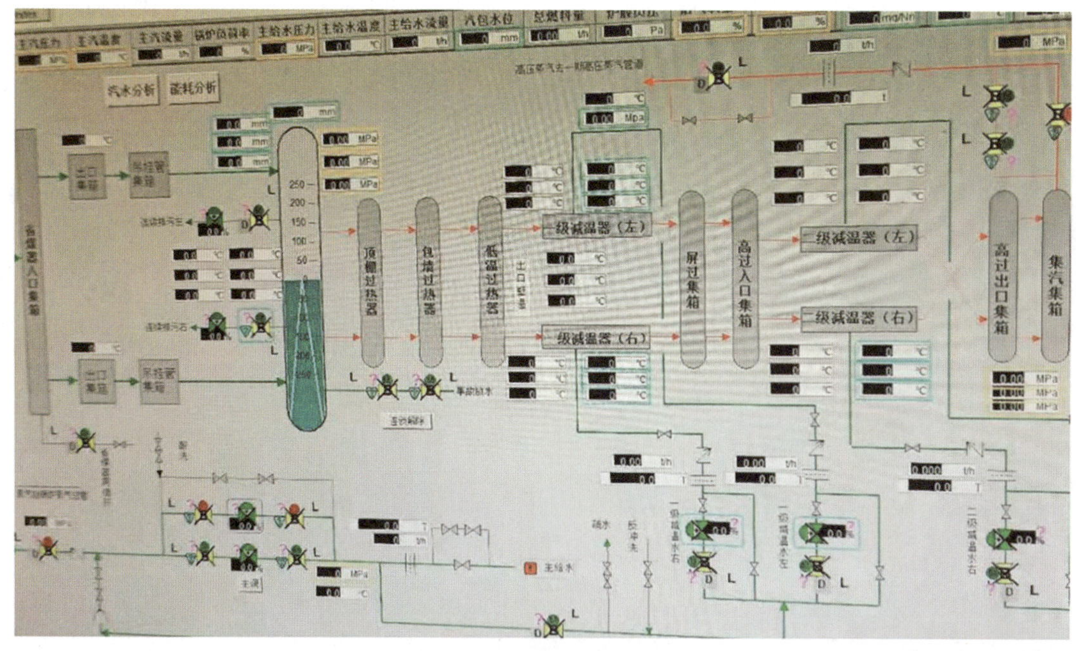

图 1 操作站画面

Date & Time	Location Tag	Source	Condition	Action	Priority	Description
2021/3/22 17:05:49	Controllers	PWP_C300_02SEC	OFFNET		J 15	Server: Connection TIMEOUT
2021/3/22 17:05:49	Controllers	PWP_C300_01SEC	OFFNET		J 15	Server: Connection TIMEOUT
2021/3/22 17:05:46	Controllers	PWP_C300_07	OFFNET		J 15	CStn08: Connection TIMEOUT
2021/3/22 17:05:46	Controllers	PWP_C300_04	OFFNET		J 15	CStn08: Connection TIMEOUT
2021/3/22 17:05:46	Controllers	PWP_C300_07SEC	OFFNET		J 15	CStn04: Connection TIMEOUT
2021/3/22 17:05:46	Controllers	PWP_C300_09SEC	OFFNET		J 15	CStn04: Connection TIMEOUT
2021/3/22 17:05:46	Controllers	PWP_C300_08SEC	OFFNET		J 15	CStn04: Connection TIMEOUT
2021/3/22 17:05:46	Controllers	PWP_C300_03SEC	OFFNET		J 15	CStn04: Connection TIMEOUT
2021/3/22 17:05:46	Controllers	PWP_C300_05	OFFNET		J 15	CStn04: Connection TIMEOUT
2021/3/22 17:05:46	Controllers	PWP_C300_03	OFFNET		J 15	CStn04: Connection TIMEOUT
2021/3/22 17:05:46	Controllers	PWP_C300_07	OFFNET		J 15	CStn04: Connection TIMEOUT
2021/3/22 17:05:46	Controllers	PWP_C300_07	OFFNET		J 15	CStn07: Connection TIMEOUT
2021/3/22 17:05:46	Controllers	PWP_C300_08	OFFNET		J 15	CStn04: Connection TIMEOUT
2021/3/22 17:05:46	Controllers	PWP_C300_04	OFFNET		J 15	CStn04: Connection TIMEOUT
2021/3/22 17:05:46	Controllers	PWP_C300_04SEC	OFFNET		J 15	CStn04: Connection TIMEOUT
2021/3/22 17:05:46	Controllers	PWP_C300_06	OFFNET		J 15	CStn04: Connection TIMEOUT
2021/3/22 17:05:46	Controllers	PWP_C300_02	OFFNET		J 15	CStn04: Connection TIMEOUT
2021/3/22 17:05:46	Controllers	PWP_C300_01	OFFNET		J 15	CStn04: Connection TIMEOUT
2021/3/22 17:05:46	Controllers	PWP_C300_05SEC	OFFNET		J 15	CStn04: Connection TIMEOUT
2021/3/22 17:05:46	Controllers	PWP_C300_09	OFFNET		J 15	CStn04: Connection TIMEOUT
2021/3/22 17:05:46	Controllers	PWP_C300_06SEC	OFFNET		J 15	CStn04: Connection TIMEOUT
2021/3/22 17:05:46	Controllers	PWP_C300_01SEC	OFFNET		J 15	CStn04: Connection TIMEOUT
2021/3/22 17:05:46	Controllers	PWP_C300_02SEC	OFFNET		J 15	CStn04: Connection TIMEOUT
2021/3/22 17:05:46	Controllers	PWP_C300_09	OFFNET		J 15	CStn08: Connection TIMEOUT
2021/3/22 17:05:45	Controllers	PWP_C300_08	OFFNET		J 15	CStn03: Connection TIMEOUT
2021/3/22 17:05:45	Controllers	PWP_C300_08	OFFNET		J 15	CStn08: Connection TIMEOUT

图 2　报警记录

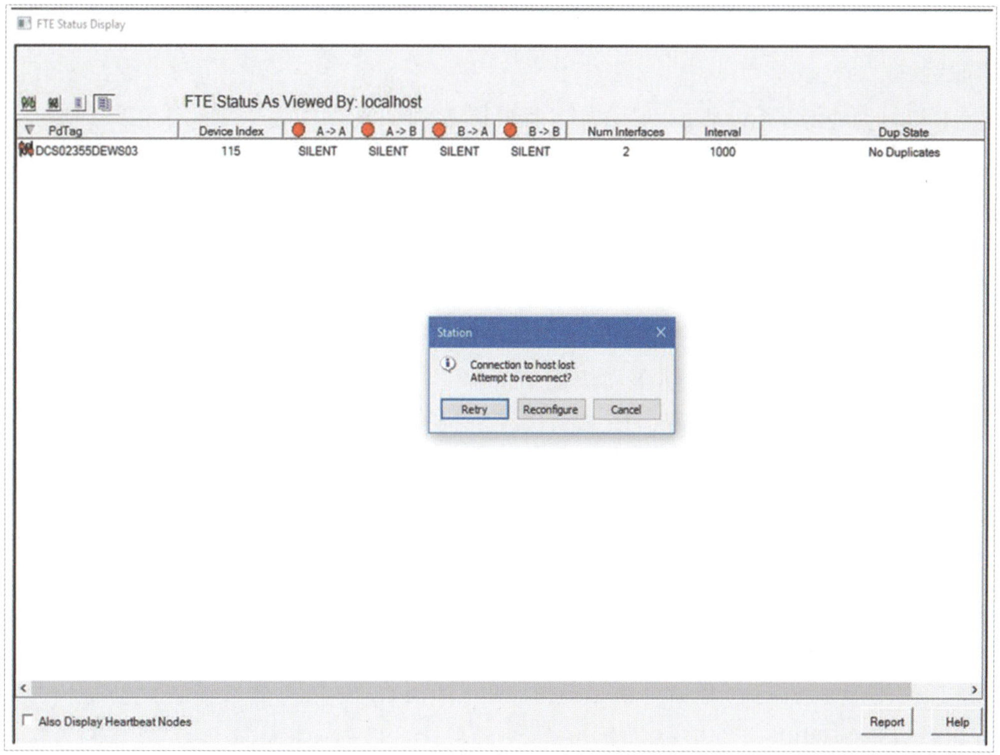

图 3　操作站网络故障报警

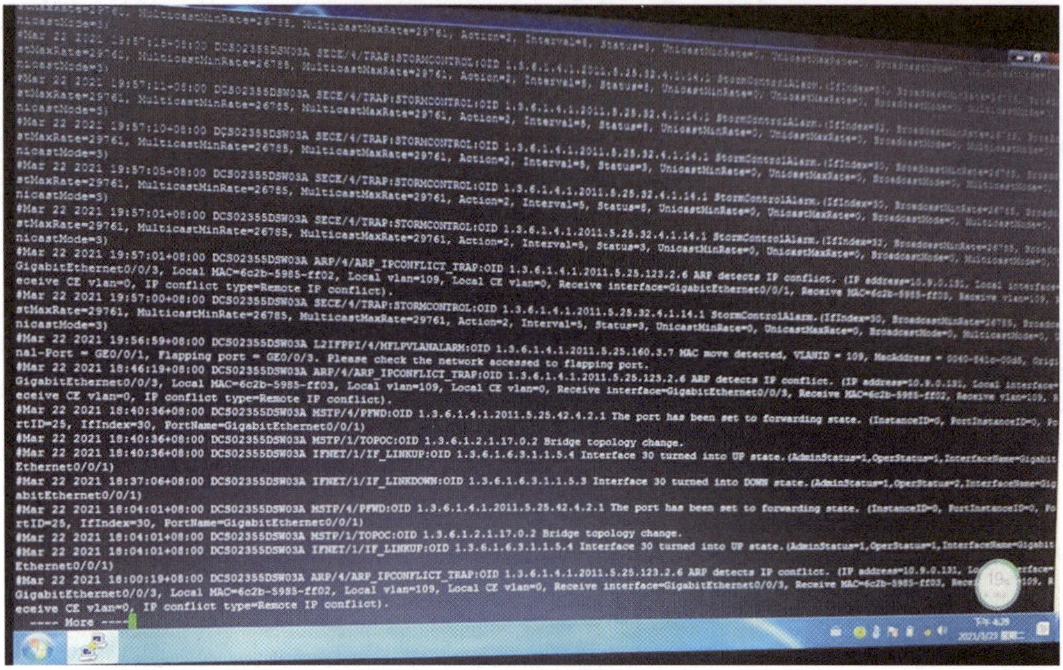

图 4　交换机日志

2.2 事故经过

2021 年 3 月 22 日 16 时 59 分，热动力装置 5 号炉操作工发现 5 号、6 号炉 DCS 所有操作画面均无数据，系统组人员立即赶往现场排查原因。在排查原因过程中，工艺人员无法监测到锅炉的运行参数，工艺人员于 17 时 07 分观察到火焰电视上炉膛已无火焰，为了确保锅炉安全，于 2021 年 3 月 22 日 17 时 11 分工艺人员将 5 号、6 号炉手动触发 MFT，将两台锅炉手动停车。

2.3 事故后果

两台锅炉停车造成蒸汽管网压力快速下降，直接引起空分装置停车，间接造成甲醇装置、DMTO 等装置不同程度减产，造成间接经济损失较大，影响范围较广。

3. 事故处置过程

3.1 事故处置情况

2021 年 3 月 22 日 17 时 20 分系统组人员到达现场，在对交换机进行逐个排查过程中发现主厂房机柜间（FRR）内 A 网、B 网交换机级联线（图 5）与中控室（CCR）内级联线重复级联，形成环网导致交换机数据堵塞，将 FRR 内交换机级联线拆除后故障恢复正常。

3.2 仪表故障消除情况

拆除主厂房机柜间（FRR）内 A 网、B 网交换机级联线与中控室（CCR）内级联线后网络恢复正常。

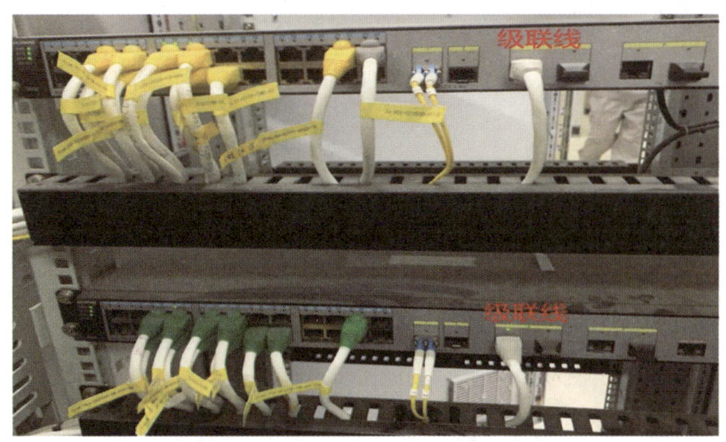

图 5　机柜间交换机级联线

4. 原因分析

4.1 直接原因

冗余网络交换机数据堵塞导致所有操作站无法与控制器进行数据传输。

事故发生当天机柜间至中控室 B 网光缆熔接完成，系统组人员于当天下午先后将中控室、机柜间 B 网光缆接通，12 时左右误将 Cisco 光模块插入华为交换机，并接通了光纤盒与交换机之间光纤跳线，其实质是增加了 1 个“星节点 2”，与原有“星节点 1”之间构成了环形网络通路（此时网络状态如图 6 所示），瞬间形成数据环流，发生网络风暴，端口数据超过 20G，操作层与控制器之间的传输端口依次断开（属于安全策略之一），所有操作站及服务器与控制器之间数据中断，表现在系统报警为“显示操作站与控制器通信连接失败”，表现在操作站上是数据全部为“****”，工艺人员出于安全考量选择了手动停车。

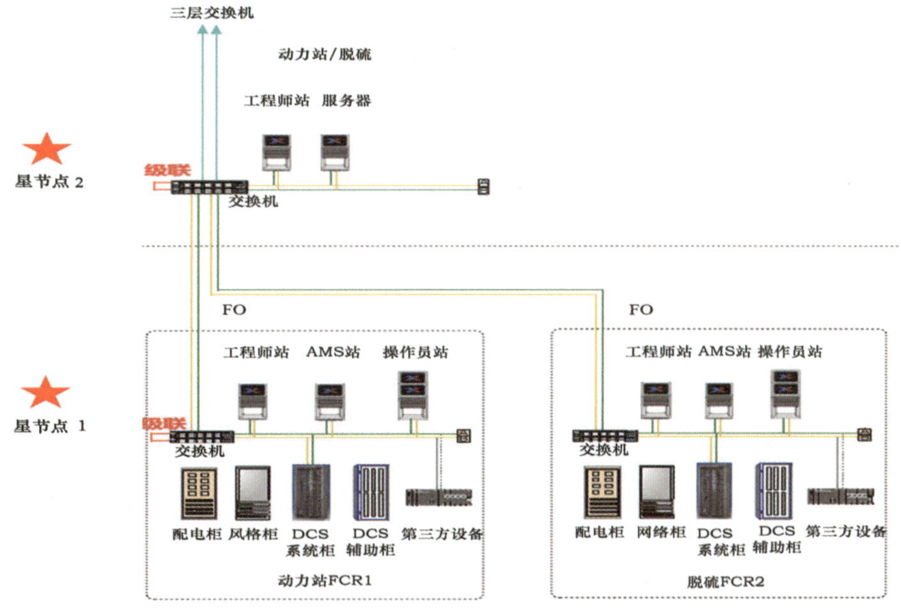

图 6　停车后网路示意图

4.2 间接原因

（1）网络结构本身存在缺陷，热动力站的网络出现多处级联，并且控制系统网络单网运行，存在潜在的安全隐患。

（2）潜在故障的评估不充分。

① 施工阶段在服务器从 FRR 移至 CCR 时工程人员忘记拆除 FRR 内交换机之间的级联网线，埋下了隐患。

② EPC 方起初对于热动力站的主厂房至集控室的光纤只熔接完成了桥架敷设的一路光缆，另一路地埋光缆未完成熔接，操作层网络单网（A 网）运行。

③ 系统组人员在进行冗余网络配置作业前，未进行风险研判；系统组人员在连通 B 网（地埋路径）时误将 Cisco 光模块插入华为交换机，并连通光纤跳线后引发交换机数据堵塞，系统组人员虽然意识到了单网运行对控制系统潜在的危险，但是在连接 B 网网络时对网络故障风险分析不到位。

④ 系统组人员对故障判断不准确，在故障出现后，不能够准确地判定故障原因，及时处理，迫使工艺人员手动停车。

4.3 管理原因

（1）现场施工管理不到位，系统组人员未对新建装置的施工质量实行严格把关，施工监管缺失，未对控制系统的网络结构进行质量验收。

（2）系统组人员对现场巡查不足，未对新建装置实行巡查，无日常巡查记录，未对冗余网络、冗余电源等情况进行巡查。

5. 事故整改情况及改进建议

5.1 事故整改情况

（1）导出网络结构中各交换机的系统日志，分析判断故障点。

（2）拆除冗余交换机的重复级联线，保证控制网络畅通。

（3）系统组人员对热动力装置控制系统软、硬件潜在的安全隐患进行风险评估，并实施整改。

（4）系统组人员对全厂新建装置冗余网络进行排查，并及时做出整改，留存记录。

（5）系统组人员建立巡检记录，对冗余网络、冗余电源、冗余卡件等关键部件进行巡查，及时发现隐患限期整改。

（6）系统负责人组织区域内全体人员对该起事故进行经验分享培训，吸取该起事故的经验教训，将学习记录记入个人培训档案。

（7）中心安全环保组培训负责人组织全中心员工对该起事故事件进行经验分享，吸取该起事故事件的经验教训。

（8）热动力装置组织全中心员工对该起事故事件进行经验分享，吸取该起事故事件的经验教训。

5.2 改进建议

（1）系统组人员全面排查各装置、各系统冗余网络、冗余交换机的供电、光纤、级联等关键设施。

（2）熟悉新建装置交换机的相关配置信息，应该在装置试运行前对 DCS 系统内部关键设备的相关信息进行收集，并做好记录。

（3）系统组人员应对新建装置实行巡查，并做好日常巡查记录，对冗余电源、冗余卡件、冗余交换机等关键部件进行巡查。

6. 事故启示

在以后的项目建设施工过程中按施工规范做好记录，严格照图施工，施工前做好 JSA 分析，确保作业安全，尤其是在装置运行期间分析潜在风险，避免引起不必要的非计划停车。吸取本次项目施工经验，在今后的项目建设中，严格按照项目进度表进行施工，若施工顺序出现临时变动或存在未完成项目，必须做好相关记录并逐一消项，实行闭环管理；同时，施工阶段突出重点，狠抓关键环节、重点部位的质量管控。施工、安装、验收等工作结合相关规范制定自控专业项目建设管理规定，并严格执行。

聚乙烯装置风送系统 CPU 故障导致停车事故

1. 事故单位基本情况

某化工企业为 60 万 t 甲醇制烯烃项目，聚乙烯装置采用的是 Univation 公司成熟的 UNIPOL PE 工艺，以乙烯为主要原料，丁烯或己烯为共聚单体，生产线性低密度和部分中、高密度聚乙烯颗粒树脂。装置主要由原料精制、反应、树脂脱气和排放气回收、掺混造粒、包装和储存等部分组成。

聚乙烯装置风送单元的主要作用是将挤压造粒机生产的塑料颗粒通过风机输送至粒料料仓，再将不同时段生产的塑料颗粒进行掺混后输送至自动包装线进行称重装袋，是聚乙烯装置重要的生产单元。

2. 事故情况

2.1 事故仪表的基本情况

聚乙烯装置风送单元控制系统使用的是西门子公司 S7-400 PLC，固件版本 V6.0.6，固件扩展版本 V6.0.0，装置于 2016 年 4 月开车。2021 年 7 月 17 日至 8 月 15 日大检修期间西门子工程师对系统软、硬件进行了备份和测试，其间未发现任何异常。

2.2 事故经过

2021 年 12 月 11 日 16 时仪表维护人员接到聚乙烯装置人员电话，通知风送系统 A 线转阀以及所有风机、插板阀等设备均停止运行并且无法操作。仪表维护人员到操作台查看风送 PLC 系统的硬件诊断画面，发现诊断画面的 1 号控制器报外部故障（EXTF）（图 1），备用控制器无报警，然后迅速赶到机柜间查看硬件情况，硬件状态与诊断画面一致。大约 20min 后，工艺人员将挤压机手动停车，防止粒料缓冲料斗料位高高触发联锁。

图 1　故障 CPU 状态

2.3 事故后果

事故导致聚乙烯装置风送系统停车，聚乙烯挤压机停车约 2h，开车过程中产生废料约 2t，造成直接经济损失约 2 万元。

3. 事故处置过程

3.1 事故处置情况

2021 年 12 月 11 日 16 时，仪表维护人员到达现场后使用工程师站连接 PLC 程序显示正常，所有 AI 点和 DI 点反馈均正常。排查故障的过程中发现系统所有 DO 卡均无输出。于是将有外部故障的 1 号 CPU（型号 417-5H）进行 STOP 操作之后再打到 RUN，手动进行了一次 CPU 切换操作，2 号 CPU 成为主控制器，此时 2 号 CPU 硬件无任何报警，但工艺人员反映依旧无法操作，故障仍然存在，1 号 CPU 状态仍旧异常，DO 卡件状态也与 CPU 切换前状态一致。仪表维护人员将 PLC 的软件程序进行重新下装，下载结束后在工艺操作站依旧无法操作，故障仍然存在。然后将 1 号 CPU 的电源模块的 1 号、2 号电池全部摘除，并把 1 号 CPU 的程序清空，对 2 号控制器进行整体下载（包含软件和硬件），此时工艺人员恢复正常操作，1 号控制器保持 STOP，2 号控制器单 CPU 运行。系统运行正常约 30min 后，将 1 号 CPU 打回到 RUN 位，两控制器同步完成后同时运行，大约 10min 后系统再次停止运行。最后再次将 1 号控制器切至 STOP 位置，对 2 号控制器进行整体下载（包含软件和硬件），下载完成后操作站恢复正常运行，随后对 1 号控制器进行了更换。

3.2 仪表故障消除情况

事故发生后仪表维护人员使用 2 号控制器单控制器运行，然后择机将 1 号控制器进行更换，控制器更换后仪表故障完全消除。

4. 原因分析

4.1 直接原因

风送 1 号 CPU 硬件本身故障，导致卡件输出异常，引起风送控制系统停车。

4.2 间接原因

（1）仪表控制设备老化导致 1 号控制器硬件发生故障。

（2）主控制器发生故障后备用控制器未进行正常切换，导致系统无输出。

4.3 管理原因

（1）在日常维护过程中，未做冗余控制器定期切换测试相关要求，未能提前发现备用控制器无法切换的问题。

（2）使用的西门子控制器（417-5H）固件版本和固件扩展版本不一致，该控制器型号的备件版本与风送单元不一致，不能直接更换，导致该事故发生后无备件可用，致使故障排除后风送单元 CPU 单独运行约 1 周时间，存在一定安全风险。

（3）故障发生在周六休息时间，相关技术管理人员不在现场，仪表维护人员缺乏系统维护经验，未能在第一时间判断事故原因，消除故障不及时。

5. 事故整改情况及改进建议

5.1 事故整改情况

（1）利用短停检修机会对双聚风送单元、挤压造粒单元的PLC控制系统进行冗余切换测试，控制器均可在线完成切换，现场执行机构未发生误动作。

（2）提高DCS仪表人员专业技能水平，加强各班组对双聚各PLC系统故障应急预案学习，联合工艺人员进行控制器故障处置应急演练，提高运行班组处理故障的能力，仪表专业人员制定了DCS、SIS、PLC控制器更换标准程序作业法，规范控制器更换作业过程。

5.2 改进建议

企业建设期间应对各PLC系统供货厂商的软硬件版本提出要求，将PLC软、硬件版本进行统一规划，方便后期备件的管理。

6. 事故启示

加强控制系统日常巡检，定期导出并查看控制器系统日志，对日志报错或控制器切换进行分析，检修时对控制系统冗余功能进行测试并做好记录。

空分氧泵互备程序错误导致气化装置减负荷事故

1. 事故单位及事故装置的基本情况

故障设备属 60 万 t 甲醇项目配套空分装置，空分装置采用杭氧内压缩工艺流程，每套空分装置配置 A/B 2 台互备氧泵为气化装置供氧气，本次故障原因为氧泵互备程序错误导致。

2. 事故情况

2.1 事故仪表的基本情况

故障原因为氧泵互备 DCS 程序错误导致事故发生，互备程序作用是在主氧泵故障跳车后将当前主泵工作频率及回流阀开度等操作指令拷贝给备用氧泵及回流阀，保证向气化持续提供氧气。

2.2 事故经过

2016 年 10 月 31 日 10 时 43 分空分 A 套液氧泵 B（主泵）跳车，液氧泵 A（备泵）联锁加载，30s 后 A 泵跳车，空分 A 套停止供氧，气化 2 套系统减至半负荷运行，12 时 11 分恢复正常运行。

（1）主泵 B 泵在跳车前 1min，入口压力出现大幅波动，最低降至 0.11MPa（正常为 0.3MPa），泵出口压力随之降低，1min 后出口压力降至 7.5MPa，进、出口压差降至联锁值 7.2MPa，主泵压差联锁跳车。

（2）备泵接收主泵跳车联锁信号后加载，变频提至正常供氧状态 90.5%，转速达到 3168r/min，但泵的出口回流阀没有关闭到供氧状态的 5%，而是先开大约 100%，而后逐渐关闭，至跳泵时关至 62%，泵的出口压力最高仅升至 6.26MPa，进、出口压差＜ 7.2MPa 联锁停泵。

2.3 事故后果

空分 A 套停止供氧，气化 2 套系统减至半负荷运行。

3. 事故处置过程

3.1 事故处置情况

事故发生后将氧泵互备程序置手动，按程序启动氧泵向气化供氧。

3.2 仪表故障消除情况

重新调试后备用氧泵回流阀开度在主泵跳车后复制主泵回流阀开度指令，实现主、备泵切换。

4. 原因分析

4.1 直接原因

（1）主泵跳车原因

主泵入口压力下降，随后出口压力下降，密封气压差增大。导致此现象的原因为空分装置分子筛后空气中 CO_2 频繁超标，在精馏塔内“干冰”聚集，“干冰”随塔内精馏液体下流并聚集在主冷凝蒸发器中，然后随液氧进入氧泵入口管道，长期积累导致过滤器阻塞，使泵内吸入密封气而造成气蚀，随之出口压力下降，导致进、出口压差联锁跳车。

（2）备泵跳车原因

2016 年 11 月 4 日，在没有供氧状态下，对空分 B 套进行现场实际测试，经确认故障因为主泵跳车后备泵回流阀处于全开状态，没有关至供氧状态的 5% 开度，导致泵的出口压力仅升至 6.26MPa，30s 后进、出口压差＜ 7.2MPa 联锁停泵，最终导致备泵跳车，无法供氧。

4.2 间接原因

程序调试不严谨，调试后未对所有动作情况进行确认。调试人员疏忽、麻痹大意是造成事故发生的间接原因。

4.3 管理原因

联锁管理制度未严格执行，管理人员监督、管理不到位。管理人员程序调试确认未严格履职，造成存在漏洞程序通过验收。

5. 事故整改情况及改进建议

5.1 事故整改情况

（1）重新设定液氧泵出口总管、各泵出口设置压力报警，目前报警值为 8.0MPa，由工艺人员出具相关变更手续。

（2）对工艺人员关于仪控、联锁、PID 调整等知识进行培训，加强操作人员对仪控系统的理解，提高操作能力。

（3）重新组态互备程序，经调试后消除缺陷。保证调试后程序满足互备要求。

5.2 改进建议

鉴于互备程序、信号无法正常切换问题，参照其他公司的氧泵互备程序，对公司的程序进行诊断、审议。

6. 事故启示

通过对本次事故的研究和总结，得到如下启示：一是程序组态后严格调试过程，明确工艺、设备及仪表相关专业职责；二是生产管理方面，工艺、设备、技术定期组织开展专项演练，演练实施要有计划，并突出重点。

电源接线端子松动导致空分机组跳车事故

1. 事故单位及事故装置的基本情况

某煤化工企业为煤制烯烃项目，采用煤气化制甲醇、甲醇合成烯烃（MTP）、烯烃聚合工艺生产聚乙烯和聚丙烯产品。主要工艺流程为：煤粉加压经气体输送与氧气在气化装置不充分燃烧得到粗合成气，经变换、低温甲醇洗净化得到满足甲醇合成要求的精制合成气，经甲醇合成装置获得精甲醇，精甲醇经过 MTP 装置生产聚合物级丙烯，最终聚合反应后产品为均聚物、无规共聚物和抗冲共聚物。

空分装置负责向化工区各装置提供合格的氮气、氧气、仪表空气、工厂空气，空分机组采用西门子 S7-400 FH 控制系统。

2. 事故情况

2.1 事故仪表的基本情况

控制系统电源模块为整个 1 号空分装置控制系统供电，作为控制的重要组成部分，电源的故障会引起控制系统瘫痪，联锁停机泵事故。

2.2 事故经过

2021 年 8 月 26 日 22 时 31 分，1 号空分装置停车，机组控制系统显示跳车首出为末级保护停机。系统维护人员立即查看 1 号空冷工程师站画面状态，发现画面数据显示异常，随即前往空分机柜间检查 1 号空冷 PLC 系统运行情况。现场查看发现，1 号空分空冷系统的两个 CPU 均为外部故障和冗余故障报警，经进一步对机柜内其他设备检查，发现扩展机架所有模块、继电器、安全栅均失电，检查两个 24VDC 电源模块工作正常，共用的电源冗余模块指示灯不亮，进一步检查冗余模块的 4 个接线端子（图 1），发现电源冗余模块的两路电源正极输入线均松动，能手动拉脱，恢复接线后，冗余电源模块指示灯显示正常，进一步检查冗余模块的输出电源线，也存在松动情况，接线紧固后，23 时 15 分两个 CPU 报警消失，扩展机架模块恢复供电，画面显示恢复正常。

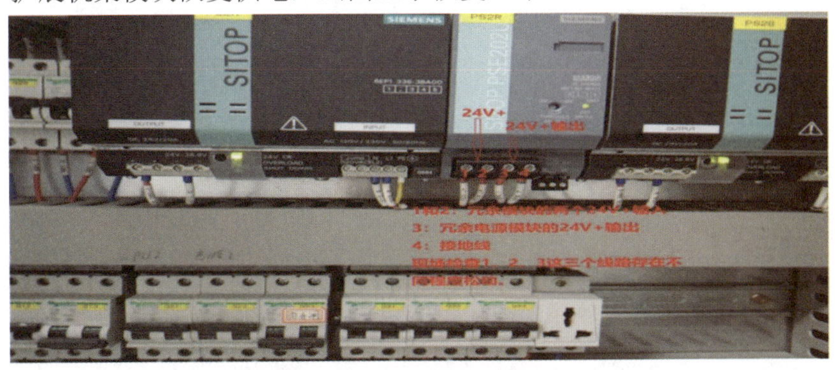

图 1　控制系统电源模块

2.3 事故后果

1 号空分机组跳车，气化装置减负荷约 90min，间接造成损失 90 万元。

3. 事故处置过程

3.1 事故处置情况

查明事故原因后，系统维护人员重新紧固电源线，23 时 15 分 1 号空分空冷 PLC 系统恢复正常，通知工艺可以进行机组开车，0 时 37 分 1 号空分启动。

3.2 仪表故障消除情况

事故发生后，系统维护人员重新紧固接线端子，并举一反三，对控制系统所有电源接线进行了紧固，防止类似事件的发生。

4. 原因分析

4.1 直接原因

控制电源失电，导致 1 号空冷岛 12 台风机停运，1 号空分汽轮机排汽压力高，末级保护动作，机组停运。1 号空分空冷控制系统 24VDC 冗余电源瞬间失电是本次 1 号空分停车的直接原因。

4.2 间接原因

（1）系统维护人员日常巡检工作不到位，未能发现接线松动异常，导致 1 号空分空冷控制系统 24VDC 电源失电，是本次 1 号空分停运的间接原因。

（2）系统维护人员未能充分考虑系统电源存在的相关风险，在装置短停期间对电源系统供电线路及端子检查确认不到位，导致电源系统存在隐患没有及时发现和排除，也是本次 1 号空分停运的间接原因。

4.3 管理原因

（1）管理存在盲区，控制系统技术管理人员对集成柜内部风险认识不到位，未能有效结合装置短停检修安排电源柜的端子检查工作，电源柜端子排查存在盲区，检修、检查项目未能实现全覆盖，重点检查项目未安排。

（2）系统管理人员和系统维护人员责任心不强，对设备的运行情况没有充分掌握，对设备的掌控能力不强。没有从多起接线松动引发的事故案例中吸取教训，进行举一反三的排查，对控制系统电源存在的隐患未能及时发现，重视程度不够，是本次 1 号空分非停的管理失职。

5. 事故整改情况及改进建议

5.1 事故整改情况

加强所有机柜内部设备的巡检，重点检查工程师站画面上无法巡检的设备，冗余的电源往往会被忽视，重点检查设备报警信息，不放过任何一个可能的隐患 ，技术管理人员对重要点位逐点验收。

5.2 改进建议

（1）充分利用装置短停检修机会对重要信号的接线（包括机柜内部配线和外部进线）、电源的线路等进行逐个检查紧固，对电源冗余模块进行测试，如有问题及时更换。控制系统维护人员整理停车需要检查的内容，装置停运后按照内容逐项进行检查确认并形成签字确认表。

（2）整理 24VDC 电源资料，梳理各个装置系统供电图，对系统人员进行电源供电的相关培训，提高每个人对系统的掌控能力。

（3）控制系统管理人员深入现场，了解现场设备运转情况，结合生产装置情况，编制控制系统短停检修计划，同时跟踪检修情况，现场验收检修质量，按照检修项目闭环管理。避免设备检修后留下低标准等隐患，杜绝出现接线松动等问题。

（4）充分调研市场、咨询其他化工行业，论证现有电源的可靠稳定性，制订可行性方案，利用装置短停检修机会对当前电源系统进行改造，增加对输出回路的检测功能（如温度检测），避免接线松动导致事故进一步扩大，影响装置稳定生产。

6. 事故启示

控制系统供电必须稳定可靠，全面逐点排查仪表接线紧固情况，年度检修全面排查仪表回路端子，装置短停检修重点复查回路端子的可靠性，当作一项常态化的工作来抓。化工生产区域机柜内腐蚀的端子及时更换、频繁拆卸的单芯导线，也应定期剪掉接线部位，“重剥、重接”，以提高回路可靠性。

安全栅故障触发甲烷化装置紧急停车事故

1. 事故单位及事故装置的基本情况

某煤化工企业为大型煤制天然气示范项目，单期设计产能为13.3亿m^3/年。采用碎煤加压气化、低温甲醇洗净化、甲烷合成技术，生产的天然气通过长输管道向外输送，同时副产焦油、粗酚、硫黄、硫铵等产品。该企业将合成甲烷含量大于94%的天然气送往首站，经过加压后送往长输管网。

甲烷化装置是该公司化工生产的合成装置，将低温甲醇洗装置来净化气在甲烷化催化剂作用下，经过大量甲烷化和补充甲烷化反应，生成天然气产品，即代用天然气（Synthetic Natural Gas，SNG）。甲烷化工艺方案采用英国戴维工艺技术公司（DPT）的高一氧化碳甲烷化（HICOM）工艺，即催化富气技术（CRG）。单期装置日产SNG 400万Nm^3。

2. 事故情况

2.1 事故仪表的基本情况

来自低温甲醇洗的净化气即原料气（27℃，3.2MPa，4.2×105Nm^3/h）经换热器加热至180℃后，进入脱硫槽C101进行精脱硫。脱硫后的原料气经加热至295℃后分为两股，分别进入第一大量甲烷化反应器C102A/B和第二大量甲烷化反应器C103A/B；进C102A/B的原料气与循环气混合后进入催化剂床层进行甲烷化反应，C102A/B出口温度620℃；进C103A/B的原料气与C102A/B出口工艺气混合进入催化剂床层进行甲烷化反应，C103A/B出口温度620℃。C102A/B和C103A/B出口分别设置有一台废热锅炉W103和W105用来回收反应热，产出过热中压蒸汽送入蒸汽管网。经换热后的工艺气一股进入循环压缩机V101，循环至C102A/B入口；另一股工艺气先后进入第一补充甲烷化反应器C104和第二补充甲烷化反应器C105进行深度甲烷化反应，最终生成甲烷含量大于94%的产品气。甲烷化工艺流程如图1所示。

调节阀HV-71005为甲烷化装置C102A/B反应器入口控制阀，通过对原料气与循环气量的控制，有效控制C102A/B床层反应温度，实现大量甲烷化反应的关键性设备。此调节阀规格为DN750、600LB调节蝶阀，既有控制功能又有异常紧急关闭功能，即附有阀门定位器和电磁阀，均按本安回路配置相应的安全栅。调节阀HV-71005气路配置图如图2所示。

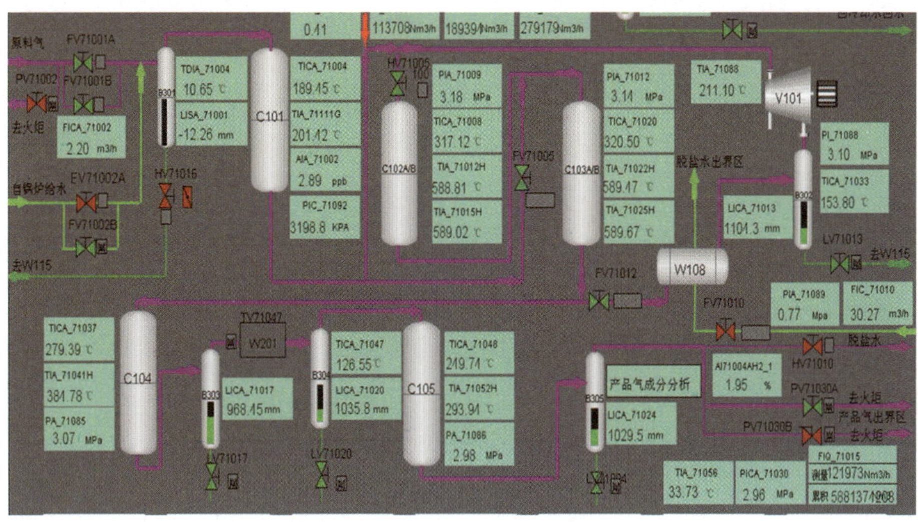

图 1　甲烷化工艺流程图

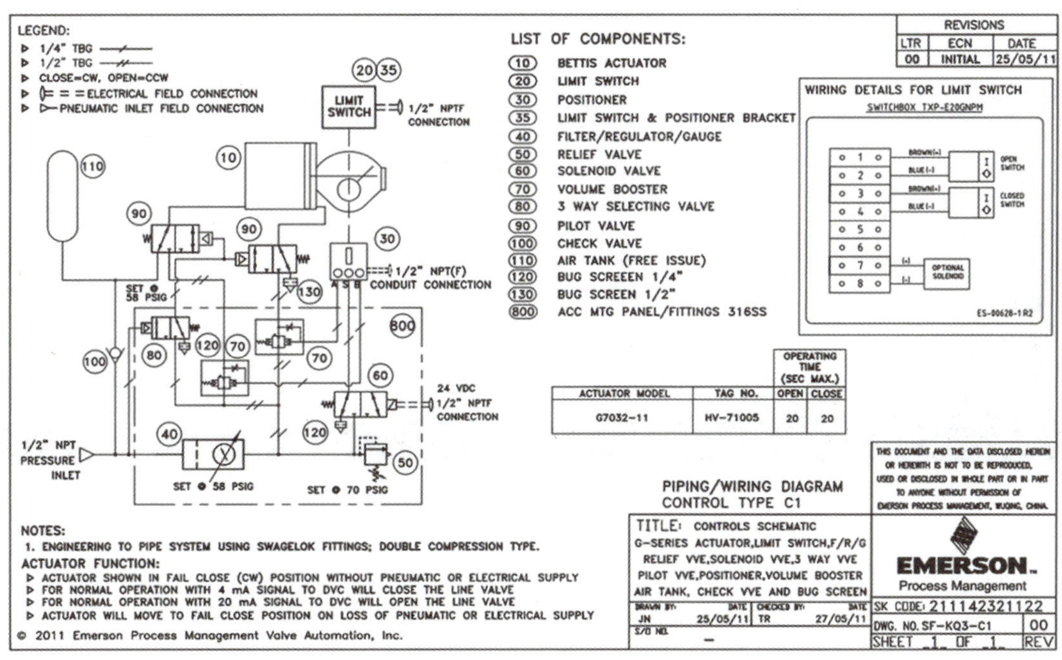

图 2　调节阀 HV-71005 气路配置图

2.2 事故经过

2020年6月28日20时21分，甲烷化装置C103B反应器床层温度高高联锁触发（9取2），造成甲烷化装置停车。电仪人员通过检查相关仪表设备，判断C102A/B入口调节阀HV-71005安全栅（MTL5023）故障，造成调节阀电磁阀失电，阀门异常关闭，导致C103B床层温度达到联锁值，触发ESD联锁停车。更换故障的安全栅，并对阀门控制气路、阀门附件、控制回路检查，阀门调试动作正常后，通知工艺开车。22时45分，工艺具备条件，循环压缩机启机运行，23 时 40 分甲烷化装置引净化气，29 日 01 时 10 分天然气并网。

2.3 事故后果

造成甲烷化装置中断外网供气 4 小时 49 分。

3. 事故处置过程

3.1 事故处置情况

2020 年 6 月 28 日 20 时 21 分，电仪值班人员接到工艺人员通知甲烷化装置停车。电仪中心相关人员陆续到达现场查找停车原因。

通过调取 SOE 记录事件前后顺序，判断甲烷化跳车的原因为：第二大量反应器 C103B 床层温度 fTSA71025C_HH、fTSA71026D_HH 高高联锁（9 取 2）触发，致使甲烷化装置停车，ESD 相继执行紧急停车动作，如图 3 所示。

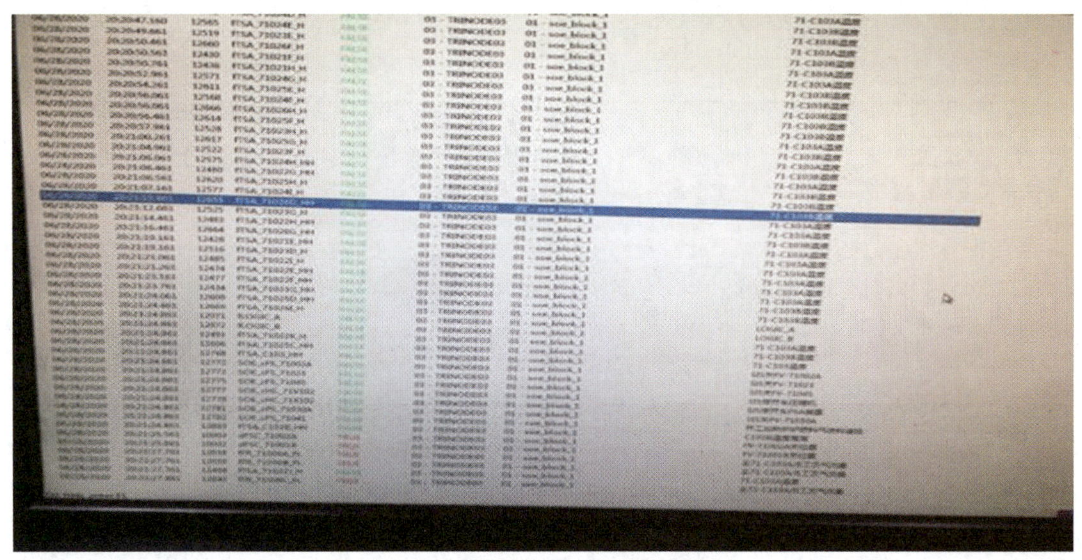

图 3　甲烷化 SOE 数据截图

结合甲烷化装置工艺流程，第二大量反应器 C103B 床层温度 fTSA71025C_HH、fTSA71026D_HH 高高联锁触发的原因是进第二大量反应器 C103B 净化气气量严重超出正常工况下允许的反应气量，导致反应剧烈床层超温。

进一步查看历史趋势发现，甲烷化装置停车之前，C102 和 C103 床层温度相继出现高报警；20 时 18 分 06 秒，ESD 系统收到 C102 反应器入口调节阀 HV-71005 关反馈信号；20 时 21 分，C103B 床层温度达到高高联锁值，导致甲烷化装置停车，ESD 系统发出 HV-71005 阀门关指令。通过趋势图分析（图 4），在 ESD 未发出停车命令 3min 钟前系统已收到 HV-71005 关反馈信号，说明在停车之前该阀门实际已经关闭，初步判断 HV-71005 阀门异常关闭是甲烷化装置停车的初始原因。通过工艺流程进行分析得到印证，若调节阀 HV-71005 自行关闭，原料气与循环气将无法进入 C102A/B 进行反应，也产不出反应后的气体进入 C103A/B，此时 C103A/B 进入大量原料气进行反应，反应剧烈，床层温度迅速升高，无法控制，最终达到床层温度联锁限值而停车。

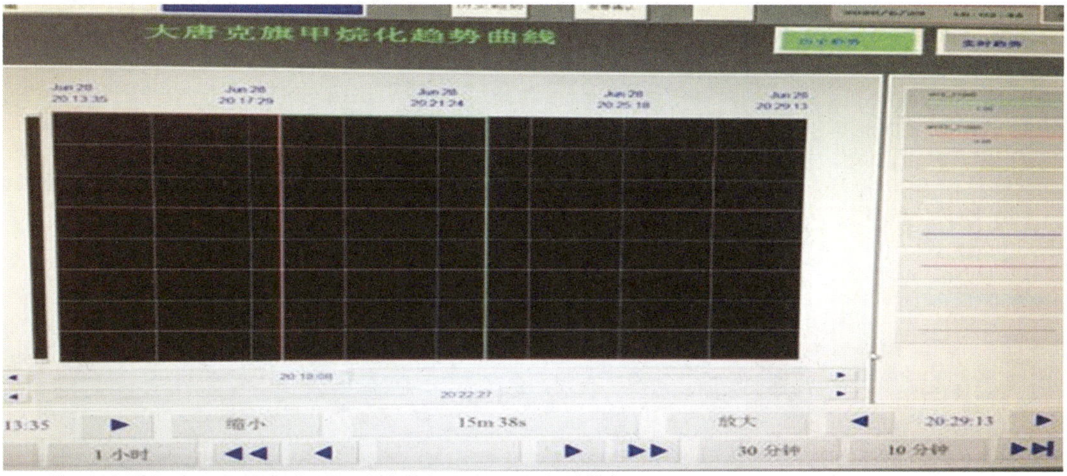

注：红色线为HV-71005阀门关反馈，绿色线为HV-71005阀门关指令

图 4　HV-71005 阀门关反馈信号与关指令趋势图

电仪人员立即对 HV-71005 阀门相关仪表设备进行详细排查。在排查过程中发现，HV-71005 阀门控制回路安全栅（MTL5023）“OP 工作指示灯”和“LFD 回路故障指示灯”状态异常，均处于熄灭状态（正常工作时 OP 灯亮，回路故障时 LFD 灯灭，图 5）。遂判断 HV71005 控制回路安全栅故障后无输出，电磁阀断电，阀门关闭，从而导致装置停车。更换故障的安全栅，并对阀门控制气路、阀门附件、控制回路检查，阀门动作正常后，通知工艺人员开车。

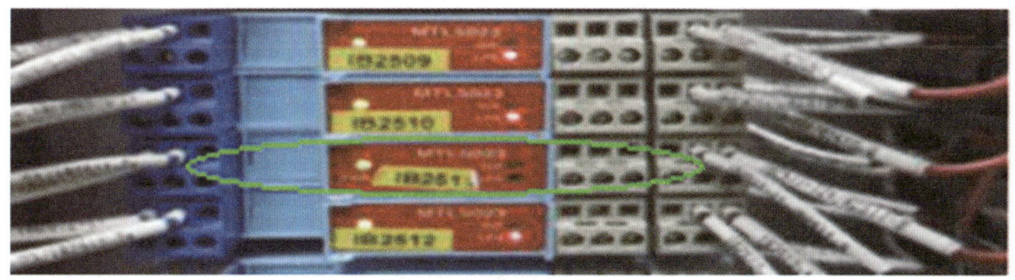

图 5　安全栅故障状态图

3.2 仪表故障消除情况

更换新安全栅，投运至今未发生问题。

4. 原因分析

4.1 直接原因

本次停车事故主要原因是 C102A/B 反应器入口调节阀 HV-71005 控制回路安全栅故障，导致阀门异常关闭，C103A/B 进入大量原料气，床层温度失控，造成装置停车。

4.2 间接原因

此安全栅长期使用，内部电子元件质量有问题，导致故障。MTL 安全栅虽然为全球级优质品牌，仍存在一定的故障概率。

4.3 管理原因

仪表人员对于使用年限较长的仪表设备劣化倾向判断不足，未做到提前预防。

5. 事故整改情况及改进建议

5.1 事故整改情况

停车检修期间对 ESD 联锁的关键阀门控制回路、气路进行全面检查，对继电器、安全栅等使用 10 年以上元器件进行更换。

5.2 改进建议

有计划地做好控制系统设备的更新换代工作，减少误动概率，确保控制系统稳定运行。对现运行的 ESD 系统重要阀门回路可靠性进行优化，尽量避免因单个仪表设备损坏而引起装置停车。

6. 事故启示

安全栅作为控制系统中的电子元器件，运行过程中突然故障，一般情况下，人为无法预判，也无法提前预防，特别是化工生产采用事故安全型设计方式，仪表控制元件故障即跳车，仪表设备误动造成工艺装置停车概率大大提高，这就给仪表维护人员提出更高的要求。

首先在仪表设备选择上要尽量全部采用可靠性高，稳定性好，质量一流的产品，不能因小失大；其次加强日常维护保养，避免使用环境的影响；最后，根据仪表使用特性，做好周期性更新计划，保持仪表及控制系统健康。

3500 位移卡件故障造成氮压机跳车事故

1. 事故单位及事故装置的基本情况

某煤化工企业为煤原料制尿素项目，装置系统组成有水系统（脱盐水、浓盐水等）、锅炉装置、空分装置、气化装置、净化装置和合成尿素装置；其中，发生事故的装置为空分装置，两套空分装置为 40000Nm³/h。利用双塔精馏实现空气的氧氮分离。配套有空压机组、氮压机组，主要为后系统提供氧、氮及全厂仪表空气。

2. 事故情况

2.1 事故仪表的基本情况

氮气压缩机组（汽轮机 + 氮气压缩机）。该套装置配有 1 套本特利 3500 在线监测及 System1 诊断分析系统，对氮压机振动、位移等参数进行监测，如图 1 所示。

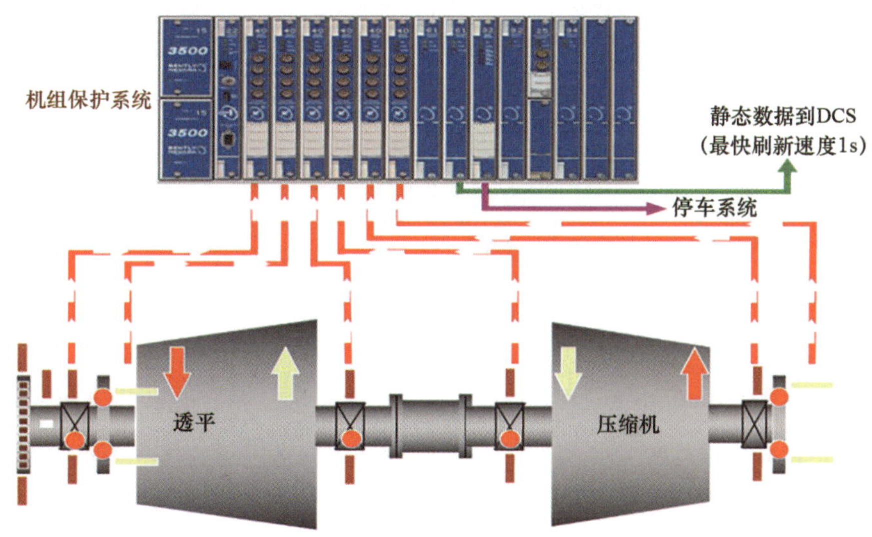

图 1　机组监测

2.2 事故经过

2017 年 9 月 2 日 3 时 15 分，二系列氮压机 2 号大齿轮轴位移值（ZXI2011603/4）联锁跳车。通过查找 ITCC 控制系统 1131 的 SOE 和首出记录，跳车的原因为大齿轮轴位移异常联锁。仪表工程师系统回路检查，首先，接线箱前置器接线端子检查，位移接线良好，在前置器上测得输出电压值分别为 -8.41VDC、-8.37VDC（机组静止状态），电压值正常；其次，3500 框架接线端子处测得电压值分别为 -8.23VDC、-8.21VDC（机组盘车中），电压值正常；判断两支位移探头及接线正常。

设备工程师对大齿轮确认机械窜量值，仪表工程师在现场前置器上测得位移ZXI2011603/4远、近端输出电压值，并通过计算窜量与设备工程师提供的机械窜量值（0.45mm）相符，确认现场仪表和设备都正常。同时，仪表工程师通过System1系统检查位移趋势时，发现在确认窜量的过程中，系统上测位移ZXI2011603/4的间隙电压值波动较大（图2），偶尔出现-3.0VDC、-1.0VDC，与正常基准值-9.75VDC偏差较大。打开3500系统报警记录发现本特利位移卡件（3500/42M）有“NOT OK”故障报警记录。判定为由于本特利位移卡件（3500/42M）故障造成位移运行指示值异常，导致氮压机机组跳车。

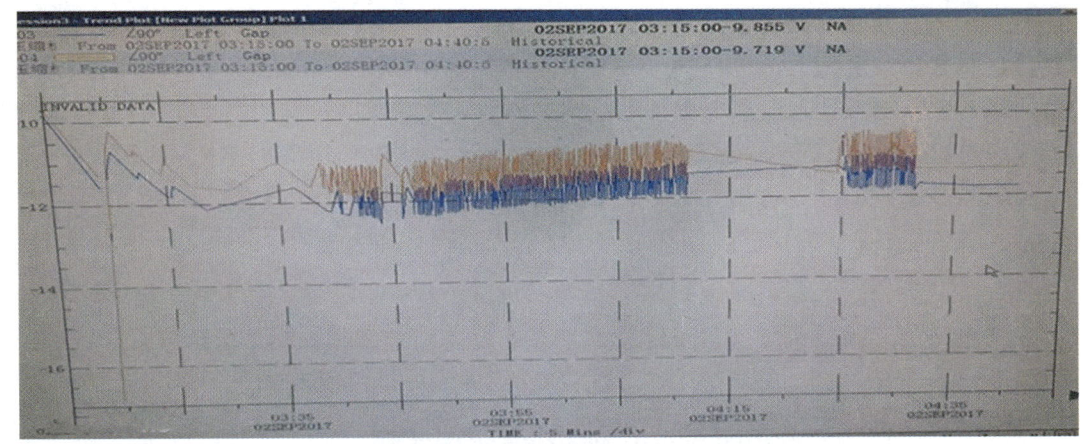

图2　机组监测数据曲线

2.3 事故后果

该事故无人身伤亡情况；事故造成空分装置非计划停车8h，并导致后序工段全部停车5h，影响尿素产量1250t。

3. 事故处置过程

3.1 事故处置情况

设备工程师和仪表工程师第一时间分析故障原因，并召开专题会确认处理方案和安全要求。将该位移卡件进行更换，更换后系统检测到位移ZXI2011603/4输出电压值分别为-8.57VDC、-8.54VDC，电压值正常，无波动。

3.2 仪表故障消除情况

将该位移卡件更换后，设备工程师重新对大齿轮确认机械窜量值，仪表工程师在现场前置器上测得位移ZXI2011603/4远、近端输出电压值，并通过计算窜量与设备工程师提供的机械窜量值（0.45mm）相符，同时仪表工程师通过System1检查位移趋势，与窜量值相符。

4. 原因分析

4.1 直接原因

3500 系统框架第 3 卡槽 42M 卡故障，输出间隙电压值增大，超出正常测量范围，导致位移值达到联锁值跳车。

本特利事件管理看到的信息：3 槽 2 通道偶有异常发生记录。

0000013512 003 002 N/A Left Not OK 01/03/2017 03:16:59.00

0000013511 003 002 N/A Enter Not OK 01/03/2017 03:16:46.35

4.2 间接原因

联锁逻辑设计存在缺陷，两个位移是二取二的逻辑关系，应将位移 ZXI2011603/4 两个测点组态在同一框架不同的卡件上。即使某一卡件有问题也不会造成跳车。

4.3 管理原因

从仪表设备设计审查、安装及检修质量管理、强制保养、巡检深度、定期校验试验和隐患排查治理等管理角度分析仪表设备技术及运维管理过程中存在的疏漏、不足，从管理层面分析未能及时发现、排查、治理潜在隐患及事故诱因的管理原因。

（1）仪表管理人员未能制定 3500 控制系统的巡检制度，未能及时发现 3500 控制系统管理事件的异常信息。

（2）仪表专业工程师在项目建设期设计资料审查时未发现联锁逻辑设计存在缺陷，埋下了单一仪表设备故障导致事故扩大的事故隐患。

（3）仪表专业各级管理人员对制度制定不全、管理不力，未能及时发现、纠正在制度执行期间存在的问题。

5. 事故整改情况及改进建议

利用大修停车机会对同批次的产品进行更换，优化逻辑关系，制定详细的巡检管理制度并执行。

6. 事故启示

本特利在线监测系统及传感器在压缩机启停和正常运行中，实时检测转子（轴承）振动、转速、轴向位移、偏心等参数，并提供超限报警、停机保护等功能，对机组的安全稳定运行起着至关重要的作用。对于压缩机本特利系统主机保护系统联锁逻辑、仪表测点接入卡件方式，及日常巡检内容等认识不深入、不全面，就会形成不正确的保护逻辑，增加机组安全风险，导致机组误动或者拒动。

机组调速控制器故障导致空分装置停车

1. 事故单位及事故装置的基本情况

该煤化工项目有 2 台锅炉装置、1 套空分装置、3 台水煤浆气化炉。

2. 事故情况

2.1 事故仪表的基本情况

空分装置采用 MAN 汽轮机组，调速系统是由厂家成套提供的西门子 S7-400 PLC 控制器，单系列 PLC 运行。PLC 在 2016 年 9 月 18 日和 9 月 20 日两次发生故障，导致空分装置以及后续装置两次停车。

2.2 事故经过

2016 年 9 月 18 日 8 时 45 分，DCS 值班人员发现空分装置系统报警，随后 ESD 系统发出气化炉停车报警，检查发现空分装置汽轮机跳车，空分机组跳车。进一步检查发现空分单元汽轮机控制柜（TCC 柜）中的西门子 S7-400 PLC 控制器出现故障报警，CPU 不能正常运行。重启西门子控制器后发现 PLC 与 DCS 通信异常。检查更换西门子通信卡件 CP341，并重新下装硬件组态后，PLC 与 DCS 通信正常，随后工艺正常开车，13 时 10 分汽轮机组冲转成功。

2016 年 9 月 20 日 19 时 07 分空分装置再次跳车，检查 TCC 柜发现 PLC 控制器故障，控制器故障现象和上次一致。随后更换 PLC 控制器、电源模块，重新下装程序后调速系统运行正常。22 时 30 分 汽轮机组冲转成功。

2.3 事故后果

事故导致汽轮机组两次跳车，空分装置以及后工序全部停车。

3. 事故处置过程

3.1 事故处置情况

S7-400 PLC 控制器第一次故障，重启控制器后 PLC 正常可以使用，但发现西门子通信卡件 CP341 无法与 DCS 通信，更换通信卡件，并重新下装硬件组态后，PLC 与 DCS 通信正常，随后工艺正常开车，13 时 10 分汽轮机组冲转成功。

S7-400 PLC 控制器第二次故障，检查 TCC 柜发现 PLC 控制器故障，控制器故障现象和上次一致。随后更换 PLC 控制器、电源模块，重新下装程序后调速系统运行正常。22 时 30 分汽轮机组冲转成功。

3.2 仪表故障消除情况

经过两次检修，S7-400 PLC 控制器正常使用。

4. 原因分析

4.1 直接原因

在系统的运行过程中，西门子 S7-400 PLC 控制器的固件版本低，存在缺陷，长时间运行（自开车从未断电）产生垃圾碎片累积引起 CPU 的“假死”，控制器停止工作。首次停车后通过复位控制器认为控制器已从故障状态恢复正常，但是在 50h 后又发生重复故障。MAN 机组现场服务人员到现场检查认为是 PLC 控制器固件版本低（V4.1.0，2005 年 6 月发布，目前更新至 V4.4.1，2012 年发布）导致控制器故障（图 1），与电话咨询西门子服务人员结论一致。

另外一种可能是 PLC 控制器硬件老化，导致故障下线。

图 1　故障控制器

4.2 间接原因

该系统是单控制器运行，在重要的场合下使用，需要冗余控制器配置。

4.3 管理原因

PLC 维护不到位，前期未辨识到该控制器固件版本低，存在问题。

PLC 运行过程中未进行断电检查维护工作。

5. 事故整改情况及改进建议

5.1 事故整改情况

（1）更换 PLC 控制器、电源模块，恢复正常运行。

（2）更换 PLC 通信卡件 CP341。

（3）下装 PLC 系统的硬件组态。

5.2 改进建议

（1）对版本低的系统软件进行升级。

（2）针对一些使用周期长的卡件或模块应进行更换，更换下来的模块可降级使用。

（3）机柜间的卡件、模块要定期进行清灰和除尘。

（4）在大修时，对该系统进行改造，将调速功能迁移到 Tricon 系统内。

6. 事故启示

控制器第一次故障时，应当进行更换，就可以避免二次停车事故；使用西门子 S7-400 PLC 控制器的场所，应该定期邀请专业人员对其进行检查维护和固件版本升级；在重要场合使用时，要冗余控制器配置，防止设备故障导致生产中断。

转速模块故障导致膨胀机跳车事故

1. 事故单位及事故装置的基本情况

某煤化工企业为煤原料制尿素项目，装置系统组成为水系统（脱盐水、浓盐水等）、锅炉装置、空分装置、气化装置、净化装置和合成尿素装置；其中，发生事故的装置为空分装置，两套空分装置为 40000Nm^3/h。利用双塔精馏实现空气的氧氮分离。配套有空压机组、氮压机组，主要为后系统提供氧气、氮气及全厂仪表空气。

2. 事故情况

2.1 事故仪表的基本情况

在 DCS 组态程序中触发联锁的条件为转速高高、转速低低、轴瓦振动高高，轴瓦温度高高、急停按钮只要有一项满足条件就会导致膨胀机跳车。造成跳车的仪表位号为 2SIAS401，这个测点为膨胀机转速测点。现场转速测量探头装在膨胀机机头处（为单测点测量），通过尾线接入转速模块 T501，通过转速模块转换成 4 ～ 20mA 信号送到 DCS 仪表设备系统图如图 1 所示。

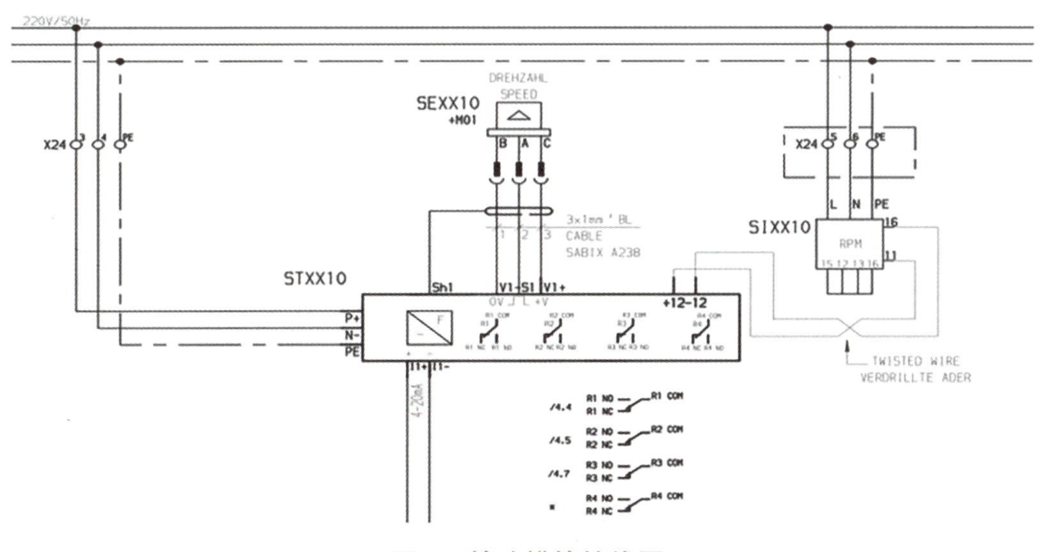

图 1　转速模块接线图

2.2 事故经过

2017 年 9 月 24 日 7 时 8 分，空分装置二系列膨胀机转速 2SIAS401 高高联锁跳车。DCS 操作站画面首出记录为膨胀机转速高高、低低同时报警。仪表工程师检查膨胀机就地控制柜，发现转速模块状态指示“OK”灯不亮，检查确认转速模块外部供电电源正常，转速模块输出转速端子 I1+、I1- 处测得回路中无“4 ～ 20mA”电流信号；对转速模块转速高高报（XSSHH401）、低报（XSSL401）、低低报（XSSLL401）的接线端子 R1、R2 进行测量，都有故障信号输出，就地控制柜就地转速显示屏上转速显示为零；通过测量，转速模块模拟量输出和数字量输出信号均异常，确认测速模块故障。

2.3 事故后果

该事故无人身伤亡情况；事故造成空分装置非计划停车 8h，并导致后序工段全部减负荷运行 12h，影响尿素产量 600t。

3. 事故处置过程

3.1 事故处置情况

仪表工程师第一时间对故障原因进行分析，并召开专题会确认处理方案和办法。首先，将故障转速模块中的组态数据导出并记录，再进行备用转速模块的组态，将记录的数据导入新转速模块；其次，故障转速模块为 220VAC 供电，新转速模块为 24VDC 供电，在就地控制柜增加 220VAC 转 24VDC 电源。

3.2 仪表故障消除情况

将备用的转速模块安装在就地控制柜导轨上，接好 24VDC 电源、模拟量和数字量信号后，进行上电，彻底消除了事故隐患。

4. 原因分析

4.1 直接原因

导致本次事故的直接原因为：膨胀机就地控制转速模块（电源，220VAC）内部电源转换模块故障，触发跳车信号，导致膨胀机跳车。

4.2 间接原因

该设计存在缺陷，原转速模块里有电源组件，电源组件是将 220VAC 变 24VDC，有一台小型的变压器等元器件，尤其是变压器是发热设备，很容易出现故障。现场控制柜没有散热装置，设备在高温状态下长时间运行，极易损坏电子元器件。对现场运行设备巡检不仔细，未及时发现隐患。

4.3 管理原因

（1）仪表管理人员未能制定除控制系统的电源系统的红外成像测温制度，未能及时发现膨胀机现场电子元器件烧损前的异常温升现象。

（2）仪表专业工程师在项目建设期设计资料审查、装置投产后历次仪表设备隐患专项排查期间未能识别出膨胀机电源存在的不足，埋下了单一仪表设备故障导致事故扩大的隐患。

（3）仪表专业各级管理人员对制度制定不全、管理不力，未能及时发现、纠正在制度执行期间存在的问题。

5. 事故整改情况及改进建议

利用大修停车机会将对同批次的产品更换，优化逻辑关系，制定详细的巡检管理制度并执行。对空分装置其他设备的 T501 转速模块进行更换，将其供电电源方式 220VAC 改为 24VDC 供电模式，对控制柜增加散热装置。对转速模块制定巡检标准，用红外热成像仪检测设备温度。

6. 事故启示

膨胀机属于高速旋转的核心设备，本体上所有设备及仪表元器件认真审核，多调研，深研究，熟悉随机文件。为保证装置的稳定运行必须开展预知维修工作，也是消除仪表设备潜在故障隐患的有效手段。

1. 事故单位及事故装置的基本情况

某合成氨装置的氨气压缩机组（C-1802）是汽轮机驱动，汽轮机是杭州汽轮机股份有限公司制造的多级冷凝式汽轮机，型号为 NK32/45；压缩机由沈阳透平机械股份有限公司制造，型号为 3MCL707+3MCL708；压缩机正常转速 7400r/min。

2. 事故情况

2.1 事故仪表的基本情况

氨气压缩机调速系统主要由两个转速传感器、ITCC 控制系统、电液转换器、错油门、油动机和蒸汽调节阀组成。

转速控制信号通过电液转换器实现将电信号转换成液压信号，液压信号通过错油门驱动油动机实现调速阀的控制。本机组电液转换器是 VOITH 公司制造，型号为 DSG-B07112，供电电压 24VDC，模拟量输入 4 ～ 20mA 对应 0.15 ～ 0.45MPa 的二次油压输出，如图 1 所示。电液转换器通过 24VDC 电给电磁控制部分 VRM 产生电磁力。电磁力的大小和 4 ～ 20mA 输入电流成正比。接线图如图 2 所示。

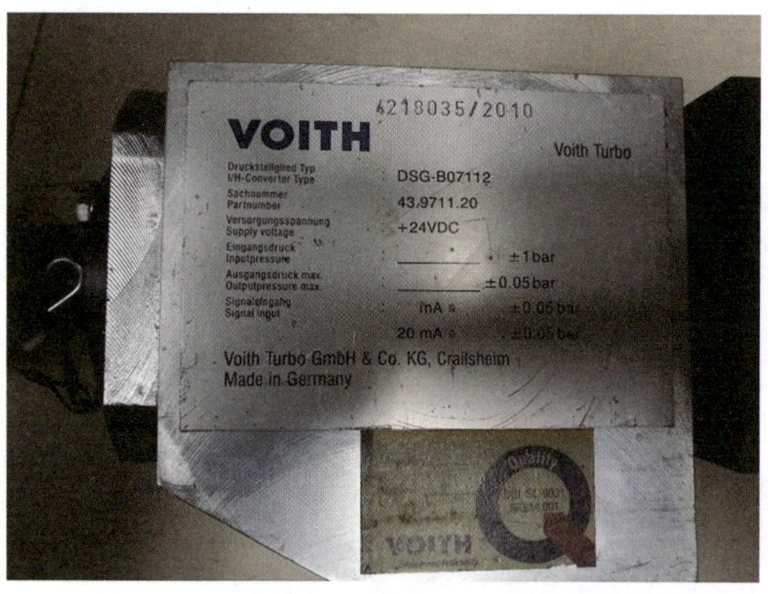

图 1　电液转换器

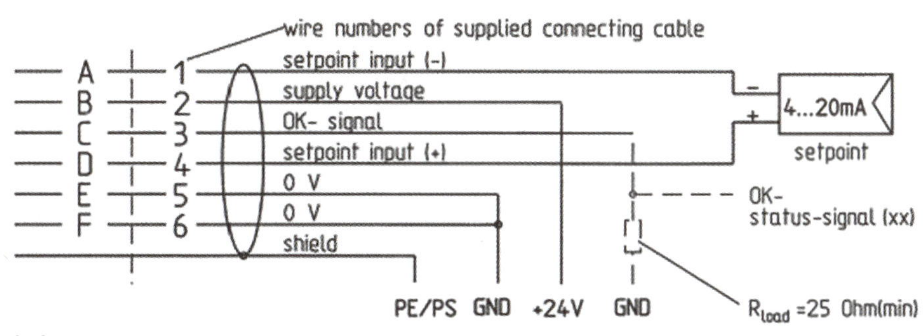

图 2　电液转换器接线图

2.2　事故经过

该压缩机自冬季开车投入运行，一直比较稳定，随着气温上升，从次年 5 月初开始机组转速出现波动，每天从 12:00 左右开始波动，直到 18:00 左右停止波动，二次油压波动最大范围为 0.34 ～ 0.43MPa，转速波动最大幅度为 ±250r/min，蒸汽流量波动最大幅度为 ±8t/h，一次波动周期 8s 左右。

2.3　事故后果

由于压缩机转速一直处于波动状态，生产装置负荷一直不能稳定运行，而且油动机活塞杆长时间高频率地上下运动，使油缸盖上的活塞杆密封组件加速磨损，如果不及时处理可能导致油缸盖处漏油，引起火灾危险，给压缩机的安全平稳运行造成极大的隐患。

3. 事故处置过程

在排除蒸汽管网波动、润滑油品质、工艺运行负荷、机组厂房环境温度等方面的因素后，将重点放在调速系统对机组转速波动的影响上。

从氨气压缩机转速波动、蒸汽压力、蒸汽温度、蒸汽流量、蒸汽调节阀开度 OP 值的历史曲线观察和分析，当压缩机组由正常平稳运行到转速波动期间，在蒸汽管网压力和温度没有波动的情况下，进入汽轮机的蒸汽流量突然增大，导致转速上升，超过目标转速，随之 ITCC 系统控制蒸汽调节阀 OP 值减小，转速下降到目标转速以下，蒸汽调节阀在 PID 的作用下 OP 值开始增大，调节过程的振荡使压缩机组转速持续波动 8s 左右，逐渐趋于平稳。从转速与蒸汽调节阀 OP 值的变化趋势的逻辑关系可以排除 ITCC 控制系统调速模块的故障。

在压缩机转速波动期间，从现场仪表控制盘上油压表观察，发现电液转换器输出二次油压在 0.4MPa 时波动很大，导致蒸汽调节阀在 OP 值保持不变的情况下开度波动很大，造成压缩机组转速波动。由于压缩机组正在运行，电液转换器的输入电流信号不方便测量。初步判断有以下 4 种可能。

（1）电液转换器输入模拟量信号前端 AO 安全栅性能不稳定引起电液转换器输出二次油压波动。

（2）电液转换器内部卡涩或者磨损导致滑阀动作不灵敏引起二次油压波动。

（3）错油门滑阀壳体内或滑阀油路堵塞导致错油门中滑阀有卡。

（4）电液转换器的供电电源回路存在缺陷导致控制磁体 VRM 产生的电磁力不平稳。

在装置停车时，使调速阀全开，对电液转换器的供电电压（此处供电电压是指电液转换器的实际带载电压，即闭合回路中电液转换器的端电压，下文相同）进行了测量，并且和其他两套压缩机组电液转换器的供电电压进行对比，发现氨气压缩机电液转换器的供电电压只有 15VDC，而其他两套压缩机组电液转换器的供电电压约为 18VDC。由于电液转换器的供电电源要求为 24V±10%，由此看来，三套压缩机组的电液转换器的供电电压都没有达到制造商的要求，并且氨气压缩机组电液转换器的欠电压问题最突出。

最终排查供电电缆回路全部接线环节后，得出的结论是电源电缆线径小、电阻大，造成电压衰减，随即将两组备用线电缆并联后给电液转换器供电，测量电压为 20VDC。进一步开展静态试验发现二次油压正常，油压在 0.4MPa 以上时能稳定输出，输入 4 ～ 20mA 信号时二次油压在 0.15 ～ 0.45MPa 范围内，且基本呈线性关系，蒸汽调节阀的动作平稳。

4. 原因分析

4.1 直接原因

电液转换器的供电电压太低导致控制磁体 VRM 产生的电磁力不足以抵抗高油压（0.4MPa 以上）输出时阀芯的弹簧阻力，进而引起二次油压的波动。

在项目设计资料中，压缩机组厂房至中央控制室机柜间电缆敷设距离大约 700m，而将电液转换器电源电缆设计为 1.5mm^2，没有充分考虑电缆线阻引起的电压压降，直接导致电液转换器一直处于临界状态下工作。通过查阅电液转换器说明书后发现电液转换器的额定功耗为 17.6W，供电回路额定电流约为 0.7A。根据电缆型号查阅厂家资料，截面积为 1.5 mm^2 电缆对应的 20℃导体直流电阻为 13.3Ω/km，则计算出电缆压降大约为 6.5VDC，从而电液转换器的供电电压理论值为 17.5VDC，已经低于电液转换器的供电电压的允许范围，并且随着环境温度的升高，金属导体的阻值会增大，使电压进一步衰减。转速波动期间正值夏季，中午 12:00 左右气温急剧上升，怀疑是由于电缆线阻或者接线部位阻值受环境温度影响引起电压压降过大，18:00 左右气温开始回落，回路电阻随之回落至波动前的水平。

4.2 间接原因

在项目建设阶段，没有充分认识到电缆选型的问题导致此问题的产生，并且在施工过程中，有可能由于电缆的破皮损伤、接线鼻子压接、氧化腐蚀等环节都会对整个回路的阻抗产生影响，没更换前的这组电缆阻值测量明显超过了电缆制造的正常范围，从而导致电缆压降过大，并且随着环境因素的影响，电缆老化也将日益加剧。

5. 事故整改情况及改进建议

5.1 事故整改情况

重新接线电源电缆，使用两组 1.5mm^2 进行并联相当于 3.0mm^2 电缆，使导线截面积增大一倍，可以将导线阻抗减少一半，电液转换器的供电电压由原来的 15VDC 增加到现在的 20VDC，对机组进行静态试验发现二次油压正常，线性度和电信号基本成比例，蒸汽调节阀的动作平稳。

5.2 改进建议

这是一个比较典型的项目前期和施工遗留隐患，运行期间问题暴露的事故案例，在设计选型、图纸审查、工程施工阶段容易发生的问题，往往由于小的疏忽导致大的隐患。针对此次问题的发生，使工程设计人员能够充分地了解体会在项目设计选型阶段，每一个细节的疏忽都有可能对以后的生产产生较大的影响。并且在施工阶段，严格把控施工质量，对于电仪专业人员要严把设备选型、电缆敷设、供电负荷匹配性等关键环节，最大限度地避免在生产运行中发生不明原因的设备停机、装置停车事故，或长期得不到解决的疑难问题。在停车期间将该机组厂房内的另外两套机组的电液转换器电源电缆也进行了备用线并联处理，以降低电缆阻抗。

6. 事故启示

目前国内项目的工程设计，在设计阶段现场的部分设备都还没有明确具体品牌和型号，在设备资料不全时设计人员往往会参照之前项目或类似资料进行详细设计，有可能会忽略一些相互匹配的细节。例如现场设备电缆敷设距离较大时的直流电压系统，有些功率较大的仪表、电磁阀、电磁流量计、雷达料位计等，对整个供电回路或信号回路阻抗有一定范围的要求，超过此范围就不能保证仪表设备的正常运行。针对此案例中的电液转换器供电回路的阻抗要求计算应该小于 13.3Ω/km 才能保证电液转换器的正常运行。

与此类似的情况还有，系统集成商在对外给现场仪表供电时通常选用统一规格的保险管，未充分考虑现场大功率设备或大功耗电磁阀的具体情况，在保险工作在临界容量状态时，大大增加了非计划停车的概率，这类问题也要引起相关管理人员和技术人员的高度重视。

电液转换器故障造成合成气压缩机停车事故

1. 事故单位及事故装置的基本情况

某公司天然气转化合成装置是以天然气和煤基合成气为原料，采用 DPT（Davy Process Technology）和 JMC（Johnson Matthey Catalysts）低压甲醇技术，实现碳氢互补，生产满足要求的 MTO 级甲醇产品和氢气产品。日产 MTO 级甲醇 5500t。日产氢气最大约为 228384Nm^3。

合成气压缩机作为装置核心关键设备，机组由 1 台多级/抽汽/凝汽式汽轮机和“两缸三段”压缩机组成，主要为甲醇合成单元，输送转化单元来的新鲜合成气和膜分离单元的新鲜氢气及合成反应器的循环气，压缩机由通用公司生产意大利进口，设备结构较为复杂，额定功率 45469kW，是当时亚洲最大的工艺气压缩机。

2. 事故情况

2.1 事故仪表的基本情况

压缩机透平由高调阀控制进气流量，由低调阀控制抽气流量。调节阀的动作由一个连到两个阀杆的杠杆驱动。杠杆上的弹簧关闭调节阀。动力缸活塞的力与调节阀的蒸汽力和杠杆上的弹簧力相抗衡。高、低调阀各配有一台由通用公司定制享有专利，由 Woodward 生产制造的 VariStroke-Ⅱ电液转换器。电液转换器由以下几部分组成：双作用的液压动力缸、旋转伺服阀、冗余反馈传感器 LVDTs、集成电子驱动单元（控制器）（图 1）。

图 1　安装图

伺服阀由一台有限转角力矩电机（LAT）执行器来驱动，电机的永磁转子直接连接到伺服阀芯上来控制阀芯旋转。阀口连接油缸进而控制输出轴位。伺服阀部分内置了一个阀芯旋转回位弹簧，它能在故障发生时迫使油缸回到安全位置（图 2）。

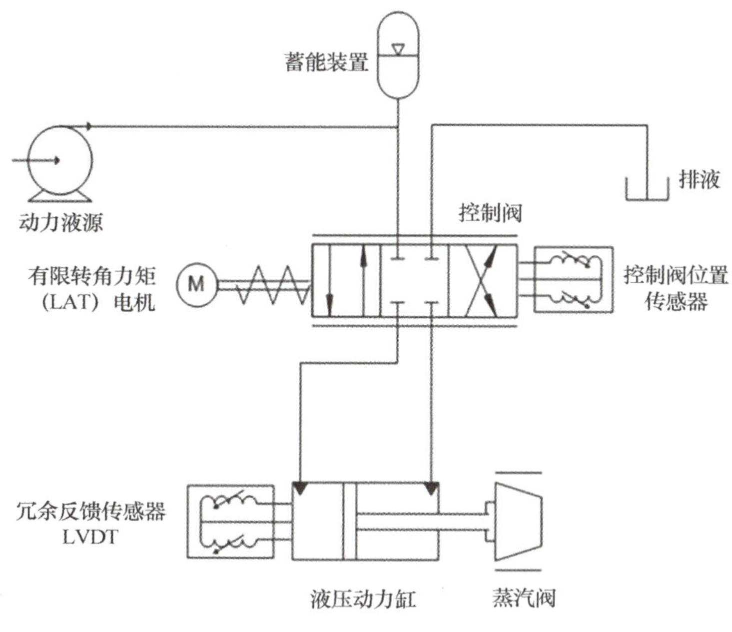

图 2　结构图

主要的信号：一组冗余电源信号；一组模拟量输入信号接收来自 ITCC 的阀位控制信号；一组模拟量输出信号为实际液压动力缸位置反馈，这组信号仅用于 ITCC 系统的监测和诊断，不用于闭环反馈。常用数字量输入信号是自 ITCC 来的运行启动、复位和辅助跳闸信号。两个数字量输出信号，向 ITCC 系统发送电液转换器的报警/停机状态。一个 RS-232 端口，用来连接计算机，安装专门的服务软件对电液转换器进行组态配置修改。

2.2 事故经过

2021 年 10 月 12 日，因汽轮机临界转速区停留超时触发联锁，合成气压缩机停机。临界转速区停留超时的原因是调速阀阀位减小，导致转速持续下降到临界转速。

2.3 事故后果

事故造成天然气转化合成装置停车，无法为后续 DMTO 装置提供产品甲醇，无法提供产品氢气直接引起 PP、PE、丁醇、乙丙等装置跳车，气化装置合成气以及天然气放空，主装置近乎全面停产，对企业造成巨大的经济损失，一天直接经济损失 2000 余万元。

3. 事故处置过程

3.1 事故处置情况

停车事故发生第一时间，仪表人员迅速赶往现场，查看系统报警记录、操作记录、趋势画面及联锁逻辑，进行原因分析和问题处理。锁定本次停机是由于电液转换器故障所致，尝试消除报警、判断是伺服阀内部故障、确定需返厂拆解维修、更换新的电液转换器、重新调试高调阀行程、配合合成气压缩机开车，在一天时间将此次压缩机跳车问题彻底解决。

3.2 仪表故障消除情况

本次因电液转换器故障导致机组停车，故障消除主要过程如下所示。

（1）将蒸汽大阀切死，模拟启机测试，发现阀不动作。连接专用工具查看故障状态和配置概述页中存在 4 个报警，手动复位后，2 个动力缸位置报警消失，2 个伺服阀位置报警无法消除。伺服阀位反馈与伺服阀位命令的偏差超 2% 触发电液转换器停机报警。

（2）将电液转换器断电后重新上电，2 个伺服阀位置报警消失，但出现伺服启动位置错误，实际平均启动位置反馈值 18.66% 超出限制器启动限制范围（7.75% ～ 17.75%）。仪表人员微调与旋变相连的转子，同时观察数值变化，将实际平均启动位置调整至限值内，报警消失，手动拉阀测试动作正常。

（3）重新模拟启机测试，结果又出现了伺服阀位置报警，经确认，此数值无法修改。

（4）判断高调阀电液转换器伺服阀无法正常工作并且故障无法现场修复，必须返厂拆解维修。由于距离及新冠肺炎疫情原因，厂家无法及时到厂，为不影响全厂开车进度，由厂仪表人员自行更换电液转换器备件。

（5）更换新的伺服阀和控制器后，将原控制器内 customer 组态文件下载到新设备，进入校准模式完成自整定，以匹配其所连接阀门的行程。

（6）经过手动拉阀和系统模拟启机测试，电液转换器调试成功，机组正常工作。

4. 原因分析

4.1 直接原因

事故直接原因是电液转换器伺服阀故障。

运行过程中电液转换器发生故障，双作用动力缸上下缸油压失去平衡，调速阀阀位降低，导致汽轮机转速降低，同时动力缸位置偏差、伺服阀阀位偏差引发电液转换器报警，SOE 记录（图 3）中可看出 08:31:00 电液转换器发出故障报警。从趋势图（图 4）可以看出从 8 时 31 分开始，调速阀实际阀位（蓝线）逐渐减小，转速（黄线）逐渐降低，随着转速 043_SI_103A/B/C 持续下降，由于调速 PID 的负反馈调节，阀位输出（紫线）越来越大，而电液转换器此时处于卡死失控状态，转速继续下降，直至 ITCC 系统检测到实时转速在 2980 ～ 3100r/min 超过 10s，触发临界转速区停留超时停机联锁，见联锁停机界面（图 5）中的首出联锁记录。联锁触发后，速关电磁阀失电，速关阀全关，转速迅速下降为 0，虽然此时电液转换器接收到外部停机信号，但由于伺服阀滑阀卡死无法恢复到 0 位，调速阀阀位反馈仍是逐渐减小至全关。

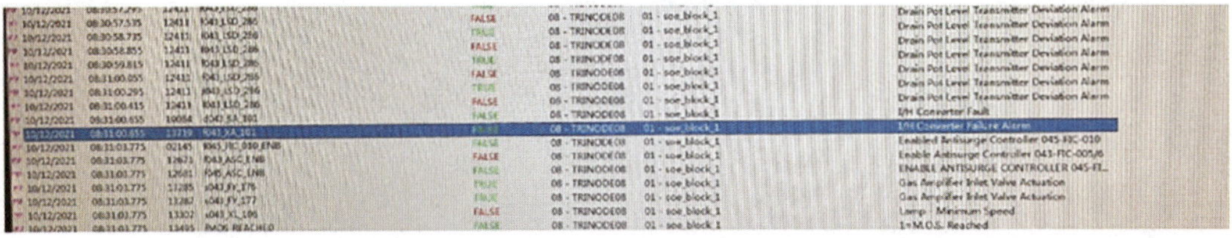

图 3　SOE 记录

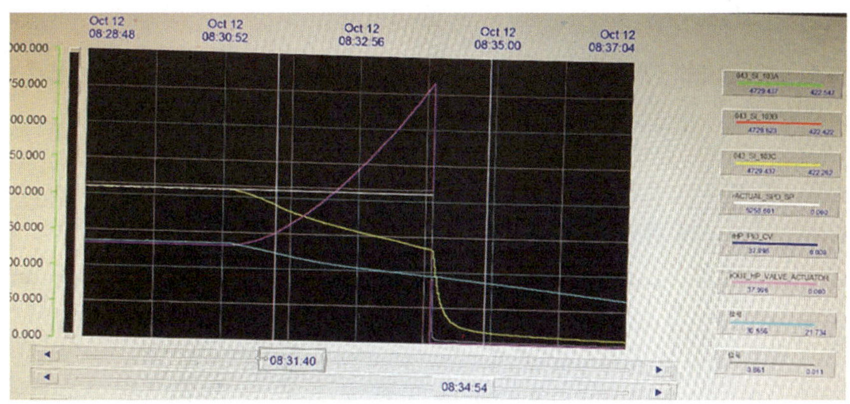

图4　转速调节历史趋势

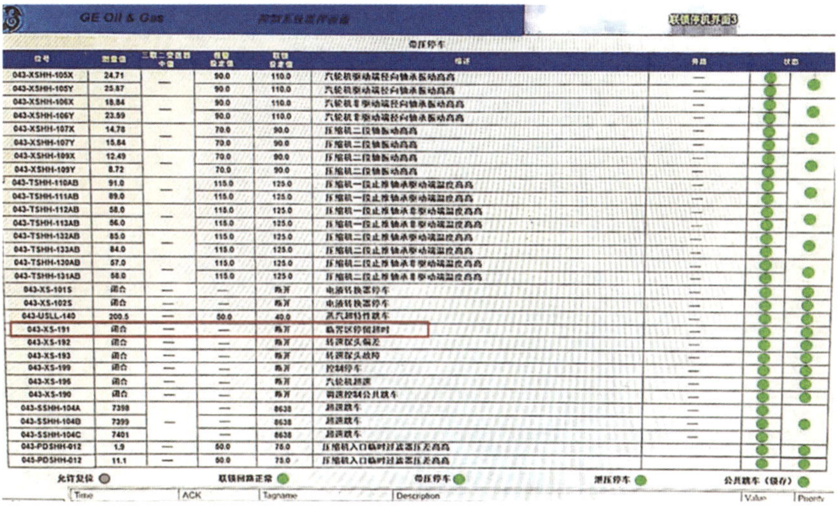

图5　联锁停机界面

4.2 间接原因

造成电液转换器故障的原因可能是伺服阀控油口被油污沉积或滞留物堵塞，引起滑阀卡涩甚至卡死。而控油口堵塞可能由以下几种情况造成。

（1）因伺服阀滑阀控油口节流面积很小，油路里的杂质易沉积到阀口，冲洗不出来。

（2）正常运行时，阀位长期处于稳定不变化的状态，控制油流速低，容易沉积油污。

（3）突然停车也容易引起杂质沉积。

（4）原始开车调试阶段，对整个供油管路进行冲洗时，未将设备从油路中脱离，导致油路里的杂质沉积到控油口。

（5）通过查阅产品手册，发现设备带有一项专利自清洁功能，通过周期性的，非常快速的阀芯旋转动作，使所有沉积物都被高速流体冲刷出排油口。随后立即以相反方向的相等的振幅回转。动作时间间隔和振幅在软件中由用户配置，由于整个过程在很短时间内完成因此不会改变控制伺服阀的流体容量，也不会中断对透平的控制。而该功能却并未开启。

4.3 管理原因

（1）在项目设计施工原始开车阶段，对电液转换器这类特殊设备的工作界面划分不清，导致对这类设备前期设计审查、安装调试阶段介入不深、培训不到位。

（2）管理部门最终将电液转换器整体划入仪表管理范围，一般来说，液压传动专业课程在仪表自动化专业的课程结构中不涉及，而会在机械类专业的课程中设置。对这类液压传动设备，仪表人员显得专业度不够，遇到问题第一时间难以上手。

（3）未制定相应的检维修规程，班组对电液转换器这类特殊设备日常维护巡检保养不足。

（4）这类设备没有能力自己拆解维护，未做好相应的检修计划，在大修期间送到生产厂家返修调试。

5. 事故整改情况及改进建议

5.1 事故整改情况

事故隐患发生后，仪表立即采取事故原因调查，从 SOE 记录、历史趋势、运行工况、重点运行参数如油压、蒸汽品质、润滑油品质等各个方面分析，最终找到了事故原因。现场判断伺服阀彻底不能工作，连同控制器拆卸返厂维修、更换新的备件。

5.2 改进建议

（1）从安全角度出发，恢复先前取消的 ITCC 联锁致电液转换器失电的逻辑，防止联锁后因电液转换器故障导致高调阀未立即按联锁动作关闭。

（2）电液转换器本体联锁的设置在设计资料均未提及，最终是否设置需压缩机厂家正式确认。

（3）在每次停车检修期间严格进行油样测试，检查油过滤器、检查油的清洁度，确保供油符合规定的清洁度要求。如果油不符合清洁度要求，则更换/过滤油并用干净的油冲洗阀门。

（4）在厂家指导下，开启伺服阀的自清洁功能。

（5）主管部门组织相关人员培训，制定相应的检维修规程，督促指导相关班组做好日常的巡检维护，检查管路、连接处的泄漏情况。

（6）针对全厂各个机组不同品牌型号的电液转换器，申报相应的检修计划，与厂家或者第三方专业服务商签订服务合同，进行定期维护保养测试。

6. 事故启示

这个事故充分暴露出企业在生产工作中存在一些管理漏洞，工作没有细致到位，专业间协调配合不足、技术人员的知识储备不完善等问题。建议大型化工企业间相互交流，相互学习借鉴各自先进的管理经验和探讨相关的专业技术。

电液转换器故障造成后续装置全停事故

1. 事故单位及事故装置的基本情况

某煤化工企业为煤制天然气项目，采用碎煤加压气化、低温甲醇洗净化、甲烷合成技术，生产的天然气通过长输管道向外输送，同时副产焦油、粗酚、硫黄、硫铵等产品。

空分装置一系列有 A、B 两个单元，每个单元包括 1 套氧气生产能力为 48000Nm^3/h 的杭氧空分装置、1 套进口曼透平压缩机组配套国产双良空冷岛系统组成；一系列两单元共用一套液体（液氧、液氮）储存系统、1 台氮压机和 2 台仪表空气压缩机。主要为后续装置提供氧气，为全厂各装置提供中低压氮气、仪表空气和工厂空气。

故障电液转换器（WSR 位阀）选用德国 Voith 品牌产品，型号为 WSR-E60106 24VDC，用于空分汽轮机调速阀调节。

2. 事故情况

2.1 事故仪表的基本情况

电液转换器（WSR 位阀）用于空分一系列 B 单元汽轮机调速阀 UV902 控制（图 1）。电液转换器是电液调速器中连接电气部分和机械液压部分的桥梁，由电气位移转换部分和液压放大部分组成，它的作用是将电气部分输出的电信号，转换成具有一定操作力的机械位移信号。

图 1　汽轮机调速阀 UV902 控制用电液转换器

2.2 事故经过

2016 年 9 月 26 日 20 时 48 分 30 秒，仪控值班人员接到运行班长通知，空分一系列 B 单元汽轮机调速阀 UV902 异常波动，到现场查看阀门，阀门实际动作异常。21 时 00 分 23 秒，汽轮机跳车，首出信号为缸体压力 PT909A 和 PT909B 高限联锁（2200kPa）触发。

2.3 事故后果

空分 A 单元未运行，B 单元汽轮机跳车后，后续气化装置因失去氧气供应停车，最终导致低甲、甲烷化合成、首站等装置全部停车，停止外送天然气 29 小时 15 分，造成直接经济损失 80 余万元。

3. 事故处置过程

3.1 事故处置情况

事故发生后，仪控专业人员立即集中力量查找故障原因，并从以下几个方面进行检查和分析。

（1）对控制油压进行检查，油压在机组正常运行至跳车过程中始终维持在 1.7MPa，未发生异常波动。

（2）对透平机组控制系统 S7-400 和布朗超速保护系统进行检查，未发现存在卡件报警、故障显示；各安全栅、继电器、空开均未发现异常；各指示灯指示正常。

（3）检查汽轮机转速探头，对参与调速控制的两支转速探头（SPEED SONSOR A/B）进行检查，测量间隙电压判断探头完好，机柜及现场接线箱接线端子紧固无松动现象。

（4）对机柜间至现场接线箱线路进行检查。由机柜到现场接线箱共有 3 个回路 3 组线，分别为控制输出、24VDC 供电电源、阀门位置反馈，逐一对其检查，通断测试正常；线间电阻测试正常；对地绝缘测试正常；接线端子接线紧固无松动和压皮虚接现象。

（5）对调速阀进行测试，通过 S7-400 系统模拟 UV902 允许开条件且手动赋值输出，给调速阀电液转换器提供 24VDC 工作电源，在 PLC 中对输出进行手动强制 50%，现场检测输入线路的 24VDC 工作电源及 12mA 电流信号正常，但汽轮机调速阀 UV902 未动作，随后进行多次不同信号输出测试，调速阀均未动作。

（6）更换调速阀电液转换器，再次进行手动强制输出，阀门仍未动作。随后进行了实际启机过程试验，当速关阀打开后，满足启动条件，程序将自动打开调速阀，但试验时调速阀输出指令发出后，阀门仍未动作，在指令与反馈偏差大于 10% 后触发跳车信号关闭速关阀。

以上相关检查和试验持续到 9 月 27 日 8 时，调速阀仍未动作。后经公司领导联系同行业技术专家指导，同时与曼透平厂家技术人员沟通，重新对回路进行了检查和试验。

9 月 27 日 10 时，再次检查电液转换器供电回路，发现布朗超速保护系统的继电器输出卡 Braun1615 的信号线与电液转换器的供电线路串联在一起。维护人员将 Braun1615 卡件直接短接跨过，在控制系统中再次对 UV902 输出信号进行强制，阀门可以正常动作，且反馈与输出一致。

B 单元汽轮机暖机结束于 9 月 27 日 12 时 12 分 20 秒开车，调速阀 UV902 工作正常。12 时 53 分，汽轮机完成加载定速 4823r/min。9 月 28 日 2 时 15 分，装置外送合格天然气。

3.2 仪表故障消除情况

更换电液转换器及配套电缆，并对控制回路进行了详细研究，模拟开车条件后进行送电调试，调速阀动作正常。

4. 原因分析

4.1 直接原因

通过查看历史趋势图（图 2），从 20 时 45 分 22 秒至 21 时 00 分 23 秒，阀门异常波动共计 38 次，开度反馈区间为 73.17% ~ 53.13%，直至跳车前的全开、全关波动；MAN 机组的调速阀在自动状态下 PID 跟踪转速（SI907A/B 两支转速高选）进行调节，调取了跳车前 30min 内的两个转速传感器数据趋势（图 3），转速一直在 4727 ~ 4823r/min，未出现明显数据异常。

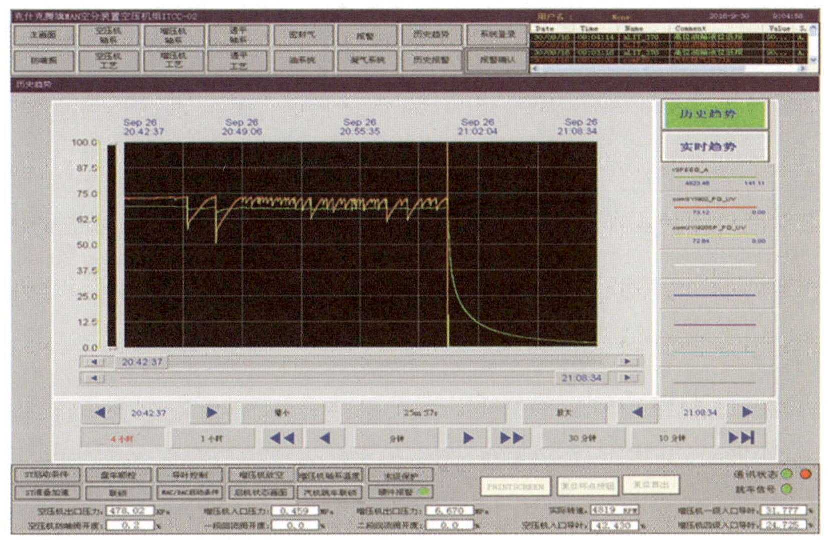

图 2　ITCC 调速阀异常波动趋势

注：黄色曲线为调速阀门输出信号，红色曲线为调速阀门反馈信号，绿色曲线为汽轮机转速。

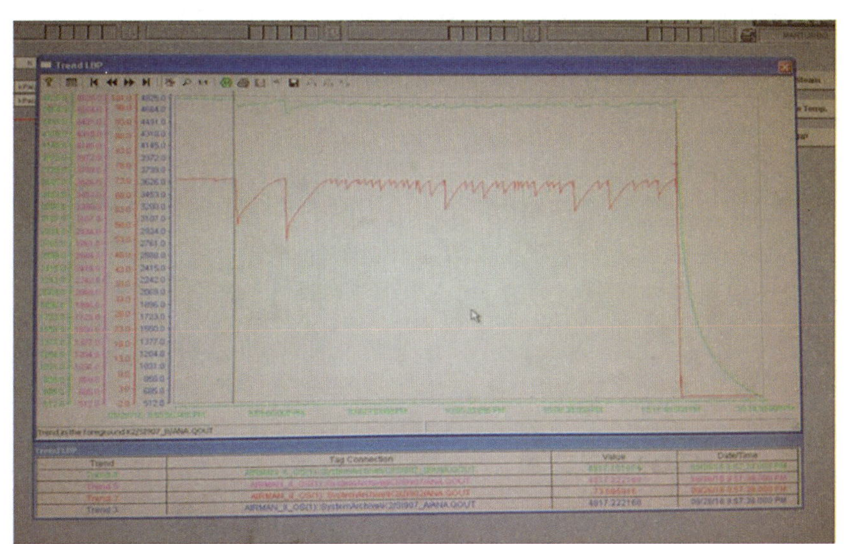

图 3　TCC 控制系统查询趋势

注：绿色和蓝色为参与转速调节的两个转速信号 SI907A/B，红色为阀门输出信号，粉色为阀门反馈信号。

从趋势图上可见，几次波动都是在额定转速前提下，调速阀输出信号直线下降导致调速阀瞬间关小，这不符合 PID 控制规律。综合分析，最有可能就是调速阀电液转换器故障。

9 月 28 日，将更换下来的电液转换器安装在空分二系列汽轮机调速阀 UV902 上，用同样的方法短接 Braun1615 卡件触点后，进行手动强制信号输出，但调速阀 UV902 未动作，确定电液转换器故障为本次事故的直接原因。

4.2 间接原因

（1）汽轮机控制系统（SIMATIC-S7-400）因版权保护而设置密码，无法查看逻辑组态程序，给故障判断和日常机组测试带来不便，是本次事故的间接原因。

（2）仪表维护人员对汽轮机控制系统掌控程度不够，无法在第一时间判断故障原因，处理时间过长，是本次事故扩大的原因。

4.3 管理原因

仪表设备技术管理不到位，仪表维护人员未能按照相关规定对汽轮机调速阀进行定期校验试验，未掌握具体调试方法，导致更换完电液转换器后，无法快速进行静态测试。

5. 事故整改情况及改进建议

5.1 事故整改情况

（1）2019 年公司年度停车检修期间，对空分一系列 MAN 压缩机组 ITCC 系统进行了改造，取消现场 PLC，将其所有功能在 ITCC 系统内实现。所有控制逻辑开放，既增加了机组控制系统的稳定性，又便于设备故障原因的查找。

（2）公司组织专业人员对仪表维护人员进行大机组成套控制系统专题培训和学习，熟悉机组控制系统特点。要求仪表维护人员对重要联锁阀门，严格按照相关规定进行定期校验试验。

（3）汽轮机缸体压力 PT909A/B 达到报警值也可能影响转速控制，要求工艺人员通过调整工艺参数，使缸体压力 PT909A/B 保持在 1900kPa 以下，不要超过报警值（2000kPa）或一直在报警临界值。

5.2 改进建议

仪表维护人员要定期开展培训，尤其是对大机组的仪表设备功能原理及控制系统逻辑组态必须牢牢掌握，通过学习加强对重要设备及附件、控制系统故障等突发异常事件的认识，提高员工对突发事件的应急处理能力。

6. 事故启示

大机组作为化工生产的核心，任何一个环节出现问题都会给生产造成巨大的损失，一旦控制回路发生故障，将直接影响工艺稳定运行。因此仪表专业人员日常维护中要将大机组等重要设备、控制系统作为重中之重，要根据各装置不同品牌的机组控制特点，分别编制有针对性的故障处理应急预案，并进行专项演练，不断提高专业技术能力，为生产稳定运行奠定基础。

一次风机振动探头故障造成锅炉停车事故

1. 装置基本概况

某公司使用循环流化床锅炉为全厂提供热能及动能，循环流化床锅炉是一种新型的燃用固体燃料的锅炉，固体颗粒（燃料、石灰石、砂粒、炉渣等）在炉膛内以一种特殊的气固流动方式运动，离开炉膛的颗粒又被分离并送回炉膛循环燃烧。一次风（流化风）经过风室由炉膛底部穿过孔的底板（布风板）送入炉膛，固体颗粒被流化风流化成流体的特性并充满炉膛。本次事故出现在循环流化床锅炉一次风机振动传感器上。

2. 事故情况

2.1 事故仪表的基本情况

流化床锅炉一次风机前、后轴 *X*、*Y* 向共安装有 4 个振动探头，其中任意一个振动大于 5.8mm/s 报警，连续 30s 大于 6.3mm/s 则触发一次风机保护联锁一次风机跳车，当 2 台一次风机中任意一台一次风机跳闸则触发锅炉 MFT 保护动作，切断锅炉燃料供应，本次故障探头为一次风机前轴壳体 *X* 向振动 10VI003-1D。

2.2 事故经过

1 时 04 分，锅炉正常稳定运行，2 台一次风机、2 台二次风机、2 台引风机及 6 台给煤机全部运行，一次风总风量 210000Nm^3，给煤量 52t/h，主蒸汽压力 9.36MPa，主蒸汽流量：283t/h。1 时 05 分，2 号一次风机因前轴 *X* 向振动由 2.9mm/s 跳变至 7.6mm/s（报警值 5.8mm/s，跳机值 6.3mm/s），并持续 30s，触发一次风机跳车，跳车后振值降为 0，一次风总风量降为 100000Nm^3，联锁锅炉 MFT 保护动作，停运 6 台给煤机，锅炉燃料切断（图 1）。仪表检修人员检查现场振动探头、振动变送器、接线端子、信号电缆、二次表后发现，振动探头受风机长期振动影响导致探头与设备连接螺纹脱扣损坏，更换新探头并重新紧固，重新启动风机该测点振值稳定在 1.3mm/s，投入联锁，设备正常运行。

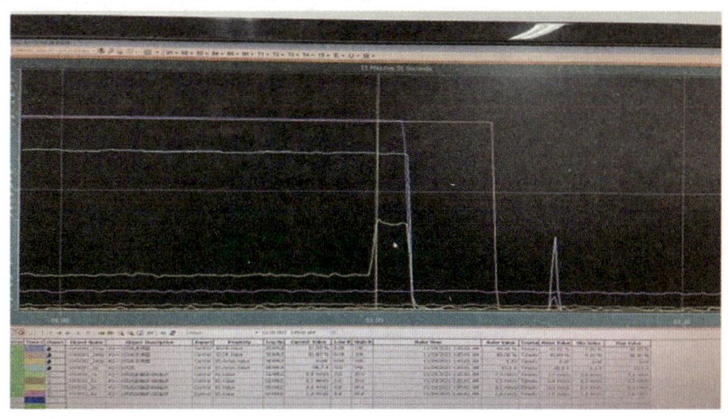

图 1　故障联锁趋势

3. 原因分析

3.1 直接原因

未严格按照振动探头使用说明使用力矩扳手维护，长时间过力矩紧固导致丝扣损伤，同时振动探头受风机设备运行时振动的影响，连接螺纹脱扣触发联锁，造成风机跳车，锅炉停炉（见图 2）。

图 2　事故风机探头

3.2 间接原因

仪表日常巡检制度执行情况监督不到位，没有进行有效的抽查、检查，造成仪控人员巡检不到位；联锁仪表定期检查维护制度执行不到位，造成定期检查及日常检修维护工作存在漏洞；另外重要设备跳车联锁设计无冗余，设计时一些重要仪表，尤其是单点故障会导致设备停车的一定要增加冗余功能。该案例中如果跳变的探头有另一个测点作为冗余则不会造成这样大的影响。

3.3 管理原因

（1）设备管理不到位。仪控检修班组对联锁仪表定期检查及日常检修维护工作不到位。

（2）监督不到位。车间对仪表日常巡检制度执行情况监督不到位，没有进行有效的抽查、检查。

4. 事故整改措施

（1）建立厂控重点设备、联锁仪表、重要仪表的点对点巡检表，明确责任人，定期定点检查。

（2）实施标准化检修、预防性检修，严格控制每一次检修质量以及做好质量验收工作。

（3）加强现场设备日常检维护工作，加强隐患排查与治理，按照“全员、全过程、全方位、全天候”的原则，明确职责，努力做到及时发现、及时消除安全生产隐患，确保安全生产。

（4）将风机单点跳车联锁改为 X 轴报警 $+Y$ 轴联锁触发或 Y 轴报警 $+X$ 轴联锁触发，防止因仪表故障导致意外跳车事件的发生，增加仪表及联锁的可靠性。

5. 改进建议

联锁仪表及重要控制检测仪控设备是仪控人员的管控重点，此类设备直接影响装置的安全稳定运行，仪控人员应高度重视，内部升级管控。日常检修、维护应严格按标准规范及制度进行，检修后一定要组织相关人员进行质量确认并签字，同时想办法从技术手段上提高设备的可靠性，减少仪表故障对生产运行的影响。

6. 事故启示

随着自动化水平的不断提高，仪控设备数量在不断增加，仪表人员配置未随之增加，作为公司管理人员往往意识不到仪表的重要性，一般都是事故发生后亡羊补牢。例如本案例装置共有仪表设备两万余台，配备维护人员仅仅 20 人，根本无法做到每一块仪表都有效巡检，同时未配备仪表状态远程监控系统，造成仪表设备运行状态失控，因此应该从以下几个方面着手改进。

6.1 设计方面

对于联锁仪表一定要考虑其可靠性，在保证安全的前提下尽可能采用冗余方式配置。对于冗余仪表禁止进入 DCS 或 SIS 同一块卡件，实现故障分散的目标；壳体振动仪表尽可能选用一体式传感器，减少中间接线环节。增加智能仪表远程状态监控系统，使用 Hart 协议实时远程监控仪表的运行状态，保证问题第一时间被发现并进行有效处理。

6.2 采购方面

联锁仪表尽可能选用业绩多、产品质量稳定、市场口碑较好的大品牌，从而保证产品质量。

6.3 施工及调试方面

严格按厂家提供的技术资料、安装技术要求执行，要求用特种工具安装的必须用特种工具，禁止以低代高。

6.4 日常维护及管理

日常维护要分清主次，责任到人，把联锁仪表管理、维护放在工作首位，同时严格执行检修过程质量管控、最终质量验收，争取实现检修一次，设备良好运行一个周期。对于未达到运行周期的设备一定要进行设备劣化分析，总结经验教训。

瓦振探头故障造成汽轮机停车事故

1. 事故单位及事故装置的基本情况

某煤化工企业为煤制烯烃项目，采用煤气化制甲醇、甲醇转化制烯烃（MTP）、烯烃聚合工艺路线生产聚丙烯产品。主要工艺流程为：水煤浆与氧气在气化装置加压气化得到粗合成气，经变换、低温甲醇洗、净化、甲醇合成及精馏装置，生产出精甲醇。再以精甲醇为原料生产出乙烯、丙烯、LPG、芳香烃等，最后通过分离、聚合、挤压造粒生产出颗粒状聚丙烯（PP）树脂产品。

项目配套 5 台 420t/h 东方锅炉（集团）公司制造的 9.8MPa、540℃高压褐煤锅炉。两台 100MW 空冷汽轮机和一台 82MW 抽背式汽轮机。主蒸汽采用母管制，1 号、4 号炉直接向母管供汽，2 号、3 号、5 号炉既可向汽机供汽又可向母管供汽。

动力区 DCS 采用北京日立公司的 H5000M 系列控制系统。

2. 事故情况

2.1 事故仪表的基本情况

汽轮机共 6 个瓦，每个瓦上 1 个瓦振探头，瓦振探头采用 EPRO 公司生产的速度传感器。

逻辑组态中汽轮机瓦振保护使任一个瓦振数值达到保护值 80μm，同时其他 5 个瓦振数值任一个达到报警值 30μm，联锁触发汽轮机跳机（图 1）。

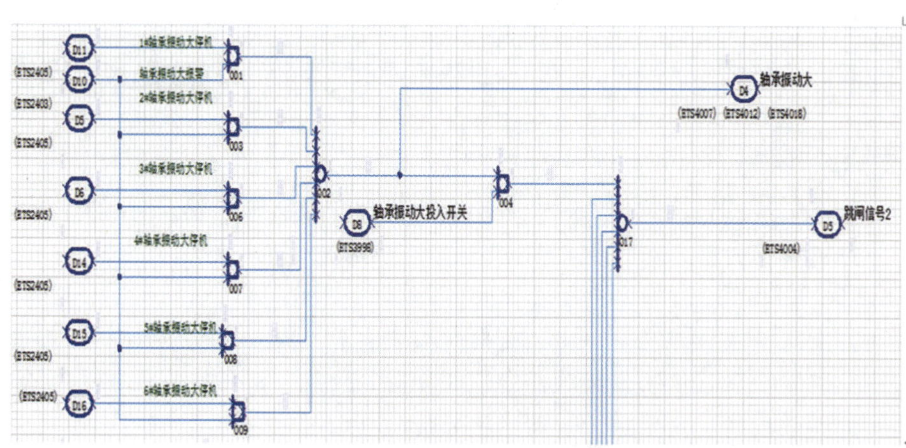

图 1　汽轮机瓦振保护逻辑图

2.2 事故经过

2021 年 12 月 14 日 12 时 41 分，2 号汽轮机在开车冲转 3000 过程中跳车，首出是五瓦振动大停机，查看历史趋势，五瓦振动由 11 μm 突变到 110 μm，现场查看实际振动并不高，分析判断是瓦振探头误报导致（图 2）。

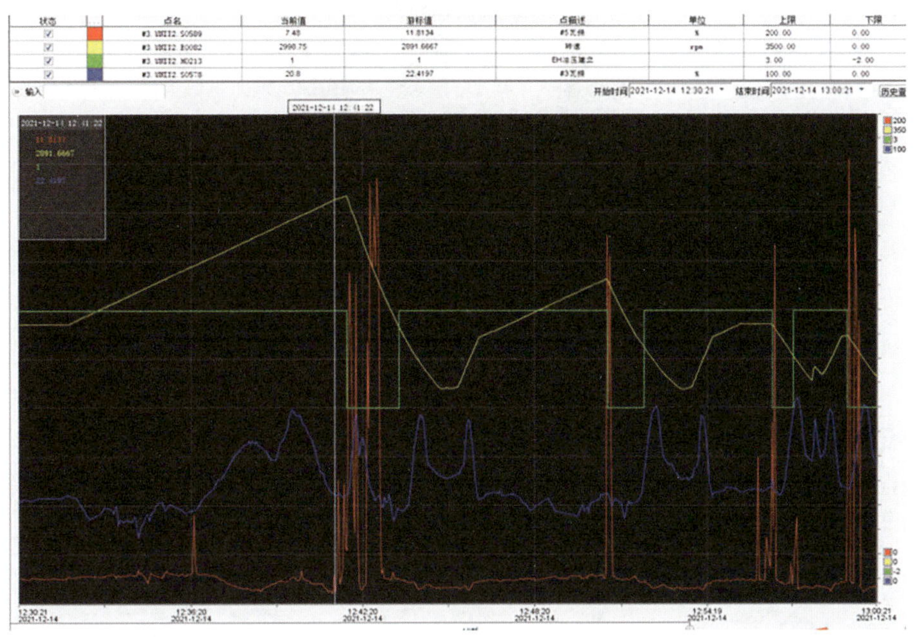

图 2　汽轮机瓦振跳机历史趋势

2.3 事故后果

汽轮机跳机后，转速下降，投入盘车，进汽量的减少致使高压上缸、下缸温差大，不具备冲车条件，导致汽轮机并网延迟。

3. 事故处置过程

3.1 事故处置情况

汽轮机跳机后，热控人员第一时间到现场处理，更换新的瓦振探头，并对线路进行了检查，更换排查完成后，等待汽轮机冲车。

3.2 仪表故障消除情况

更换完瓦振探头后，上位机数值显示稳定正常。

4. 原因分析

4.1 直接原因

现场检查瓦振探头有明显碰伤痕迹（图 3），因此判断探头损坏是造成此次事件的直接原因。

图 3　碰伤的瓦振探头

4.2 间接原因

（1）查看历史趋势，在 12 月 10 日上午五瓦振动出现过大的波动（图 4），查看视频监控，探头波动期间有检修人员在此工作。判断检修人员作业时误碰瓦振探头是造成此次事件的间接原因。

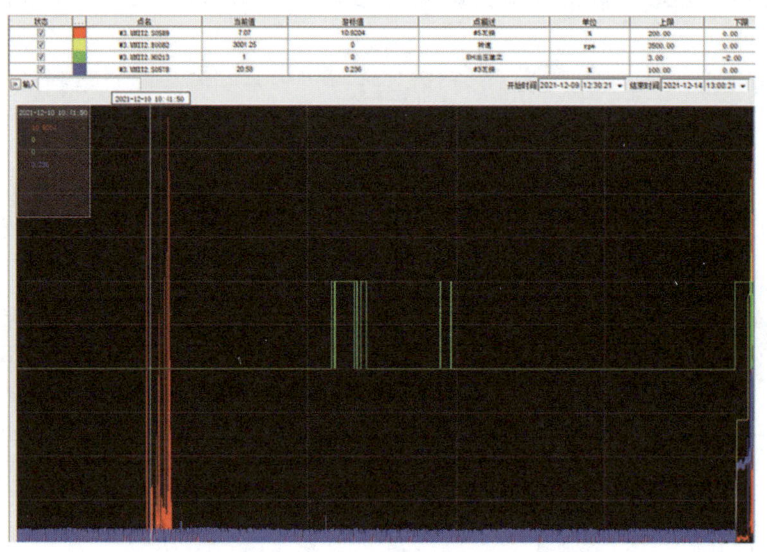

图 4　12 月 10 日五瓦瓦振波动情况

（2）汽轮机瓦振逻辑初始设计存在组态缺陷，瓦振量程 0 ～ 200μm，回差 5%，当瓦振数值达到 30μm 报警值后报警，直到低于 20μm 时报警才能消除。根据现场机组实际运行情况，瓦振报警一直存在，报警失去意义。任何一个瓦振探头损坏或接线松动都会致使事故进一步扩大，导致汽轮机跳机，也是造成此次事件的间接原因。

4.3 管理原因

在更换探头过程中，现场发现探头紧固螺栓孔存满胶水，表面粘了半截螺丝，伪造得相当逼真，从外边看不出任何异常，成功地欺骗了验收人员和日常巡检人员（图 5）。

图 5　拆下的探头情况

此事件性质恶劣，说明检维修单位管理缺失，工作中存在糊弄现象，作业人员对待工作流于形式、敷衍了事，碰伤探头后，隐瞒不报，对大机组重要测点认识不到位，给机组稳定运行留下特大隐患，对公司的检维修制度和要求置若罔闻，这是此次事件的管理原因。

5. 事故整改情况及改进建议

5.1 事故整改情况

汽轮机跳机后，热控人员第一时间到现场处理、查看历史趋势、分析问题，确定是瓦振探头故障后立即组织更换。

5.2 改进建议

（1）加强检修技改施工验收管理，坚决不能让设备带病运行，更不能存在安全隐患。

（2）对汽轮机所有联锁保护逻辑进行梳理，利用机组停车检修机会对不合理的逻辑进行优化。

（3）规范维保单位的管理，立即召开专业会议，组织班组员工认真学习本次事故，给维护人员灌输此次事件的危害，让班组全部员工对类似事件举一反三，吸取教训，避免类似事件的发生。

6. 事故启示

在检修技改期间，作业人员一时的偷懒都有可能造成特大事故的发生。检维修作业必须严格按照施工规范进行施工，管理人员需加强过程控制，对检修的质量把好关，保障设备的稳定运行。

振动探头故障造成膨胀机跳车事故

1. 事故单位及事故装置的基本情况

某煤化工企业为甲醇制烯烃项目，主要工艺流程为：原料甲醇在 DMTO 装置经流化催化反应转化为烯烃，经烯烃分离后，乙烯和丙烯分别送聚乙烯和聚丙烯装置生产聚合产品，回收的 C4 送 2- 丙基庚醇装置生产 2-2 丙基庚醇和丁烯 -1 等副产品。

项目配套一座 1×35000Nm^3/h 空分装置向全厂管网系统提供低压氮气。本套空分装置采用填料塔和前段预净化流程的制氮装置，即采用常温分子筛预净化，空气增压透平膨胀机提供装置所需冷量，空气增压膨胀，单塔精馏，同时设有氮气压缩、液体储存汽化系统。

本次跳车机组为膨胀机 B，故障仪表为电涡流传感器，用于检测膨胀机增压端轴承振动值。

2. 事故情况

2.1 事故仪表的基本情况

膨胀机 B 增压端轴振动 7440VYI-4001B2 选用的电涡流传感器，工作原理为当被测金属与探头之间的距离发生变化时，探头线圈的 Q 值也发生变化，Q 值的变化引起振荡电压幅度的变化，而这个随距离变化的振荡电压经过检波、滤波、线性补偿、放大处理转化成电压变化，最终完成机械位移（间隙）转换成电压。电涡流传感器将振动值转换为电信号送入 DCS，通过逻辑判断实现机组振动保护功能。

2.2 事故经过

2021 年 6 月 26 日 9 时 01 分 26 秒，空分装置膨胀机 B 增压端轴振动 7440VYI-4001B2 的数值突然由 15.12μm 跃升至 102μm，继而触发膨胀机轴振动高高联锁（振动值＞53μm）跳车（图 1），停车后的振动值为 -2.9μm，与正常值（0μm）有一定偏差。

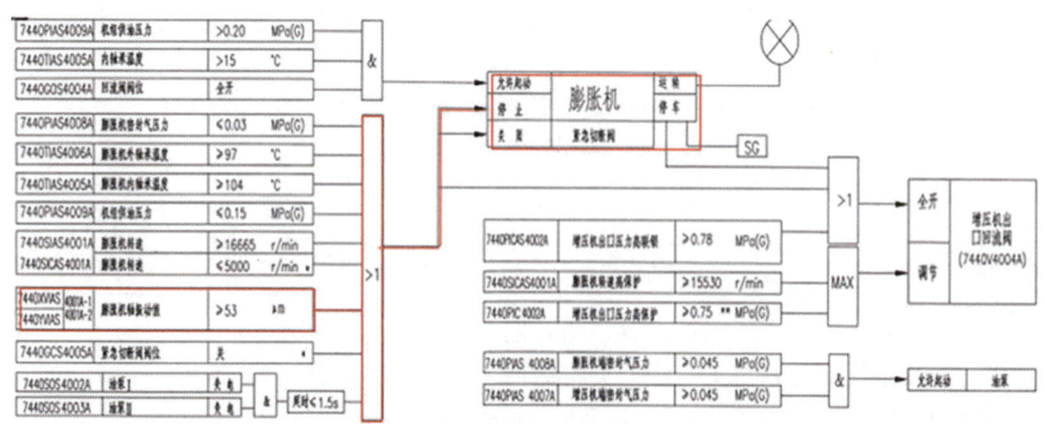

图 1　膨胀机联锁保护流程图

膨胀机 B 停车后，仪表人员对 7440VYI-4001B2 振动测量回路电压进行测量（见图 2 ～图 6），测得前置器回路电压 V_{XDCR}（具体见表 1）为 -23.2VDC，符合振动探头工作电压（-24V±1V），判断回路电源正常；

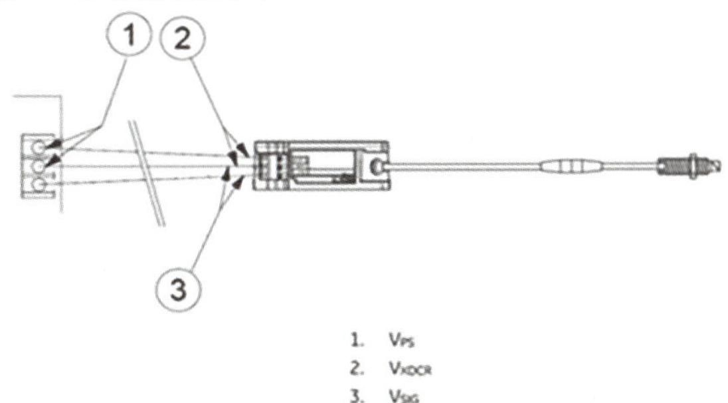

图 2　故障查找电压

表 1　电压测量符号

符号	意义	电压
V_{SIG}	来自传感器的信号电压	OUT 与 COM 端之间的电压
V_{PS}	电源供电电压	电源与公共端之间的电压
V_{XDCR}	传感器供电电压	$-V_T$ 和 COM 端之间的电压

测量前置器 COM 和 OUT 端子之间信号电压 V_{SIG} 为 -2.78V，与正常电压值（-10V ～ -9.5V）偏差较大。

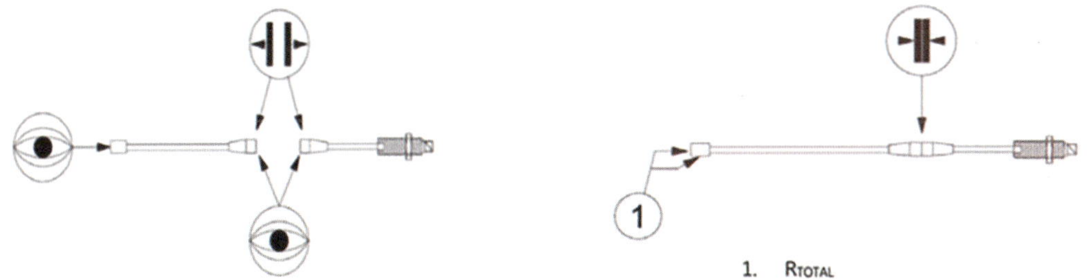

图 3　故障查找连接插头　　　图 4　故障查找延伸电缆和传感器电阻

检查延伸电缆与传感器连接插头插接处，并用异丙醇清理接头；重新连接并测量延伸电缆和传感器总电阻 R_{TOTAL} 为 9.2Ω，符合 5m 系统电阻（8.75 ± 0.70Ω），正常。

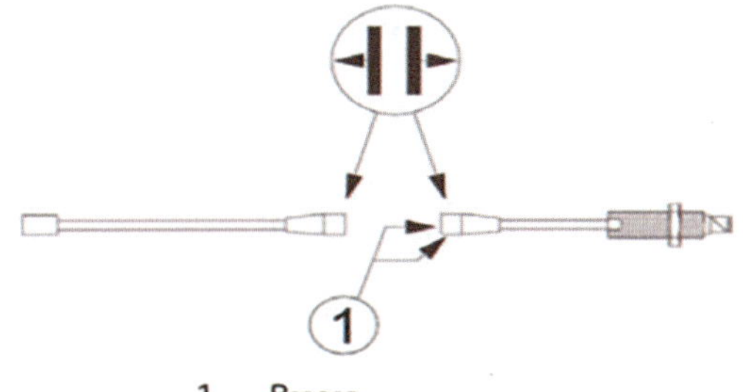

图 5　故障查找传感器电阻

测量传感器电阻 R_{PROBE} 为 8Ω，符合探头标称直流电阻（7.59 ± 0.50Ω）。

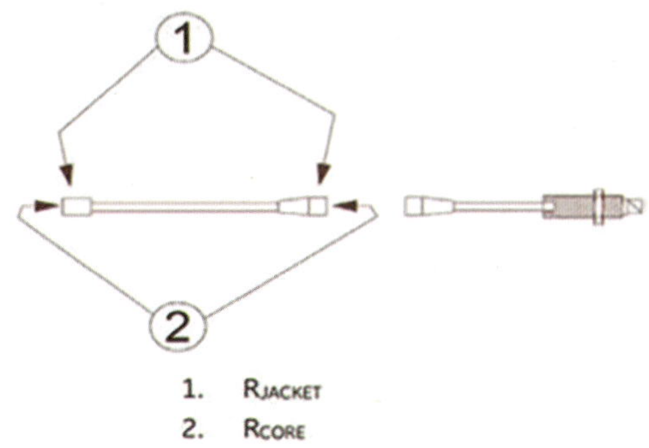

图 6　故障查找延伸电缆电阻

测量延伸电缆电阻 R_{JACKET} 为 0.3Ω，符合从外层导体与外层导体电阻（0.26 ± 0.05Ω）；测量延伸电缆电阻 CORE 为 1Ω，符合从中心导体与中心导体电阻（0.88 ±0.13Ω）。

将传感器从安装接口拆出，重新连接系统，测量前置器 COM 和 OUT 端子之间信号电压 V_{SIG} 为 -5.7V，与正常电压值（-24V ~ -21.5V）偏差较大，初步判断故障点在振动探头或延伸电缆处。

仪表人员将 7440VYI-4001B2 探头的延伸电缆黄金插头从前置器接口处取下，插在增压端 *X* 方向振动 7440VXI-4001B2 的前置器上，7440VXI-4001B2 出现与 7440VYI-4001B2 同样的故障现象，进一步佐证故障点在振动探头或延伸电缆处。

使用备件替换法进一步查找确认故障，领取 1 套延伸电缆和振动探头备件，在更换延伸电缆、不替换振动探头的状态下，故障现象仍然存在；在替换振动探头，不替换延伸电缆状态下，故障现象消失，结合前边电压测量、电阻测量的结果，判断为 7440VYI-4001B2 轴振动探头故障。

2.3 事故后果

造成空分装置 C101 压缩机出口压力波动，精馏工况变化，外供氮气压力降低 0.05MPa，调度通知后系统装置操作人员加强氮气压力的调整和监视，未造成影响。

3. 事故处置过程

3.1 事故处置情况

膨胀机 B 跳车后，空分内操将取液氮阀关至 0，调整空压机负荷，空压机导叶由 68% 关至 53%，放空阀由 0 开至 7%，稳定住空压机出口压力。空分班长指派本班外操协助内操调整空压机出口压力，同时按标准程序作业法启动膨胀机 A，并加载负荷。膨胀机 A 转速调至 12850r/min，空分工况基本恢复正常。

3.2 仪表故障消除情况

仪表专业人员领取备件，更换故障的振动探头，经安装调试。再次开启膨胀机 B，振动数据稳定，膨胀机 B 运行正常。

4. 原因分析

4.1 直接原因

膨胀机振动探头故障是此次跳车的直接原因，振动探头经过长久使用后，工作性能出现下降，导致振动测量值出现波动（见图7）。

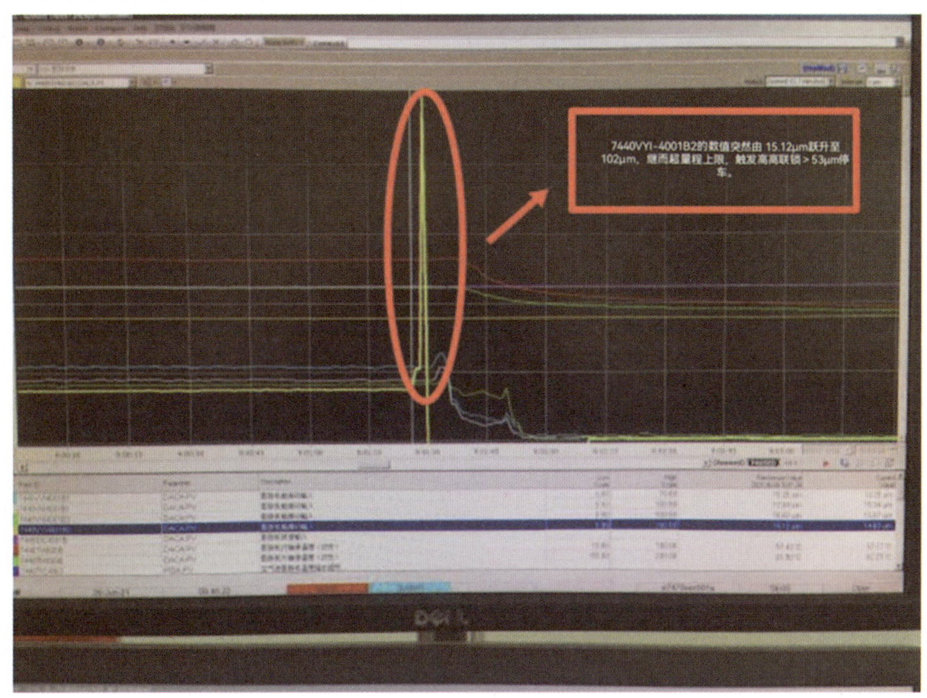

图7　历史趋势

4.2 间接原因

空分膨胀机机芯在近几年因设备原因多次检修拆装，仪表也随之拆装多次，每次拆装过程中检修人员对传感器锁紧螺丝用力不同，会对振动探头造成损伤。

4.3 管理原因

仪表管理人员经验不足，缺乏预见性，未能合理把握振动探头更换的周期。在培训方面缺乏对仪表人员相关知识的培训，仪表人员对传感器系统电压、电阻等标准数据范围模糊不清，不能准确判断出传感器系统性能好坏。在检修管理方面，未做到每次检修时对传感器系统进行校验，对传感器系统的误差掌握不到位。

5. 事故整改情况及改进建议

5.1 事故整改情况

本次事故对膨胀机B振动探头和延伸电缆进行更换处理，更换后工艺人员开启膨胀机，膨胀机振动测量值准确平稳，机组运行正常。

5.2 改进建议

建议加大对机组振动探头的检测力度，利用机组切换停运的机会，测量传感器系统各组件的电阻值，如果具备条件使用TK3对传感器系统灵敏度进行校验，做好记录，分析数据，判断传感器组件性能。对存在隐患的组件，举一反三，提前进行更换。

6. 事故启示

电涡流传感器检测精度高，仪表精密，对安装使用条件要求较高，此次事故不排除外界条件对传感器造成干扰，为避免仪表受外界干扰测量值波动对机组造成保护误动的影响，建议在逻辑保护上采取二取二或延时保护措施，此项措施需与机组厂家沟通方案的可行性后方可实施；建议增加旁路按钮，利用大检修检查校验探头，对日常出现过问题的探头要重点关注，在大修时检查更换，规避仪表故障对机组运行造成不安全因素。

电磁阀选型错误导致 PSA 变压吸附单元停车事故

1. 事故单位及事故装置的基本情况

某煤制烯烃工厂碳四装置 2PH 单元使用一套 PSA 变压吸附系统。本装置由 8 台吸附塔、1 台原料气冷却器、3 台缓冲罐、2 台真空泵和 1 台均压罐组成。装置的 8 台吸附塔中有 1 台吸附塔始终处于进料吸附的状态，其余 7 台吸附塔处于再生过程的不同步骤。其吸附和再生工艺过程由吸附、连续六次均压降压、逆放、真空、连续六次均压升压和产品最终升压等步骤组成。本装置共涉及程控阀门 177 台，吸附与分离过程都是依赖于这些程控阀门的开关来实现切换，每台程控阀门均由一台 ASCO 型号为 8551B417 的电磁阀控制阀门的开关，同时配有一套回讯设备用以显示阀门的开关状态并参与执行顺控逻辑。

2. 事故情况

2.1 事故仪表的基本情况

DCS 根据工艺要求设置程序，然后按一定的时间顺序将 24VDC 开关信号送至电磁阀，电磁阀将该开关电信号转换成驱动仪表空气的信号，送至程控阀的气缸，驱动程控阀门按程序开、关。同时，程控阀门将其开、关状态通过回讯开关反馈给 DCS，用于状态显示和参与顺控，并通过与输出信号的对比实现阀门故障的判断与报警，程控阀门必须在 3s 之内完成阀门全开或全关动作并反馈动作结果，程控阀从开始动作，3s 的时间未收到动作到位的反馈信息将导致整个 PSA 系统停止运行。

2.2 事故经过

碳 4 装置 PSA 变压吸附单元，共使用 177 台程控阀门，程控阀所用的电磁阀均为 ASCO 厂家 8551B417 型号（图 1）的电磁阀。PSA 单元自 2014 年 7 月投用以来，程控阀运行一切正常，在当年冬季，当气温达到极冷天气（低于 -20℃）时程控阀门经常出现动作缓慢或不动作引起变压吸附单元停车的情况。

电磁阀型号	操作压力	实物图
8551B417	1.5～10Bar	
阀体材质	阀芯套	
铝	PTFE	
阀芯	工作温度	
铝	-20～80℃	

图 1　故障电磁阀 ASCO 8551B417

2.3 事故后果

PSA 变压吸附装置 2014 年建成，在投用当年冬季极冷天气时部分程控阀门会出现动作缓慢或不动作的情况从而造成变压吸附单元停车。

3. 事故处置过程

3.1 事故处置情况

在故障出现的初期分析问题的焦点放在了程控阀门本体卡涩和阀门润滑脂不耐低温两方面，在日常检维修工作中其他阀门遇到此类问题时，通过更换阀门填料、清理阀杆处的污垢、将执行机构的润滑脂更换为耐低温润滑脂也确实能够起到消除动作缓慢甚至卡涩不动的状况。但经过对 PSA 单元出现故障的程控阀使用以上相关方法处理后，在天气极冷的情况下，还会出现上述类似的故障，所以怀疑阀门或阀门附件中某个或者某些设备不适用于环境温度低于 -20℃的工况。

首先查看程控阀的铭牌，铭牌上标明的程控阀适用温度范围是 -40 ～ 60℃，现场出现故障时的环境温度在 -30 ～ -20℃，满足阀门的工作温度范围，由此可以初步排除出现的故障与程控阀本体无关。而程控阀有两个附件设备，一个是回讯开关，另一个是电磁阀，两个设备铭牌上面都没有标明工作温度适用范围，但是根据现场故障情况，阀门动作缓慢甚至不动作，不是阀门动作到位了回讯不到位的情况，所以可以初步排除是回讯开关的问题。通过以上的排查，将关注点落到了电磁阀上面。就电磁阀的规格型号查阅了相关资料并咨询了设备厂家，发现现场使用的电磁阀工作的温度范围是 -20 ～ 80℃，当现场环境温度出现极冷的天气状况时，超出了电磁阀的工作范围，就可能出现程控阀动作缓慢甚至不动作的故障情况。经过更换耐低温电磁阀，耐低温电磁阀的工作温度范围是 -40 ～ 85℃，程控阀动作正常，开关时间满足要求，PSA 单元没有再出现程控阀动作缓慢甚至不动作的情况。

3.2 仪表故障消除情况

经过与 ASCO 厂家技术人员的沟通与咨询，厂家推荐了一款耐低温型电磁阀，这款电磁阀的型号为 ASCO 8551A421（图 2），其阀芯和阀芯套均为聚四氟乙烯材料（图 3），而现场使用的型号为 8551B417 的电磁阀阀芯是铝制材料，阀芯套是聚四氟乙烯材料，更换电磁阀后，在极端低温天气，程控阀动作缓慢或不动作现象完全消失。

电磁阀型号	操作压力	实物图
8551A421	1.5～10Bar	
阀体材质	阀芯套	
不锈钢	PTFE	
阀芯	工作温度	
PTFE	-40～85℃	

图 2　ASCO 8551A421 电磁阀

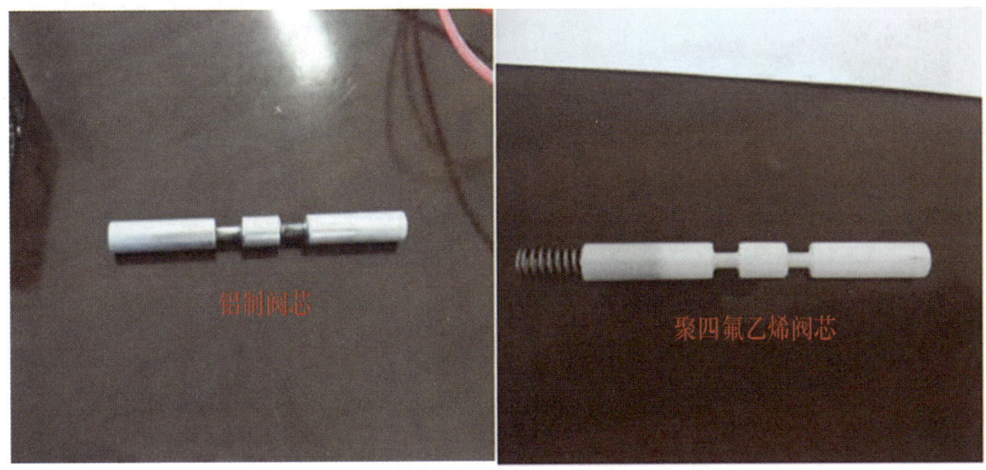

图3　电磁阀阀芯材质

4. 原因分析

4.1 直接原因

经过对数台电磁阀的拆解并与厂家技术人员进行沟通后，得知：电磁阀阀芯套与阀芯间均采用精密加工，配合间隙非常小（小于 0.008mm）（图 4），ASCO 8551B417 电磁阀阀芯采用铝合金材质，阀芯套采用聚四氟乙烯材质。根据《金属材料热膨胀特征参数的测定》（GB/T4339—2008）及常用材料热膨胀系数表可知，在 20℃的基准温度点时，铝的热膨胀系数约为 0.000021，聚四氟乙烯的热膨胀系数约为 0.00012，两者的热膨胀系数相差近 5.7 倍。经过测量阀芯直径为 7.220mm，阀芯套内径为 7.226mm，在阀芯与阀芯套周围的温度达到 -15℃时，经过计算后得到铝制材料冷缩量为 0.0107mm，而聚四氟乙烯材料冷缩量为 0.0204mm，冷缩后阀芯直径为 7.2093mm，阀芯套内径为 7.2056mm。从计算数据可见，聚四氟乙烯阀芯套冷缩尺寸大于铝制阀芯，这样就会造成阀芯套“抱死”阀芯的现象。由于电磁阀工作时，线圈会有一些发热情况，所以阀芯与阀芯套的温度为 -15℃时，外部环境温度会更低一些。因无法实测电磁阀内部实时工作温度，所以也就无法得知在环境温度达到 -20℃左右时，电磁阀内部是否刚好是 -15℃。我们只能根据电磁阀内阀芯套和阀芯热胀冷缩后刚好达到“抱死”时的温度，结合原电磁阀适用的环境温度的下限值，推测出阀门开始出现动作缓慢时的电磁阀外部环境温度应该是 -20℃左右。当气温越低时，阀芯套冷缩量与阀芯冷缩量差距越大，这样会出现电磁阀动作缓慢甚至完全“抱死”不动的情况。据此推断引起程控阀在极冷天气动作缓慢甚至不动作的故障是由于电磁阀阀芯与阀芯套两种不同材质的热膨胀系数不同，当环境温度降低到电磁阀适用温度的下限值时，阀芯套和阀芯“抱死”，导致程控阀动作缓慢甚至不动作，造成 PSA 单元停车的事故发生。

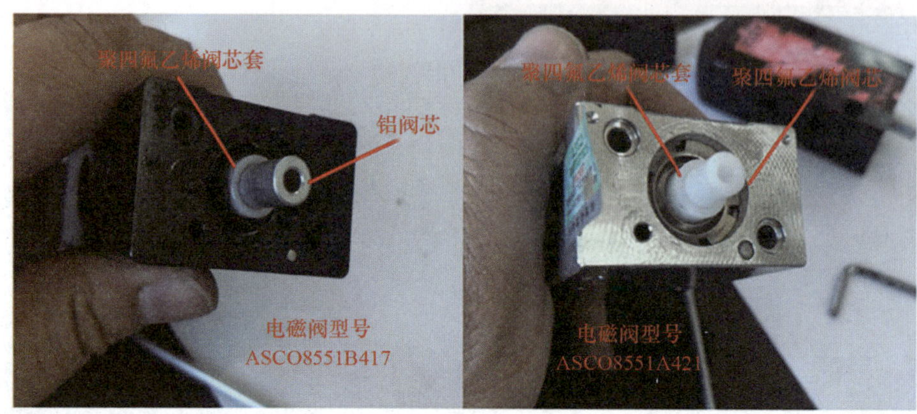

图 4　电磁阀阀芯及阀芯套装配图

4.2 间接原因

碳 4 装置建设时，程控阀为配套完整后整体供货，阀门厂在对电磁阀选型时没有考虑到现场环境的使用要求，所选型号不适用于最低环境温度低于 -20℃的区域。

4.3 管理原因

在项目设计审查阶段，相关专业技术人员没有对阀门的配套附件提出相关的使用要求。阀门到货验货时也没有及时发现该问题。

5. 事故整改情况及改进建议

5.1 事故整改情况

对出现故障情况较高的电磁阀进行更换后，PSA 装置的程控阀没有再次发生因为电磁阀故障导致阀门动作缓慢或不动作的情况。在进入第二年冬季前，将选型错误的电磁阀全部更换完毕，确保装置稳定运行。

5.2 改进建议

（1）在设备选型时，应该考虑到环境温度的因素。

（2）对成套供应的设备，主体设备及相关附属设备应该严格把关。

（3）加强项目设计期间的审查管理工作。

6. 事故启示

在仪表设备选型时，除要考虑设备的安全性、可靠性、经济性、节能性、环保性等方面，也不应该忽视设备的环境适应性。由于设备使用环境的不同，相同设备在不同环境下使用可能影响设备其他性能的变化。

调节阀定位器故障造成挤压机停车事故

1. 事故单位及事故装置的基本情况

挤压机是聚丙烯生产过程中的重要设备之一，是装置中最贵、用电量最大、功率最大、附属设备最多的大型机组设备。其作用是将细小的粉料产品熔融造粒，使聚合物性能稳定，便于储存和运输。发生事故的定位器为挤压机熔融泵轴承热油调节阀定位器，主要用来调节热油流量，进而控制挤压机熔融泵轴承温度，出于对设备的保护，温度的稳定是保证挤压机组平稳运行的基础。

2. 事故情况

2.1 事故仪表的基本情况

阀门 4000-FV-7028-13（故障关）和阀门 4000-FV-7028-19（故障关）分别控制流量 4000-FT-7028-12 和 4000-FT-7028-20，当任意一台流量计低于 2.7m^3/h 或者两个流量之差大于 1.2m^3/h 时，联锁停挤压机下料系统 S-6220 主电机 4000X7000-01 进而停挤压机。故障定位器为智能阀门定位器，与阀门采用机械式连接。当阀门 4000-FV-7028-13 定位器发生故障时，无气源压力输出，导致阀门 4000-FV-7028-13 全关，造成流量 4000-FT-7028-12 低，进而联锁停车（图 1）。

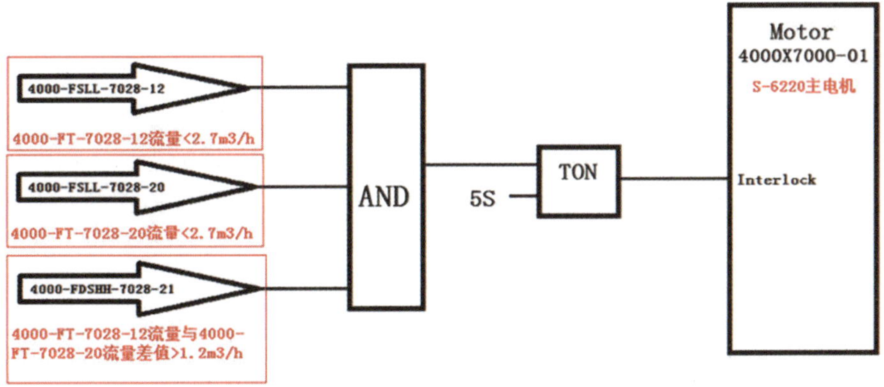

图 1　熔融泵轴承流量低停下料器联锁

2.2 事故经过

2021 年 12 月 17 日 8:49 接到 PP 装置人员电话通知热油单元 FT-7028-12 流量低于 2.7m^3/h，触发联锁挤压机停车。接电话后仪表人员与工艺人员确认停车原因，根据工艺人员的描述 FT-7028-12 流量计的测量值低，现场仪表人员立即对流量计及阀门进行检查，现场发现阀门 FV7028-13 在全关位置，与中控室联系对阀门进行行程测试，判断阀门是否动作正常。中控给 50% 阀位开度信号，发现阀门 FV7028-13 不动作，初步判断阀门原因导致热油流量低。进一步检查气源供气压力正常，过滤减压阀输出正常，拆除阀门定位器与阀门膜头之间气源软管，发现定位器无输出压力。对定位器的输入信号进行测量，输入信号正常，确认阀门定位器故障导致阀门关闭，造成流量 FT-7028-12 低，触发联锁停车。

2.3 事故后果

挤压机停车造成生产波动，反应被迫降负荷运行 3h。同时挤压机开车过程产生大量废料。

3. 事故处置过程

3.1 事故处置情况

9:20 现场仪表人员开始更换阀门定位器备件，并对接线端子进行检查紧固，协同 DCS 对回路接地进行测试，确认回路正常。

9:40 定位器更换完毕，联系工艺人员进行阀门定位器整定。

9:55 阀门定位器整定完毕，联系工艺人员对阀门进行行程测试，阀门动作正常，交付工艺使用。

11:42 挤压机开车。

3.2 仪表故障消除情况

更换阀门定位器后阀门动作正常，异常处理完毕。

4. 原因分析

4.1 直接原因

热油调节阀 4000-FV-7028-13 定位器故障，导致阀门逐渐关闭，造成流量 FT-7028-12 测量值低，触发联锁停车。

4.2 间接原因

阀门定位器长时间运行，微处理器的数字控制单元（11）故障，无电压/电流输出至 I/P 转换器（12），I/P 转换器不工作，前置放大器（13）与气动放大器（14）功能失效，最终定位器无气源压力输送到执行机构，导致阀门在单作用执行机构弹簧的作用力下逐渐关闭（图 2、图 3）。

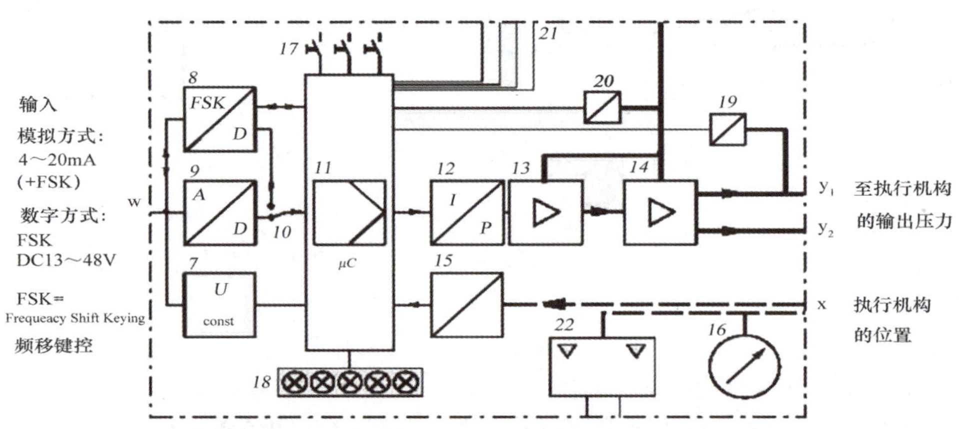

图 2　定位器原理图

图 3　定位器电路板实物图

4.3 管理原因

（1）对 4000-FV-7028-13 定位器使用寿命认识不足，不能准确预判使用过程中定位器将要出现的故障，未做好定期维护、定期更换备件。

（2）未能将关键仪表阀门的备件存放于中心保存，设备出现故障需更换新件时不能及时更换，延迟了阀门检修时间。

（3）该阀门属于成套设备供应，未对定位器品牌型号进行要求，现提供的定位器不支持 Hart 协议及没有配备状态指示灯，在实际运行过程中没有切实可行的方法进行故障诊断，在日常巡检中未能及时发现定位器存在的隐患。

5. 事故整改情况及改进建议

5.1 事故整改情况

（1）根据现场阀门使用的环境，结合阀门出现故障的频次，采取该重要联锁阀门每 5 年更换一次定位器的措施，确保阀门实现长周期稳定运行。

（2）针对 PP 装置热油阀定位器出现的故障编制应急处置卡，提高装置维护人员判断问题、处理故障的效率。做好阀门定位器备件储备，将阀门定位器备件出库并放于中心保管，便于及时更换，避免因非正常工作时间领取备件而耽误恢复生产。

（3）针对该定位器不支持 HART 协议及没有配备状态指示灯，将阀门定位器换型为主流产品。一是便于对定位器的故障进行诊断；二是提高定位器运行的可靠性。

5.2 改进建议

（1）仪表专业技术管理人员在项目审查、设备隐患排查工作中提高风险及隐患识别的意识，及时消除共因失效、关联设备导致事故扩大化等问题。

（2）根据定位器运行时间（如 8 年或 10 年以上）、运行状况进行定期评估，根据评估情况进行择机更换。

（3）在机会检修、停工检修时对阀门定位器进行性能测试，确保阀门定位器工作正常。

（4）做好关键位置阀门定位器备件储备，提高装置维护人员判断问题能力及处理故障的效率，及时恢复装置生产。

6. 事故启示

预防类似事故发生、解决同类隐患问题，应该从选型开始，选择的定位器应稳定性更好，平均无故障时间更长。

阀门定位器故障造成后续装置全停事故

1. 事故单位及事故装置的基本情况

某煤化工企业为大型煤制天然气示范项目，单期设计产能为 13.3 亿 m^3/年。采用碎煤加压气化、低温甲醇洗净化、甲烷合成技术，生产的天然气通过长输管道向外输送，同时副产焦油、粗酚、硫黄、硫铵等产品。

该企业甲烷化装置主要是将低温甲醇洗装置来的合格净化气通过精脱硫、大量甲烷化和补充甲烷化反应，合成甲烷含量大于 94% 的天然气并送往首站，经过加压后送往长输管网。

甲烷化循环压缩机是甲烷化合成装置中关键的设备，通过该设备将第一大量甲烷化反应器 C102A/B 出口一部分产品气进行加压重新补充到反应器入口处，控制 C102A/B 反应器床层温度，确保产品气中甲烷含量在 98% 以上，入口导叶阀控制着进入压缩机的气量，直接决定着产品气中甲烷的合成含量。循环气系统流程图如图 1 所示。

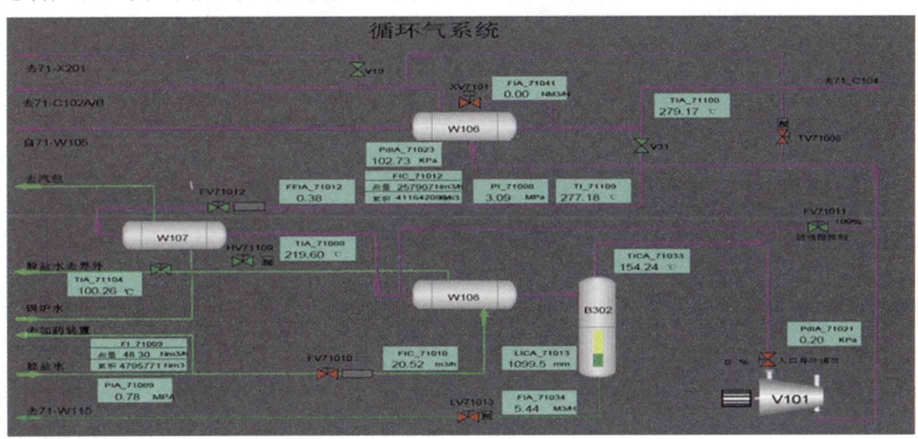

图 1　甲烷化循环气系统图

2. 事故情况

2.1 事故仪表的基本情况

甲烷化循环压缩机 V101 入口导叶阀 HV-71301 采用的是德国 ARCA 品牌，配套一体化 ARCA 阀门定位器控制，规格型号：827A.E2-A0H-M10-G。

2.2 事故经过

2016 年 12 月 12 日 3 点 56 分，该企业甲烷化中控主操发现循环压缩机 V101 入口导叶阀 HV-71301 反馈阀位出现波动，压缩机循环量也出现大幅波动。3 点 59 分，循环压缩机入口导叶阀 HV-71301 反馈阀位突然变为 0%，压缩机循环量由 340kNm³/h 迅速降低至 270kNm³/h，造成甲烷化反应器 C102A/B 床层温度快速上涨，最高达到 626℃（正常要求 620℃），为防止 C102A/B 床层温度继续升高造成装置跳车，经当班调度同意后，中控主操打开原料气放空阀进行部分放空（持续放空 8min）。同时，值班人员立即联系仪表人员进行现场检查及处理，工艺监控运行。循环压缩机防喘振保护动作，引起循环压缩机跳车。

2.3 事故后果

本次 HV-71301 入口导叶阀阀门定位器异常造成循环压缩机防喘振保护动作，引起循环压缩机跳车，甲烷化装置停车，后续首站装置停车，致使停止向天然气管网供气达 3 小时 19 分，部分天然气送火炬燃烧放空，给企业造成了较大的经济损失。

3. 事故处置过程

3.1 事故处置情况

仪表维护人员接到中控主操电话后，立即组织人员进行现场排查，检查发现 HV-71301 入口导叶阀过滤减压阀上气源压力指示表波动大，波动范围在 200kPa ～ 300kPa；HV-71301 入口导叶阀阀杆上、下波动，阀门定位器液晶屏显示异常，指示时有时无。断电后检查接线端子到定位器内部板件插接件发现有接触不良的情况，更换阀门定位器控制主板送电后控制信号正常，对阀门定位器重新整定调校正常后，8 时 35 分，循环压缩机启动；8 时 58 分，甲烷化装置开始引入原料气；9 时，产品气送首站；9 时 04 分，首站天然气外送管网。

3.2 仪表故障消除情况

由于阀门定位器主板连接回路故障，紧急更换主板后恢复正常，具备开车条件。但是压缩机运行过程中导叶阀振动无法消除，定位器振动造成故障停车的风险依然存在，为了避免事故重复发生，临时在导叶阀连杆底部增加了限位（行程 30mm，距底部 6mm 处），防止定位器故障时阀门全部关闭，至少有 20% 的开度，不会造成压缩机停车。

2017—2019 年期间，该定位器又出现两次故障情况，由于增加了限位功能，同时处置比较及时，未造成循环压缩机停车事故。利用检修间隙，更换了新定位器。分析已经损坏并且更换下来的两台阀门定位器，在拆卸并检查故障原因时，发现压电阀的回路阻值有不同的变化，在查阅相关资料后，判断故障原因为压电阀在长期高频振动及高温辐射的环境下，出现线圈回路故障。

2019 年企业利用停车检修期间，对 HV-71301 入口导叶阀一体式阀门定位器（ARCA）改成分体式定位器（FISHER）。改造后，使定位器的本体远离阀体及管道，安装在无振动或振动较小的位置，从而避免了因振动及高温对定位器电子元件带来的影响。经过改造后的入口导叶阀运行平稳可靠，为企业避免近百万元损失，对装置的高负荷运行提供可靠的设备保障。运行近两年，该阀门未再出现过由于定位器问题的异常波动。

4. 原因分析

4.1 直接原因

（1）由于 HV-71301 入口导叶阀频繁波动，引起循环压缩机入口流量和循环压缩机出口压力波动，导致循环压缩机防喘振保护动作（图 2），引起循环压缩机跳车。

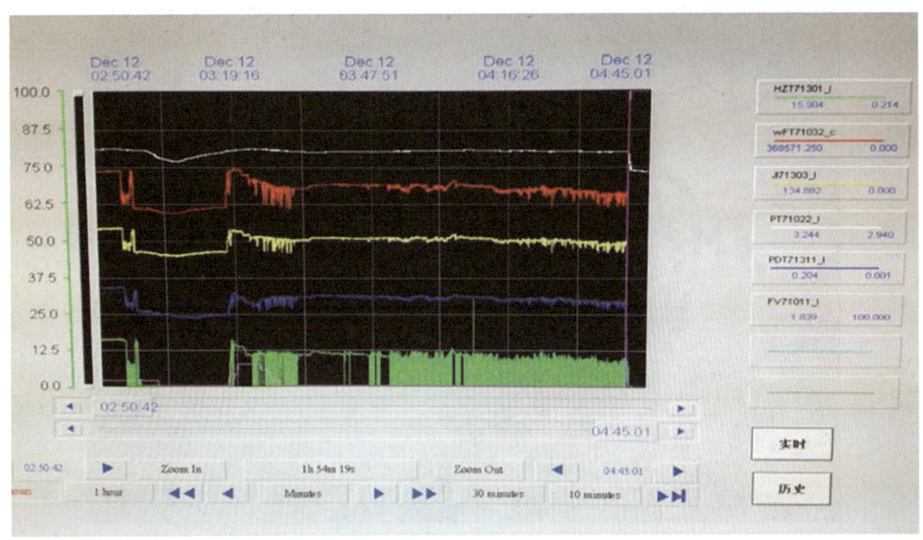

图 2　ITCC 历史记录循环压缩机防喘振保护跳车示意图

注：由于当时 DCS 和 ITCC 时钟不同步，跳车时 DCS 时间为 05:45，ITCC 时间为 04:45，两个系统时钟相差 1h。

（2）造成 HV-71301 入口导叶阀气源压力及执行机构阀杆上、下异常波动主要原因是阀门定位器控制回路输入信号异常，检查定位器控制主板接线柱至主板连接处接触不良。

4.2 间接原因

入口导叶阀的阀门定位器（ARCA）为一体式，安装在循环压缩机入口处，压缩机运行过程中会产生振动，入口处温度较高，定位器长期处在振动和高温工况下，长期高频振动及高温辐射的环境下，出现线圈回路故障导致控制元件接点或接线松动。

4.3 管理原因

（1）定位器安装在振动场合，未能引起仪表维护人员重视，巡检不到位，未能及时发现故障隐患。

（2）仪表维护人员业务水平较薄弱，对现场仪控设备及故障判断不够及时准确，处理故障时间较长。

（3）仪表维护人员对现场关键仪控设备、附件及专用工具备用不够及时，给故障处理在一定程度上延迟了时间。

5. 事故整改情况及改进建议

5.1 事故整改情况

2019 年企业停车检修期间，对 HV-71301 入口导叶阀一体式阀门定位器（ARCA）进行了改造，改成分体式阀门定位器（FISHER）（图 3）。

图 3　改造后的分体式阀门定位器安装示意图

5.2 改进建议

（1）排查企业安装在振动较大的重要调节阀上的一体式阀门定位器，利用停车检修期间，改成分体式阀门定位器，避免定位器控制板件或接线长期处于振动状态下造成输出故障。

（2）加强仪表维护人员对现场仪控设备原理及故障处理方法的技术培训与学习，不断提高个人业务水平，出现故障时能够及时准确判断和处理。

（3）加强对仪控设备的巡检和维护，及时发现隐患；在工艺运行短停期间，对涉及联锁的关键仪控设备要进行试验，并做好记录。

（4）对涉及联锁的关键仪控设备、相关附件及专用工器具要备用合理，发生故障时能够第一时间起到备用作用和处置效率，防止事故扩大。

6. 事故启示

煤化工企业连续生产，阀门定位器作为调节阀的关键附件，一旦出现故障，就会发生联锁反应，甚至造成停车事故。因此仪表专业人员日常维护一定要加强巡检，及时发现隐患，避免因仪表原因引起装置非计划停车对企业造成重大经济损失和重大安全风险。

高压氮塞阀反馈信号丢失造成气化炉停车事故

1. 事故单位及事故装置的基本情况

故障设备属60万t煤制甲醇项目，气化装置氧气管线高压氮塞阀反馈信号消失导致气化炉停车。原联锁信号未做三取二设计，后增加回路实现三取二功能。

2. 事故情况

2.1 事故仪表的基本情况

故障阀门作用为气化炉在开停车时，在上、下游氧气切断阀中间注入高压氮气，避免开停车时阀门内漏导致气化炉内氧气超标，发生爆炸等事故。

2.2 事故经过

2020年2月24日3:08系统值班人员接到调度通知气化B炉跳车，经班长（3:40接到电话，4:00到达现场）查询SIS的SOE事件记录，确认出2020年2月24日3:03:03 dXZL_1306B（高压氮塞阀）关到位反馈信号消失，SIS触发气化B炉联锁停车（确认完成时间4:03）。

经技术员对信号回路进行排查，发现dXZL_1306B反馈信号在SIS机柜内的安全栅供电回路保险管烧断，进而触发气化B炉的SIS停车联锁。故障点确认后，更换烧损的保险管，并对回路做可靠性检测，确保正常投入使用。

2.3 事故后果

导致气化炉联锁停车。

3. 事故处置过程

3.1 事故处置情况

检查回路发现隔离式安全栅失电，经进一步检查发现供电回路保险管熔断（见图1）。更换保险管后信号恢复正常。

图1　故障保险管熔断照片

3.2 仪表故障消除情况

更换保险管，回路信号恢复正常。

4. 原因分析

4.1 直接原因

XV-1306B（高压氮塞阀）关到位反馈信号为停车联锁信号，回路中未设置三取二检测，当此信号消失后触发停车逻辑。

阀门打开时，供电回路电流为0.80mADC（见图2），安全栅内部继电器接点输出为断开。

图2　模拟现场阀门打开照片

阀门关闭时，供电回路电流为1.63mADC（见图3），安全栅内部继电器接点输出为闭合。

通过以上测试分析，在最大供电回路电流仅为1.63mADC情况下，且供电线路无短路、接地等情况下，保险管发生熔断，最大可能性为初次安装调试时的保险管一直使用，个别质量有缺陷的，经过长期使用已无法满足使用要求，发生熔断现象。

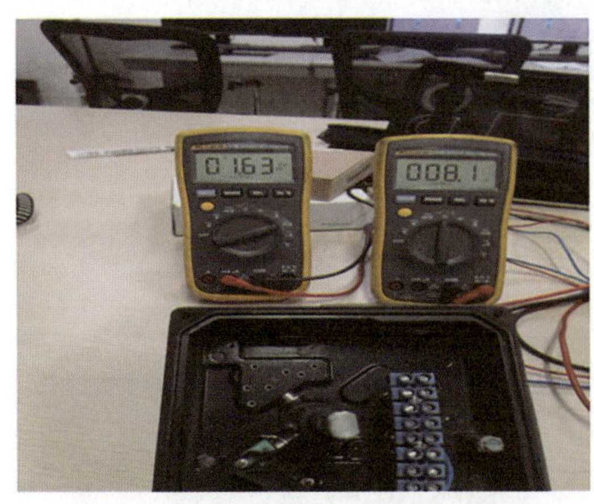

图3　模拟现场阀门关闭状态

4.2 间接原因

安全栅供电回路保险管质量缺陷，导致保险管熔断，造成安全栅断电。

4.3 管理原因

严格备件采购质量，专业人员提报备件时建议采购质量、口碑较好的产品。

5. 事故整改情况及改进建议

5.1 事故整改情况

制订保险管定期更换计划，到期更换质量、口碑好的产品。

5.2 改进建议

（1）在 XV-1306B（高压氮塞阀）回路中设置三取二或者二取二逻辑，避免因单一联锁点回路故障造成误停车，在大修期间实行改造。

（2）选用知名厂家优质保险管，避免因保险管质量问题造成意外停车。

（3）定期更换联锁回路中的安全栅，避免因仪表设备原因造成意外停车。

（4）对主要联锁回路的保险管定期进行更换，杜绝因保险管长期使用带来损失的风险。

6. 事故启示

严格落实事故“四不放过”原则，举一反三，防微杜渐，杜绝此类事故的再次发生。

激冷水调节阀定位器故障导致气化炉停车事故

1. 事故单位及事故装置的基本情况

某精细化学品项目，采用拥有我国自主技术产权的中科高温浆态床费托合成工艺技术和航天长征粉煤加压气化技术制液体石蜡、稳定轻烃及液化石油气等。主要工艺流程为：煤浆及粉煤与氧气在气化装置加压气化得到粗合成气，经变换、脱硫、脱碳净化得到满足高温浆态床要求的净化合成气，经高温浆态床后产出 F-T 蜡，最后经加氢裂化及加氢精制装置后获得相关精细化学品。

2. 事故情况

2.1 事故仪表基本情况

阀门定位器是气动调节阀关键附件之一，定位器故障可导致阀门动作异常，从而对工艺运行造成较大影响；当工艺参数变化范围超过联锁值时就会触发联锁导致装置停车，本次出现故障的定位器选用瑞士知名品牌。

2.2 事故经过

2020 年 2 月 26 日 2 时 19 分 28 秒，正在运行中的 2 号粉煤气化炉突然跳车，SOE 记录激冷水流量值低低联锁触发。事件记录联锁动作前工艺人员将激冷水流量调节阀的开度由原来的 98% 逐步打开至 106%，其他工艺指标及操作无异常变化。现场检查激冷水流量调节阀定位器显示故障，故障代码 11（故障代码 11 含义：电源电压降至最小电压以下），检查阀门附件、执行机构等均无异常，中控远程给信号对阀门进行 5 点行程测试（0、20、50、75、100）阀门均动作正常，当信号大于 105% 时阀门会突然关闭。

激冷水调节阀故障位置为 FO，PID 模块为反作用（DCS 输出 100%、定位器接收到的信号为 4mA，对应阀门全开）；当 DCS 输出 105% 时，现场定位器接收到的电流信号为 3.2mA，同时由于信号电缆较长导致定位器实际接收到的电压小于定位器工作电压 8.7V。电压低导致定位器停止工作，定位器输出最大（该定位器带故障安全功能且已激活，定位器可以设置输出最大、输出最小、锁位三种故障安全位，本定位器设置故障时输出最大），激冷水阀门关闭、激冷水流量回 0，最终导致气化炉因激冷水流量低低触发跳车。

DCS 工程师将 AO 模块的输出范围由原来的默认值 -6.9% ～ 106.9% 改为 0 ～ 100%，故障彻底消失，阀门动作正常。

为防止出现其他问题，仪表维护人员将定位器的故障安全功能进行了关闭。

2.3 事故后果

激冷水流量调节阀突然关闭导致气化炉激冷水流量低低联锁触发，气化炉跳车。

3. 事故处置过程

3.1 事故处置情况

2 号粉煤气化炉跳车后，工艺人员告知仪表值班人员尽快检查跳车原因。仪表值班人员立即联系 DCS 值班人员要求协同检查 DCS 操作记录，同时现场查看阀门运行状态，根据 DCS 操作记录、现场定位器故障代码及阀门测试结果，判断定位器故障导致激冷水调节阀故障，最终触发激冷水流量低低气化炉跳车。

问题分析清楚并有效处理后，车间值班人员通过调度人员告知工艺人员故障已消除，气化炉具备引氧、投煤、开车条件。

3.2 仪表故障消除情况

DCS 人员将激冷水调节阀 AO 模块的输出范围由原来的默认值 -6.9% ～ 106.9% 改为 0% ～ 100%，故障彻底消失，阀门动作正常。

4. 事故原因分析

4.1 事故直接原因

（1）DCS 组态未严格按照设计文件进行，AO 模块输出范围使用 DCS 厂家默认值，导致定位器的实际工作电压、电流低于定位器正常工作范围，出现定位器停止工作阀门关闭，气化炉跳车事故。DCS 中 AO 模块组态选项默认值如下（图 1）。

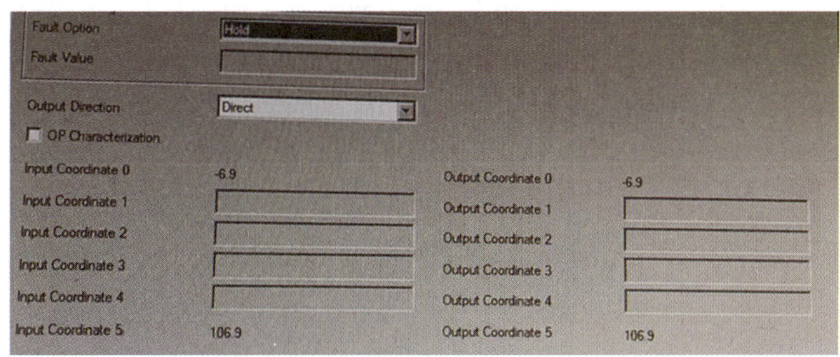

图 1　DCS 中 AO 模块组态选项图

（2）智能定位器“故障一安全”位置设置错误，导致定位器故障情况下的输出最大，阀门自动关闭。

4.2 事故间接原因

（1）DCS 系统 FAT 测试检查工作不到位，未及时发现组态与设计不符的问题。

（2）现场自控回路调试不到位，系统联调过程中未发现组态错误。

（3）工艺人员发现调节阀 AO 模块的输出超过 0 ～ 100% 异常情况时，未通知自控专业人员检查处理。

（4）开车前对智能定位器参数设置未进行严格检查确认。

5. 整改情况及改进建议

5.1 事故整改情况

自控专业人员组织对全厂 DCS、SIS 进行全面检查，发现组态与设计不符立即纠正，对于暂时不具备整改条件的，编制防止事故预案组织相关人员学习，同时按五定原则记录，待条件具备后整改。

对该品牌阀门定位器的运行参数进行列表检查，对设置不合适的参数进行调整并重新自整定。

5.2 改进建议

组态工作应严格按设计文件执行，禁止使用系统默认值，数据变更必须有设计变更资料。

对于智能设备及功能参数较多的电仪设备开车前必须逐项功能确认，不需要的功能全部关闭。

严格进行回路联合调试及 FAT 测试，开车前务必做到 100%。

对工艺操作人员进行仪控基础知识培训，让操作人员掌握仪表正常工作指标。

6. 事故启示

近些年随着自动化、智能化的不断发展，自控系统、仪表设备在装置安全稳定运行过程中发挥的作用越来远大，仪控人员的任一个疏忽都有可能给企业生产带来巨大的损失。因此要求仪控人员在系统 FAT、设备单校、联校及仪控系统“回头看”等关键节点时，应依据规范规程设计资料，加强审查工作、调试工作的深度及力度，及早发现并处理问题。

减温水调门阀杆多次断裂导致装置开车延迟

1. 事故单位及事故装置的基本情况

某煤化工企业为大型煤制天然气示范项目，单期设计产能为 13.3 亿 m^3/年。工艺主要采用碎煤加压气化、粗煤气耐硫变换冷却、低温甲醇洗净化、克劳斯硫回收加氨法脱硫、甲烷化合成及废水处理等工艺技术，生产的天然气通过长输管道向外输送。

项目分化工区和动力区，动力区一期由 4 台 470t/h 无中间再热褐煤锅炉、2 台 100MW 国产高压抽凝式直接空冷汽轮机组和 1 台国产 30MW 背压机组构成。

2. 事故情况

2.1 事故仪表的基本情况

当生产运行期间未启动 3 号汽轮机（30MW 抽背式）时，投用减温减压器供化工区中低压蒸汽，2.0MPa 减温水调门主要控制供化工区 2.0MPa 蒸汽母管主汽温度。

2.0MPa 减温水调门属于多级降压调节阀（也称糖葫芦调节阀），型号为 HTN，口径为 DN25，阀门流量特性为修正等百分比，CV 值为 0.25，阀芯及阀杆材质均为 9Cr18MoV 硬化处理，经查询得知，阀芯阀杆硬化后硬度为 HRC64。该阀门于 2016 年 9 月安装投用，投用以来阀门一直未出现过故障。

2.2 事故经过

该企业 2020 年度大修后，按照开车总体计划，动力区先启动。开车过程中，从 7 月 31 日至 8 月 5 日期间，2.0MPa 减温减压器减温水调门阀杆先后三次断裂。

2.3 事故后果

按照公司大修后开车整体进度计划延迟开车时间 22h，直接经济损失 282900 元。

3. 事故处置过程

3.1 事故处置情况

（1）第一次减温水调门阀杆断裂抢修情况

2020 年 8 月 1 日 14:15 ，2.0MPa 减温减压器已隔离完成，取出拆检减温水阀，解体后发现阀芯脱落，销子上部的阀杆断裂，部分带螺纹的阀杆卡在阀芯内螺纹孔中（图 1）。公司立即对断裂阀杆进行抢修，原材料为马氏体不锈钢 9Cr18MoV，第一次维修时还是采用了马氏体不锈钢，材质选择了马氏体不锈钢 2cr13（SUS420），硬度在 HRC30 左右，阀杆与阀芯螺纹（螺纹为 M18X1.5）连接且安装一个直径 6mm 的销子，阀杆与阀芯点焊（6 点）。抢修完成后于 8 月 1 日 18:10 投用。

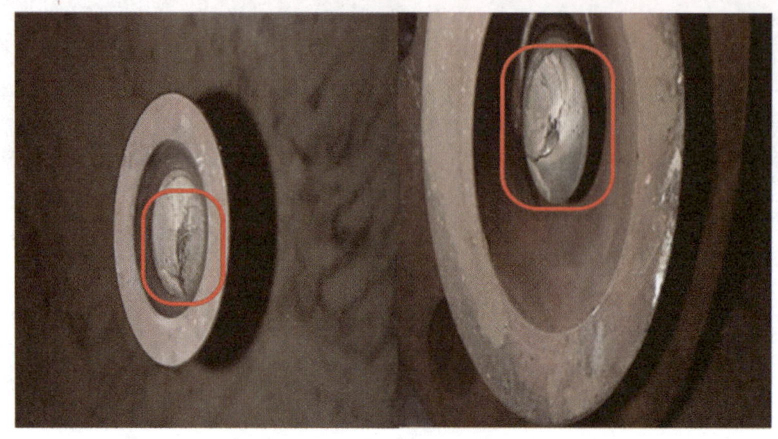

图 1　第一次 2.0MPa 减温水调门阀杆断裂照片

（2）第二次减温水调门阀杆断裂抢修情况

2020 年 8 月 2 日 2:15 该阀门再次出现故障，故障现象与第一次相似，解体检查发现阀芯脱落，为销子处的阀杆断裂（图 2）。此次抢修阀杆材质选用 17-4PH，此阀杆已进行了热处理，材质硬度 HRC35 ～ 38，阀芯和阀杆端面采用满焊，使用角磨机在阀芯密封面上切两个宽约 1mm，深约 0.5mm 的槽，以确保阀门在全关时的漏量能满足阀门 1% ～ 3% 运行时需要的流量。8 月 2 日 12:00 抢修完后投用。

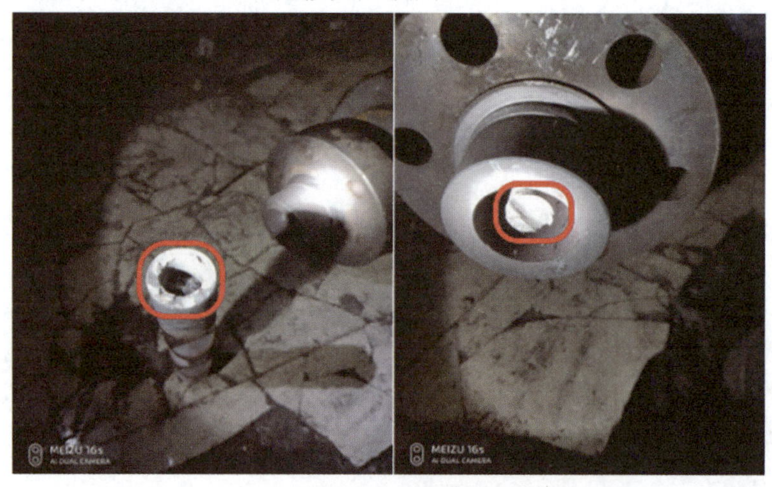

图 2　第二次减温水调门阀杆断裂照片

（3）第三次减温水调门阀杆断裂抢修情况

2020 年 8 月 5 日 16:13 该阀门再次出现故障，故障现象与第一次相似，解体检查发现阀芯脱落，为阀杆和阀芯连接满焊处断裂（图 3）。此次安排自控阀门维修厂家在其本部紧急加工阀杆和阀芯，运回公司后回装，并加装两个旁路。8 月 10 日 10:20 投用。

图 3　第三次减温水调门阀杆断裂照片

3.2 仪表故障消除情况

（1）自控阀门维修厂家在天津阀门本部，紧急加工内件，阀芯阀杆锻造成一体，阀杆由原来的 20mm 加粗为 30mm，重新加工上阀盖。阀芯阀杆是整体结构，材质 17-4PH 有硬度缺陷，热处理后硬度 HRC35 左右，虽然阀杆没问题，但阀芯扛不住太高的压差，无法保障长时间运行，最后选用 9Cr18MoV；9Cr18MoV 在淬火回火硬度太高时比较脆（一般能达到 HRC60 以上），最后把阀芯阀杆硬度控制在 HRC49，综合性较好。由于 9Cr18MoV 材料，有两道热处理工序，淬火和回火，淬火时硬度很高，淬裂的风险大，为了避免淬裂影响工期，在热处理和加工时做了 3 套，现场回装 1 套（图 4），其余备用。

图 4　新加工的阀内件（图红框内）

（2）在 2.0MPa 减温减压总管加装了两个旁路（图 5），一个新增 1 套自控调阀旁路，另一个新增手阀控制旁路。

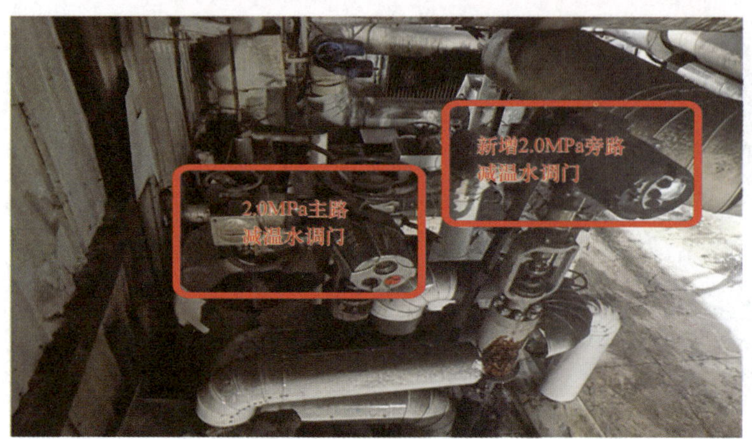

图5　2.0MPa 减温减压总管加装了两个旁路

4. 原因分析

4.1 直接原因

（1）第一次阀杆断裂原因

① 该阀门使用将近 4 年，使用工况比较苛刻（减温水阀前压力 15.62MPa，阀后压力 1.9MPa，温度 160℃），造成阀杆金属疲劳，强度降低。

② 阀门因高压差冲刷下内漏，本次大修研磨（之前未研磨过）后消除内漏，密封完好，达到切断级。动力开车投用时，高压减温水压力高达 18MPa，阀后压力 0MPa，前后手阀全开，投用自控阀，阀杆在第一次折断前阀门在小开度（1% ～ 3%）工况下工作近 1h；阀门流向为高进低出，阀门在小开度运行时，阀芯前后压差大，介质流速过高，高频振荡激烈，造成阀杆折断。

（2）第二次阀杆断裂原因

阀杆修复后第二次开车，高压减温水压力高达 17 ～ 18MPa，阀后压力 0MPa，前后手阀全开，阀门在小开度（1% ～ 3%）下工作近 7h。此工况下，在高压减温水冲击下（正常是阀前压力 15.62MPa，阀后压力 1.9MPa），阀芯前后压差大，高频振荡激烈，造成阀杆再次折断。

（3）第三次阀杆断裂原因

8 月 2 日抢修阀杆材质选用 17-4PH，此阀杆已进行了热处理，材质硬度 HRC35 ～ 38，为了增加阀杆强度，阀芯和阀杆未打销子，采用螺纹连接，端面采用满焊（不满焊，阀门稍有振动，螺纹就有脱扣风险）。由于现场条件限制，检修后的阀内件各方面性能可能达不到原厂出厂时的指标，焊接过程中导致阀杆在满焊处失去原有强度，最终导致阀杆再次断裂。

4.2 间接原因

（1）2.0MPa 减温水调阀设计工况是阀前最大压力 16.1MPa，阀后最大压力 2.1MPa，温度 158℃。但是每次在开车投用该阀门时，高压减温水压力阀前高达 18MPa，阀后压力 0MPa，此工况完全超出该阀门的设计压差。

（2）2.0MPa 减温水投用初期，由于后续用户少，前后手阀全开，没有限流，减温水调阀前后压差高达 17 ～ 18MPa，且阀门长时间在小开度（1% ～ 3%）运行，而调节阀的最佳工作开度 30% ～ 70%。

（3）因第一次维修时，阀芯内螺纹孔不便过度加工或不敢深度加工，造成阀芯内螺纹和阀杆外螺纹松动，此情况下不放置销子有连接脱扣的风险和折断的风险，放置销子后连接可靠了，但折断的风险还存在，最终采用了放置销子和点焊 6 点的方法。在使用的过程中，由于小开度长时间运行，阀前后压差大，同时由于现场条件限制，检修后的阀内件各方面性能可能达不到原厂出厂时的指标，导致放置销子处折断。

（4）该阀门未进行大修前存在内漏时，动力开车投用减温水时，小开度也运行过，未出现问题。初步分析原因，该阀门由于内漏，减温水投用初期，由于前后压差大，内漏量完全能够满足开车初期减温水需要量，阀门一直在关闭状态而且阀门在关闭时不会振动。当泄漏量不能满足时，自控阀小开度后流量增加，介质流速变小，不平衡力减小，虽有振动，但是达不到高频振动，阀门未出现故障。

4.3 管理原因

（1）阀门 CV 值为 0.25，阀门最小开度在 1% 左右，最大开度为 40% 左右，初步判断为原厂家选择的 CV 值过大，造成阀门在小开度运行。

（2）备件管理不到位，由于没有 2.0MPa 减温减压站减温水调阀的备件，需临时抢修，一是延长了检修更换时间，二是现场条件所限，检修后的阀内件性能无法保证完全达到出厂要求指标。

（3）2.0MPa 减温减压减温水调阀使用将近 4 年，阀门内件是否需要更换，没有相应的检测手段或评估手段。

5. 事故整改情况及改进建议

5.1 事故整改情况

（1）对新制作的减温水调阀内件，重新计算 CV 值，避免阀门长时间在小开度运行。

（2）下发规定，要求运行人员开车初期，在 2.0MPa 减温水使用少量的情况下投用旁路，待工况正常后投用主路自控阀门进行控制，减少自控阀门长时间在 20% 以下小开度工作。

（3）做好 2.0MPa 减温减压站相关调阀备件管理，出现问题及时更换，缩短对生产影响时间。

（4）针对 2.0MPa 减温减压站减温水的两路调节阀门，动力中心制定管理细则，明确各路阀门投用条件，对各班组运行人员培训学习。

5.2 改进建议

（1）对动力界区在高温高压环境下调阀使用寿命进行评估，特别是公用系统，年度大修无法检修的调节阀，按照年限及时更换新内件。

（2）对高温高压差场合的调节阀，在开车初期投用时，要求工艺运行人员尽量投用旁路，待阀前后压差较小时再投用调节阀，避免阀门长时间在小开度运行，相关要求写进工艺操作规程。

6. 事故启示

煤化工企业连续生产，公用系统的调节阀至关重要，特别是在高温高压等恶劣环境下长期运行的调节阀，开车初期规范运行人员投用步骤，仪控人员要加强调节阀检修和维护，关键部位备件要充足，充分评估调节阀内件使用寿命，必要时进行定期更换，避免因调节阀原因影响企业连续生产。

减压阀阀芯脱落造成化工区减负荷事故

1. 事故单位及事故装置的基本情况

某煤化工企业为大型煤制天然气示范项目，单期设计产能为 13.3 亿 m^3/年。采用碎煤加压气化、低温甲醇洗净化、甲烷合成技术，生产的天然气通过长输管道向外输送，同时副产焦油、粗酚、硫黄、硫铵等产品。该企业将合成甲烷含量大于 94% 的代用天然气 SNG 送往首站，经过加压后送往长输管网。

该企业动力装置通过锅炉和发电机为全厂提供用电及各种品质的蒸汽作为全厂的动力源。锅炉为 7×470t/h、9.81MPa、540℃无中间再热褐煤锅炉，是哈尔滨锅炉厂有限责任公司设计制造的高压、单锅筒、自然循环、无中间再热、四角切向燃烧方式、单炉膛平衡通风、固态排渣，紧身封闭、全钢构架的Π型煤粉炉；配套 2×100MW 高压、抽凝式直接空冷汽轮发电机组和 3×30MW 抽背汽轮发电机组。动力装置设置 5.5MPa、2.0MPa、0.8MPa 减温减压器，将锅炉母管输送的高压过热蒸汽经减温、减压阀降为 5.5MPa、2.0MPa、0.8MPa 等级的蒸汽，输送给化工区以满足化工生产装置的需要。

2. 事故情况

2.1 事故仪表的基本情况

2.0MPa 减温减压器原为江苏某火电公司成套配置，减压阀经过多年使用，阀内件严重冲蚀，阀体减薄无法保证长期运行需要，2016 年经招标采购为某忠仪表有限责任公司减压调节阀，型号为 DN150 Class2500/BW APM，配套电动执行机构 RQMLIII06-18-380V-W-03，于 2016 年 9 月底安装投入使用。

2.2 事故经过

2017 年 6 月 13 日 00 时 16 分，仪控人员接到动力工艺班长电话通知动力公用系统 2.0MPa 蒸汽母管流量 Y0LBG30CF101 异常下降。仪控人员立即到现场查看减压调节阀的情况，阀门实际开度与反馈一致，阀门的电动执行机构无异常，在 DCS 上观察该门的反馈与蒸汽流量情况：阀门的反馈不变，蒸汽压力、蒸汽流量逐渐下降，1 时 29 分流量变为 0。与 5 月 16 日发生现象类似，判断阀杆又一次折断，阀芯脱落，截断蒸汽流量无法有效输送，如图 1 所示。

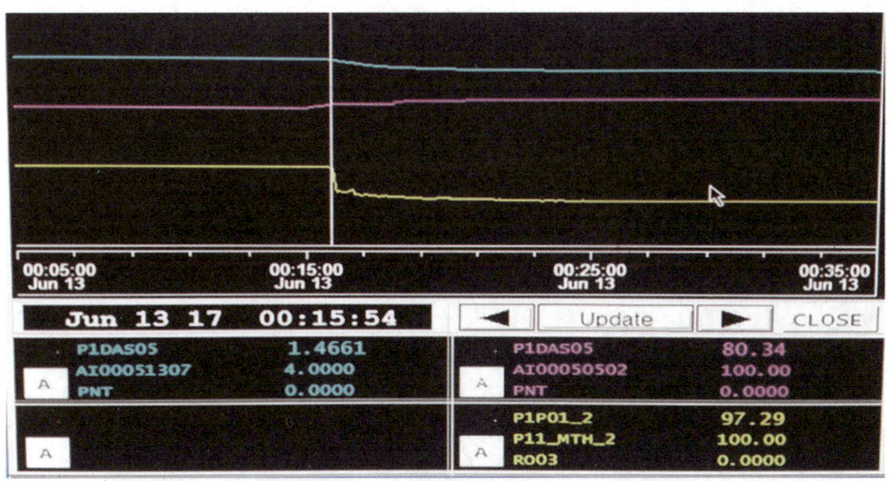

注：黄线：2.0MPa 蒸汽流量；·粉线：阀门反馈；·蓝线：2.0MPa 蒸汽压力

图 1　趋势图

2.3 事故后果

化工区大幅度减量处理，生产造成较大波动。

3. 事故处置过程

3.1 事故处置情况

仪控人员接到工艺人员通知动力 2.0MPa 蒸汽母管流量 Y0LBG30CF101 异常下降，仪控人员立即赶到现场，并及时通知相关技术主管、分管领导、分厂领导。现场与工艺人员共同确认阀门开度，阀门就地开度与 DCS 显示开度一致，但阀门出口流量逐渐下降，初步判断此阀门阀芯可能脱落。随即将执行机构打到就地状态，以免发生误动。

为不影响后系统装置的稳定运行，公司决定马上进行启动 3 号汽轮发电机，并于 6 月 13 日 9 时 50 分机组启动并网，机组抽汽系统产出合格蒸汽并入 2.0MPa 蒸汽管网，化工区逐步恢复生产负荷。

6 月 14 日 8 时 50 分，机务专业人员做好隔离措施，机务专业人员进行解体，解体发现此阀门阀芯脱落，如图 2 所示。

图 2　阀门阀芯脱落

为了深入分析阀芯两次脱落的原因，相关专业人员积极联系阀门厂家，并把损坏的阀内件返回厂家进行检测。同时公司组织相关专业对两次阀杆折断原因进行全面分析，制定相应整改措施。

2017 年 5 月 16 日已对第一次阀杆实际折断情况结合阀芯制造图纸进行了一定的分析（图 3），阀杆折断位置是在定位销处断裂，同时阀杆在阀门填料位置也有一定的磨损情况，说明阀门的不平衡力很大，特别是阀门作用在阀芯上的横向剪切力很大，定位销钉位置偏下即靠近阀杆端头，存在应力大易于折断的风险，也可能存在阀杆原材料的问题，热处理不好，强度不够，造成阀杆与阀芯连接在定位销位置处断裂。

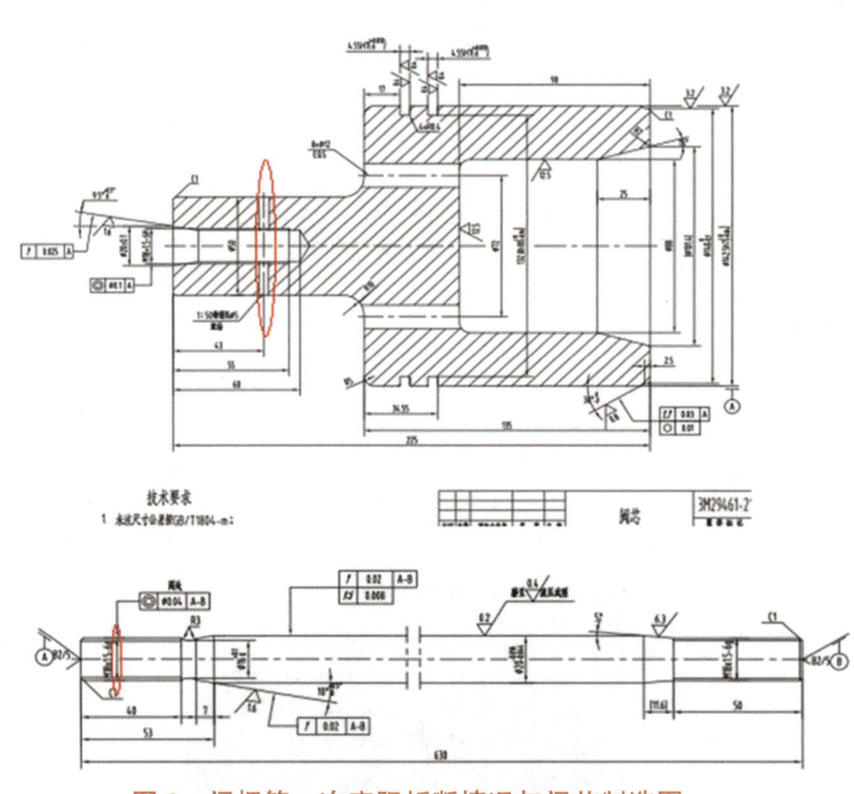

图 3　阀杆第一次实际折断情况与阀芯制造图

当时为快速恢复生产，公司决定利用原阀杆在厂内重新加工，并对定位销位置进行了优化，偏上即远于阀杆端头位置，以充分克服不平衡力。投入运行不到一个月即 2017 年 6 月 14 日出现第二次折断，折断位置仍为定位销处（图 4），可能是在重新加工完定位销后，在装配过程中阀芯与阀杆连接处的螺纹配合不紧，达不到厂家装配的程度，在未拧紧就钻了定位销，在使用过程中通过介质长时间冲刷，导致定位销断，最后阀芯脱落。同时也说明加定位销需要在阀杆上钻孔的原因，造成阀杆强度下降，阀杆容易折断。

图 4　阀杆第二次实际折断情况图

厂家根据现场实际情况给出了分析原因，认为原设计 2.0MPa 减温减压站是作为给化工区输送 2.0MPa 蒸汽的备用线，设计温度 540℃、阀前介质压力 9.8MPa、阀后压力 1.8MPa，额定流量 120t/h；而在实际使用过程中，流量长期在 140 ～ 160t/h，阀门开度长期保持在 90% 以上，超负荷运行，前后压差大，不平衡力大，阀杆磨损严重，工况比较恶劣，需重新设计阀内件。

3.2 仪表故障消除情况

厂家对阀芯、阀杆重新设计制造，改变阀杆与阀芯连接方式，阀杆整体穿过阀芯，并加粗，由原 M18 改为 M24，采用螺母反向锁紧，上下点焊防退，2017 年 9 月重新安装投入运行，如图 5 所示。

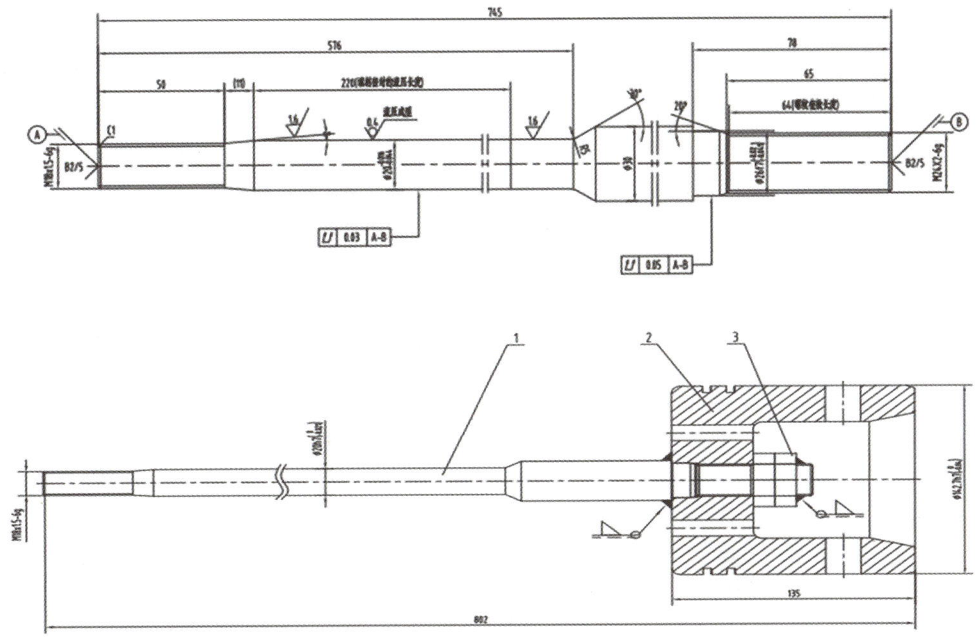

图 5　优化改造后阀芯、阀杆装配图

4. 原因分析

4.1 直接原因

阀门在运行过程中，受力较大，阀杆强度不足，异常折断，阀芯脱落，造成蒸汽流量无法通过，后续系统大幅减量。

4.2 间接原因

阀门制造厂家在阀门设计上存在缺陷，缺乏对高压差、高流速、高温蒸汽的制造经验，对不平衡力计算不准确，选用阀杆材质强度不足等。

4.3 管理原因

该公司对阀门管理还存在不足之处，缺乏对厂家图纸的审核能力，特别是第一次阀杆折断后紧急采取的措施不完善，没有达到长期使用的目的，致使短期内问题重复发生，造成生产波动。

5. 事故整改情况及改进建议

5.1 事故整改情况

阀门改造后 2017 年 9 月投入运行到 2021 年 8 月大检修没再发生问题。

5.2 改进建议

公司相关技术人员一直对此阀门高度关注，致力于改造升级，提高性能，防患于未然，保证阀门长期运行。2021 年大修又对此阀门做进一步的改造，阀杆连接处加粗到 M36，阀笼处增加一道降噪减压板，内件整体更换，材质升级，投用后控制稳定，效果良好。但还需进一步的使用观察和验证。

6. 事故启示

调节阀是工艺生产中最为重要的设备，与工艺介质直接接触，受其压力、温度、流速、杂质、腐蚀性等诸多因素影响，特别要针对特殊工况合理选型，在改造优化阀门时要突破原始设计条件，根据实际情况提供相关设计参数，以便提高阀门设计水平，保证阀门长期使用。

净化装置放空阀误动作导致系统切气事故

1. 事故单位及事故装置的基本情况

某公司包括2套煤制甲醇生产装置，主要工艺流程包括空分、气化、净化、变换、合成、精馏等，主营业务是甲醇及其副产品的生产和销售。一期20万t甲醇装置净化工段，精脱硫槽后压力PIC-1613为3.3MPa，温度TI-1635为31.1℃，流量FI-1612为50644.17Nm^3/t，净化气分两路，一路经过切断阀HS-1607去合成工段（正常运行为全开），另一路净化气经过压力调节阀PV-1613去火炬放空（正常工况为全关）如图1所示。

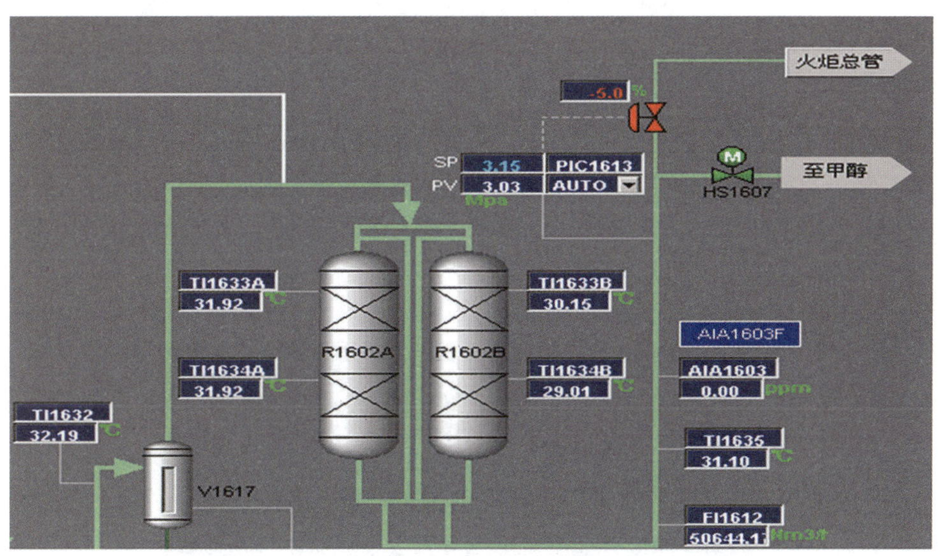

图1　工艺流程图

2. 事故情况

2.1 事故仪表的基本情况

PV-1613净化精脱硫工段放空阀，当后系统异常时，将工艺气排至火炬系统，保证前系统的正常运行和后系统的安全。阀门为FISHER成套产品，阀体为ET系列8寸单密封降噪套筒阀，执行机构为585C活塞式双气缸，直行程，气路附件有DVC6000系列定位器，过滤减压阀，377气路换向阀，储气罐；阀门设计为断气和断电情况下处于打开状态。如图2所示。

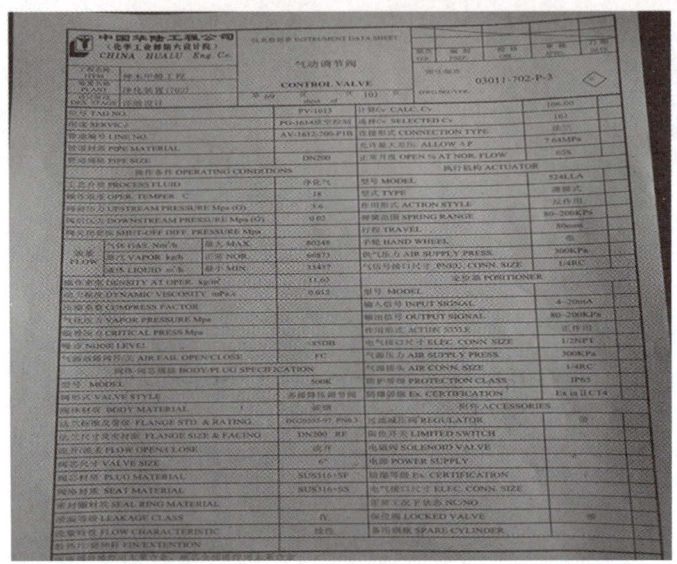

中国华陆工程公司 CHINA HUALU Eng. Co.　　INSTRUMENT DATA SHEET　　气动调节阀 CONTROL VALVE　　03011-702-P-3

TAG NO.	PV-1613	CALC. Cv	106.00
SERVICE	PG-1614	SELECTED Cv	161
LINE NO.	AV-1612-200-P1B	CONNECTION TYPE	法兰
PIPE MATERIAL		ALLOW ΔP	7.64MPa
PIPE SIZE	DN200	OPEN % AT NOR. FLOW	65%
OPERATING CONDITIONS		ACTUATOR	
PROCESS FLUID	净化气	MODEL	524LLA
OPER. TEMPER. ℃	18	TYPE	薄膜式
UPSTREAM PRESSURE Mpa (G)	3.6	ACTION STYLE	反作用
DOWNSTREAM PRESSURE Mpa (G)	0.02	SPRING RANGE	80–200KPa
SHUT-OFF DIFF. PRESSURE Mpa		TRAVEL	80mm
FLOW GAS Nm³/h MAX	80248	HAND WHEEL	带
FLOW VAPOR kg/h NOR	66873	AIR SUPPLY PRESS.	300KPa
FLOW LIQUID m³/h MIN	13437	PNEU. CONN. SIZE	1/4RC
DENSITY AT OPER. kg/m³	11.63	POSITIONER	
DYNAMIC VISCOSITY mPa.s	0.012	MODEL	
COMPRESS FACTOR		INPUT SIGNAL	4–20mA
VAPOR PRESSURE Mpa		OUTPUT SIGNAL	80–200KPa
CRITICAL PRESS Mpa		ACTION STYLE	正作用
NOISE LEVEL	<85DB	ELEC. CONN. SIZE	1/2NPT
AIR FAIL OPEN/CLOSE	FC	AIR SUPPLY PRESS.	300KPa
BODY/PLUG SPECIFICATION		AIR CONN. SIZE	1/4RC
MODEL	500K	PROTECTION CLASS	IP65
VALVE STYLE	多級降压调节阀	Ex. CERTIFICATION	Ex ia II CT4
BODY MATERIAL	碳钢	ACCESSORIES	
FLANGE STD. & RATING	HG20592-97 PN6.3	REGULATOR	带
FLANGE SIZE & FACING	DN200 RF	LIMITED SWITCH	
FLOW OPEN/CLOSE	流开	SOLENOID VALVE	
VALVE SIZE	6"	POWER SUPPLY	
PLUG MATERIAL	SUS316+SF	Ex. CERTIFICATION	
SEAT MATERIAL	SUS316+SS	ELEC. CONN. SIZE	
SEAL RING MATERIAL		NC/NO	
LEAKAGE CLASS	Ⅳ	LOCKED VALVE	带
FLOW CHARACTERISTIC	线性	SPARE CYLINDER	
FIN/EXTENTION			

图 2　阀门数据表

2.2 事故经过

2016 年 1 月 31 日，气温 -21℃，工艺人员反映 PI-1601 与 PIC-1613 10:03 至 10:07 测量值突然下降，查看记录曲线发现 PV-1613 放空阀阀位一直在 -5% 阀位，没有变化。工艺管线压力 PI-1601 下降 0.27MPa，PIC-1613 下降 0.43MPa，PI-1601 是脱硫塔后压力，在 PIC-1613 压力表之前，现场检查放空阀 PV-1613 阀后管道温度升高，由此可以推断 PV-1613 阀门有打开现象。DCS 趋势如图 3 所示。

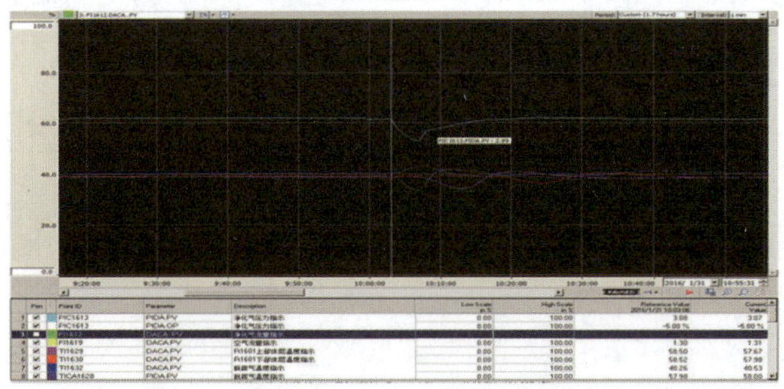

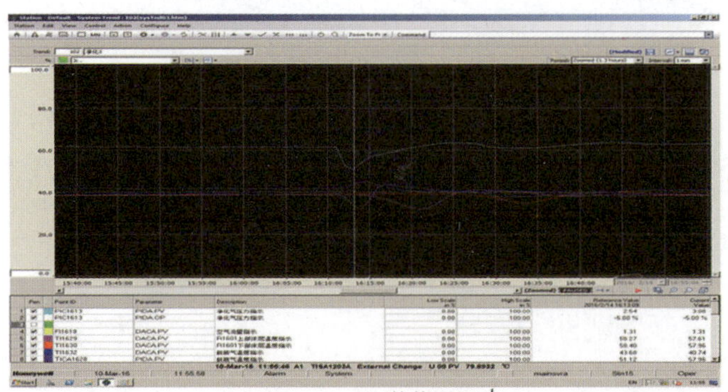

图 3　DCS 趋势图

2016 年 2 月 14 日，PV-1613 阀门突然打开后又关闭，经现场排查，与 1 月 31 日现象基本相同，控制回路和气路无任何故障点。

2016 年 2 月 20 日，PV-1613 阀门又出现了突然开启后关闭现象，经现场排查，情况与前两次相同。

2.3 事故后果

PV-1613 阀门打开后，装置工艺气压力波动，进而导致后系统合成气压缩机气体工艺参数波动，流量突然大幅度降低，引起合成压缩机喘振，第三次阀门出现异常时引起合成压缩机跳车。合成压缩机跳车后，再次开车，约影响甲醇生产 2h，影响产量约 58t。另外，PV-1613 阀门打开，高压气体直接排入火炬管线，对火炬有冲击。

3. 事故处置过程

3.1 事故处置情况

1 月 31 日生产工况出现异常后，对各种可能的原因进行了分析。因 PV-1613 阀门无阀位反馈，DCS 无任何异常记录。分析认为 PV-1613 有打开的可能，仪表人员办理相关票证，工艺人员将阀门切出，检查放空阀 PV-1613，通过现场与控制室比对，阀位正常，通过手操器重新校验 FISHER DVC6020 定位器，阀门工作正常，交付工艺人员使用。

2 月 14 日，工艺工况出现异常后，经现场排查，情况与 1 月 31 日现象基本相同，仪表人员再次排查 PV-1613，更换定位器至中间接线箱地埋控制电缆；更换 DCS 通道、信号安全栅；更换 KOSO 品牌的机械式定位器一台。阀门调试正常后交付工艺人员使用。

2 月 20 日，工艺工况出现异常后，分析认为阀门可能出现误动，工艺人员在阀前增加排放导淋，同时增加管道蒸汽伴热、保温。

3.2 仪表故障消除情况

在之前的排查过程中已基本将阀门控制部分能存在的问题全部排除完。结合阀门内部结构，分析认为当管道内凝液达到阀芯密封面时，遇到低温天气，凝液开始冻结，堵塞了阀芯内平衡孔，由于平衡密封圈处存在泄漏，导致阀芯上下压差急剧增大，瞬时将阀门打开，当阀芯内平衡孔疏通后，阀门恢复正常关闭状态。

根据以上分析，工艺人员在阀前增加排放导淋，同时增加管道蒸汽伴热、保温。此后再未出现此异常情况。

4. 原因分析

4.1 直接原因

根据阀门内部结构，分析认为当管道内凝液达到阀芯密封面时（该阀门处于管道最低点），遇到低温天气，凝液开始冻结，堵塞了阀芯内平衡孔，由于平衡密封圈处存在泄漏，导致阀芯上下压差急剧增大，瞬时将阀门打开，当阀芯内平衡孔疏通后，阀门恢复正常关闭状态。根据阀门结构图（图 4）和执行机构推力计算单（图 5），认为控制部分可能存在的问题已基本排除完，管道积液、结冰，是造成阀门误打开的原因。

阀门所需的标准气源为 3.8Bar，执行机构膜片为 20cm，由此可以推算出执行机构输出力为 13084.44N，在平衡孔堵塞后，流体作用在阀芯上的推力为大约 3.2MPa 作用在直径为 8in 圆的面积上产生的力矩，约为 103680N，接近执行机构输出力的 8 倍。

Parts List

Note
Part numbers are shown for recommended spares only. For part numbers not shown, contact your Emerson Process Management sales office.

Bonnet (figures 3 through 9 and figure 14)

Key	Description	Part Number
1	Bonnet/ENVIRO-SEAL bellows seal bonnet	
	If you need a bonnet or an ENVIRO-SEAL bellows seal bonnet as a replacement part, order by valve size and stem diameter, serial number, and desired material.	
2	Extension Bonnet Baffle	
3	Packing Flange	
3	ENVIRO-SEAL bellows seal packing flange	
4	Packing Flange Stud	
4	ENVIRO-SEAL bellows seal stud bolt	
5	Packing Flange Nut	
5	ENVIRO-SEAL bellows seal hex nut	
6*	Packing set, PTFE	see following table
6*	ENVIRO-SEAL bellows seal packing set	
	PTFE for 9.5 mm (3/8 inch) stem (1 req'd for single packing, 2 req'd for double packing)	12A9016X012
	PTFE for NPS 2 with 12.7 mm (1/2 inch) stem (2 reqd for double packing)	12A9016X012
	PTFE for NPS 3 and 4 with 12.7 mm (1/2 inch) stem (2 req'd for double packing)	12A8832X012
7*	Packing ring, PTFE composition	see following table
7*	ENVIRO-SEAL bellows seal packing ring for low chloride graphite ribbon/filament packing arrangement	
	Ribbon packing ring for 9.5 mm (3/8 inch) and NPS 2 with 12.7 mm (1/2 inch) stem (4 req'd)	18A0908X012
	Filament packing ring for 9.5 mm (3/8 inch) and NPS 2 with 12.7 mm (1/2 inch) stem (4 req'd)	1P3905X0172
	Ribbon packing ring for NPS 3 and 4 with 12.7 mm (1/2 inch) stem (4 reqd)	18A0918X012
	Filament packing ring for NPS 3 and 4 with 12.7 mm (1/2 inch) stem (4 reqd)	14A0915X042
8	Spring	
8	Lantern ring	
8	ENVIRO-SEAL bellows seal spring	
8	ENVIRO-SEAL bellows seal spacer	
10	Special washer	
11*	Packing Box Ring, S31600	
	9.5 mm (3/8 inch) stem,	1J873135072
	12.7 mm (1/2 inch) stem,	1J873235072
	19.1 mm (3/4 inch) stem,	1J873335072
	25.4 mm (1-inch) stem,	1J873435072
	31.8 mm (1-1/4 inch) stem,	1J873535072

Key	Description	Part Number
12*	Upper Wiper, felt	
	9.5 mm (3/8 inch) stem	1J872606332
	12.7 mm (1/2 inch) stem	1J872706332
	19.1 mm (3/4 inch) stem	1J872806332
	25.4 mm (1-inch) stem	1J872906332
	31.8 mm (1-1/4 inch) stem	1J873006332
12*	ENVIRO-SEAL bellows seal upper wiper	
	For 9.5 mm (3/8 inch) and NPS 2 with 12.7 mm (1/2 inch) stem	18A0868X012
	For NPS 3 and 4 with 12.7 mm (1/2 inch) stem	18A0870X012
13	Packing Follower	
13*	ENVIRO-SEAL bellows seal bushing	
	For 9.5 mm (3/8 inch) stem (1 req'd), for NPS 2 with 12.7 mm (1/2 inch) stem (2 req'd)	
	S31600/PTFE	18A0820X012
	R30006	18A0819X012
	S31600/Cr Coated	11B1155X012
	For NPS 3 and 4 with 12.7 mm (1/2 inch) stem (1 req'd)	
	S31600/PTFE	18A0824X012
	R30006	18A0823X012
	S31600/Cr Coated	11B1157X012
13*	ENVIRO-SEAL bellows seal bushing/liner	
	For 9.5 mm (3/8 inch) stem (1 req'd), for NPS 2 with 12.7 mm (1/2 inch) stem (2 req'd)	
	N10276 bushing, PTFE/glass liner	12B2713X012
	N10276 bushing, PTFE/carbon liner	12B2713X042
	For NPS 3 and 4 with 12.7 mm (1/2 inch) stem (1 req'd)	
	N10276 bushing, PTFE/glass liner	12B2715X012
	N10276 bushing, PTFE/carbon liner	12B2715X042
14	Pipe Plug	
14	Lubricator	
14	Lubricator/Isolating Valve	
15	Yoke Locknut	
15	ENVIRO-SEAL bellows seal Locknut	
16	Pipe Plug	
16	ENVIRO-SEAL bellows seal pipe plug	
20*	ENVIRO-SEAL bellows seal stem/bellows assembly	
	1 Ply Bellows	
	S31600 trim mat'l, N06625 bellows mat'l	
	NPS 1 w/ 9.5 mm (3/8 inch) stem	32B4224X012
	NPS 1-1/2 w/ 9.5 mm (3/8 inch) stem	32B4225X012
	NPS 2 w/ 12.7 mm (1/2 inch) stem	32B4226X012
	NPS 3 w/ 12.7 mm (1/2 inch) stem	32B4227X012
	NPS 4 w/ 12.7 mm (1/2 inch) stem	32B4228X012
	N06022 trim mat'l, N06022 bellows mat'l	
	NPS 1 w/ 9.5 mm (3/8 inch) stem	32B4224X022
	NPS 1-1/2 w/ 9.5 mm (3/8 inch) stem	32B4225X022
	NPS 2 w/ 12.7 mm (1/2 inch) stem	32B4226X022
	NPS 3 w/ 12.7 mm (1/2 inch) stem	32B4227X022
	NPS 4 w/ 12.7 mm (1/2 inch) stem	32B4228X022
	2 Ply Bellows	
	S31600 trim mat'l, N06625 bellows mat'l	
	NPS 1 w/ 9.5 mm (3/8 inch) stem	32B4224X032
	NPS 1-1/2 w/ 9.5 mm (3/8 inch) stem	32B4225X032
	NPS 2 w/ 12.7 mm (1/2 inch) stem	32B4226X032
	NPS 3 w/ 12.7 mm (1/2 inch) stem	32B4227X032

Figure 17. Fisher ET Valve Assembly with Whisper Trim III Cage and Optional Drain Plug

FULL-CAPACITY METAL-SEAT CONSTRUCTION

DETAIL OF PTFE SEAT

图 4　阀门内部结构图

FISHER

Actuator Sizing Calculation

Customer:
Contact:
Customer Reference:
Item: 2 Rev: Qty: 1
Tags:
Description: NPS 8 ET 585C Size 60

Sino Controls Engineering Ltd
Contact: Lucky Liang
Sales Office Reference:
Quote: 871-LL-160309-0026204
Date Last Modified: 9/3/2016

Lead Time:
Rev: A

Service Description:

Variable Name	Value	Units
PS Required	55.00	psig
BodySizeList	8.0	in
Port Diameter	8.00	in
Unbalanced Area	0	in2
Valve Travel	4.00	in
Valve Stem Size	.75	in
Valve Friction	333.62	N
Additional Friction	0.00	N
Seat Load Force	80.00	lbf/in
P1 Max	3.2	MPa(g)
P2 Min	0.00	psig
Unbalance Force @ Open	0.00	N
Fluid Negative Gradient	0.00	in
dP Flowing	0.00	psi
Type377TripValve	Yes	
VolumeTank	No	
Works	Yes	
Actuator Size	60	
PS Required	55.00	psig
Actuator Thrust	13084.44	N
Valve Thrust	10189.37	N
Item Notes:		

图 5　执行机构推力计算单

4.2 间接原因

按照原始设计，放空阀 PV-1613 安装在 U 形管道最低处，净化装置在运行过程中，管道内存在积液现象，阀门本体无保温措施。

4.3 管理原因

仪表维护人员对工艺知识掌握不足，与工艺人员沟通不到位，对净化气放空管线存在积液的情况认识不足。同时，工艺运行出现异常后，各专业人员都只是单从设备或工艺本身排查原因，没有将设备与工艺装置有机结合。设备出现异常后，没有彻底排查清楚原因，就交付工艺人员使用，抱有侥幸心理。

5. 事故整改情况及改进建议

5.1 事故整改情况

在阀前增加排放导淋，定期打开阀前后导淋排放冷凝液，同时增加管道蒸汽伴热及保温。

5.2 改进建议

在正常工况下没有工艺介质流动的工艺管线，当工艺管线内可能会存在积液时，仪表阀门尽量不要安装在管线最低点；如无法整改，可以在阀门前后增加排放导淋，冬季时定期打开导淋排放冷凝液，同时增加管道蒸汽伴热及保温。

企业应加强员工培训，特别是仪表专业人员应熟悉工艺流程，熟悉工艺特点，熟悉设备结构，遇到问题应结合工艺情况全面分析原因。

6. 事故启示

化工企业生产装置不论出现任何异常，企业都要严格按照“四不放过”原则，认真调查分析，直至问题得到解决。要以事故为戒，举一反三，对照排查，落实整改，防止同类事故再次发生。

聚乙烯调温水阀故障导致生产波动事件

1. 事故单位及事故装置的基本情况

某公司乙烯装置采用美国 UCC 公司的 Unipol 气相流化床技术，年产 12 万 t 全密度聚乙烯产品。其主要特点是：工艺简单，能耗低，投资少，并且产品跨度较大，熔融指数 0.01 ～ 150g/min，密度 915 ～ 970kg/m³ 的全密度线型聚乙烯产品。

聚乙烯反应系统工艺简介：如图 1 所示，反应系统主要由反应器 C-4001、循环气压缩机 K-4003、循环气冷却器 E-4002、调温水泵 G-4004/4005、板式换热器 E-4007 等设备构成。

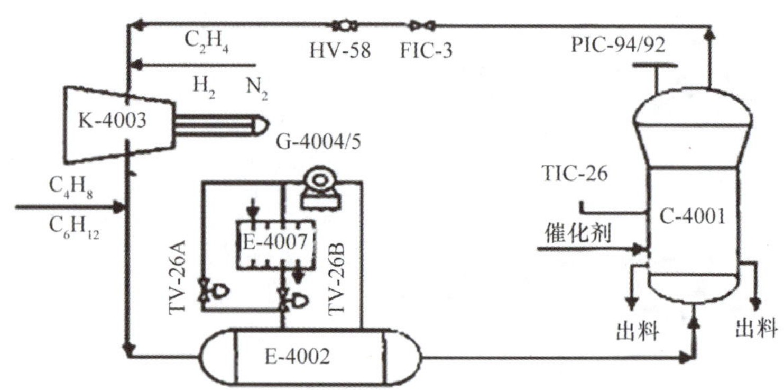

图 1　聚乙烯反应系统

精制后的乙烯、氢气、氮气、丁烯 -1 或己烯 -1 等原料在不同点进入反应器，在反应器中以不同的比例组成循环气。反应器中预装一定高度的聚乙烯粉料，注入催化剂后在反应器中发生反应，生产的粉料产品间歇性排出反应器。聚合反应产生的热量由循环气带走，经过循环气冷却器时将热量传给调温水，调温水再将热量传递给循环水带走。循环气压缩机的运行将循环气增压，循环气进入反应器后将反应器中的粉料流化并使之产生返混。反应器温度由 TIC-26 测量，用分程控制的方法来控制冷水阀 TV-26B 和热水阀 TV-26A 的开度，实现反应器温度稳定。

2. 事故情况

2.1 事故仪表的基本情况

阀门定位器的反馈装置为反馈杆带弹簧压紧式，弹簧作用是消除阀位余差和阀位波动。在实际使用过程中由于弹簧一直处于弹性形变过程中，长时间会导致弹簧失去弹性力，弹簧会处于松弛状态。

冷水阀门 TV-26B 使用定位器为带反馈杆。

2.2 事故经过

2006 年 6 月 11 日 5:50，调温水流量计 4002FIC-3 出现波动，聚合外操到现场确认，发现冷水阀 TV-26B 动作与控制室输出不符。并且当冷水阀开度大于 50% 时，阀门就直接开到 100% 位置，造成调温水流量不稳，当时乙烯进料 14.2t/h，反应器温度 88℃基本稳定，仅在正负 2℃内波动，工艺班长立即通知仪表人员及车间领导，在仪表人员检查后，判断短时间内不能解决，通知仪表班长和技术员。

6:35 工艺班长决定停止己烯和氢气进料，保持反应组分。6:55 仪表班长和技术员与工艺技术员到达。9:10 仪表人员更换新定位器并调试完毕，投用准备开车，10:15 注催化剂，反应产率逐步提高到 6.0t/h。

2.3 事故后果

聚乙烯装置停车 4h。

3. 事故处置过程

3.1 事故处置情况

仪表人员到现场检查阀门运行情况，发现冷水阀 TV-26B 阀位有超调现象发生，该阀门需要隔离后调试（维护），告知工艺人员后，反应器停止进料，降低温度，保持组分不变，给仪表人员提供处理时间。

仪表人员首先对阀门进行单试，发现阀位大于 50% 时，阀门的超调量增大，阀位不稳定。检查气源压力正常 0.4MPa，气源管线接头、卡套无泄漏点，气缸无外泄漏点和串气现象；阀门附件过滤减压阀、放大器、电磁阀正常，检查定位器发现反馈杆固定螺丝松动磨损变形，造成阀门阀位不准。

3.2 仪表故障消除情况

检查过程中发现冷水阀 TV-26B 定位器反馈杆固定螺丝松动，使该阀调节不到位。考虑到冷水阀长久运行，对定位器与反馈杆同时更换，消除仪表故障，使阀门正常投运。

4. 原因分析

4.1 直接原因

定位器反馈杆弹簧发生金属疲劳，失去弹性力，反馈杆连接处存在间隙，导致该调节阀在运行调节过程中出现阀位波动大的现象。

4.2 间接原因

（1）生产运行过程中阀门动作频繁，管线振动大。

（2）反馈杆弹簧存在一定的质量问题。

4.3 管理原因

（1）仪表维护人员巡检不到位，未能及时发现仪表控制阀反馈杆的运行异常状况。

（2）仪表管理人员未制定针对关键仪表阀门的定期检查维护记录。

（3）仪表管理人员未建立关键仪表阀门的定期保养制度。

5. 事故整改情况及改进建议

5.1 事故整改情况

（1）对有缺陷的调节阀定位器、反馈杆等附件进行更换，重新调试后阀门正常投运。

（2）定期对事件发生的可能性风险评价分析。

（3）对涉及联锁的重点仪表设备的关键性附件材料进行定期分析，进行金属疲劳试验。

（4）对关键仪表、阀门的日常巡检、维护进行特护管理。

5.2 改进建议

（1）制定关键仪表阀门检查制度，有针对性地对涉及安全联锁等重要仪表阀门列出详细清单，加强维护管理。

（2）针对关键仪表阀门的原理、结构、组成、功能进行学习和研究。

（3）辨别哪些部件在安装、调试、运行过程中最容易出现故障，进行故障预判，加强日常检查与保养。

（4）加强员工仪表基础知识培训，掌握仪表测量原理、组成结构、功能等专业理论，同时在现场检修维护过程中不断提高动手能力，安全、高效地完成检修任务。

6. 事故启示

煤化工企业连续生产，仪表设备在工艺生产自动化控制过程中起着重要的作用，一个小小的定位器反馈杆就能影响整个装置平稳生产，关键设备尤为重要。这就告诫仪表管理人员，在日常检修、维护过程中，必须建立仪表专业重点设备清单，从小事抓起，在工作中应举一反三，关注细节。

作为仪表检修维护人员，必须做到“四懂三会”，即懂仪表原理、懂仪表结构、懂仪表性能、懂仪表用途、会使用仪表、会保养仪表、会排除仪表故障。

聚乙烯装置调温水调节阀故障导致反应器停车

1. 事故单位及事故装置的基本情况

聚乙烯装置是某煤化工公司的一个主要的工艺单元，装置于 2010 年建成投产。引进美国 UNIVATION 公司气相法聚乙烯专利技术，以乙烯为主要原料，丁烯 -1 或己烯 -1 为共聚单体，年产 30 万 t 聚乙烯（颗粒）树脂。

循环气冷却器（E-4002）是一个单程的管壳式换热器，循环气走管程，调温水逆流走壳程。调温水系统是一个控制温度的闭环系统，通过调温水泵（G-4004/G-4005）使得调温水在调温水系统中循环。通过改变调温水冷却器（E-4007A/ B）旁路调温水的温度，控制进入循环气冷却器的调温水的温度；通过调节反应器内温度设定值，从而控制调温水系统调温水阀 TV4002-2A/B 的开度。

2. 事故情况

2.1 事故仪表的基本情况

调温水温度控制回路是一个串级回路，反应器温度通过调节调温水温度来进行控制。调温水温度投串级，反应器温度 TICA4001-26 的输出作为调温水温度设定值；调温水温度控制器根据测量值和设定值的偏差，控制调温水阀 TV4002-2A/B 的开度。调温水系统如图 1 所示。

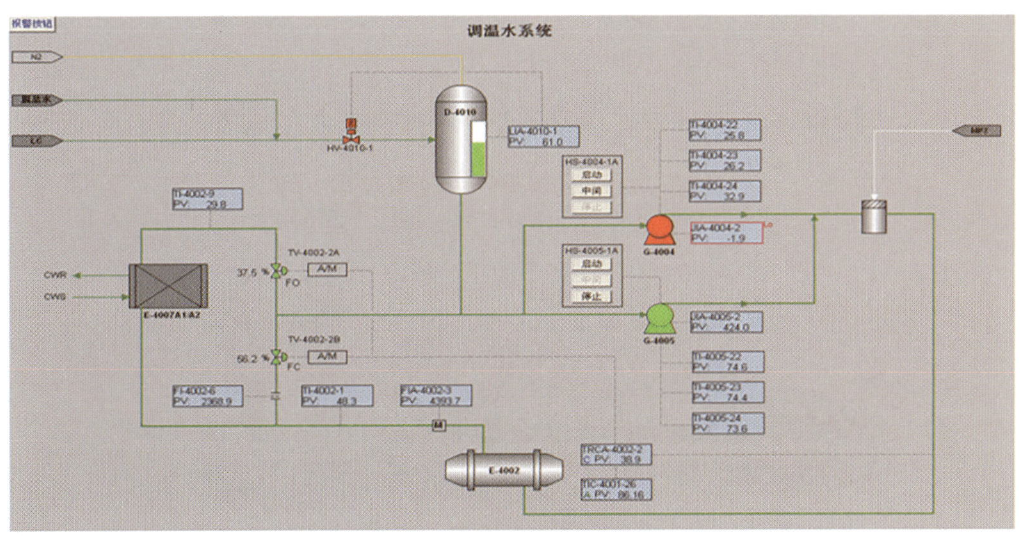

图 1　调温水系统

调温水阀 TV4002-2A/B 属于分程控制，TV4002-2A 是调节冷水的阀门，TV4002-2B 是调节热水的阀门；当其中一台阀门开度关小，另一台阀门开度开大，从而调整调温水温度。分程控制方案如图 2 所示。

TV4002-2A 阀门相关信息如下：

介质为脱盐水，温度 33℃，压力等级 150LB，口径 16″；

阀门类型为偏心旋转阀；

泄漏等级为Ⅳ级；

故障类型为 FO；

阀前阀后压力为 0.295MPa/0.075MPa；

阀门定位器为 Masoneilan；

无手轮、阀门前后配截止阀，无副线。

TV4002-2B 阀门相关信息如下：

介质为脱盐水，温度 47 ～ 87℃，压力等级 150LB，口径 16″；

阀门类型为偏心旋转阀；

泄漏等级为Ⅳ级；

故障类型为 FC；

阀前阀后压力为 0.32MPa/0.075MPa；

阀门定位器为 Masoneilan；

无手轮、阀门前后配截止阀，无副线。

阀门结构示意图，如图 3 所示。

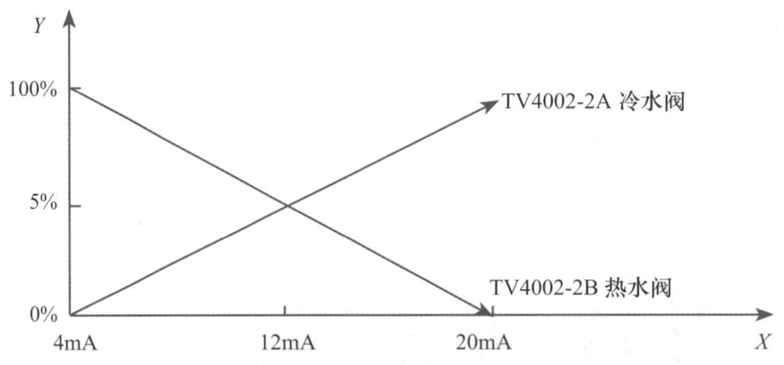

图 2　调温水阀分程控制方案

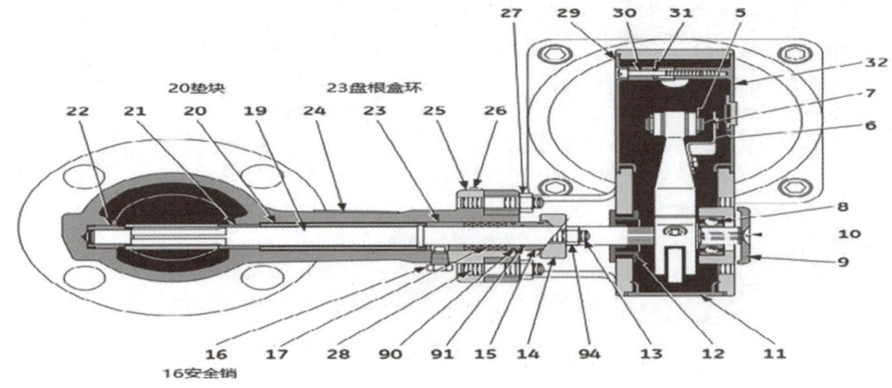

图 3　调温水阀门结构示意图

2.2 事故经过

2022 年 1 月 16 日 14:30 左右，因调温水阀 TV4002-2A 阀杆下沉和拐臂固定销磨损间隙大的问题，导致该阀门不能精确控制，仪表人员在现场和中控工艺人员校对调温水阀阀位，发现阀门实际开度比 DCS 给出的开度指要小 10% ～ 30%，且偏差还不断在变化；调温水温度大幅波动，造成反应器内温度波动并持续上升，反应器温度从 84.4℃上升到 102.2℃；因反应器温度上升速度过快，工艺人员手动执行“Ⅱ型杀死”程序，向反应器内注入 CO 抑制剂，终止反应器内催化剂活性，避免反应器内发生爆聚事故。

2.3 事故后果

调温水阀故障造成反应器和挤压造粒机组全面停车。

3. 事故处置过程

3.1 事故处置情况

反应器停车后，工艺人员对反应器循环气进行循环置换，将 CO 气体置换出来；仪表人员检查调温水阀 TV4002-2A 阀门运行情况，发现以下几个问题。

（1）阀门定位器位置反馈问题

阀门定位器的阀位反馈磁环与阀门定位器之间脱开 5 ～ 6mm，致使反馈磁环与阀门定位器磁感应范围大幅缩小，从而造成调温水阀室内指令与现场开度瞬间出现大偏差，如图 4 所示。

图 4　反馈磁环安装正常位置与脱开位置对比图

（2）阀杆问题

检查阀门阀杆发现出现下沉 5 ～ 6mm 的情况，因阀位反馈磁环是固定在阀杆上，怀疑是阀杆下沉带着阀位反馈磁环下沉，如图 5 所示。

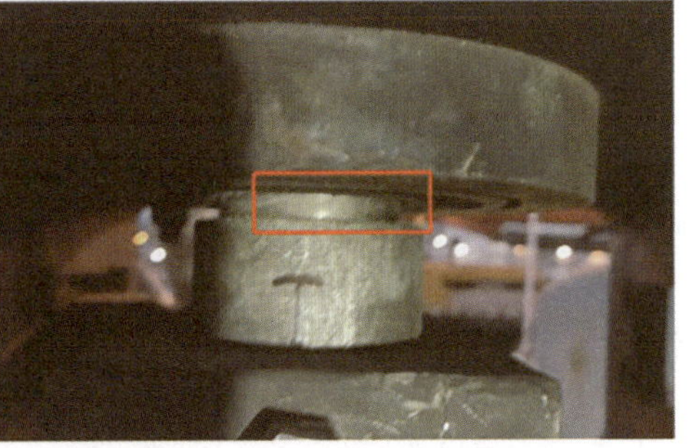

图 5　阀门阀杆下沉情况对比图

（3）阀杆与执行机构连接问题

检查发现阀杆与执行机构连接组件的固定销磨损，阀门在执行开或者关的时候，能明显看见执行机构的阀杆移动，但是阀体阀杆没有移动，经过间隙空挡后，阀杆才开始移动。阀杆固定销如图 6 所示。

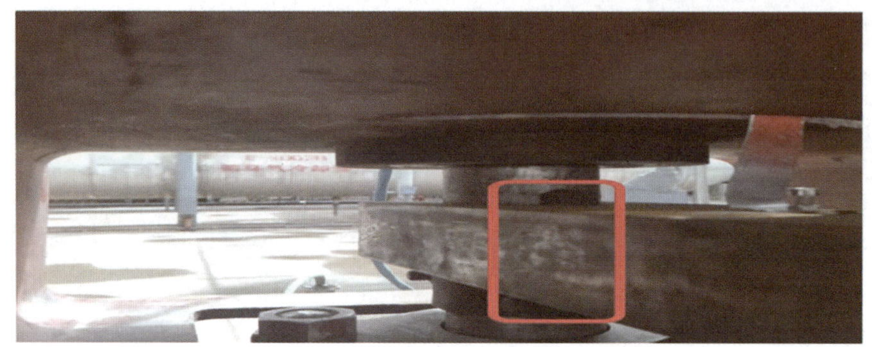

图 6　阀杆与执行机构连接件之间的固定销

3.2 仪表故障消除情况

故障发生时，乙烯储罐液位较高，为保证上游装置安全稳定生产，必须在短时间内快速解决调温水阀故障问题，经与阀门维修单位讨论后，确定进行以下几个方面的维修。

（1）解决阀门阀杆下沉问题

阀门正常工况生产时，管线内压力大约为 0.3MPa，阀杆不存在飞出的可能性，决定在下阀盖内放置调整垫，用于调整阀杆安装位置。打开阀门下阀盖，测量阀杆下沉 6mm，在下阀盖内垫材质为 RPTFE 的垫片（调整垫），回装下阀盖，将阀杆抬升到正常安装位置；耐磨垫如图 7 所示。

图 7　耐磨垫

（2）解决固定销磨损问题

更换新的固定销，调整阀杆与执行机构连接组件的安装水平角度。

（3）解决反馈磁环下沉问题

重新安装反馈磁环，重新整定阀门定位器。

维修后的调温水阀，投入自动控制，阀门开关幅度小于故障前的开关幅度，调温水温控功能恢复正常。

4. 原因分析

4.1 直接原因

经过分析、判断是阀杆盘根盒环（防脱环）的安全销脱开，无法起到固定阀杆防止移动的作用，造成阀杆突然向下移动，阀位反馈磁环也跟着向下移动，最终导致阀门定位器接收到的阀位反馈与控制指令偏差大，工艺人员无法控制该阀门，是本次事故的主要原因。

4.2 间接原因

阀门定位器的反馈磁环是固定在阀杆顶部的，当阀杆下沉时，也导致反馈磁环跟着向下移动，阀门定位器接收到的位置反馈大幅度变化且最终位置也发生改变，控制系统发出的控制指令在阀门定位器上无法精准控制，这是本次事故的间接原因。

4.3 管理原因

在日常维修或大检修过程中，对重要（关键）阀门维修过程管控不到位，维修质量把关不严，是本次事故的管理原因。

5. 事故整改情况及改进建议

5.1 事故整改情况

反应器停车期间，在阀门的下阀盖内放置耐磨调整垫，用于调整阀杆安装高度；更换新的阀杆固定销，牢固固定阀杆与执行机构间的连接件；重新安装反馈磁条并整定阀门定位器，确保控制指令与现场阀位一致。

5.2 改进建议

（1）更换易损件

在日常维修或大检修期间，及时（定期）更换阀门易损件。

（2）预知性维修

对现场每一台控制阀建立台账，记录故障及维修情况。结合阀门类型、故障原因、使用（故障）时间等因素，编制预知检维修计划。

（3）分级管控

根据仪表设备的安装位置、使用功能、故障影响范围、联锁条件、故障频率、在线使用年限等多方面考虑，将仪表设备（现场仪表、控制系统、分析仪表）分为A级、B级、C级三个级别；对分级后的仪表设备进行制度化、标准化管控；同时，提高巡检质量。

① 对A级设备（A类机组、关键设备）要做到逐台检查，要求仪表技术人员和保运班组工程师（班长）对检修质量和检修全过程进行监督、检查、验收；

② 对B级设备（有备用设备，但影响装置生产较大）要做好抽查，要求保运班组工程师和班长对检修质量和检修全过程进行监督、检查、验收签字；

③ 对C级设备，要求班长或作业负责人对检修质量和过程进行监督、检查、验收签字。

6. 事故启示

控制阀作为化工行业重要的仪表设备之一，控制阀运行的“好坏”决定着装置的运行周期。所以对控制阀必须进行预知维护和定期检修，尤其对使用条件恶劣和重要场合的控制阀，更应重视检维修工作，同时，也为装置长周期安全、稳定生产提供保障。

控制阀故障导致氢气管网波动事故

1. 事故单位及事故装置的基本情况

某 PSA 装置主要生产任务是脱除原料气中的 CO_2、CO、N_2、CH_4 等杂质气体，为下游装置提供纯度大于 99.5% 的产品氢气。装置共设置 12 台吸附塔，每台吸附塔设置有 8 台程控阀门，共有 98 台程控阀。

2. 事故情况

2.1 事故仪表的基本情况

气动程控阀位号为 25KV501，气动二位切断式截止阀，单气缸，故障时阀门关闭。压力等级及口径为 ANSI 300LB 4″ RF，阀芯阀座密封为 PEEK + 316SS，阀体为铸钢（WCB）。介质为氢气，38℃，3.2MPa，最大静压差 3.15MPa，全行程时间≤ 3s。该阀门在装置上起到程控切换作用。

气动调节阀位号为 24PV003，介质为热火炬气，30.8℃，3.2MPa，气源故障时阀门关闭。对装置净化气起到压力调节作用。

2.2 事故经过

2021 年 7 月 1 日 18 时 03 分 39 秒，吸附塔 C2501 压力报警，工艺人员通过压力 25PI701 曲线判断程控阀 25KV501 未及时正常开启。

吸附塔 C2505 于 18 时 05 分 21 秒开始进入第六次均升工序。此时 25KV605 与 25KV805 阀门中央控制室画面均显示状态为开，但两台吸附塔并未均压，如图 1、图 2 所示。

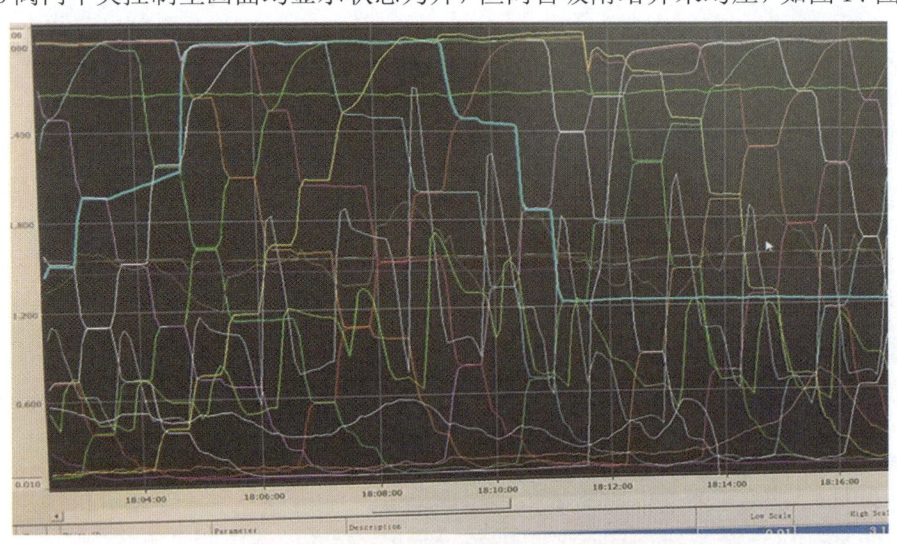

图 1　C2501 吸附塔压力历史趋势

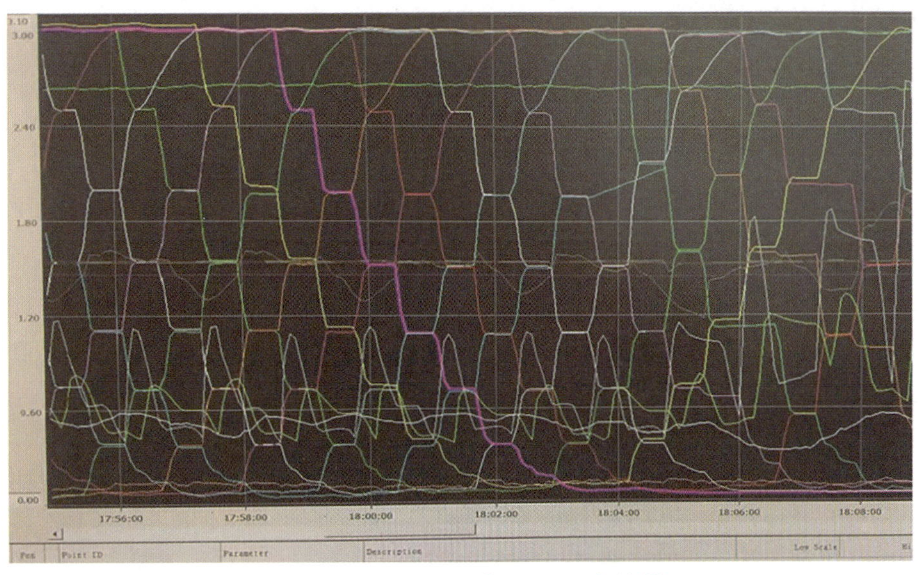

图2 C2505 吸附塔压力历史趋势

为确保装置安全运行，工艺人员于18时08分06秒，将切塔方式由自动改为手动切换，手动将C2505塔切出，18时11分35秒将C2501塔切出。

18时17分，操作人员打开低温甲醇洗放空阀24PV003放空，PSA降负荷运行。24PV003打开过程中，产品氢流量由86000Nm³/h降至45000Nm³/h。工艺人员发现产品氢流量大幅度减小后，将24PV003逐渐关小，18时34分放空阀24PV003全关，产品氢流量有增加趋势，但仍然只有50000Nm³/h左右。工艺人员判断存在异常放空情况，立刻进行详细排查，发现调节阀24PV003处有较大放空声音，判断24PV003阀门无法关闭，外操人员将24PV003前手阀关闭，产品氢流量逐步增加。19时03分，产品氢流量恢复正常，如图3所示。

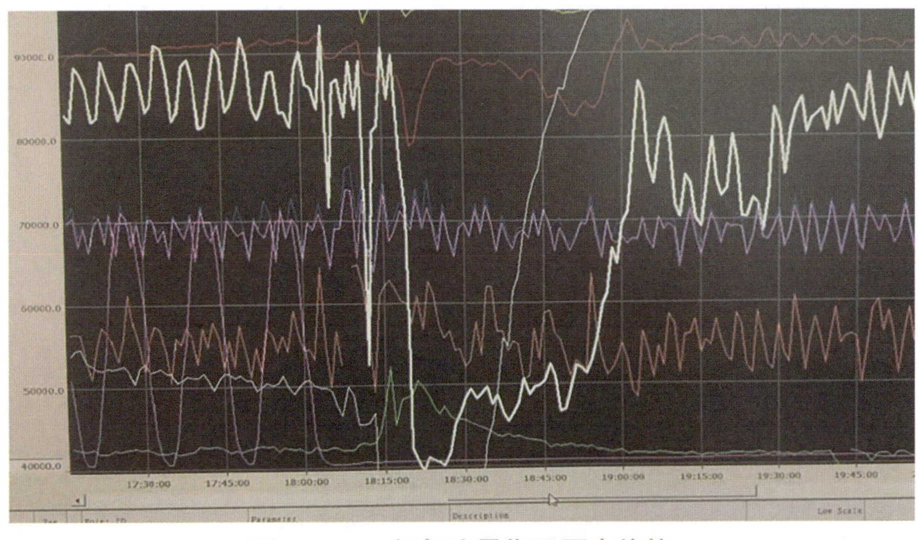

图3 PSA 氢气流量指示历史趋势

2.3 事故后果

由于吸附塔C2501、C2505切出，导致工况发生波动，产品氢纯度AI001由99.56%波动降低至96.88%，产品氢流量由86000Nm^3/h降至45000Nm^3/h。氢气放空约35000Nm^3。

3. 事故处置过程

3.1 事故处置情况

工艺人员随后联系仪表人员检查调校C2501塔、C2505塔程控阀及调节阀24PV003，待PSA系统正常后，对C2505塔程控阀门调试后投用，C2505塔投用正常，C2501塔暂未投用。

3.2 仪表故障消除情况

仪表人员重新调校程控阀25KV501，现场多次动作正常，全行程开关时间小于3s合格。现场检查调节阀24PV003，现场阀门动作正常。

4. 原因分析

4.1 直接原因

从历史曲线分析，程控阀25KV501故障导致C2501压力报警是本次氢气波动的直接原因。

（1）阀门出现卡滞，动作缓慢。

（2）电磁阀滑阀切换缓慢或不到位。

（3）阀芯脱落，导致无法均压。

阀门下线拆解后，未发现阀芯脱落、卡滞现象，阀芯、阀座无明显损伤，阀门动作正常。检查阀门附件，确认是电磁阀滑阀内部有卡涩，导致切换不到位，是本次事故的直接原因。

4.2 间接原因

（1）PSA顺控程序可能存在缺陷

C2501塔异常运行，在处置过程中PSA顺控程序缺陷导致C2505塔出现了压力异常，工艺同时切除C2501和C2505，部分气体放空，导致PSA压力波动。与逻辑设计单位技术人员探讨，目前暂未发现引起上述现象的原因。

（2）24PV003阀门故障

① 阀门为流闭型蝶阀，启动差压大，先期动作慢，小开度流量变化率小，中、大开度调节不呈线性，存在超调现象，阀门实际开度偏大。

② 阀门为故障关，工艺调整输出信号为0%时，阀门依靠弹簧复位，可能存在弹簧性能下降导致阀门未完全关闭的现象。

③ 阀门内件有损伤，关闭后仍有泄漏量。

4.3 管理原因

生产单位未制定低负荷等异常工况下的应急处置预案，班组应急处置经验不足，处置过程中用时较长。

5. 事故整改情况及改进建议

5.1 事故整改情况

（1）大修期间对程控阀 25KV501 进行下线解体检查、维修和调试，改进阀门内件结构及阀芯连接方式，提高可靠性。

（2）针对电磁阀滑阀切换缓慢或滑阀切换不到位采取防范措施：

① 对 PSA 入口仪表风总管的三联组件进行检查维护或更换。

② 在大检修期间对每台电磁阀的排气口安装过滤式消音器，减少粉尘、颗粒物的影响，降低电磁阀故障率。同时考虑更换部分使用年限较长的电磁阀。

（3）咨询软件逻辑单位技术人员，与工艺人员共同分析逻辑、程序存在的漏洞，进行修改，提高操作的可靠性。

（4）大修期间对调节阀 24PV003 进行解体检查、维修，达到六级密封。对执行机构进行保养，同时因阀门为 FC 阀，实际阀门故障时无法在要求时间内使阀门关到位，为解决这一问题，对定位器进行改造，把单作用的定位器更换为双作用的定位器，给关路增加一路气源，增加阀门关闭时的输出，保证了阀门在要求时间内完全关 闭。

5.2 改进建议

（1）制订低负荷等异常工况下的应急处置预案，优化操作流程，加强工艺人员培训，提高应急处置能力。

（2）组织开展 PSA 顺控程序知识培训，加强现场阀门的巡检和定期维护。加强同行业间技术交流，学习借鉴故障处理方法。

6. 事故启示

（1）氢气变压吸附提纯工艺在化工行业中得到广泛应用，遍及全国，其自动化程度高，工艺成熟，性能相对稳定，但需要工艺人员熟悉工艺操作流程，掌握异常工况下的应急处置预案。

（2）PSA 工艺程序、逻辑设计严谨，需要仪表维护人员掌握基本的程序分析与故障查找能力，配合工艺操作人员快速处理顺控异常问题。

（3）PSA 程控阀配置数量较多，且高频次动作，对程控阀的全行程动作时间、填料等部件的密封性、阀门泄漏量、气源质量等方面要求更高，需加强对于阀门各部分（包括阀体、执行机构、各附件、气源）的检查、维护，制订科学、合理、定期的检修计划，延长阀门的无故障使用周期。

脉冲喷吹电磁阀故障造成 2 台气化炉跳车事故

1. 事故单位及事故装置的基本情况

某煤化工企业煤制甲醇项目，采用煤气化制甲醇，主要工艺流程为水煤浆与氧气在气化炉内燃烧，得到粗合成气，经过变换、低温甲醇洗、净化得到满足甲醇合成要求的精制合成气，经甲醇合成装置获得甲醇。

动力装置布袋除尘器，脉冲喷吹电磁阀吹扫气源，采用的是仪表空气。空分装置为全厂提供流量为 3920Nm^3/h，压力为 0.7MPa，无油无尘、露点＜ -50℃的仪表空气。

2. 事故情况

2.1 事故仪表的基本情况

动力装置脉冲喷吹电磁阀（图 1），采用的是韩国进口的脉冲阀，控制方式是电磁阀控制小膜片动作，小膜片动作后，仪表气源再控制大膜片动作，大膜片控制吹扫气对除尘器滤袋进行吹扫。

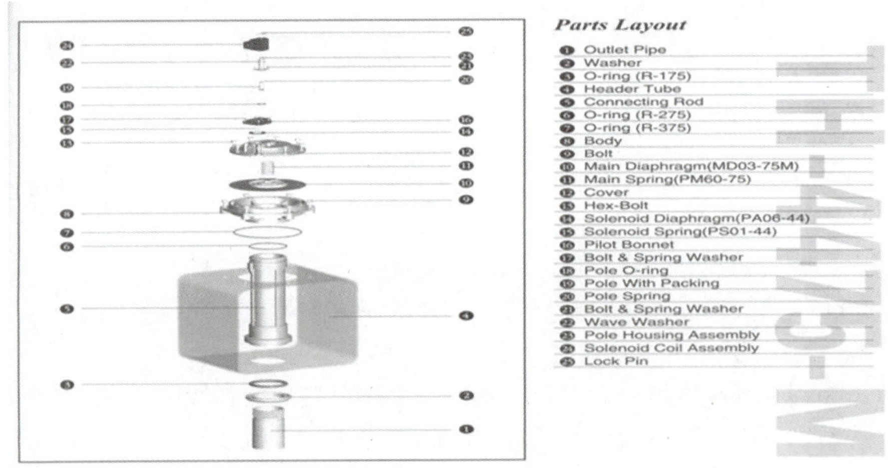

图 1　脉冲喷吹电磁阀结构示意图

2.2 事故经过

2018 年 3 月 5 日 12:55，气化装置运行中的 A、C 炉联锁跳车，气化操作人员发现后迅速对两台气化炉进行停车处理，并汇报调度室及生产运行中心。同时对跳车原因进行排查，发现仪表空气压力 PI6808 低于 0.4MPa 联锁动作，触发气化炉联锁跳车。12:56 动力装置班长接调度系统跳车通知后，紧急增加锅炉负荷，同时组织班组对运行的 2 号、3 号除尘器吹灰系统进行检查，发现 3 号锅炉西南角 2 号脉冲喷吹电磁阀故障漏气，现场立即关闭手阀隔离，并将情况反馈给调度室。随后调度人员通知空分人员立即对仪表空气管网补气，仪表气管网压力开始回升，于13:07恢复至正常压力0.7MPa。事后调阅运行记录发现，12:36动力装置3号锅炉除尘器滤袋喷吹结束后，电磁阀故障未能关闭，致大量仪表空气（正常工作压力0.7MPa）通过该电磁阀喷入除尘器，造成仪表空气管网压力持续下降，12:55仪表空气总管压力降至0.4MPa（图2）。

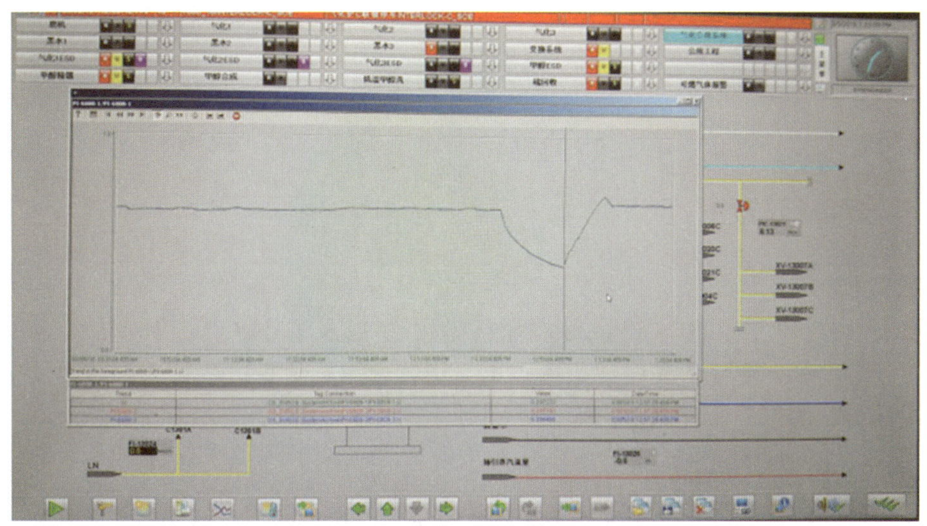

图2　仪表空气总管压力

2.3 事故后果

此次事故，造成气化装置运行中的两台气化炉联锁跳车，连续生产被迫中断。

3. 事故处置过程

3.1 事故处置情况

事故发生后，气化装置紧急进行停车处理，查明事故原因后，再次组织系统开车。

3.2 仪表故障消除情况

仪表专业人员紧急检查脉冲喷吹电磁阀故障原因，发现电磁阀膜片变形，造成气路无法正常受控，后紧急对其进行了更换。仪表专业人员对锅炉除尘器吹灰电磁阀控制系统，电磁阀膜片进行了全面排查。

4. 原因分析

4.1 直接原因

3号锅炉除尘器滤袋喷吹结束后，吹灰电磁阀故障未能关闭，仪表空气较长时间大量泄漏，致使仪表空气管网压力持续降低，触发气化炉联锁是造成气化双炉跳车的直接原因。

4.2 间接原因

（1）空分装置当班操作人员，当班期间未能及时发现重要工艺指标异常，未按照操作法要求及时调整本岗位仪表空气压力，导致仪表空气压力持续下降，是造成本次事故的间接原因。

（2）气化当班操作人员，未按 DCS 监盘要求对公用工程画面查看，未及时发现仪表空气压力异常，致使两台气化炉因仪表空气压力降低至 0.4MPa 联锁跳车，是造成本次事故的间接原因。

（3）动力装置当班操作人员，在 3 号锅炉除尘器滤袋喷吹结束后，未按照操作法要求对系统进行检查，未及时发现吹灰电磁阀故障，导致仪表空气压力持续下降，是造成本次事故的间接原因。

4.3 管理原因

仪表维护人员日常巡检、定期检查维护、隐患排查治理工作不到位。

5. 事故整改情况及改进建议

5.1 事故整改情况

（1）各装置对操作法中装置岗位间的紧密联系情况不够熟悉，不能有效处理突发情况。各岗位组织员工对任务和职责范围需重新进行学习，使每一位员工都熟知装置的生产任务，了解本装置与上下游装置的关系，明确各岗位的职责范围及权限。

（2）生产运行中心加强对中控操作人员的管理。要求规范中控操作人员在当班期间加强关键参数的监控。

（3）对本次事故组织全员学习。按照事故处理“四不放过”原则，要求中心全员讨论学习，制定相应的事故预防措施，避免类似事故再次发生。

（4）仪表专业人员加强对脉冲喷吹电磁阀维护及应急处理。编制维护培训资料，确保仪表维护人员具备熟练掌握电磁阀维护及应急处理能力，定期开展维护工作。

5.2 改进建议

（1）仪表专业人员对锅炉除尘器吹灰电磁阀控制系统，电磁阀膜片进行全面排查，发现问题及时进行处理或更换。

（2）对所有装置声光报警投用情况进行排查，确保声光报警系统投用正常，发挥声光报警的预警作用。

（3）对于锅炉除尘器喷吹气源由仪表空气改为工厂空气，消除因喷吹电磁阀故障而引起仪表空气管网的大幅波动。

6. 事故启示

（1）化工生产各环节紧密相连，一处小小的问题都可能造成装置的大波动，要求各专业人员要善于发现各职责范围内的各项问题，及时消除事故隐患。

（2）制定公司级工艺指标的防范管控措施，并进行全员培训。

（3）生产应急管理方面，工艺、设备、技术定期组织开展专业应急演练，演练实施要有计划，并突出重点。

（4）加强操作人员风险意识培养，强化对公用参数的认知，开展装置内工艺指标、生产设备问题的交流培训、岗位人员的交流学习，使操作人员熟悉各岗位相互关联。

（5）仪表维护人员应加强预防维护意识，分析脉冲喷吹电磁阀经常存在的问题、使用寿命等相关情况，加强对关键仪表设备维护工作，保障仪表控制可靠。

煤浆循环阀故障导致气化炉连投失败的事故

1. 事故单位及事故装置的基本情况

某企业为煤间接液化项目，主要工艺流程为：水煤浆与氧气在气化装置加压气化得到粗合成气，经净化、合成、油品精制装置，生产出石脑油。

气化装置采用多喷嘴对置式水煤浆加压气化工艺，以水煤浆和纯氧为原料，采用气流床反应器，在高温（1300℃）、高压（4.0MPa）、非催化条件下进行部分氧化反应，生成以一氧化碳和氢气为有效成分的粗合成气。煤浆循环阀选用某国产厂家生产的硬密封球阀，执行机构选用某进口品牌拨叉式单作用产品，于 2015 年 7 月投入使用。

2. 事故情况

2.1 事故仪表的基本情况

煤浆循环阀选用某国产厂家生产的硬密封球阀，执行机构选用某进口品牌拨叉式单作用产品，该阀门用于气化炉开车过程中建立煤浆流量，投料成功后关闭。多喷嘴对置式水煤浆加压工艺为四喷嘴结构，对置的两个烧嘴为一对，当一对烧嘴跳车后再投运时，在另一对烧嘴运行情况下进行带压连投（见图 1）。6 号气化炉在连投过程中，D 号煤浆循环阀多次未按时关闭，导致连投失败。

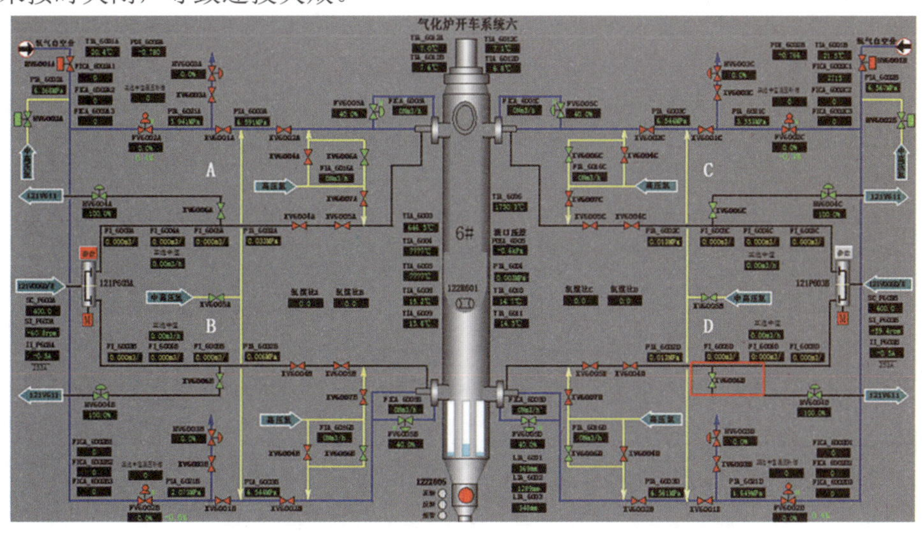

图 1　多喷嘴对置式水煤浆气化炉开车画面

2.2 事故经过

2021 年 10 月 31 日 17 时 27 分，6 号气化炉系统开始连投，17 时 27 分 58 秒，D 号煤浆循环阀开始动作，17 时 28 分 53 秒，阀门关闭，连投超时失败（见图 2）。17 时 58 分，仪表维护人员到现场进行处理，手动强制电磁阀动作 3 次后，阀门开关动作时间在 3s 以内，满足联锁时间要求。

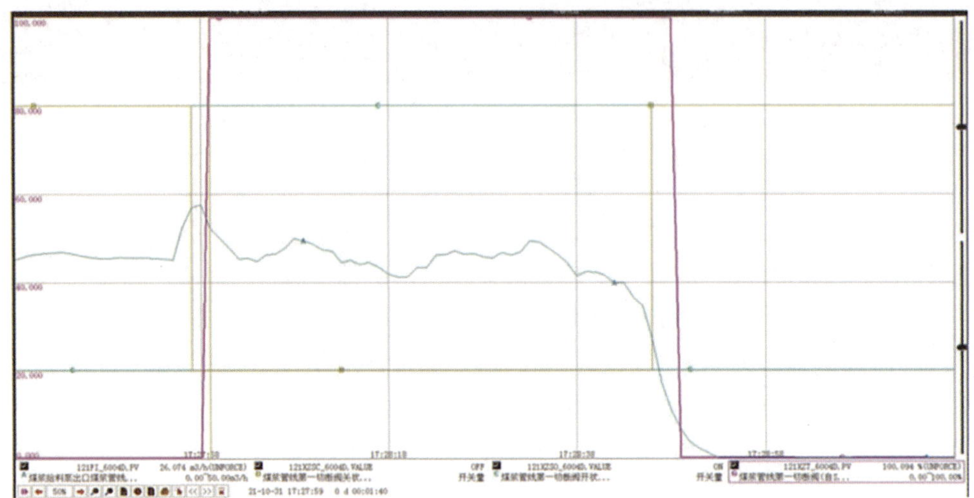

图 2　第一次连投失败阀门反馈趋势图

21 时 35 分，6 号气化炉系统再次连投，21 时 35 分 38 秒，D 号煤浆循环阀开始动作，21 时 36 分 11 秒阀门关闭，连投再次超时失败。21 时 48 分，仪表维护人员到现场再次进行处理，手动强制电磁阀动作多次后，阀门开关动作时间在 3s 以内，之后又多次进行强制动作，均满足联锁时间要求（见图 3）。

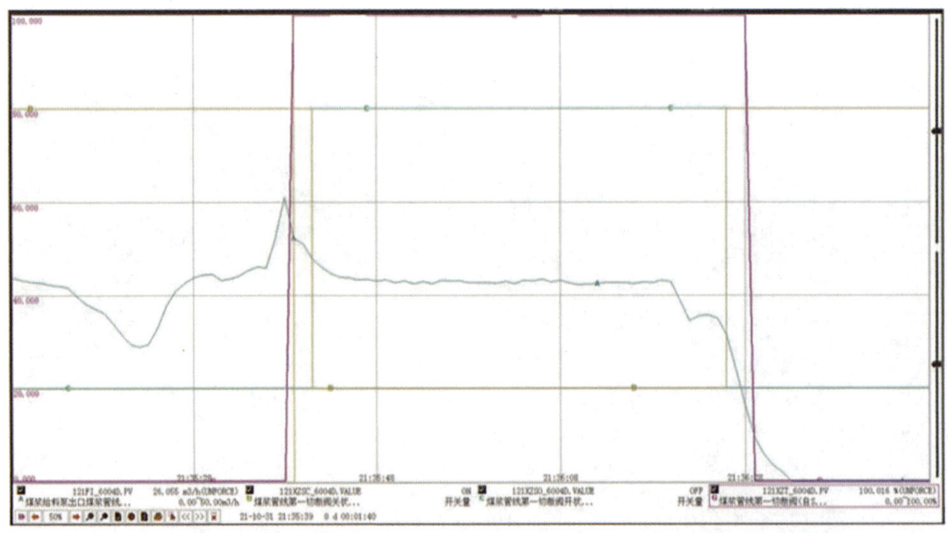

图 3　第 2 次连投失败阀门反馈趋势图

22 时 45 分，6 号气化炉系统第三次连投，D 号煤浆循环阀动作正常，系统连投成功投入运行（见图 4）。

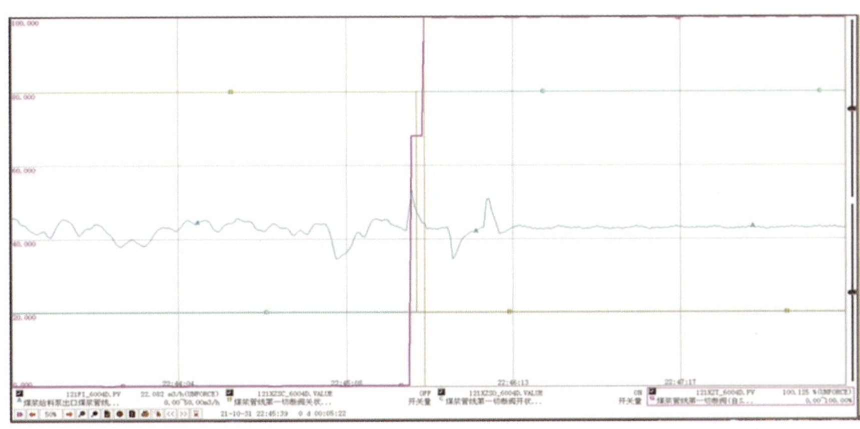

图 4　第 3 次连投成功阀门反馈趋势图

2.3 事故后果

事故造成气化炉开车延误超过 5h，同时在气化炉运行状态下进行多次带压连投，存在较大的安全风险。

3. 事故处置过程

3.1 事故处置情况

气化炉连投成功后，逐步加量恢复生产系统（见图 5）。

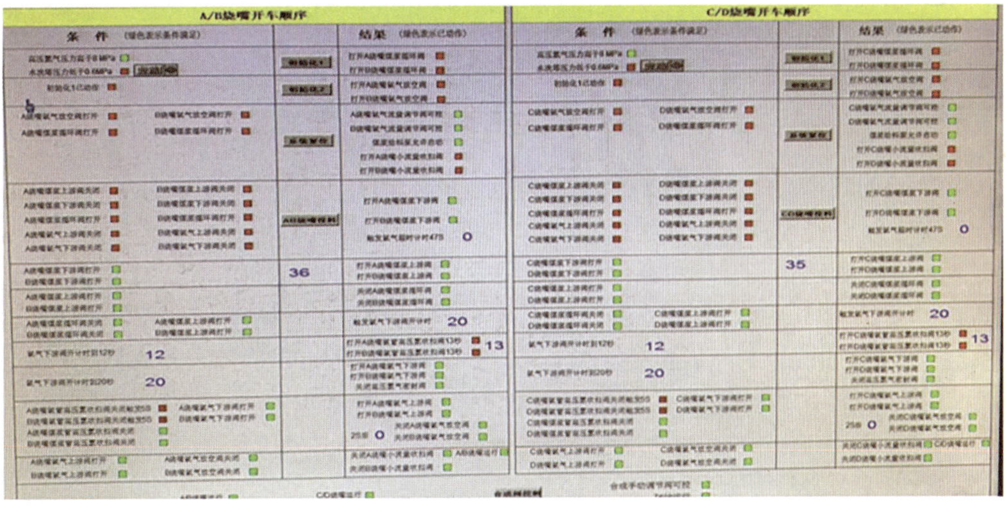

图 5　气化炉开车顺控画面

3.2 仪表故障消除情况

煤浆循环阀关延迟故障发生后，仪表维护人员判断管道内的水煤浆因环境温度较低在阀腔内凝固所致，用蒸汽对阀体进行了不间断加热，同时将填料螺栓、阀体螺栓进行了拧松处理，利用电磁阀的手动按钮进行多次动作，阀门卡涩现象逐渐缓和直至消除。

4. 原因分析

4.1 直接原因

D 号煤浆循环阀在两次系统连投过程中关闭速度缓慢，触发阀门未关闭联锁，导致连投失败，是本次事故的直接原因。

4.2 间接原因

（1）煤浆循环阀设计为双向密封机构，阀座采用板簧加载，并在弹簧两侧采用柔性石墨圈进行防护。但在系统长时间运行后，该防护老化失效，导致煤浆进入阀座弹簧腔内，长时间凝固后造成弹簧失效，增加了阀球动作的扭矩。冬天气温低时，凝固现象更加明显，出现卡涩现象的次数也增多

（2）煤浆循环阀选用的执行机构型号为 G01112-SR2 CW。通过查看选型样本，执行机构弹簧开始力矩（最大输出力矩）为 1754N • m，最小输出力矩为 851N • m（见表 1），现场实际供气压力已达 0.7MPa，其输出力矩为 4145N • m。

型号	弹簧力矩（Nm）	工作压力（Bar）								
		3	3.5	4	5	5.5	6	7	8	
		输出力矩（Nm）								
G01112-SR2	开始	1754	846	1259	1671	2496	2908	3321	4145	4970
	最小	851	360	579	796	1235	1453	1671	2106	2541
	结束	1473	535	948	1360	2185	2597	3010	3835	4659

表 1　执行机构选型样本力矩表

但根据阀门厂家提供的扭矩计算书，煤浆循环阀出厂时的最大扭矩为 1750N • m（见表 2），若加上煤浆进入弹簧腔后增加的扭矩，则执行机构弹簧输出力矩无法满足关闭要求，这也是为什么开阀动作正常，关阀缓慢的原因。

位号	型号	规格	计算最大扭矩（N·m）	0.45MPa 气源压力气动执行机构最大输出扭矩（N · m）	0.70MPa 气源压力气动执行机构最大输出扭矩（N · m）	阀杆最大许用扭矩（N · m）
121XV-1006A	QA647Y-600LB	4"	1750	2083	3125	6543

表 2　阀门扭矩计算书

4.3 管理原因

（1）煤浆循环阀关不到位故障以前出现过多次，未进行深入问题分析，误认为阀腔或阀体弹簧腔内的水因无法彻底清理，冬天气温较低时内部冻住，为阀门动作不畅的主要原因。

（2）煤浆循环阀在技术协议签订过程中，未认真审核执行机构与阀门动作扭矩之间的关系，在运行一段时间后，阀门动作扭矩增大，最终导致阀门动作不畅。

5. 事故整改情况及改进建议

5.1 事故整改情况

因为煤浆循环阀只用于气化炉开、停车过程中，动作频次非常低，且在以前对阀门下线拆检后未发现阀座、阀球出现拉伤等现象，特在执行机构气缸关阀侧增加一路气源，与弹簧力一起作用关阀动作。新增加的气控阀为二位三通结构，为避免关闭阀门过快，选用1/2 英寸接口，反作用控制，即在电磁阀失电时气控阀主气路通（见图 6）。

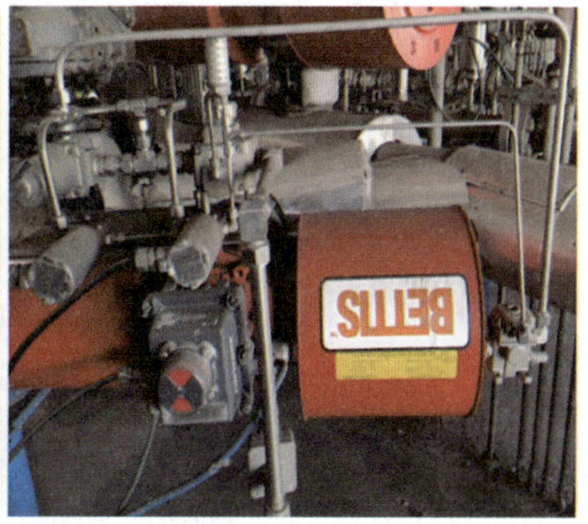

图 6　气路改造前后对比

5.2 改进建议

（1）在技术协议签订时，一定要对厂家提供的阀门各类计算书进行审核，确保数据的准确性。

（2）在高频次出现类似故障时，应进行深入分析，形成正确可行的故障分析报告，安全、可靠、彻底地解决问题。

（3）气化装置上氧阀、煤浆阀的阀位开关为开、关、模拟量反馈三合一集成设置，其是否正常指示关系着整个气化炉的安全运行，应在气化炉停车后进行开盖检查内部的机械连接、接线端子等。

6. 事故启示

气化装置作为煤化工企业的产品源头，重要程度不言而喻。同样，用于控制氧气、煤浆的仪控阀门对气化装置的安全稳定运行也至关重要，全部参与气化炉的 SIS 联锁，既要保证气化炉顺利开车，也要保证气化炉顺利停车，所以在出现故障时，一定要认真分析处理，容不得一点马虎。

气化炉氧气切断阀反馈故障造成联锁停车事故

1. 事故单位及事故装置的基本情况

某煤化工企业为煤制甲醇项目，采用水煤浆气化工艺，气化炉设计压力6.4MPa，煤浆和氧气通过烧嘴进入气化炉燃烧生成粗合成气。烧嘴分煤浆进料管线和氧气进料管线，煤浆、氧气管线上均设置切断阀联锁停炉。

2. 事故情况

2.1 事故经过

2017 年 5 月 12 日 16 时 55 分，气化 A 炉因氧气第一切断阀 XV1301A 阀门反馈故障（阀门反馈故障导致阀门开反馈消失、阀门位置变送器输出故障）造成 A 炉联锁跳车，如图 1（红圈中的阀门）所示。

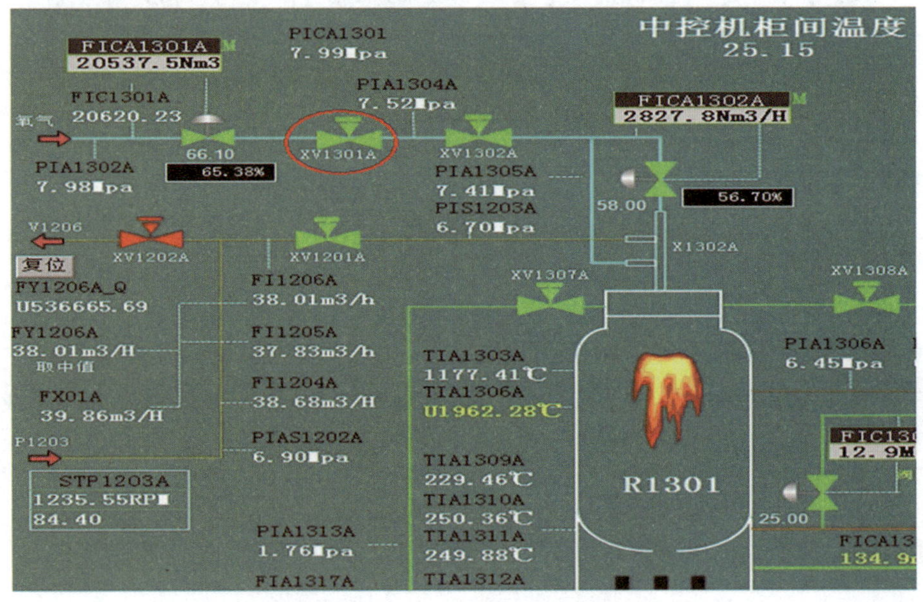

图 1　气化炉氧气第一切断阀

2.2 事故后果

本次气化 A 炉停炉造成合成气量减半，后工段合成减量生产，余热发电机停机，经济损失近百万元。

3. 事故处置过程

3.1 事故处置情况

停炉后，查看紧急停车系统 SOE 第一事故报警为氧气第一切断阀关闭，仪表人员立即到现场检查氧气切断阀，发现阀门气源、电磁阀均正常，检查阀门反馈发现反馈变送器黑屏处于故障状态，测量变送器电源 24VDC 供电正常，电路板上位置开关正常，可调电阻正常，更换液晶显示面板依然黑屏，初步判断电路板上电源部分故障，造成阀门反馈误判联锁停炉。气化炉氧气第一切断阀联锁停炉逻辑（图 2）。

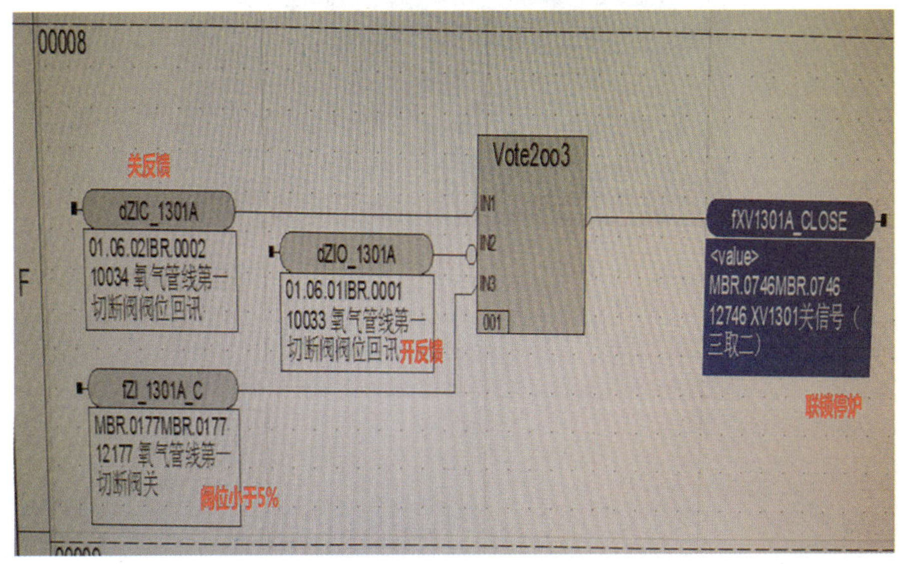

图 2　氧气第一切断阀联锁停炉逻辑图

氧气第一切断阀设计采用反馈三取二判断阀门关闭联锁停炉，故没有人关注该部分可能会误动作造成停车。氧气切断阀为某知名品牌氧气阀，厂家自带反馈（图 3），反馈开关量检测为接近式感应开关，模拟量反馈检测为阀门气缸旋转带动可调电阻经电路板转换为 4 ～ 20mA 信号，这三部分设计在一块电路板上，用一路 24VDC 电源供电。当电源丢失或电路板故障时会造成开反馈信号丢失，模拟量反馈为 0%，造成误判断阀门关闭。

3.2 仪表故障消除情况

仪表人员立即更换位置变送器，经反复调试后阀门动作正常，反馈显示正常。

4. 原因分析

4.1 直接原因

氧气第一切断阀 XV1301A 阀门反馈电路板上电源部分故障，造成开反馈信号丢失，模拟量反馈为 0%，ESD 判断阀门关闭，联锁停炉。

4.2 间接原因

位置变送器的选型存在共因失效，由于位置变送器公用电路板上电源部分故障引起开关信号和模拟量信号同时失效，系统误判，联锁停炉。

图 3　位置变送器实物

4.3 管理原因

仪表部门进行过多次隐患排查，特别是针对联锁停车的信号，仪表联锁的可用性，可靠性是排查的重点，但是排查中对设计三取二等联锁没有一一排查，尤其是现场仪表应独立设置没有排查到位。

5. 事故整改情况及改进建议

5.1 事故整改情况

根据事故原因排查所有现场阀门位置反馈，发现同类型的还有 5 台，在停车机会全部都进行了更换，更换的反馈开关量和模拟量分置不同电路，运行 4 年再没有出现过类似故障。

5.2 改进建议

（1）在仪表设计选型时参与联锁的仪表尽量避免几组参数一体化的测量仪表。

（2）选择了一体化仪表且仪表几组参数都参与联锁的仪表，如位置变送器、温度振动一体化变送器、压力温度一体化变送器等，要特别关注存在共因失效的可能性。注意分析仪表内部结构，是否存在共用部分故障造成两个检测同时失效的可能性。

（3）成立专项小组对现场参与联锁的一体化仪表进行排查，确认是否存在共因失效的可能性，及时进行技改消除隐患。

6. 事故启示

煤化工装置联锁停车信号繁多，为了使联锁可用、可靠、不会发生误判，设计院均设计了如三取二、四取三等逻辑判断，仪表人员在工作中容易疏忽排查现场仪表设计是否独立，可能运行几年都没有问题，一旦故障造成事故停车则损失巨大。所以现场仪表元件是否独立设计是我们检查的重点，否则设计院的设计将不能达到效果。同时，发生事故后我们必须做到举一反三，防止类似事故再次发生，为装置安稳长满优运行保驾护航。

锁斗冲洗水阀故障造成气化炉降负荷事件

1. 事故单位及事故装置的基本情况

某公司水煤浆气化装置以煤为生产原料，煤与氧气、水在高温高压下进行气化反应生成粗合成气，并送粗合成气至变换、净化装置处理。装置采用美国GE公司水煤浆气化技术，于2010年开始建设，2014年1月17日投产，设计气化炉3台，两开一备。

锁斗冲洗水阀是气化炉锁斗系统的重要阀门，每30min动作冲洗一次，阀门采用进口福斯ARGUS硬密封金属球阀。

2. 事故情况

2.1 事故仪表的基本情况

KV-021313B是锁斗系统冲洗水阀（图1），阀门采用进口福斯ARGUS硬密封金属球阀，执行机构采用拨叉结构，执行机构为双作用并单独配置储气罐，故障位置为FC，阀体公称通径为DN300，工艺介质为反应后煤渣，操作温度270℃，阀前压力为6.7MPa。

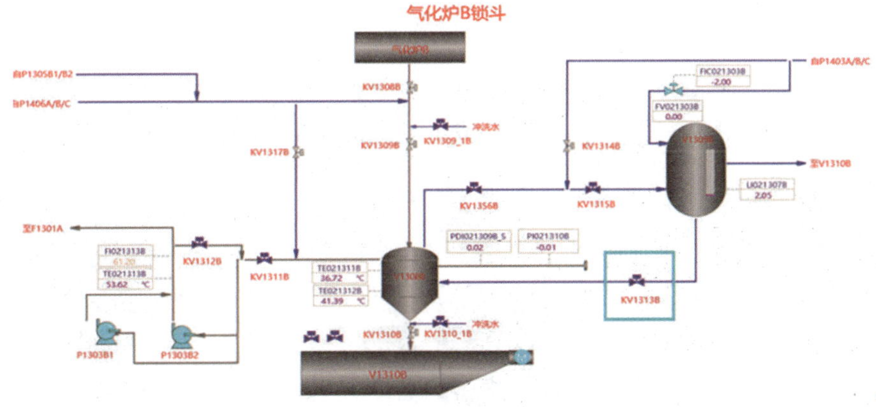

图1　气化锁斗系统

2.2 事故经过

2020年7月2日19时11分，电气仪表中心接甲醇运行部通知，甲醇气化装置B套KV-021313B阀门无法关闭，仪表维护人员办理作业票后赶赴现场查看，检查阀门两个电磁阀均在失电状态，用气源管直接连接阀门气缸通气，阀门依然不动作。

20时30分，气化B套降负荷至40%运行，仪表人员打开执行机构端盖，检查发现执行机构拨叉中连接推杆的滑块螺纹丝扣损伤，导致滑块与连杆脱落，造成阀门无法关闭，紧急联系检修单位对滑块螺纹处与连杆丝扣处进行焊接，7月3日0时36分焊接完毕，阀门动作正常，交付工艺使用。

2.3 事故后果

气化炉降负荷至 40% 运行近 4h。

3. 事故处置过程

3.1 事故处置情况

事故发生后仪表人员采取紧急措施用气源管直接连接阀门气缸通气，但阀门依然不动作，判断故障情况较为严重，并及时与工艺沟通将气化炉降负荷至 40% 运行以延长收、排渣时间。仪表人员打开执行机构端盖，检查发现执行机构拨叉中连接推杆的滑块螺纹丝扣损伤，导致滑块与连杆脱落，造成阀门无法关闭，紧急联系检修单位对滑块螺纹处与连杆丝扣处进行焊接，7 月 3 日 0 时 36 分焊接完毕，阀门动作正常，负荷恢复正常。

3.2 仪表故障消除情况

为保证生产正常运行，检修人员临时对执行机构拨叉中连接推杆的滑块螺纹处与连杆进行焊接，调试阀门动作正常，交付工艺投用。待倒炉时更换执行机构滑块和连杆。

4. 原因分析

4.1 直接原因

阀门 KV-021313B 执行机构拨叉中连接推杆的滑块螺纹丝扣损伤，导致与连杆脱落，是阀门无法关闭的直接原因（图 2）。

图 2　滑块螺纹损伤脱落

4.2 间接原因

检查发现，该阀门工艺管线频繁振动，并且该阀门已上线连续运行 2 年，工艺管线振动传导至执行机构，判断由于长期频繁振动导致执行机构拨叉中连接推杆的滑块螺纹丝扣损伤，从而造成连杆脱落，阀门无法动作。

4.3 管理原因

（1）维护经验不足，未能识别到工艺管线振动对执行机构各连接部件可能造成损坏的风险。

（2）对装置关键重要阀门管控不到位，停炉期间对执行机构拨叉及各连接组件未做检查。

5. 事故整改情况及改进建议

5.1 事故整改情况

（1）组织阀门检修人员对 12 台福斯锁斗阀的执行机构进行了在线检查。

（2）吸取经验教训，制定了阀门周期检查项目清单。

（3）积极做好阀门检维修记录，结合现场故障情况，开展合理有效的周期性预防性检修。

（4）对振动管线增加了支撑，减少振动。

5.2 改进建议

（1）加强阀门的全过程管理，从日常运行维护、检维修周期和质量以及备件储备角度合理管控阀门的生命周期。阀门以三个运行周期为基准，开展预防性检维修，在运行周期内利用倒炉时间检查 1 次执行机构。

（2）关键阀门应做好应急预案，确保阀门在故障状态下能及时恢复，保障装置正常生产。

（3）贯彻落实好设备完整性体系定时性事务工作，确保阀门完好备用、可靠运行。

6. 事故启示

总结各装置阀门运行特点，制定完善的检查维护项目清单，适时开展预防性维修，进口阀门在运行 7 ～ 8 年后除阀体外，重点要检查执行机构的完好情况，必要时更换气缸密封组件、拨叉等组件，及时消除设备潜在的故障隐患。

锁灰阀卡涩导致气化炉停车事故

1. 事故单位及事故装置的基本情况

某煤化工企业为煤制烯烃项目，采用煤气化制甲醇、甲醇合成烯烃（MTP）、烯烃聚合工艺生产聚乙烯和聚丙烯产品。主要工艺流程为：煤粉加压经气体输送与氧气在气化装置不充分燃烧得到粗合成气，经变换、低温甲醇洗净化得到满足甲醇合成要求的精制合成气，经甲醇合成装置获得精甲醇，精甲醇经过 MTP 装置生产聚合物级丙烯，最终聚合反应后产品为均聚物、无规共聚物和抗冲共聚物。

2. 事故情况

2.1 事故仪表的基本情况

气化装置锁灰阀 115XV0006 是双盘阀，在灰线流程中，起着至关重要的作用，一旦出现故障无法动作，就会导致生产波动或停车事故，影响装置的长周期稳定运行。鉴于双盘阀的重要性，公司制度规定，阀门下线外委维修后，上线运行保质期为 180 天。

2.2 事故经过

2021 年 2 月 7 日 11 时 40 分，工艺人员通知仪表维护人员气化装置 15 单元锁灰阀 115XV0006 未全开，下灰缓慢。仪表维护人员现场检查发现阀门 115XV0006 只开一个小开度，约 25% 阀位。随即仪表维护人员联系操作台人员反复动作阀门，在动作过程中发现阀门控制气路切换正常，关的时候很顺畅，开的时候每次只能开到 25% 阀位。仪表维护人员初步分析可能是积灰引起的卡涩开关不到位，联系工艺人员投入阀体吹扫气，0.5h 后，再次动作阀门仍只能开 25% 阀位。根据以上情况，仪表管理人员安排将执行机构与阀体脱开，单独试验执行机构，结果执行机构动作正常。最后联系机务专业人员挂倒链，借助外力将阀门打开。17 点 30 分，用 3t 倒链的拉力和气动执行机构的推力共同作用下，阀体被拉开到 35% 左右开度，但盘阀执行机构的连接臂变形，并在连接处断裂。

1 号气化炉被迫停车检修、更换备用阀，气密合格组织开车。

2.3 事故后果

此次事故造成 1 号气化炉停车 8h，直接经济损失约 46 万元。

3. 事故处置过程

更换备用阀，气密及调试合格后，投入运行，随后气化装置点火，6 条烧嘴全部投入使用。

4. 原因分析

4.1 直接原因

盘阀在外委维修过程中，存在阀座固定销钉数量少，只有三颗螺钉，并且固定不牢固，使得阀门在反复动作过程中出现固定销钉脱落，造成阀座跳槽脱落。阀座在重力作用下脱落掉到阀盘与阀腔之间（图 1），导致锁灰阀 115XV0006 卡涩严重，阀门开度只能达到 25%。在外力作用下仍无法达到全开，并且造成阀座被挤压变形更加严重，直接影响系统下料，是本次事故的直接原因。

图 1　阀座变形图片

4.2 间接原因

（1）外委大修的盘阀，维修厂家专业能力不强，设计缺陷未及时发现，大修过程未更换易损的定位螺钉；未派专业工程师参加监造，整个维修过程过于依赖维修厂家。

（2）定位失效

管理人员及维护人员缺乏对阀门结构的掌握，对重要阀门的预判故障能力不足，认为是阀内卡涩异物，判断失误，同意用倒链强制拉开阀门，导致脱落阀座严重变形。

4.3 管理原因

（1）对外委维修单位维修过程把关不严，验收程序流于形式，标准不够，是本次事故的管理原因。

（2）重要阀门管理重视程度不够，检修前期对外委维修单位的资质调研不充分、不深入，对阀门维修质量把关不严。

5. 事故整改情况及改进建议

5.1 事故整改情况

（1）提升安全生产管理、深刻吸取同类型事故教训。全面梳理、深入排查可能导致非停的阀门风险隐患清单，对排查出的问题制订整改计划，明确责任人按期整改，确保阀门可靠，动作正确。

（2）加强重要阀门的可靠性分析，利用停车检修期间，定期对阀门进行调试试验，确保提早发现异常，杜绝同类事件发生。

5.2 改进建议

（1）完善工艺操作规程，提高工艺人员的操作水平，加强工艺人员的培训工作并定期检查，让操作人员熟知阀门使用注意事项，对重要设备故障做好应急预案。

（2）提高仪表维护人员的专业水平，定期外出或厂内培训阀门结构知识和阀门关键验收点注意事项。

（3）严格审查外委维修单位的资质，多了解外委维修单位的客户评价，避免资质不完善的单位中标。维保单位招标效果以及人员面试存在待改善的空间，对于发生故障直接造成停机的重要设备，要在合同中明确规定质保期内发生问题的相关赔偿。

（4）外委维修阀门，特别是涉及装置的重要阀门，要安排专业人员到维修单位监造，发现问题第一时间解决。

6. 事故启示

仪表阀门在设备运行过程中起关键作用，仪表专业人员必须重视其设计、安装、维护、检修等各个环节，同时加强自身技能水平的提高，准确掌握阀门运行情况。在检修中，加强对外委维修单位的前期调研，把好源头关，严格按照检修规程，认真落实检查维修与质量验收的各个环节、各个质量控制点，加强维修过程与质量验收的管控。避免因阀门原因引起事故对企业造成重大损失。

污氮放空阀定位器故障造成系统减负荷事故

1. 事故单位及事故装置的基本情况

某煤化工企业成立于 2006 年 3 月，注册资本为 23 亿元，主要生产混合烯烃、费托重烃、费托蜡、费托精制蜡、液化石油气等产品。于 2009 年 3 月投产。装置配置两套锅炉，1 套空分，3 套气化炉，1 套净化系统，1 套反应器及油品加工装置。

发生事故装置名称：空分装置。设计生产能力为 $52000Nm^3/h$，氮气 $20000Nm^3/h$，液氮 $1000Nm^3/h$，液氧 $800Nm^3/h$。装置采用了分子筛净化、增压透平膨胀机制冷、液氧内压缩流程。

2. 事故情况

2.1 事故仪表的基本情况

位号：PV213；污氮放空阀，该阀主要作用是在分子筛并行时将污氮气进行放空，在分子筛加热和冷吹时通过调节该阀来稳定上塔的压力。

简要流程图（图 1）。

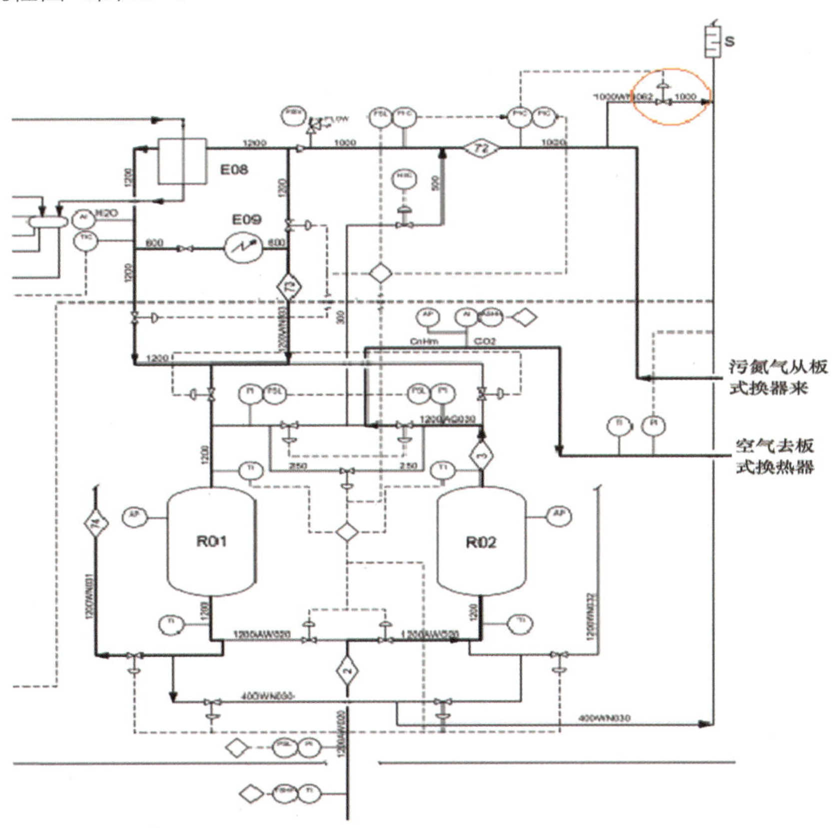

图 1　简要流程图

设备情况：口径为650mm；压力等级为150LB；阀型为碟阀；执行机构为单作用拨叉式气缸；定位器厂家为西门子定位器。其控制气路图见图2。

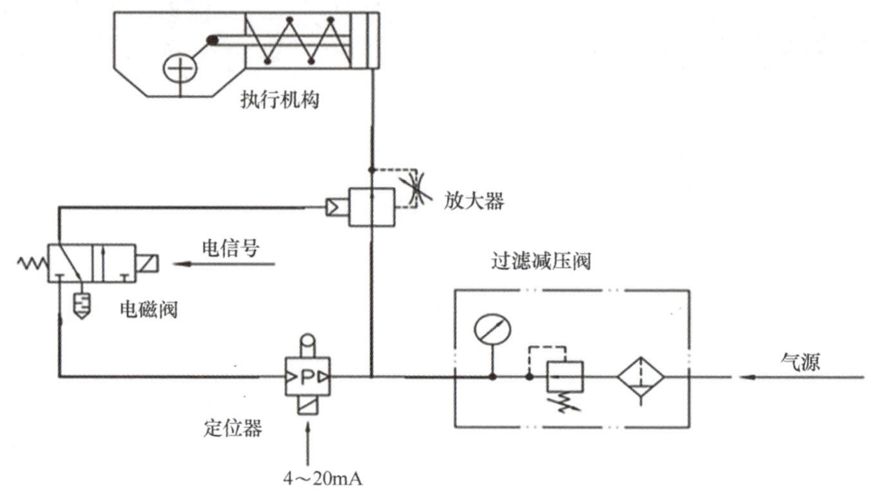

图2　控制气路图

2.2 事故经过

4月10日，工艺人员反映中控给PV213 50%指令，现场控制阀只能开到30%，中控再往大开，现场阀门基本不动作，目前已减负荷运行。因控制阀无法交出检修，只能等待分子筛处于加热或冷吹时，待该阀关闭后进行检查，在此期间，对执行机构气密进行检查，未发现有漏气现象。待该阀关闭后，发现定位器面板显示有20%的开度，于是对该定位器进行更换（在线下将新的定位器在同类型的执行机构上已进行全行程自动调校），更换完成后调试正常，交付工艺人员使用。在下一周期分子筛并行时，工艺人员反映又出现该现象，因该定位器为新换定位器，出现故障的概率低，于是，对执行机构进行仔细检查，发现阀门在打开时，拨叉轴有约1mm的窜动量，因定位器反馈杆与拨叉轴为硬性连接，当阀门动作时，拨叉轴晃动造成反馈发生变化，导致阀门不能打开至工艺所需位置。后更换为万向节连接，调试正常，交付工艺人员使用。

2.3 事故后果

本次事故虽未造成系统停车，但由于因定位器反馈故障造成空分系统减负荷3.5h。

3. 事故处置过程

3.1 事故处置情况

事故发生后，工艺人员减负荷运行，待分子筛处于加热和冷吹阶段时，对该阀定位器进行更换。

3.2 仪表故障消除情况

因原定位器反馈为硬性连接，拨叉轴稍有间隙，在开关过程中就会造成定位器反馈发生变化，针对此问题，加工制作成万向节连接的反馈，就可避免因拨叉轴晃动造成定位器反馈发生变化。图 3 是原定位器反馈安装方式。图 4 是改造后定位器安装方式。

图 3　原定位器反馈安装方式

图 4　改造后定位器安装方式

4. 原因分析

4.1 直接原因

定位器反馈信号失真，导致污氮放空阀达不到工艺给定开度。

4.2 间接原因

控制阀打开时拨叉轴有窜动量存在，说明轴套有磨损，因该阀在分子筛切换过程中，来回开关，机械磨损造成。

4.3 管理原因

（1）对于动作频繁的控制阀，需在检修期间对执行机构及阀体进行全面维护保养。

（2）在检修完成后，未对关键阀门进行调校，未能及时发现开阀指令和反馈信号存在较大偏差。

（3）在日常巡检中，应在控制阀动作过程中进行查看，可以提前发现气缸是否窜气，拨叉轴是否有窜动量存在等故障。

5. 事故整改情况及改进建议

5.1 事故整改情况

由硬性连接改为万向节连接，可避免因拨叉轴有微小窜动量导致定位器反馈发生变化。

5.2 改进建议

在以后日常维护及新建项目中，定位器反馈的安装，尽量使用万向型连接。

对关键阀门应配置反馈信号，在 DCS 中应设置阀门指令与反馈信号偏差报警，从而可以及时发现阀门异常。

6. 事故启示

本次事故启示：巡检工作是掌握设备运行状况的关键，通过巡检，可以提前发现设备缺陷，及时采取有效措施，保证设备安全稳定运行。建立标准化巡检、校验流程，可以有效提升工作质量。

给煤机出口阀故障导致锅炉减负荷事故

1. 事故单位及事故装置的基本概况

某工厂热电装置采用Ⅱ型布置、单汽包、自然循环四角切圆燃烧、平衡通风、固态排渣煤粉锅炉，锅炉前部为炉膛，四周布置膜式水冷壁，炉膛出口处布置屏式过热器，水平烟道装设了两级对流过热器，炉顶、水平烟道两侧及转向室设置顶棚管和包墙管，尾部交错布置两级省煤器及两级空气预热器，上级省煤器布置在锅炉本体框架内，在上级省煤器和上级空预器之间设置有烟气脱硝系统，炉膛、过热器区域及省煤器区域装有吹灰装置，脱硝系统采用选择性催化还原脱硝（SCR）工艺。

2. 事故情况

2.1 事故仪表的基本情况

热电装置共有 4 台锅炉，每台锅炉配备 3 台给煤机，共计 12 台给煤机出口阀。给煤机两开一备运行，锅炉采用开三备一模式运行。给煤机出口阀故障会导致磨煤机联锁停车，若工艺人员操作不及时则会造成锅炉炉膛负压低低联锁触发锅炉 MFT 动作，锅炉停车。经过查看 2019 年检维修记录，发现给煤机出口电动阀故障维修共计 24 次，月平均故障 2 次，影响给煤机正常工作，是热电装置稳定运行的较大隐患，减少给煤机出口阀故障频率迫在眉睫。

2.2 事故经过

19 时 33 分，2 号炉给煤机 F 出口阀开到位信号消失，锅炉主操作人员再次发出开阀指令，但未收到开阀反馈，随即给煤机联锁停机，主操作人员汇报后调整锅炉负荷，并通知仪表人员检查阀门状况，通过重新对插板阀电动执行机构定位调整后，信号恢复正常。

3. 原因分析

3.1 直接原因

给煤机出口阀安装在给煤机与磨煤机连接管道处，磨煤机运行过程中现场振动较大，出口电动阀受振动影响导致电子元件松动、限位发生偏移，信号丢失引起阀门故障。

3.2 间接原因

电动执行机构选型不合理，设计未充分考虑环境因素对仪表设备的影响。设备维护管理不到位，没有从本质上想办法解决设计、安装阶段的隐患遗留问题。

设计审查不到位：设计审查阶段技术人员对设计选型没有提出异议，施工调试阶段技术人员也没有考虑实际环境因素而提出异议，导致隐患遗留到生产运行阶段。

4. 事故整改措施

（1）根据现场实际情况结合阀门目前存在问题，制订了技改方案，将原设计的一体式电动执行机构挡板门阀改为分体式，从根本上消除了环境因素对阀门运行的影响。

（2）加强现场设备日常检修维护管理工作，加强隐患排查与治理，按照“全员、全过程、全方位、全天候”的原则，明确职责，对全厂重点区域和重点设备进行检查，发现隐患及时上报及时整改，防止类似故障再次发生，确保安全生产。

举一反三，对全厂重点区域和重点设备再次进行检查，发现隐患及时上报及时整改，防止类似故障再次发生。

5. 改进建议

（1）作为管理人员对现场出现的重复性问题要引起重视，对生产影响较大的问题要成立技术攻关小组，分析问题，并从本质上系统性地解决问题，防止出现头痛医头，脚痛医脚的现象。问题全面彻底解决不但可以保证生产安全稳定运行，同时可以减少仪控人员的工作量，减少安全事件的发生。

（2）故障解决要综合考虑环境因素、工艺操作、人的因素、设备及管理缺陷，找出投资小、见效快的方法。

（3）仪控人员要有“发现一个问题处理一类问题”的信心及决心，日常工作中不能放过任何一个小的事故事件，从小事做起，保证仪控设备安全稳定运行。

6. 事故启示

仪控人员尤其是有丰富经验的技术人员要积极参与项目各类设计审查、HAZOP分析、现场安装及调试，确保各类隐患、问题及时发现，并在装置开车之前处理完毕。另外，作为技术人员要从别人发生的事故中吸取经验和教训，而不是把别人的痛苦再尝一遍，仪表无小事，任何一个小的失误都会给装置带来损失。

氧气放空阀故障导致气化装置停车事故

1. 事故单位及事故装置的基本情况

某煤化工企业为大型煤制天然气示范项目，单期设计产能为 13.3 亿 m^3/年。采用碎煤加压气化、低温甲醇洗净化、甲烷合成技术，生产的天然气通过长输管道向外输送，同时副产焦油、粗酚、硫黄、硫铵等副产品。

该企业甲烷化装置主要是将低温甲醇洗装置来的合格净化气通过精脱硫、大量甲烷化和补充甲烷化反应，合成甲烷含量大于 94% 的天然气并送往首站，经过加压后送往长输管网。

该企业单期空分装置是由杭州杭氧股份有限公司负责设计供货，两套相同制氧能力 48000Nm^3/h 的空分装置，采用液氧泵内压缩流程为下游加压气化装置输送氧气原料，在氧气输送管道设置氧气放空阀，保证事故状态下的安全泄放功能。

2. 事故情况

2.1 事故仪表的基本情况

氧气输送流程图（图 1），主冷中的液氧通过液氧泵抽取并加压输送，经过高压板式换热器与增压空气进行换热成常温氧气，再经过 PV-115102 调节阀输送给下游工段，氧气总管旁路放空由 UV-115103 进行控制，调节阀品牌为 SAMSON 氧气调节阀。

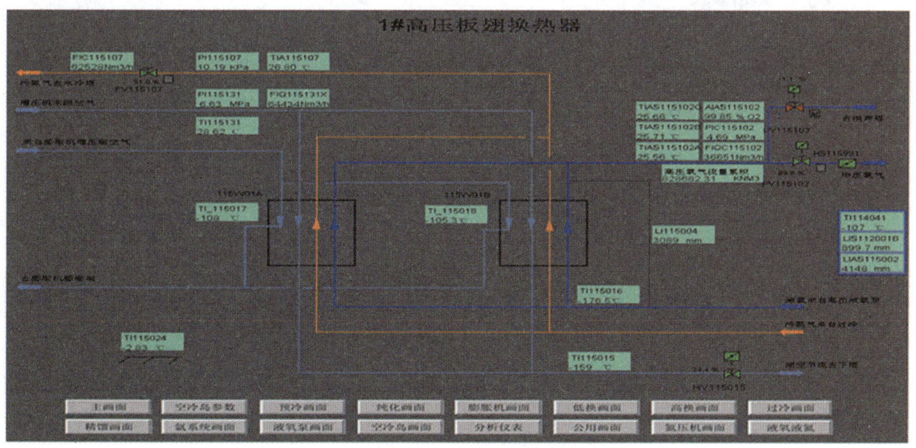

图 1　氧气输送流程图

2.2 事故经过

2018 年 9 月 5 日 19 时 47 分，仪表人员接到工艺人员电话通知，空分 A 单元氧气放空阀 UV-115103 正在缓慢打开，工艺人员通过 DCS 操作关闭阀门无效。最终造成空分 A

单元氧气放空阀全开，气化界区高压产品氧气流量为零，加压气化工段及后续工段停车。

仪表人员接到工艺人员通知后立即进入现场查找阀门故障打开原因，仪表人员从信号回路、供气气源、减压器、阀门定位器及阀门气路附件等进行逐一排查，最终发现气动增速器故障，立即更换新的气动增速器，调节阀调试正常后，逐步恢复氧气输送，加压气化装置及后续系统开始陆续开车。

2.3 事故后果

此次事故发生时间为该企业大检修后全面开车阶段，气化装置处于升温阶段，产品尚未正常产出，造成气化装置停车及后续工段延迟开车 2 小时 12 分。

3. 事故处置过程

3.1 事故处置情况

电仪中心仪表人员接到工艺运行人员通知后，第一时间赶到现场并及时通知相关技术主管、中心分管领导及相关部门，查找并分析氧气放空阀误开启原因。首先切断氧气放空阀门气源，阀门可以正常关闭，排除了阀门卡涩的原因；随后对 DCS 控制回路及现场氧气放空阀定位器进行全面排查后，都没有发现问题；最后发现阀门气动增速器一直处于向阀门供气状态，造成气动阀门不能关闭，最终判断故障出在阀门控制附件上，更换新的气动增速器后，调试后阀门动作正常。于 2018 年 9 月 5 日 21 时 59 分气化装置等后续系统陆续开车，恢复正常生产运行。

随后，对拆下的阀门气动增速器进行拆检，发现气动增速器内阀芯折断（图 2），折断原因初步分析为阀芯长期受力，并存在设计缺陷和材质质量问题致使其折断。

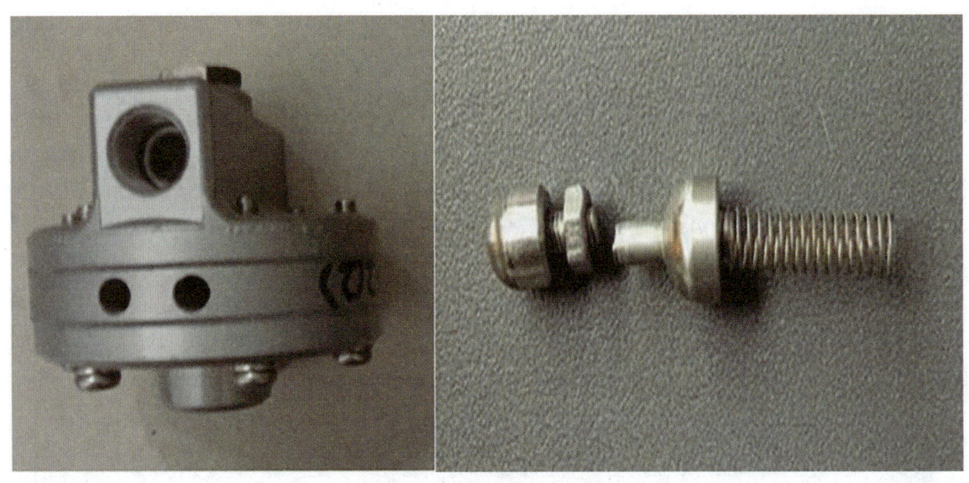

图 2　设备拆检分析图

3.2 仪表故障消除情况

更换新的品牌气动增速器效果良好（图 3），投运至今未发生问题。

图 3　设备更新对比图

4. 原因分析

4.1 直接原因

本次停车事故主要原因是空分 A 单元氧气放空阀控制气路中，气动增速器内阀芯折断后无法正常控制阀门气路，导致仪表空气不断通过气动增速器直接进入气动执行机构内部，促使阀门被迫打开，最终导致氧气放空，气化界区等后系统停车。

4.2 间接原因

调节阀成套厂家选用相关的气动控制附件没有考虑周全，原气动增速器折断的阀芯材质为铝质，强度较低，长期使用存在易断的风险隐患。

4.3 管理原因

仪表人员对于关键仪表及附件故障预判能力不足，尤其是对使用年限较长的仪表设备，设备劣化倾向判断不足，未做到提前预防。

5. 事故整改情况及改进建议

5.1 事故整改情况

针对此次事故举一反三，排查全厂带有该品牌型号的气动增速器阀门，建立台账，制订更换计划和备件的采购工作。

全员进行针对性培训，深入掌握和研究设备的性能，了解内部结构及材质，提高故障判断能力和综合分析应急处理能力，强化设备维护力度，提高关键设备检修维护质量。

扩展性排查联锁仪表及其附件，对于已经出现过的故障情况进行综合分析，根据使用年限，必要部位进行提前更换，循序渐进，确保联锁设备完好。

将此次事故报告转发工程管理部门，让相关技术人员掌握了解，旨在以后招标采购过程中涉及诸如此类阀门要对阀门气控附件进行审核，从源头进行控制。

5.2 改进建议

调节阀配套厂家不但要注重自身的阀门品质，还要将调节阀全部控制附件纳入品质保证之内，选用可靠、稳定、质量上乘的产品，从而保证调节阀稳定控制，不发生事故。

6. 事故启示

重要调节阀是生产环节中的关键设备，调节阀上配置的任何一个附件都有着同样重要和关键性的作用，要求仪表维护人员要高度重视，注重细节工作，充分掌握其性能和特性，还要深入研究设备的生命周期问题，进而采取相应措施。

千里之堤，溃于蚁穴。一个小小的气动控制附件就能造成全厂性的生产事故，深刻提醒每一个仪表维护人员重任在肩，做好仪表维护并不轻松，需要工作扎实，全面深入，把握细节，技术精湛，时刻居安思危，加强事故预想，排查隐患问题，不断提高整改措施能力，保持仪控设备的稳定运行，进而为安全稳定生产保驾护航。

自力式调节阀卡滞造成压缩机停车事故

1. 事故单位及事故装置的基本情况

某空分装置一拖二机组是由主空压机、循环氮压机、汽轮机三大机组组成。一拖二机组由 MAN TURBO 设计制造，为单轴多级反作用式全冷凝式汽轮机；主空压机为水平剖分、外挂悬臂蜗室结构，冷却器内置；循环氮压机为五级离心式压缩机，设置中间冷却器。润滑油系统为联合式油站，同时给三台机组提供润滑油、控制油及冷却油。设计制造厂为富兰科（Flenco）。

2. 事故情况

2.1 事故仪表的基本情况

润滑油泵出口自力式调节阀位号：PCV-1194，为阀后自力式控制，压闭型，由检测执行机构、阀本体、取压管与阀前（后）接管组成。连接面标准、等级：ANSI 150LB RF DN100，设定压力值 0.46MPa，正常温度 66℃，CV 值 82，截止阀。阀体为碳钢，填料为聚四氟乙烯（图 1）。

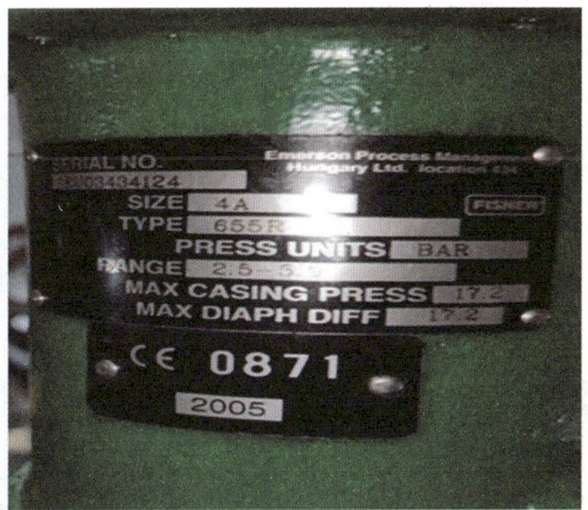

图 1　阀门现场安装情况与铭牌

当供油系统油压低于自力式调节阀设定压力时，自力式调节阀应自动调节，确保供油系统压力不低于设定值，保证系统平稳运行。

2.2 事故经过

2021 年 10 月 18 日，空分装置某单元按计划开工，油系统正常投用，润滑油压力 PI-1198 为 320kPa。9 时 00 分开始暖阀室；14 时 00 分暖阀室结束；14 时 54 分启动汽轮机低速暖机；15 时 54 分开始升速；16 时 33 分升速至 4400r/min，此时润滑油压力 PI-1198 为 570kPa。确认机组运行正常后按规程停辅油泵。控制室远程发出停辅油泵后，润滑油压力 PI-1198 快速下降至 190kPa 并触发联锁（润滑油压力 PI-1198 联锁值为 200kPa），触发机组停机联锁，同时辅助油泵自启动（图 2）。

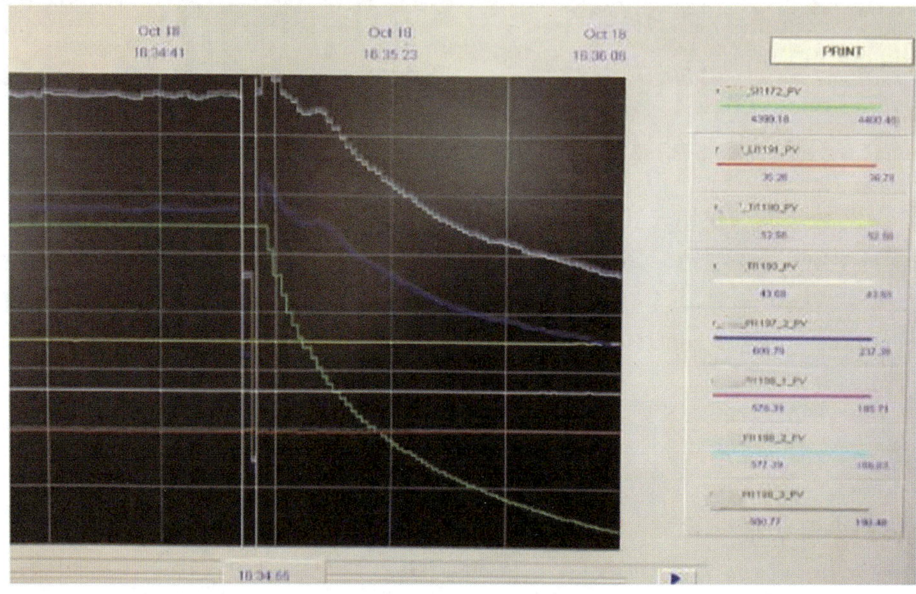

图 2　ITCC 历史趋势图

2.3 事故后果

由于正处于装置开工过程中，未造成生产波动，但造成开工节点延后 6h。

3. 事故处置过程

3.1 事故处置情况

（1）从 SOE 事件记录分析

停车后仪表人员第一时间查询 SOE 事件记录，分析为 PI-1198 压力低低联锁触发汽轮机停车（图 3）。

10/18/2021	16:33:39.270	12014	T10_PI1172_SL	FALSE	02 - TRINODE02	01 - Turbine	ST BRM INNER CASING;
10/18/2021	16:33:39.270	12386	T10_TL1171_LD	TRUE	02 - TRINODE02	01 - Turbine	LOAD READY FROM PROCESS, 1=1
10/18/2021	16:34:44.343	13043	T10_OS1193	FALSE	02 - TRINODE02	02 - 2	LUBE OIL PUMP CMD>1=START
10/18/2021	16:34:44.343	02040	T10_MSL1193_1	TRUE	02 - TRINODE02	02 - 2	LUBE OIL PUMP STOP FROM DCS
10/18/2021	16:34:44.539	10050	T10_ES1193_6	TRUE	02 - TRINODE02	01 - Turbine	LUBE OIL PUMP FB<E,1=RDY
10/18/2021	16:34:44.539	10049	T10_ES1193_1	FALSE	02 - TRINODE02	01 - Turbine	LUBE OIL PUMP FB<E,1=ON
10/18/2021	16:34:45.813	02040	T10_MSL1193_1	FALSE	02 - TRINODE02	02 - 2	LUBE OIL PUMP STOP FROM DCS
10/18/2021	16:34:46.009	12021	T10_PI1197_2_SL	TRUE	02 - TRINODE02	01 - Turbine	OS OIL LUBE OIL TEST LINE
10/18/2021	16:34:46.009	13043	T10_OS1193	TRUE	02 - TRINODE02	02 - 2	LUBE OIL PUMP CMD>1=START
10/18/2021	16:34:46.107	12030	T10_PI1198_2_SL	TRUE	02 - TRINODE02	01 - Turbine	LUBE OIL HEADER
10/18/2021	16:34:46.107	12028	T10_PI1198_1_SL	TRUE	02 - TRINODE02	01 - Turbine	LUBE OIL HEADER
10/18/2021	16:34:46.107	12035	T10_PI1198_SL	TRUE	02 - TRINODE02	01 - Turbine	LUBE OIL HEADER
10/18/2021	16:34:46.107	12033	T10_PI1198_3_SL	TRUE	02 - TRINODE02	01 - Turbine	LUBE OIL HEADER
10/18/2021	16:34:46.205	10050	T10_ES1193_6	FALSE	02 - TRINODE02	01 - Turbine	LUBE OIL PUMP FB<E,1=RDY
10/18/2021	16:34:46.205	10049	T10_ES1193_1	TRUE	02 - TRINODE02	01 - Turbine	LUBE OIL PUMP FB<E,1=ON
10/18/2021	16:34:46.205	13043	T10_OS1193	FALSE	02 - TRINODE02	02 - 2	LUBE OIL PUMP CMD>1=START
10/18/2021	16:34:46.401	12804	T10_PI1198_SLL_M	TRUE	02 - TRINODE02	02 - 2	
10/18/2021	16:34:46.401	12031	T10_PI1198_2_SLL	TRUE	02 - TRINODE02	03 - 3	
10/18/2021	16:34:46.401	12029	T10_PI1198_1_SLL	TRUE	02 - TRINODE02	01 - Turbine	LUBE OIL HEADER
10/18/2021	16:34:46.401	12034	T10_PI1198_3_SLL	TRUE	02 - TRINODE02	01 - Turbine	LUBE OIL HEADER
10/18/2021	16:34:46.499	12563	T10_TS1171_5	FALSE	02 - TRINODE02	02 - 2	ST UNIT PROC TRIP
10/18/2021	16:34:46.499	12562	T10_MS1171_LINTRL	TRUE	02 - TRINODE02	02 - 2	
10/18/2021	16:34:46.499	12672	T10_PO_ON	TRUE	02 - TRINODE02	02 - 2	LUBE OIL HEADER
10/18/2021	16:34:46.499	12710	T10_ALARM_DCS	TRUE	02 - TRINODE02	02 - 2	PO BLOCK ACTIVE
10/18/2021	16:34:46.695	12804	T10_PI1198_SLL_M	FALSE	02 - TRINODE02	02 - 2	INTOUCH BUTTON
10/18/2021	16:34:46.695	10060	T10_ES1198_6	FALSE	02 - TRINODE02	03 - 3	
10/18/2021	16:34:46.695	10059	T10_ES1198_1	TRUE	02 - TRINODE02	01 - Turbine	EMERG OIL PUMP FB<E,1=RDY

图 3　SOE 事件记录

（2）现场检查润滑油站没有外漏迹象，检查确认安全阀出口管道温热，确认安全阀曾超压起跳过，安全阀为本次开车前下线校验过，整定压力为0.9MPa，现场检查辅油泵单独运行时泵出口压力0.7MPa，压力正常，判断安全阀已回位。安全阀起跳的原因应是由于主辅油泵同时运行，且自力式调节阀卡涩拒动，造成安全阀短时间超压起跳动作。

（3）检查润滑油流程无异常，结合油泵出口自力式调节阀曾下线维修过，分析有可能是该自力式调节阀故障导致。现场关闭自力式调节阀旁通阀，油压PI-1198从550kPa降至200kPa左右，自力式调节阀没有相应自动跟踪调节，判断自力式调节阀有明显卡涩拒动现象。

3.2 仪表故障消除情况

（1）此次开工前PCV-1194自力式调节阀门维修情况。由于该阀的执行机构膜片、阀杆填料、下阀盖三处有漏油现象，对其进行了针对性的维修，对阀门进行了拆检、清洁、保养、密封件更换等工作。维修完成后对阀门进行打压测试，对膜片处进行了通气试漏，均无泄漏现象。整个维修过程没有对压力调节螺钉进行定值调整。阀门测试合格后送回现场安装，机组油系统试运行时未发现压力异常情况。

（2）10月20日，将此调节阀装到其他单元油站系统进行再次测试，在启动现场油泵后，现场观察到自力式调节阀开度有增加趋势，当工艺人员再次打开或关小现场旁通阀来降低或升高供油系统压力时，现场观察自力式调节阀位仍然没有动作。又对自力式调节阀的设定压力进行了较大幅度调整，上述操作过程阀门也未跟踪调节，供油压力没有明显变化。由此推断自力式调节阀卡滞，自动调节过程异常。

（3）经现场排查确认为油泵出口自力式调节阀故障后，将另一单元阀门移至该处，当日20时10分该汽轮机再次启机冲转，22时45分汽轮机达到正常转速4597r/min，机组启机正常。

4. 原因分析

4.1 直接原因

油泵出口自力式调节阀PCV-1194动作卡滞是导致辅油泵停运后油压快速降低联锁停机的直接原因。

4.2 间接原因

（1）自力式调节阀维修要求维保单位进行打压测试和动作测试，有相关记录（图4），甲方人员现场跟踪见证打压过程，确认打压合格。但没有见证自力式调节阀的动作测试，不能排除阀门有卡滞现象的发生。

（2）生产装置管理人员对该自力式调节阀异常的风险认识不足，自力式调节阀安装投用后没有进行相关测试，未能及时发现阀门有卡涩异常现象。

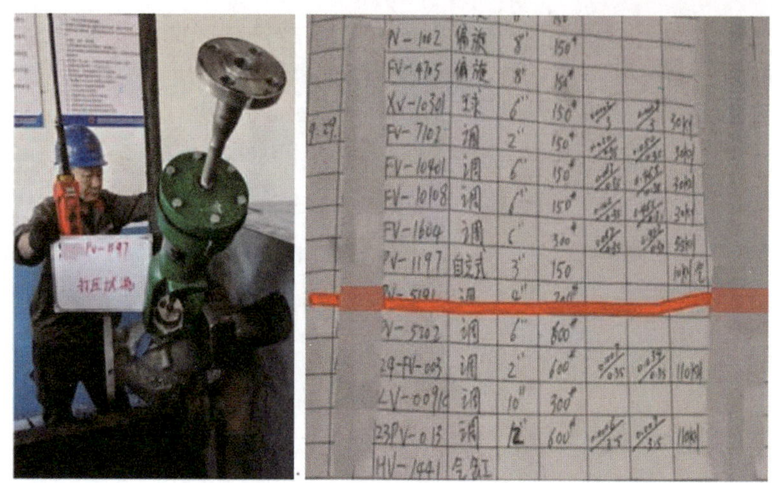

图 4　阀门打压试测试及维修记录

4.3 管理原因

重要阀门管理重视程度不够，质量把关不严，验收程序流于形式。自力式调节阀下线维修过程，缺乏质量验收把控，安装后、投用前没有进行相关测试，未及时发现自力式调节阀的异常；造成空分装置检修后机组在开机过程中联锁跳停。

5. 事故整改情况及改进建议

5.1 事故整改情况

10 月 20 日下午将阀门再次下线拆检，发现阀门由机械碳制成的平衡密封环有损坏（图 5），而密封环损坏的碎屑卡在阀芯和套筒之间。阀芯拒动，解体有困难，使用工装进行了多次敲击才将阀芯从套筒中拆出。由此可见，阀门动作卡滞的原因是平衡密封环损坏后的碎屑卡住了阀芯和套筒。其后使用加强聚四氟乙烯制作新的平衡密封环之后，将阀门组装好，又根据其规格书将设定压力设置为 460kPa。随后又进行了打压测试和自动调节动作测试，均合格后送回现场安装。

图 5　平衡密封环损坏情况

5.2 改进建议

（1）加强重点阀门维修及质量验收的过程监管，尤其是打压测试、动作测试环节，需专人见证整个过程。

（2）加强重点阀门在运输、安装过程中的防护工作，交接过程实现双方签字确认。

（3）进一步完善设备操作卡，完善机组油系统的开机前检查确认相关内容，对自力式调节阀要做好自调测试，确认阀门开关调节正常。

（4）加强培训，针对自力式调节阀不能及时回位等风险制定相应的控制措施，优化工艺操作，尽可能避免风险管控的过程缺失。

6. 事故启示

仪表阀门直接接触和控制各类工艺介质，必须重视其设计、安装、维护、检修等各个环节。在检修中，应严格按照检修规程，认真落实检查维修与质量验收的各个环节、各个质量控制点，加强维修过程与质量验收的管控。

氨冰机二段入口流量故障造成合成氨装置停车

1. 事故单位及事故装置的基本情况

某石油化工企业为煤焦制气合成氨装置，采用煤焦制气净化后的氢气为原料制取合格的液氨产品。主要工艺流程为：水煤浆与氧气在气化装置加压气化得到粗合成气，经变换、低温甲醇洗净化得到满足合成氨要求的精制氢气，和空分送过来的氮气经合成氨装置化学反应获得合格的液氨。该装置为年产 18 万 t/年合成氨装置，为后续化工丙烯腈装置提供原料氨。

2. 事故情况

2.1 事故的基本情况

2020 年 12 月 30 日 4 时 45 分，工艺人员发现氨冰机二段入口流量 1186FT-04102C 出现超限报警，联系仪表值班人员进行处理。该流量计与 1186FT-04102A/B 共用一个文丘里管式节流装置，3 台差压变送器的取源管线分别独立设置，正常测量介质为氨气。到达煤焦制气中控室后，仪表值班人员向工艺人员询问了具体情况，立刻办理仪表检维修工作票，与工艺人员一起到现场进行故障排查。

仪表值班人员到达现场后，检查变送器表头实际显示超限；流量计自投用以来一直显示正常，内部参数应设置正常；打开排气阀无介质排出，初步判断取源管线内部堵塞。工艺人员反馈该管线会存在氨气介质含微量水的工况，而当时气温在零下 6℃左右。仪表值班人员判断取源管线堵塞的原因为介质中的微量水上冻凝固，使用蒸汽对取源管线进行吹扫，约 20min 后 1186FT-04102C 显示正常，同时对该流量计进行排污，发现有大量液体排出且部分未汽化，确定堵塞原因为介质含水所致，但未对故障原因进行彻底消除。

5 时 20 分，工艺人员反映 1186FT-04102A 也出现指示波动，随即去现场用蒸汽吹扫流量计取源管线，直至显示正常，仍未对故障原因进行彻底消除。

7 时 10 分，氨冰机二段入口流量 1186FT-04102A/C 指示同时回零，防喘振阀 1186FV-04102 全开，导致合成氨装置切气停车，系统内循环（图 1）。

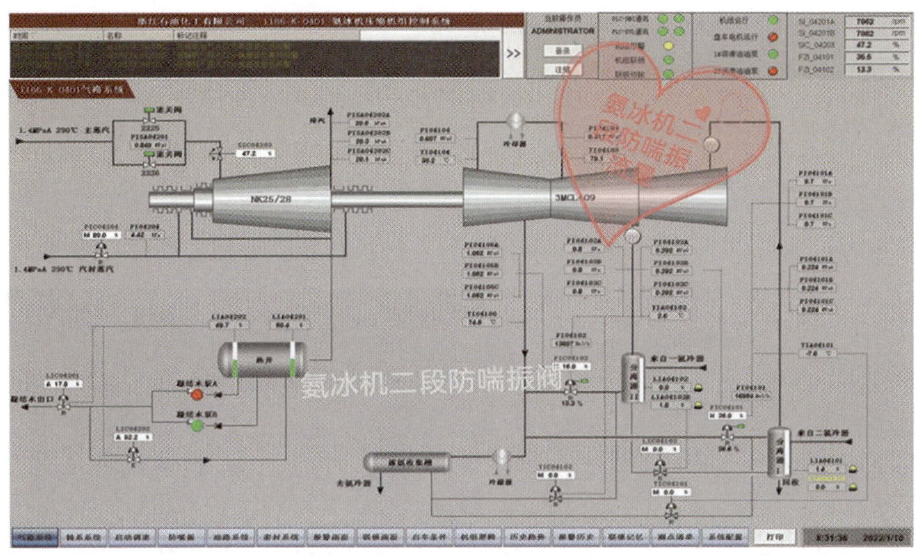

图 1　氨冰机压缩机气路系统

2.2 事故后果

该事故造成合成氨装置停车 8h 左右，影响液氨产量约 180t。

3. 事故处置过程

3.1 事故处置情况

事故发生后，煤焦制气仪表人员立即进行应急处理，联系维保人员及时搭设脚手架，氨冰机二段入口流量 1186FT-04102A/B/C 为三取二联锁，对其取源管线增加了临时蒸汽伴热和保温措施，具备开车条件之后，工艺人员组织逐步恢复生产。

3.2 仪表故障消除情况

待极寒天气过后，对氨冰机二段入口流量 1186FT-04102A/B/C 的取源管线增加正式的电伴热，并彻底采取保温措施。至今未再发生冻凝联锁停车事故。

4. 原因分析

4.1 直接原因

氨冰机二段入口流量 1186FT-04102A/C 指示回零，防喘振阀 1186FV-04102 全开，导致合成氨装置切气停车，是本次事故的直接原因。

4.2 间接原因

（1）对设计资料的审查把关不严，厂家未考虑到氨气在设计工况下会出现凝液现象，同时也疏忽了南方沿海地区仪表的防冻防凝措施，是此次事故的间接原因。

（2）当时工艺人员确认为正常工况下，是单纯的流量计故障，未提出对流量计的强制措施，也是导致联锁停车的另一间接原因。

5. 事故整改情况及改进建议

5.1 事故整改情况

（1）对氨冰机一、二段入口流量计增加正式的电伴热，并采取保温措施（图 2）。

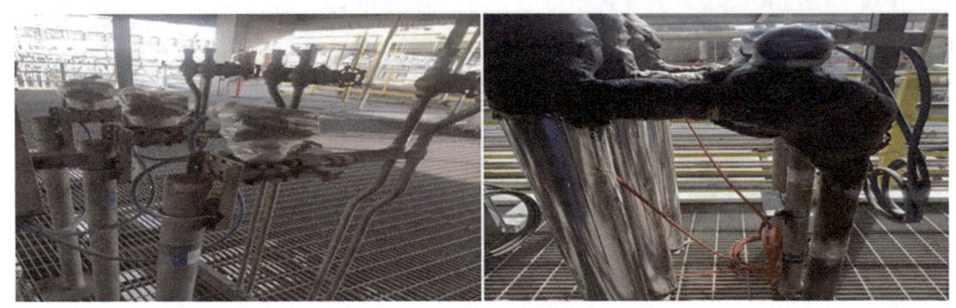

图 2　氨冰机二段防喘振流量计整改前后

（2）举一反三对同一类型的流量仪表全面排查，对保温伴热存在的问题逐个梳理检查并采取整改措施。

（3）与工艺人员加强沟通，对关键设备的仪表，出现问题后应采取相关的应急处置措施，防止误停车事故的再次发生。

5.2 改进建议

（1）了解工艺工况，及时和工艺人员沟通对装置关键联锁仪表逐项检查确认，对于工艺系统带液的取压管路，应加强重视并采取保温伴热措施。

（2）联合工艺人员加强对设计蓝图的审查工作，对设计缺陷要及时识别，并及时提出更改，以确保施工质量及后续的安全生产。

6. 事故启示

（1）在工程设计及施工阶段，对设计缺陷要及时识别，并提出设计变更，在设备首次投入运行之前，一定要逐项进行检查，将设备投运的各个条件确认完善后再投运，以确保安全生产。

（2）重视南方沿海区域仪表的保温伴热工作，事发区域为浙江沿海区，当时刚好为该地区多年来的极寒天气（温度为 -6℃），即项目设计都要参考当地所有的极限条件。

（3）与工艺车间进行沟通，对工艺介质状态重新判断，完善仪表选型及施工。

（4）加强仪表人员操作技能的培训学习，提高综合判断能力，遇到新增仪表故障要从根源上解决，特别是带联锁的检测仪表和阀门。

煤浆流量计波动导致气化炉跳车事故

1. 事故单位及事故装置的基本情况

该煤化工企业为煤制烯烃项目，采用煤气化制甲醇、甲醇转化制烯烃、烯烃聚合工艺路线生产聚乙烯和聚丙烯产品。

发生事故的装置为气化装置，该气化装置采用美国 GE 公司水煤浆加压气化技术，以水煤浆和纯氧为原料，采用气流床反应器，在高温（1350℃）、高压（6.5MPa）、非催化条件下进行部分氧化反应，生成以一氧化碳和氢气为有效成分的粗合成气，装置包括煤浆制备、煤气化、渣水处理、粗渣输送等单元，共有 7 个气化系列，单台气化炉投煤量约 1500t/d，设计生产能力为生产合成气 530000Nm^3/h，为甲醇装置提供原料气（图 1）。

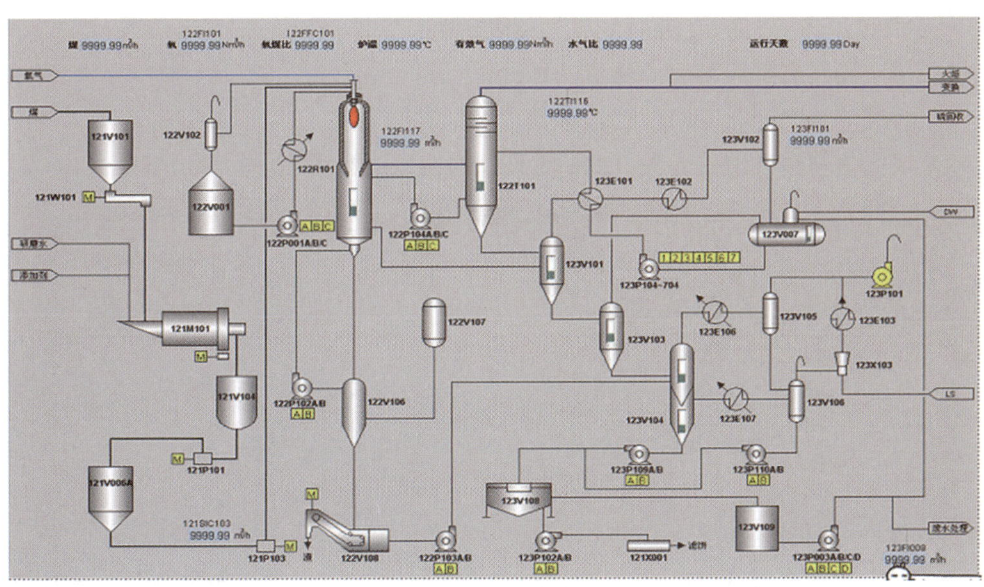

图 1　气化装置工艺流程示意图

2. 事故情况

2.1 事故仪表的基本情况

导致气化炉跳车事故的仪表为煤浆流量计（位号：121FT704/121FT705/121FT706）。该流量计为管道式法兰连接电磁流量计，其基本工作原理为电磁感应原理，通过检测导电流体流经外加磁场（流量计电极）产生的电动势测量导电流体的流量。

煤浆流量计为水煤浆气化炉的关键仪表之一，其核心作用是检测入炉煤浆量并与入炉氧气量核算氧煤比（注①），氧煤比是气化炉的重要参数之一，其精准度直接影响气化炉碳的转化率、冷煤气效率、产气量以及生产安（见图 2）。本装置氧煤比的正常值约为 471.7Nm^3 O_2/m^3 水煤浆。煤浆流量计分别参与气化炉的“煤浆流量低低”和“氧煤比高高”停车联锁，其中“氧煤比高”联锁计算模式为：

（1）121FT704、121FT705、121FT706 三台煤浆流量计全部正常的情况下，三个煤浆流量取中间值与氧气流量参与氧煤比计算；

（2）121FT704、121FT705、121FT706 三台煤浆流量计一个坏点的情况下，两个煤浆流量取平均值与氧气流量参与氧煤比计算；

（3）121FT704、121FT705、121FT706 三台煤浆流量计两个坏点的情况下，完好的单台煤浆流量取实时值与氧气流量参与氧煤比计算。

2.2 事故经过

2018 年 2 月 2 日 1:31:44，7 号气化炉跳车。跳车首出原因为：氧煤比高跳车。气化炉跳车前煤浆流量计 121FT705、121FT706 多次出现大幅度波动、超量程的现象。排查其他气化炉运行参数发现，自 2018 年 2 月 1 日开始各气化炉煤浆流量计均出现过不同程度的波动（见图 2、表 1、图 3、图 4），主要表现为：

（1）单个回路有瞬间跳变的峰值的情况；

（2）煤浆流量上升、下降波动较频繁，持续时间较长；

（3）最高值与最低值偏差大，24h 内最大的偏差达到了 40 ～ 60m^3/h。

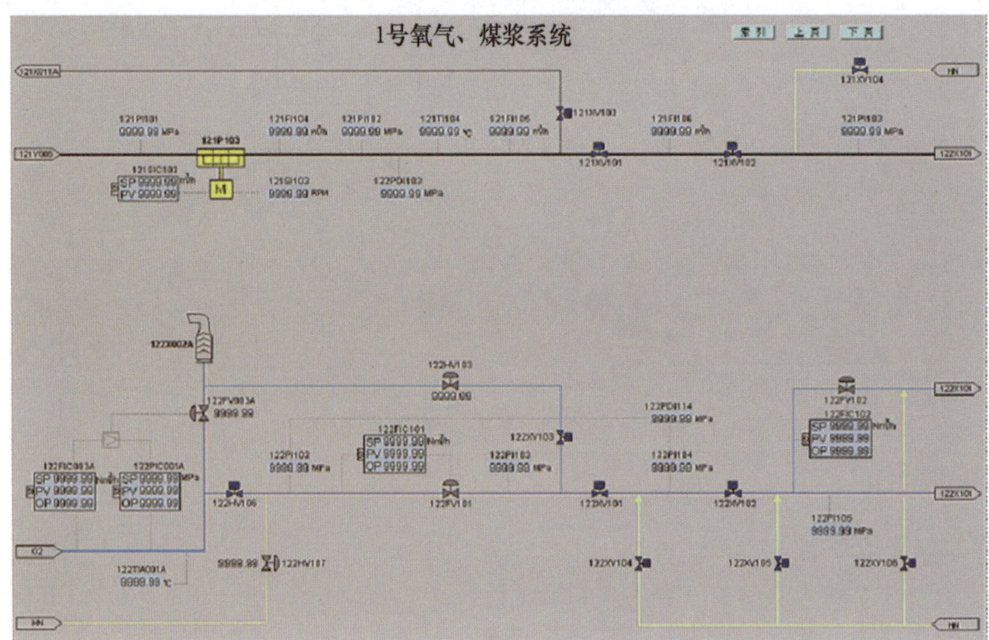

图 2　水煤浆 / 氧气系统流程图

注①：氧煤比是指氧气和水煤浆的体积比。它是气化炉操作的重要参数之一。

表 1　气化炉 SIS 系统停车触发器（煤浆流量相关部分）

Safety System – Gasifier Shutdown Initiators					
安全系统—气化炉停车触发器					
	Description/Condition（内容/条件）			Actions（动作）	Delay Timer（延时）
T-1	煤浆流量低（Low Slurry Flow） 煤浆流量〔Slurry flow(2003)〕	$< 28m^3/h$	121FT-104/105/106 121ST-P103[Note1]	Send trip signal to gasification SDI / Slurry Flow First Out（发送停车信号到气化炉停车触发器/煤浆流量第一报警输出）	1 s
T-3	氧煤比高（High O_2 to Carbon Flow Ratio） 氧煤比（O_2 to Carbon mass flow ratio[Note2]）	$> 482Nm^3/m^3$	122FT-101A/B/C 122PT-102 122TT-001A 121FT-104/105/106 121ST-P103[Note1]	Send trip signal to gasification SDI/O_2/Carbon Ratio First Out（发送停车信号到气化炉停车触发器/氧煤比第一报警输出）	5 s
T-4	高高氧煤比（High-High O_2 to Carbon Flow Ratio） 氧煤比（O_2 to Carbon mass flow ratio[Note2]）	$> 487Nm^3/m^3$	122FT-101A/B/C 122PT-102 122TT-001A 121FT-104/105/106 121ST-P103[Note1]	Send trip signal to gasification SDI/O_2/Carbon Ratio First Out（发送停车信号到气化炉停车触发器/氧煤比第一报警输出）	none

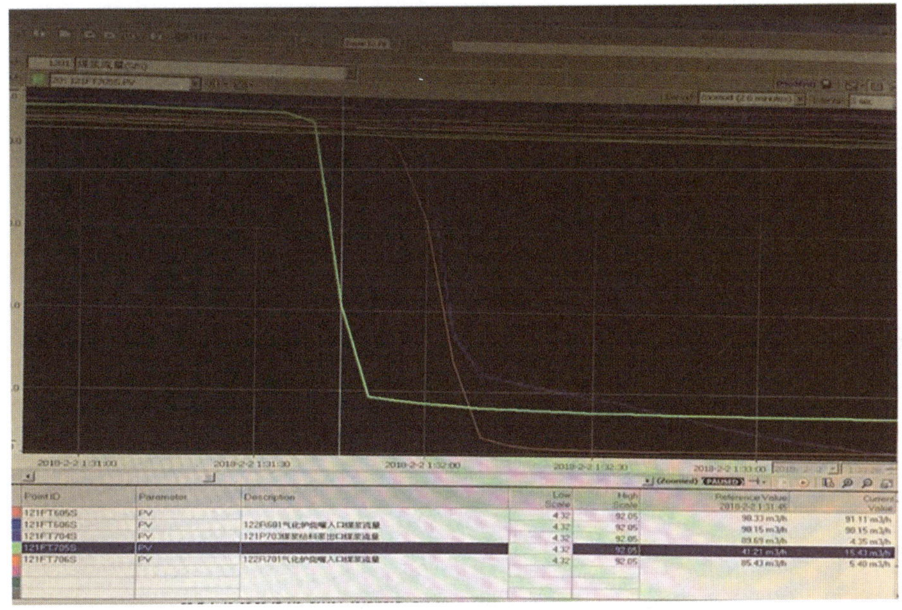

图 3　2 月 2 日 1:11:35，煤浆流量波动趋势记录

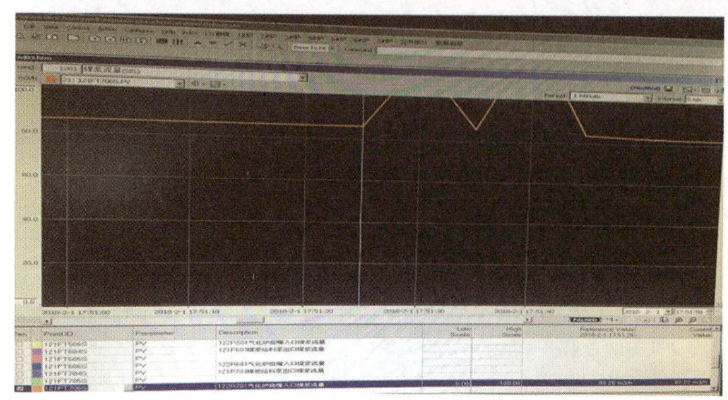

图 4　2 月 1 日 17:51:30，121FT706 超限

2.3 事故后果

该事故无人身伤亡，无设备损坏，无直接经济损失，间接经济损失：7 号气化炉停车 6h，影响合成气产量约 3180000Nm^3。

3. 事故处置过程

3.1 事故处置情况

事故发生后，仪表技术人员查询流量计电导率的趋势以及数值无异常、流量计接地及信号回路接地无异常、传感器线圈阻值无异常；工艺人员检查确认除铁器设置以及过滤器处于完好状态；并进行了煤浆成浆性测试，通过对煤浆 C 槽取样观察：煤浆在采样十几分钟内出现了沉降分层情况（正常情况应在 20h 以上出现沉降），分析出造成煤浆分层的主要原因：近期掺烧污泥、污水量较大，造成煤浆成浆性不好，煤浆黏度下降（正常控制在 700 ～ 1000cP，近期黏度最低时只有不足 200cP），基于上述情况分别导致了煤浆泵电流波动大、部分流量计指示波动等问题。

仪表专业人员根据仪表故障现象及事故原因分析结论，对 121FT706 流量计进行了更换，并对 121FT704、121FT705 流量计接地、参数设置进行了完善和优化修正。

2018 年 2 月 2 日，7 时煤浆分层现象经工艺调整制浆参数、提升超细磨负荷后得到改善，煤浆黏度提升至 860cP，当日 8 时配合工艺人员开车成功（见图 5）。

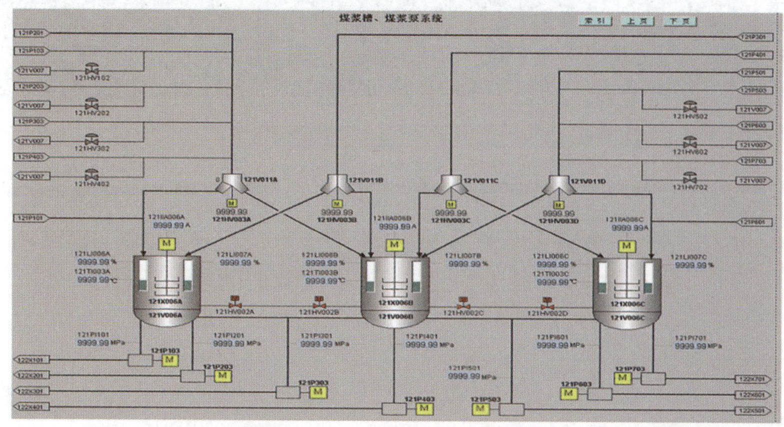

图 5　煤浆系统流程图

3.2 仪表故障消除情况

（1）将波动较大的121FT706由普通型电磁流量计更换为低噪型电磁流量计，通过物理方式提升了流量计电极对油膜、气泡、煤浆分层等外扰因素的适应性。

（2）对121FT704/121FT705电磁流量计接地线路进行了检查、除锈和紧固。

（3）对121FT704/121FT705电磁流量计参数设置进行了优化。

4. 原因分析

4.1 直接原因

气化炉跳车的SOE首出记录为氧煤比高高，引起气化炉误跳车的直接原因为121FT705大幅度波动导致测量值大幅度偏离当前工况，致使氧煤比计算值虚高，触发气化炉“氧煤比高高”停车（见图6、图7）。

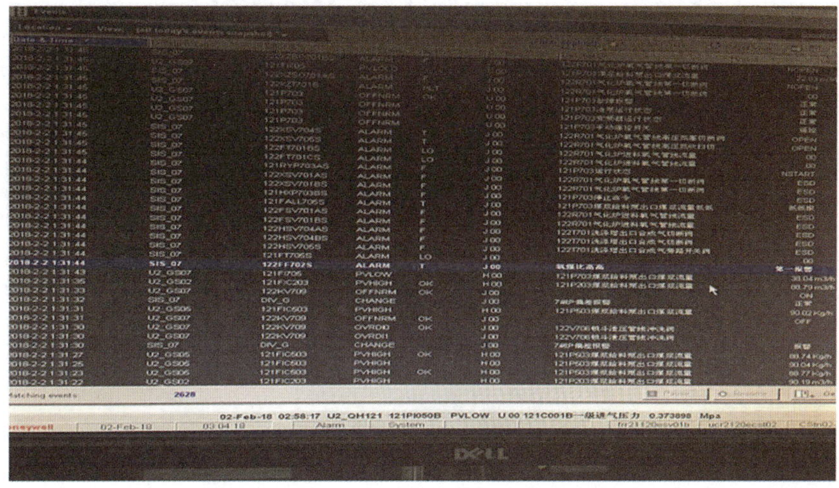

图6　2月2日1:11:44，跳车首出报警事件记录

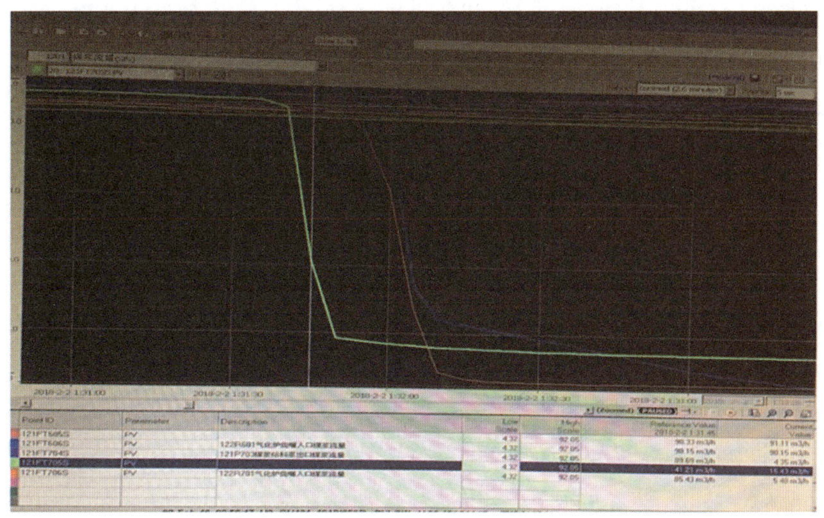

图7　2月2日1:11:35，煤浆流量波动趋势

4.2 间接原因

（1）自12月1日17:51:30，工艺人员未对121FT706出现的超低限报警（回路报警）进行复位操作，导致回路报警一直处于保持状态（趋势记录显示超限时长10s后恢复正常），2月2日1:31:35，121FT705大幅度波动时因在121FT706已处于回路报警未复位状态，联锁逻辑跳转为121FT704、121FT705两个煤浆流量取平均值进行计算，达到氧煤比高高触发联锁跳车（见图8）。

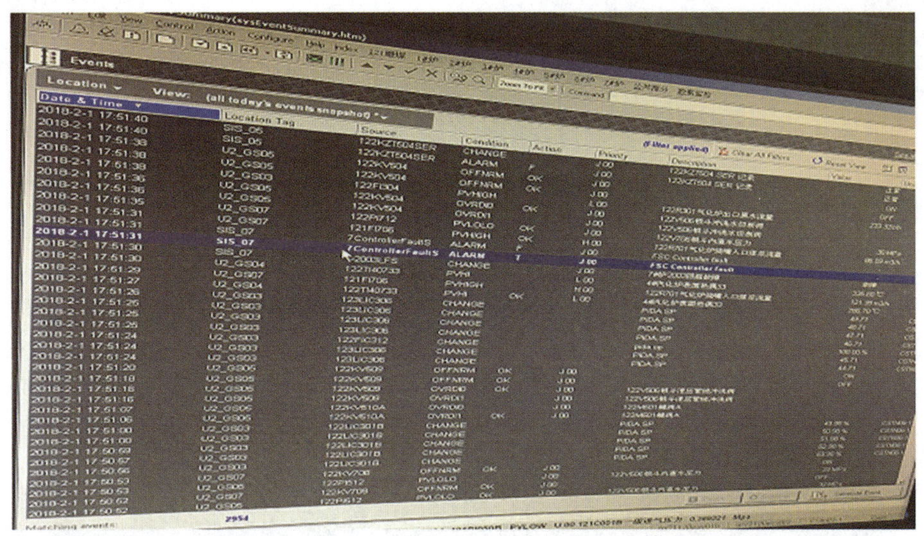

图8　2月1日17:51:30，SIS记录的回路报警

（2）工艺掺烧污泥导致煤浆成浆性不好、煤浆易分层，煤浆流经检测电极时，流体截面导电与非导电介质处于不均匀分布状态，致使电极之间产生的电动势不稳定，进而出现测量值的大幅波动。

4.3 管理原因

（1）煤浆流量等关键工艺报警未引入“回路报警”显示画面，关键工艺报警未实现在监控画面上的直观显示，导致操作人员在工艺参数恢复正常后未对回路报警进行复位操作。

（2）仪表巡检人员及工艺操作人员对关键工艺参数出现的报警未引起足够的重视，忽略了121FT706处于回路报警状态对“煤浆流量联锁逻辑跳转”的影响。

5. 事故整改情况及改进建议

5.1 事故整改情况

（1）成立了煤浆流量计专项攻关小组，从影响煤浆流量计测量精确度、稳定性的扰动因素入手，开展专项技术攻关：

通过在线试验发现，距离炉头最近的121FT06流量计（水平安装，工艺流程高点）测量稳定性普遍较差，逐步对各台气化炉121FT06流量计更换为低噪型电磁流量计（见图9）。

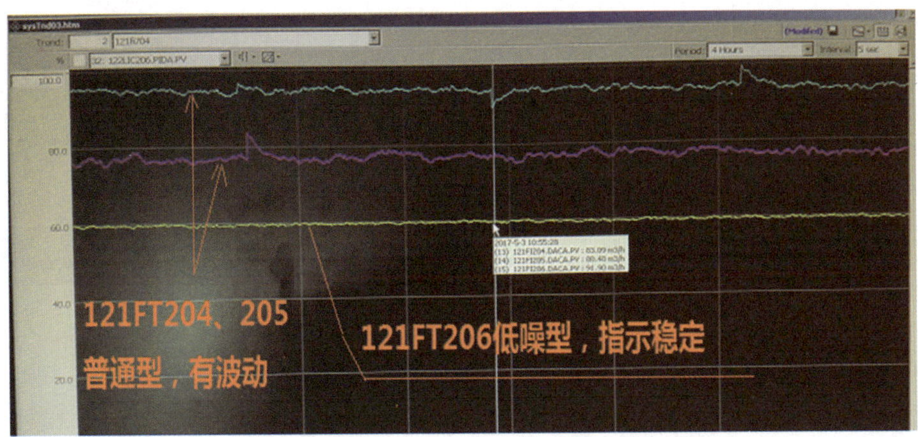

图 9　2 号气化炉普通型、低噪型流量计曲线稳定性对比

（2）开展优化电磁流量计时间常数、励磁频率、脉冲宽度等参数设置试验工作，通过参数修正试验在“提高流量计抗扰动性能、加快响应速度、降低波动幅度及频次”等方面找到最优化的参数设定范围。煤浆流量计参数优化前最大波动在 $20m^3/h$ 左右且频繁波动，偶尔出现幅度高达 $40m^3/h$ 的波动；煤浆流量计参数优化后：最大波动在 $3m^3/h$ 左右且在 2 ～ 3h 波动一次。优化情况如表 2、图 10、图 11、表 3、图 12 所示：

表 2　121FT704/121FT705 电磁流量计参数优化表

项目	模拟量输出	范围	优化值
A4.5	Time constant （时间常数）	（0.0 ～ 100s）	设置：（1）s
C1.1.13	××*line frequency（励磁频率，“××”为数值）		设置：（1/2）
C1.2.3	Time constant （时间常数）	（0.0 ～ 100s）	设置：（3）s
C1.2.5	Pulse width（脉冲宽度）	（0.01 ～ 10s）	设置：（5）s
C1.2.6	Pulse limitation（脉冲限制）	（0.01 ～ 100m/s）	设置：（0.03）m/s
C1.2.8	Noise level（噪声水平）	（0.01 ～ 10m/s）	设置：（0.03）m/s
C1.2.9	Noise suppression（噪声抑制）	（1 ～ 10）	设置：（3）

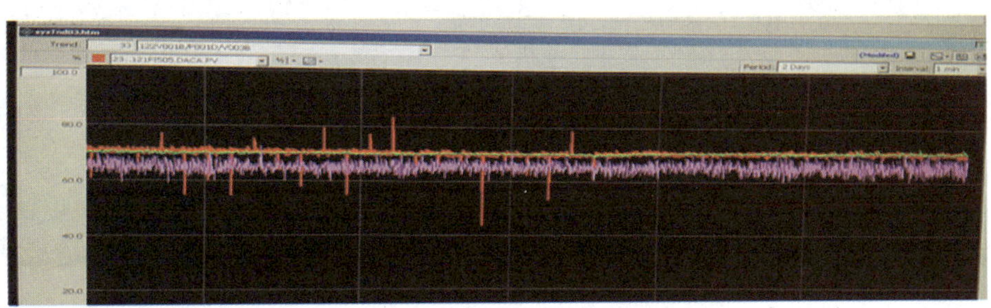

图 10　电磁流量计优化前稳定性

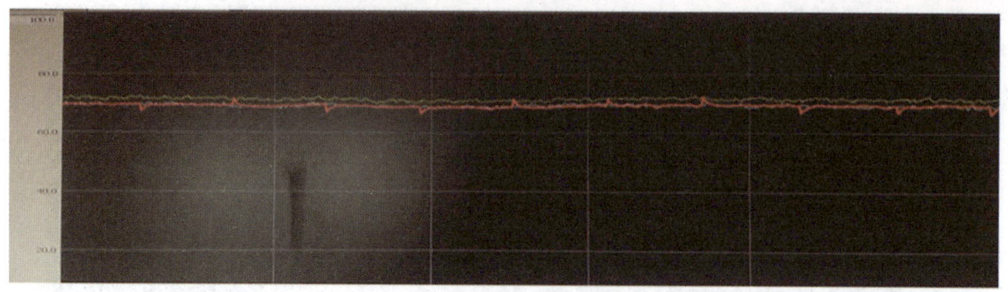

图 11　电磁流量计优化后稳定性

表 3　停车期间各流量计测量值降至联锁值的响应时间对照表

位号	管线距离	停车时间	煤浆泵转速回零时间	流量降至联锁值时间	煤浆流量值	流量计响应时间	备注
121FT104	105m	17:57:00	17:57:10	17:57:45	27.9m³/s	35s	
121FT105	128m			17:57:20	18.3m³/s	25s	
121FT106	146m			17:57:30	28.9m³/s	63s	
121FT204	102m	13:04:13	13:04:20	13:05:15	28.4m³/s	55s	
121FT205	125m			13:05:25	29.9m³/s	45s	
121FT206	143m			13:04:30	28.1m³/s	10s	低噪型
121FT704	71m	13:04:12	13:04:20	13:04:30	29.8m³/s	20s	
121FT705	94m			13:04:30	28.1m³/s	12s	
121FT706	112m			13:04:30	22.1m³/s	8s	低噪型

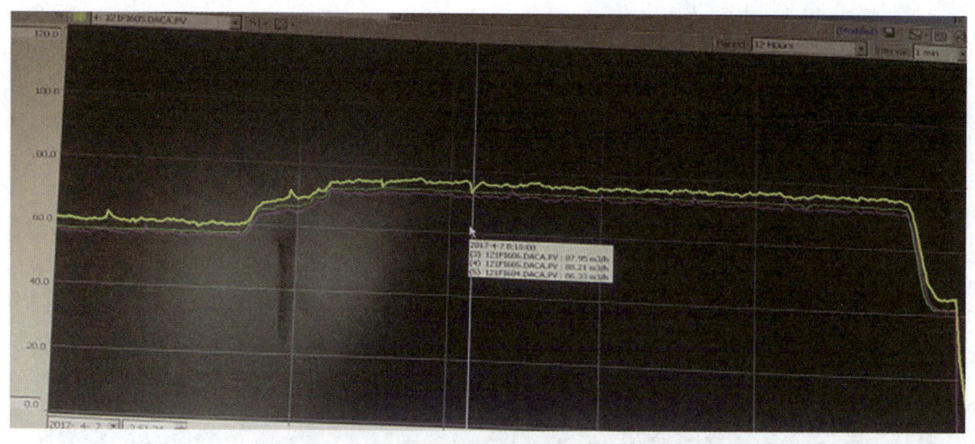

图 12　参数优化后煤浆流量计响应速度曲线

（3 台流量计基本同步，响应时间约 15s）

（3）将煤浆流量等关键回路引入“回路报警”显示画面，以便对关键回路报警及时发现、复位。

5.2 改进建议

（1）影响电磁流量计测量准确度、稳定性以及响应时间的因素较多，流量计设置参数的优化需根据实际工况反复试验，以便找到最佳参数设置区间。

（2）低噪型电磁流量计在抗扰动、响应速度等方面优于普通电磁流量计，建议根据实际情况进行替换，至少应保证每台气化炉安装 1 台低噪型电磁流量计。

（3）加强关键工艺报警管理，提高关键报警信息在监控画面上的显著性、直观性和便于操作性，建议对报警信息进行分级管理。

6. 事故启示

在各类仪表设备故障导致生产事故后，应充分从事故中吸取经验和教训，除根据事故直接原因及时消除相关故障外，还要充分分析造成事故的间接原因，从仪表设备本质安全、技术管理、检修维护质量等方面深入挖掘各类隐患，以事故教训为中心查漏补缺，及时消除各类问题。

尾气回送流量计参数设置错误引发贸易纠纷事件

1. 事件单位及事件装置的基本情况

某煤化工企业为大型煤制天然气示范项目，单期设计产能为 13.3 亿 m^3/年。采用碎煤加压气化、低温甲醇洗净化、甲烷合成技术，生产的天然气通过长输管道向外输送，同时副产焦油、粗酚、硫黄、硫铵等副产品。该企业将合成甲烷含量大于 94% 的代用天然气 SNG 送往首站，经过加压后送往长输管网。

该企业将部分副产品焦油、粗酚以及一部工艺产品包括净化气通过管道输送给下游企业——博元公司，博元公司对副产品进一步进行深加工处理和生产甲醇，生产甲醇产生的尾气返回制气厂进行再处理，双方物料输送计量交接采用满足要求的计量仪表。

2. 事件情况

2.1 事件仪表的基本情况

尾气回送流量计 FT-87121 为孔板差压式流量计，差压范围 0 ～ 20.543kPa，该流量计量程为 0 ～ 50000Nm^3/h，变送器采用 EJA110A 智能变送器。

2.2 事件经过

2019 年 9 月 4 日 6 时 30 分，电仪中心夜间值班人员接公用工程中心罐区工艺人员电话，反映“博元尾气回送流量计 FT-87121 指示偏低”。7 时 4 分仪控值班人员到达现场检查流量计引压管及其连接部件，无泄漏，按常规处理方法检查后，流量计瞬时流量指示前后无明显变化，告知工艺人员及调度人员白班继续检查。9 时 41 分公司组织相关技术人员到达现场对仪表全面检查，最终检查变送器内部参数设置，发现变送器表内设置是“线性”输出，此表应该设置为“开方”输出，通过贸易双方各单位人员同意，仪表人员重新对变送器输出项“线性”改为“开方”，流量恢复正常值。

2.3 事件后果

流量计异常引发贸易纠纷，需按照双方贸易协议重新核算尾气回送量的审定工作。

3. 事件处置过程

3.1 事件处置情况

2019 年 9 月 4 日 6 时 30 分，电仪中心夜间值班人员接公用工程中心罐区工艺人员电话，反映“博元尾气回送流量计 FT-87121 指示偏低”。7 时 4 分仪控值班人员到达现场，按照仪表常规检查方法，检查流量计引压管及其连接部件无泄漏，对导淋进行排污后，也未发现流量计异常，告知工艺人员及调度人员白班继续检查。

8 时上班后，机械动力部立即组织生产管理部、电仪中心以及博元公司相关人员于 9 时 41 分到达现场对变送器再次全面检查。检查发现变送器内设置是“线性”输出，而此变送器测量的是气体流量在上位机未设置“开方”的情况下需要在变送器表头内设置为“开方”输出，从而保证流量与差压的平方根成正比。

通过贸易双方各单位人员同意，仪表人员重新对变送器输出项“线性”改为“开方”，9 月 4 日 9 时 45 分流量恢复正常值，见图 1。

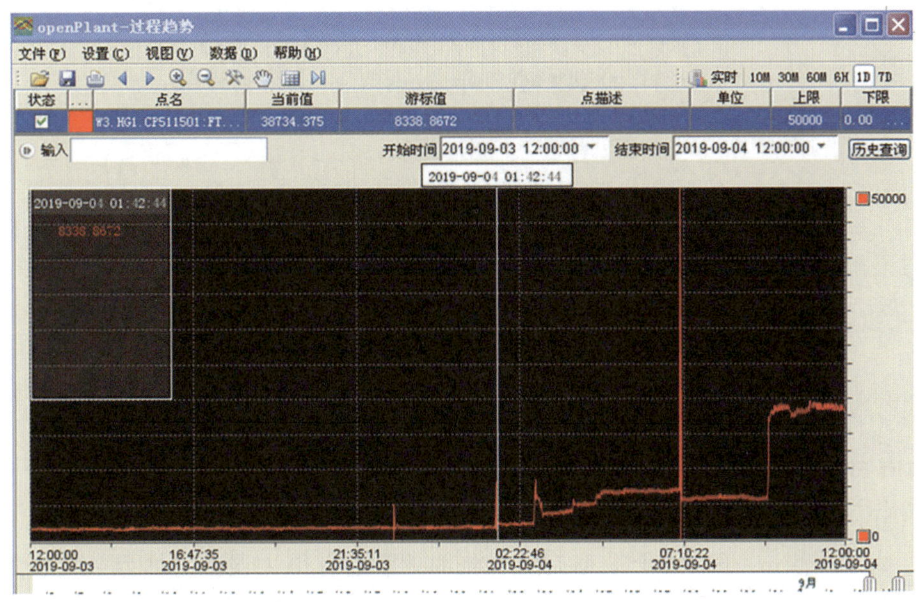

图 1 博元尾气回送流量 FT-87121 历史趋势

3.2 仪表故障消除情况

该变送器属于贸易计量仪表，大修期间由辽宁东测检测技术有限公司（以下简称检定单位）进行检定，检定合格后，2019 年 7 月 26 日 10 时 40 分电仪中心仪表人员完成回装，常规检查未发现异常。

经过此次核对，变送器参数重新设定，流量指示正常，贸易交接重新启动。

4. 原因分析

4.1 直接原因

博元尾气回送流量计 FT-87121 按照贸易计量仪表检定周期要求必须每年进行强制检定。该流量计为差压变送器，在检定过程中需要将变送器输出设置在“线性”，然后各点及线性进行标定，合格后恢复原有设置。该变送器检定合格后，由于检定人员工作疏忽没有恢复输出“开方”设置是导致流量计计量异常的直接原因，检定单位出具的证明材料见图 2。

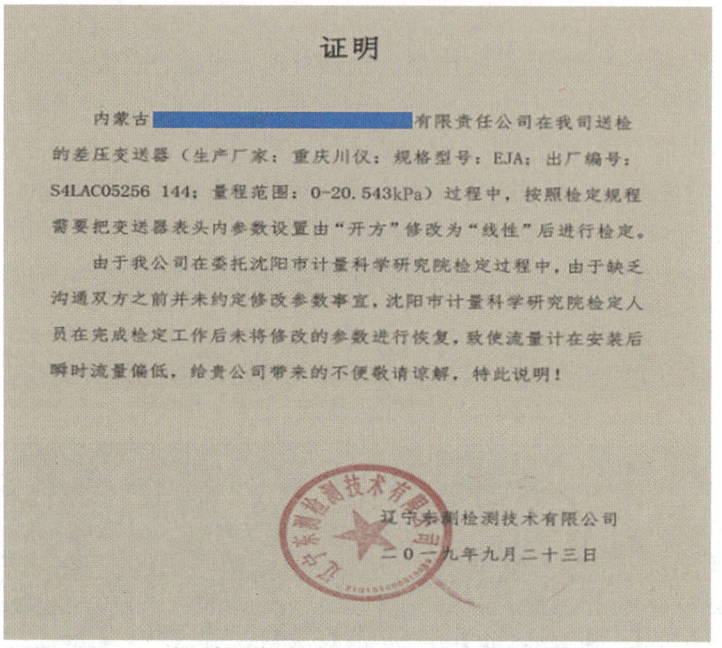

证明

内蒙古[redacted]有限责任公司在我司送检的差压变送器（生产厂家：重庆川仪；规格型号：EJA；出厂编号：S4LAC05256 144；量程范围：0-20.543kPa）过程中，按照检定规程需要把变送器表头内参数设置由“开方”修改为“线性”后进行检定。

由于我公司在委托沈阳市计量科学研究院检定过程中，由于缺乏沟通双方之前并未约定修改参数事宜，沈阳市计量科学研究院检定人员在完成检定工作后未将修改的参数进行恢复，致使流量计在安装后瞬时流量偏低，给贵公司带来的不便敬请谅解，特此说明！

辽宁东测检测技术有限公司

二〇一九年九月二十三日

图 2　检定证明

4.2 间接原因

尾气回送流量计量程为 0 ～ 50000Nm^3/h，按照节流装置设计计算书（图 3）上所测最小流量为 16666Nm^3/h，低于最小流量所测流量就会有很大误差。博元公司在只开加氢装置时，返回的尾气量（1700 ～ 2600 Nm^3/h）非常小，该流量计 FT-87121 不适合在此工况下进行计量，导致计量存在误差，工艺人员不关注流量的变化，造成操作误判，当博元公司甲醇开车流量变大才发现仪表流量偏低。

节流装置设计计算书

设计标准 ISO5167-1 GB/T 2624-2006

订货单位：		设计编号：
合同编号：	安装位号：回煤制气尾气	安装方式：水 平
名称型号：平衡孔板		流体名称：回煤制气尾气
供货内容：法兰　节流件		数量：1
附件：		取压孔对数：1
节流件上游侧阻流件形式：单个 90°弯头和三通		
工　艺　参　数		
气体名称及组分	0_2, N_2, $C0$, $C0_2$, CH_4, C_2H_6, C_3B_8, H_2 0.01 0.35 11.13 2.82 40.68 0.67 0.01 44.33	∞=0.5402kg/m^3
刻度流量：50000 Nm^3/h	差压上限ΔPmax：20.543 kPa	
最大流量：42000 Nm^3/h	常用流量：35000 Nm^3/h	最小流量：16666.67Nm^3/h
流量值状态：0℃ 101.325kPa 标准状态		压缩系数 Z:1.00000
工作表压：3.12 MPa	工作温度：25 ℃	操作密度ρ:15.7275kg/m^3
地区气压：1000 mbar	管道绝对粗糙度：0.75	流体黏度 :0.01149mPa.s
相对湿度：00.0 %	饱和汽压： Pa	饱和密度： kg/m^3

图 3　节流装置设计计算书

4.3 管理原因

电仪中心仪表人员在检定完成回装流量计常规检查过程中，未发现内部参数设置错误，未能及时纠正，是导致流量计计量异常的又一原因。

博元公司侧的流量计因大修后安装错误一直不能投用，仅靠制气厂侧仪表的指示，无法有效比对。

5. 事件整改情况及改进建议

5.1 事件整改情况

参数重新设定，流量指示恢复正常。

5.2 改进建议

电仪中心应制定 DCS 组态统一管理规定，细化组态参数设置原则，对于差压式流量仪表，变送器内部应为线性输出，统一在 DCS 做流量开方，便于管理。后期此表改为 DCS 开方，现场变送设置为线性输出。

6. 事件启示

仪表人员在检定、校准以及突然停电或其他原因，往往出现仪表恢复原始状态，设置参数发生变化。仪表人员在投表过程要按照台账仔细核对仪表参数设置，形成制度化，防止再次出现类似情况。

变换测温点泄漏粗煤气事故

1. 事故单位及事故装置的基本情况

某煤化工企业主要以煤为原料，经过气化、变换、净化、合成及精馏等工艺生产，生产纯度大于等于 99.99% 的精甲醇，副产液氩、液氮、液氧等，是国家全过程质量管理试点工程。

此次发生停车事故的为一期变换系统，进变换界区粗煤气温度测点法兰垫片损坏泄漏，变换装置系统停车。

2. 事故情况

2.1 事故仪表的基本情况

该仪表测点位号（TE10942），测量的是进变换粗煤气温度。

2.2 事故经过

4 月 16 日 6 时 6 分变换系统接气，在 4 月 16 日 23 时 34 分，仪表值班人员接到工艺人员通知变换有仪表漏点，赶到现场后发现变换进气管道测温点发生泄漏，联系搭设脚手架进一步排查。发现热电阻法兰垫片（图 1）损坏造成泄漏，因在线无法处理，申请变换系统停车。

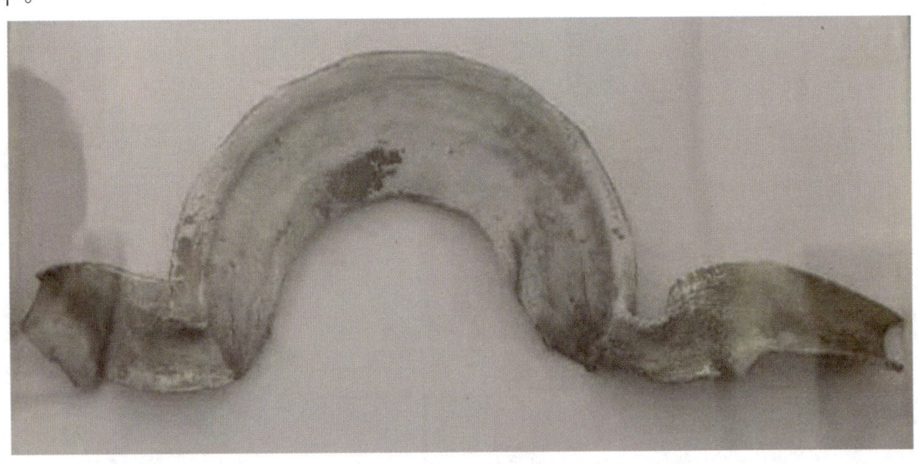

图 1　垫片损坏情况

17 日 2 时 15 分系统切气，仪表值班人员更换热电阻法兰垫片，在 6 时 10 分更换完成。系统恢复开车程序。

2.3 事故后果

因当时一期检修正在进入开车阶段，因此未造成经济损失，变换系统切气，影响停车检修后系统开车进度近 4h。

3. 事故处置过程

3.1 事故处置情况

仪表车间及时对垫片进行了更换，并排查全厂测点垫片使用情况，杜绝垫片选型不合适对生产造成的被动影响。

3.2 仪表故障消除情况

垫片更换完成后，故障消除。

4. 原因分析

直接原因

由于该测点法兰垫片安装时使用的是聚四氟乙烯垫片，所以不能用于高温高压密封工况，垫片选用不当造成泄漏事件是此次事件的直接原因。

5. 事故整改情况及改进建议

5.1 事故整改情况

事件发生后仪表车间管理人员立即组织对一期全厂仪表法兰垫片连接情况进行排查，对不合格的垫片进行更换。

5.2 改进建议

（1）深刻吸取事故教训，在二期停车检修时对仪表法兰密封垫片进行全面排查，选择金属缠绕垫，防止类似事故的再次发生。

（2）认真总结编入车间事故案例，使车间员工得到充分教育。

6. 事故启示

此次因垫片选型不当造成事故停车，车间对一、二期垫片做了全面排查，并在检修过程中及时更换磨损的垫片，预防此类事故的再次发生。

反应器温度联锁解除错误导致装置跳车事故

1. 事故单位及事故装置的基本情况

事故发生在某单位的MTP装置，该装置采用德国鲁奇公司的技术，将上游甲醇装置生产的精甲醇转化为丙烯。进界区的甲醇被加热后进入DME反应器，在催化剂的作用下生成二甲醚，DME在催化剂的作用下生成丙烯。转化过程中还生成少量的乙烯和高碳烯烃等，气体反应物经过急冷后被烃压机压缩、精馏，分离出聚合级的产品丙烯供下游PP装置使用，同时副产一定量的汽油、LPG，以及少量的乙烯。

该装置DCS采用霍尼韦尔公司的技术，包括8台控制站，16台操作站，1台工程师站。SIS和机组CCS采用北京康吉森公司的技术。

2. 事故情况

2.1 事故经过

2014年5月28日14时10分，仪表人员接到工艺人员电话通知反应器A床层温度高，已超过490℃报警值，且升温迅速，需要紧急解除601TSHH2119～2169共6个高高联锁。仪表人员一边接听电话一边将联锁位号随手记在一张纸上，并告诉工艺人员要让调度人员正式打电话下令，紧急情况解除联锁必须经过调度人员电话通知，仪表人员可以先做好准备。电话挂断后，仪表人员迅速打开SIS工程师站的计算机，登录程序找到了需要强制的6个点601TSHH2119～601TSHH2169的位置，在等待调度人员电话的同时，打开DCS操作画面查看温度显示，发现反应器A的第五层和第六层温度已经超过了490℃，已经进入了高温报警状态。约1min后调度人员电话通知解除反应器B床层温度601TSHH2219～2269共6个高温联锁，随即仪表人员将反应器A床层温度高高联锁601TSHH2119～2169进行解除（强制为当前状态），将SIS程序正常关闭后让监护人员电话通知工艺人员已经将温度联锁解除。14时14分57秒，工艺外操人员反映烃压机跳车，仪表人员前往烃压机操作站查看联锁报警画面时发现是SIS联锁信号触发，随后去SIS工程师站调取SOE记录，发现跳车原因为反应器B床层温度601TSHH2229超过联锁值540℃触发联锁。15时15分反应器及压缩机系统恢复正常。

2.2 事故后果

事故未造成人身伤害和设备损坏，烃压机联锁停机1h，在重新启动压缩机的过程中，消耗甲醇90t左右，造成经济损失18万元。

3. 事故处置过程

事故处置情况

事故发生后，仪表人员立即前往烃压机操作站查看停车原因，发现是SIS联锁信号触发，随后去 SIS 工程师站调取 SOE 记录，发现跳车原因为反应器 B 床层温度 601TSHH2229 超过联锁值 540℃触发联锁。确认停车原因后，调度人员命令仪表人员复位联锁，工艺装置立即开车。经过 1h 时间，工艺生产恢复正常。

4. 原因分析

4.1 直接原因

反应器 B 床层温度 601TSHH2229 温度达到 540℃联锁值，联锁没有及时解除，造成反应器跳车和烃压机跳车。

4.2 间接原因

（1）仪表人员接工艺人员电话后未认真、详细记录需解除联锁的位号，通过 DCS 画面发现反应器 A 的第五、第六层温度已高报，就想当然地认为解除的应是反应器 A 的温度，且为节约时间，在未接到调度人员电话正式通知解除联锁的情况下，已提前进入 SIS 程序中找到了反应器 A 的 6 个温度的具体位置。在接到调度人员电话通知解除反应器 B 的 601TSHH2219 ～ 2269 共 6 个温度联锁后，未复述、核对位号，误将反应器 A 的 601TSHH2119 ～ 2169 共 6 个温度联锁解除。

（2）仪表人员在联锁解除完毕电话通知工艺人员联锁已解除时，未详细复述联锁解除的位号，未能与工艺人员再次核实位号。

4.3 管理原因

仪表车间对《仪表车间控制系统管理制度》培训不到位，制度中虽有“紧急情况下解投联锁，必须执行两人作业的程序，必须进行手指口述操作”之规定，仪表车间未能督促监督仪表操作人员将相关规定落实到位。

5. 事故整改情况及改进建议

为了防范此类事故再次出现，车间组织员工学习《紧急情况联锁解除程序》规定，要求中心各岗位严格遵照执行。同时组织员工开展手指口述演练，熟悉联锁解除作业操作流程。组织员工开展“查找小毛病、纠正坏习惯”活动，通过讨论发现问题，提高员工的安全意识，规范员工作业行为。

6. 事故启示

这是一起典型的由于仪表人员失误所造成的生产事故。由于事发突然，已经没有时间办理解除联锁的申请单和工作票，仪表人员在无票情况下解除联锁，没有对仪表位号仔细进行确认，最终造成烃压机联锁停机。

在日常工作中，我们经常会遇到和这一事故类似的情境。这就要求我们要做到以下几点：

（1）在进行联锁相关操作时，必须对仪表位号和联锁逻辑进行仔细确认。

（2）监护人员必须对操作人员的操作严密监控，如发现偏差，要立即制止。

（3）对于工艺或设备的重要联锁，在组态修改或联锁投切作业时，必须要有工艺人员在场监督，以免出现不同专业间沟通不畅的情况。

高温热偶外漏导致气化炉停车事故

1. 事故单位及事故装置的基本情况

某煤化工项目为中国自主知识产权的煤基合成油示范项目，气化装置选用西北化工研究院完全自主知识产权的多元料浆加压煤气化技术。采用激冷流程，气化炉压力为4.0MPa、温度约1350℃。系统配置3台气化炉，正常生产时为两开一备。

气化炉炉内温度是气化炉正常运行的重要参数，它反映了料浆在气化炉内化学反应的状况，它直接插入气化炉内，一旦出现泄漏，会造成合成气泄漏，导致系统被迫停车。

2. 事故情况

2.1 事故仪表的基本情况

气化炉高温热偶采用B型热偶（图1），其主要由热偶丝、陶瓷管、不锈钢延伸管、法兰、高压密封件，以及接线盒等附件组成。

图1 高温热偶外观图

其密封方式见图2，热电偶丝引出线依次穿入瓷柱1个，密封附件1个，瓷柱2个，然后再穿入密封压盖，用扳手把紧。

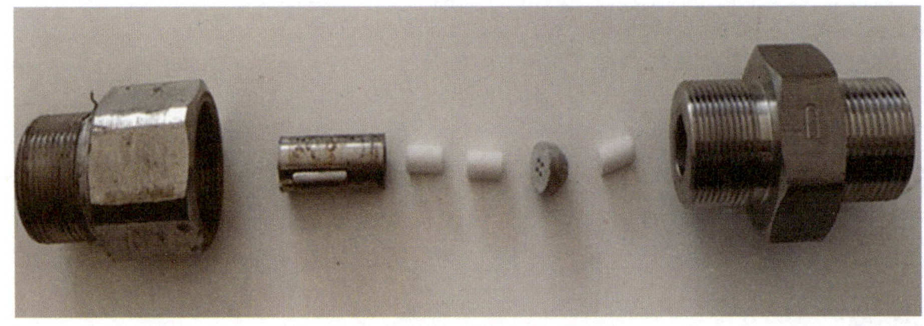

图2 密封组件图

2.2 事故经过

2020 年 6 月 28 日 6 时 40 分，现场一氧化碳报警器报警，检查发现 TT1203A 变送器保护箱泄漏合成气，经仔细检查发现合成气从 TT1203A 高温热偶接线盒电气接口处泄漏，合成气顺着穿线管进入变送器保护箱内（原始安装时未安装防爆密封接头），随后立即办理《仪表检修安全作业票》，各项安全措施落实到位后，用扳手对高温热偶密封压盖进行紧固，泄漏量未见减小，气化炉被迫停车。

2.3 事故后果

气化炉停车，影响油品产量 30t。

3. 事故处置过程

3.1 事故处置情况

因合成气内主要成分是一氧化碳和氢气，故发现泄漏后，为避免安全栅失效，作业现场出现高能量火花，第一时间联系 DCS 人员，从机柜间将变送器电断掉。

气化炉及时停炉、泄压、置换。

更换一支新的高温热偶，气化炉开车，用便携式报警器进行检查。

3.2 仪表故障消除情况

更换一支新的高温热偶。

4. 原因分析

4.1 直接原因

压柱的柱形键和键槽都有变形，柱形键受到压盖作用往下滑的过程中出现异常，在键槽内卡死。由于压柱没有到位，致使密封件未压紧，密封失效。

发生泄漏后，仪表工用扳手紧固密封压盖时，在柱形键卡在中间位置的情况下，不仅未起到密封作用，反而导致柱形键发生弯曲，见图 3。

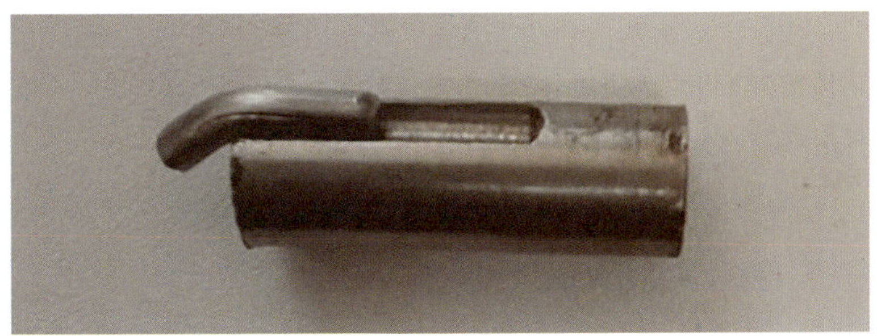

图 3　柱形键弯曲图

4.2 间接原因

高压接头自开车使用至今已有 12 年之久，频繁使用，压柱的柱形键及键槽变形。

4.3 管理原因

设备管理人员未能辨识出销钉变形后对密封的影响，没有制定高压接头安装的检查内容和更换计划。

经与热偶制造厂家沟通，厂家对压柱已经进行改造，而我方未能使用最新产品。图 4 为厂家改造后的柱形键，已进行焊接加固。

图 4　改造后的柱形键图

5. 事故整改情况及改进建议

5.1 事故整改情况

事故发生后，进行事故分析会，要求在每次安装过程中需要对密封压盖螺纹、压柱及销钉进行检查，应无变形、无毛刺，压柱在高压密封套内能在轴向上自由滑动。

5.2 改进建议

因高温热偶属于易损件，在每次气化炉停炉置换后，就需要疏通安装孔，有时因炉温降得太快，导致安装孔内的炉渣完全冷却，无法进行疏通，只能是待开炉前、烘炉炉温升高后，再进行疏通。与工艺人员沟通，在气化炉停炉后就及时对高温热偶安装孔进行疏通，在气化炉检修过程中，应组装好进行回装，随气化炉检修完工共同气密，能提前发现问题，提前处理。

6. 事故启示

在紧固密封压盖时，应与热偶制造厂家充分沟通，提供合适的力矩，用力矩扳手进行紧固。建立高压接头固定更换周期或检查机制。

在气化炉检修完成，工艺人员气密前就进行组装回装，随气化炉共同气密，可提前发现问题，提前处理。

多与同类型煤化工企业及制造厂家进行技术交流，有新的技术及改造，及时应用。

针对煤化工企业内频繁、风险较大的作业，应建立标准化作业流程，避免类似事故发生。

熔融泵电机绕组温度故障导致挤压机停车事故

1. 事故单位及事故装置的基本情况

聚乙烯装置是某煤化工公司的一个主要的工艺单元，装置于2010年建成投产。引进美国UNIVATION公司气相法聚乙烯专利技术，以乙烯为主要原料，丁烯-1或己烯-1为共聚单体，年产30万吨聚乙烯（树脂）颗粒。挤压机型号是JSW的CIM460，挤压机流程图见图1。

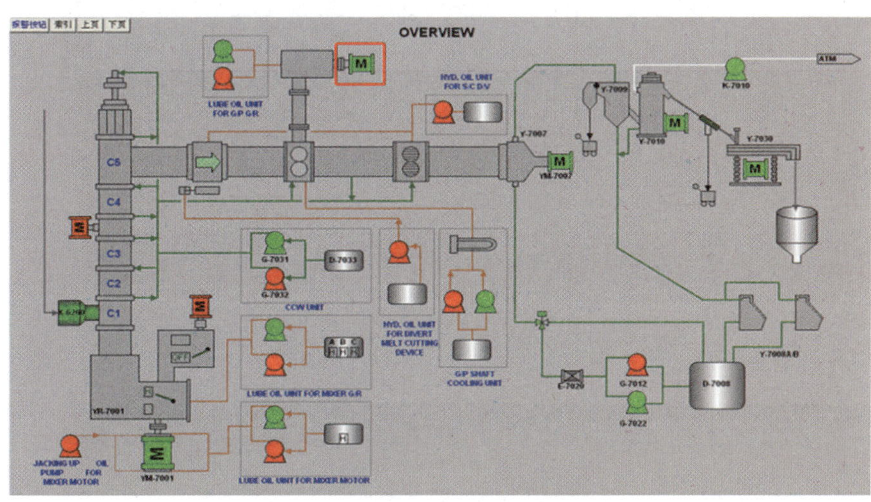

图1　挤压机流程图

2. 事故情况

2.1 事故仪表的基本情况

JSW挤压造粒机组使用的控制系统为西门子公司的S7-400，熔融泵电机品牌为ABB，电机内部安装有3支绕组温度，位号分别为TI7004-011A、TI7004-011B、TI7004-011C；双支热电阻（Pt100，引线安装在电机壳内）；温度变送器（现场接线箱内）；电机三支绕组温度高高报警2oo3参与挤压造粒机组停车联锁逻辑。回路示意图见图2。

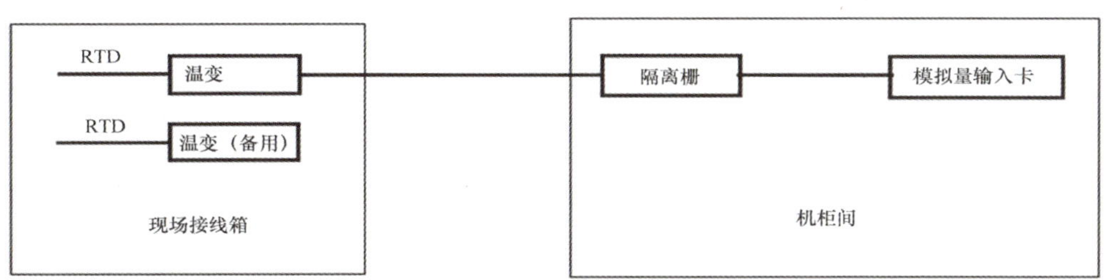

图2　回路示意图

2.2 事故经过

2022年1月8日4:40:44，熔融泵电机绕组温度TI7004-011C突然出现“尖峰”（黄色线），历史趋势见图3；报警事件记录显示该点高高报警；4:40:47报警事件显示“喂料系统停”，4:41:07开始报警事件陆续显示主电机停、熔融泵电机停、切刀电机停、切刀单元解模等。报警事件记录见图4。

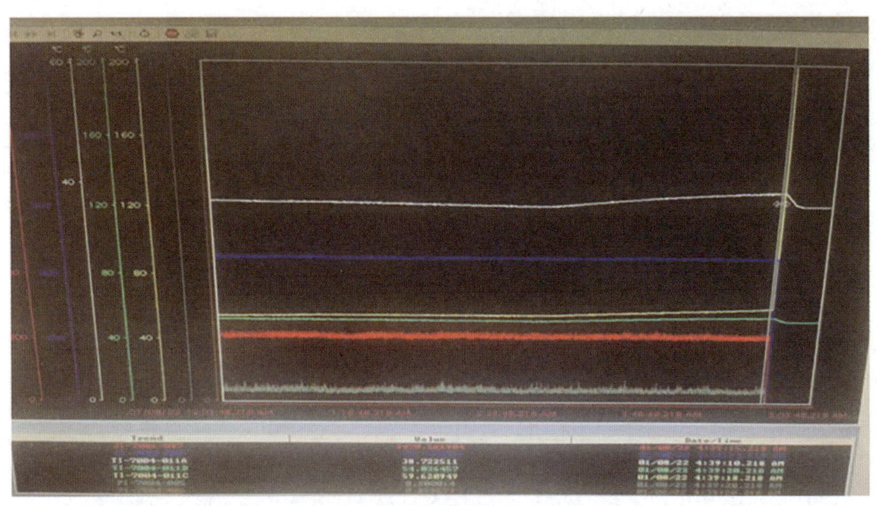

图3　TI7004-011C 历史趋势

备注：TI7004-011A 白色线；TI7004-011B 绿色线；TI7004-011C 黄色线。

ALARM HISTORY　2022/01/11 16:37:09

	Date	Time	TagName	Message text	Status	Number	EVENT
932	22/01/04	08:07:47	ZAO_7001_116	ROTARY SLOT BAR POSITION "OPEN"	·	7046430	
933	22/01/04	08:07:47	PAL_7001_017	ABC SEAL PRESS. "LOW"	·	7214202	
934	22/01/04	08:07:47	PAL_7001_018	ABC SEAL PRESS. "LOW"	·	7290089	
935	22/01/04	08:08:29	ZAO_7001_116	ROTARY SLOT BAR POSITION "OPEN"	·	7046430	
936	22/01/04	08:08:29	PAL_7001_017	ABC SEAL PRESS. "LOW"	·	7214202	
937	22/01/04	08:08:29	PAL_7001_018	ABC SEAL PRESS. "LOW"	·	7290089	
938	22/01/08	04:40:44	TAH_7004_011C	G/P MOTOR WINDING TEMP. "HIGH"	·	6878658	
939	22/01/08	04:40:44	TAA-7004-011C	G/P MOTOR WINDING TEMP."ALARM"	·	7214203	
940	22/01/08	04:40:44	TAH-7004-011C	G/P MOTOR WINDING TEMP. "HIGH"	·	27	
941	22/01/08	04:40:44	TAA-7004-011C	G/P MOTOR WINDING TEMP."ALARM"	·	166	
942	22/01/08	04:40:47	EA-	FEEDING SYSTEM "STOP"	·	1	
943	22/01/08	04:40:57	IAL_7001_096	MIXER MOTOR CURRENT "LOW"	·	6710896	
944	22/01/08	04:40:58	IAL-7001-096	MIXER MOTOR CURRENT "LOW"	·	58	
945	22/01/08	04:41:07	EA_7001_099A	MIXER MOTOR "STOP"	·	7130316	
946	22/01/08	04:41:07	EA-7001-099A	MIXER MOTOR "STOP"	·	6	
947	22/01/08	04:41:12	EA_7004_001A	G/P MOTOR "STOP"	·	6962544	
948	22/01/08	04:41:13	EA-7004-001A	G/P MOTOR "STOP"	·	20	
949	22/01/08	04:42:12	EA_7007_019A	CUTTER MOTOR "STOP"	·	7214202	
950	22/01/08	04:42:13	EA-7007-019A	CUTTER MOTOR "STOP"	·	39	
951	22/01/08	04:44:01	PAL_7007_017	CUTTER UNIT CLAMP HYD. OIL PRESS. "	·	6962544	
952	22/01/08	04:44:02	PAL-7007-017	CUTTER UNIT CLAMP HYD. OIL PRESS. "LOW"	·	44	
953	22/01/08	04:44:02	ZAH_7006_007	CUTTER UNIT LOCK-RING "UNLOCK"	·	6710896	
954	22/01/08	04:44:03	ZAH-7006-007	CUTTER UNIT LOCK-RING "UNLOCK"	·	41	
955	22/01/08	04:44:07	ZAH_7007_002	CUTTER UNIT "REMOVE"	·	6878658	
956	22/01/08	04:44:08	ZAH-7007-002	CUTTER UNIT "REMOVE"	·	43	
957	22/01/08	04:57:58	HA_7001_109	MUTUAL INTERLOCK "OFF"	·	6962544	
			HA-7001-109	MUTUAL INTERLOCK "OFF"	·	101	
				[illegible]	·	6878659	

图4　挤压机停车报警事件记录

2.3 事故后果

事故造成挤压机停产4h。之后经过故障排查处理和现场开车准备，挤压造粒机组开车正常。

3. 事故处置过程

3.1 事故处置情况

挤压机造粒机组停车后，根据报警事件记录，对熔融泵电机三支绕组温度和现场接线箱内对应的温度变送器进行检查。

（1）检查仪表信号电缆绝缘情况

使用 500V 兆欧表测仪表信号电缆线间及对外绝缘电阻均大于 5MΩ，判断仪表信号电缆无短路或开路情况。

（2）检查热电阻绝缘情况

① 使用万用表分别测量热电阻三根引线（A/B/C）对地（壳）电阻值，对地（壳）电阻值都是无穷大；

② 使用万用表分别测量热电阻三根引线（A/B/C）线间电阻值，发现 A-B 和 B-C 线间电阻值无穷大，A-C 线间电阻值正常，判断 B 线断。

（3）通过上面的两个测量方式，检查其他在用芯和备用芯引线情况，检查结果

① TE7004-011A （在用/备用）正常（U）；

② TE7004-011B 在用芯正常，备用芯损坏（V）；

③ TE7004-011C（在用/备用）全部损坏（W）；

④ 三个温度变送器都正常。

经过与工艺人员和电气专业技术人员沟通，暂时不具备更换电机绕组温度，又考虑生产的迫切性，对 TE7004-011C 强制，待装置消缺检修或大修时间进行更换。目前，挤压造粒机组运行正常。

3.2 仪表故障消除情况

检查熔融泵电机绕组温度情况，发现 TE7004-011C 在用/备用芯全部损坏。电机绕组温度是预埋在线圈内，主要作用是联锁保护电机不因高温损坏，如因一支温度元件故障将电机线圈全部拆除重新缠绕，大约需要 72h，得不偿失；又因为乙烯罐存较高，不具备外送电机更换绕组温度；最后，经过与设备和电气人员协商后，决定对该温度点进行强制；同时，设备、电气和仪表人员加强对熔融泵电机的巡检，工艺操作人员重点监视 TE7004-011A 和 TE7004-011B 曲线，发现温度异常波动时，及时联系相关专业技术人员。

4. 原因分析

4.1 直接原因

从控制系统的报警事件记录（图 4）可以看出，停车直接原因是熔融泵电机绕组温度 TE7004-011C 高高报警，触发停车联锁逻辑；熔融泵电机安装至今，没有对电机绕组温度进行全面检查，致使绕组温度元件因老化或者振动环境对壳、地绝缘不够等原因导致损坏，最终因为开路“假信号”而联锁。这是造成停车的直接原因。

由于 2013 年因甲醇制烯烃装置（MTO）主风机电机绕组温度故障（1oo1），造成装置停车。经公司领导和电气专业多次开会讨论，最终决定将全厂电机绕组温度联锁由 1oo1 改为 2oo3，已是 2oo3 联锁的不做改变，聚乙烯装置挤压机主电机、熔融泵电机、切刀电机的绕组温度在此次联锁变更内。修改后的联锁见图 5。

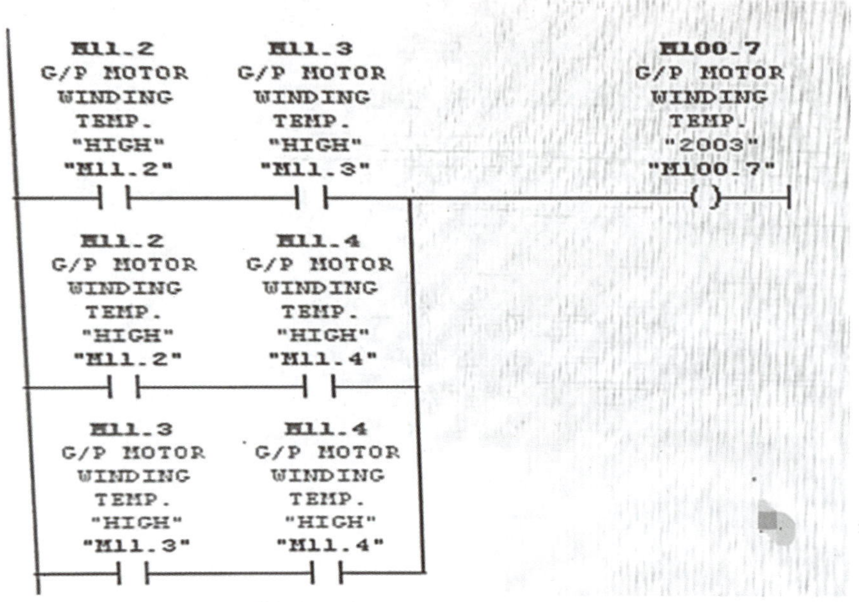

图 5　熔融泵电机绕组温度 2oo3 组态图

备注：M11.2:TE7004-011A；M11.3:TE7004-011B；M11.4:TE7004-011C。

2022 年 1 月 17 日，在挤压造粒机组停车期间，对电机绕组温度 2oo3 联锁进行测试，测试记录见图 6。

图 6　2oo3 联锁测试报警记录

从控制系统组态（图 5）和联锁测试报警记录（图 6）可以确认，熔融泵电机绕组温度联锁确实已修改为 2oo3，那为什么还会因为单点温度高高报警触发挤压造粒机组停车联锁呢？

（1）原始逻辑图查停车原因

原始逻辑图查停车逻辑。原始逻辑图熔融泵电机绕组温度联锁是 1oo1（OR），同时还输出 HEAVY ALARM（重报警），见图 7。

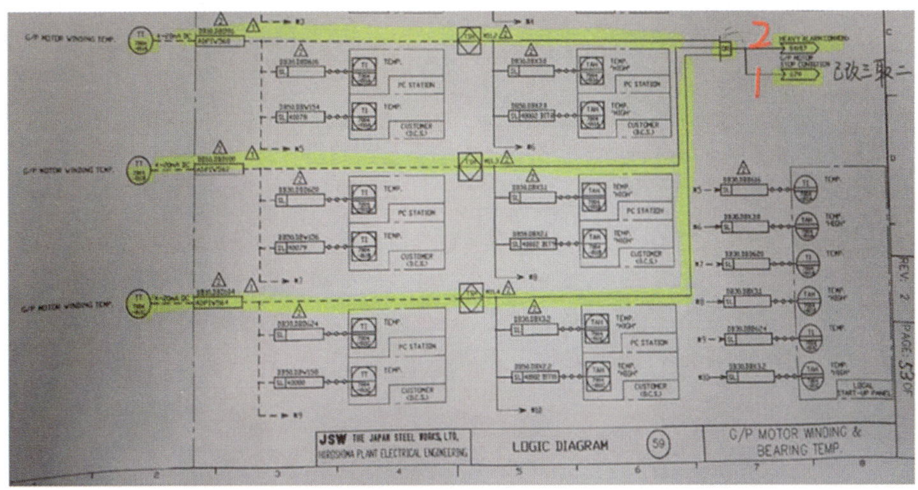

图 7　电机绕组温度联锁 1oo1（红色 1）

从图 7 可以看出，熔融泵电机绕组温度高高报警信号输出送到两个位置，一个信号联锁停挤压造粒机组（红色 1），另一个信号到 HEAVY ALARM（红色 2）。联锁停挤压造粒机组逻辑已经明确，见图 8（自动启停设置）。

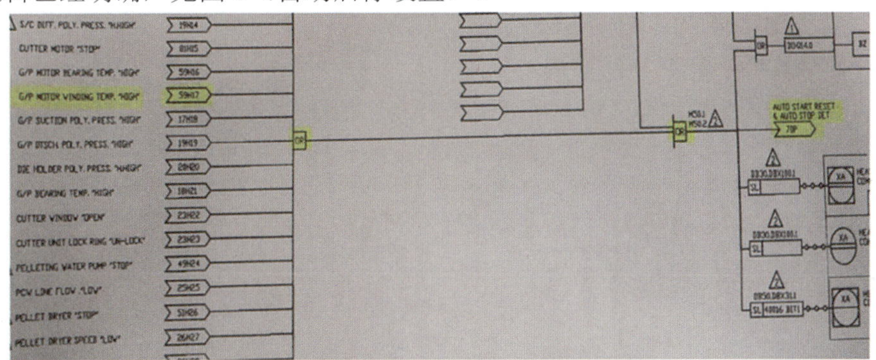

图 8　自动启停设置

沿着 HEAVY ALARM 条件查看后面的逻辑，见图 9（停车顺序控制）、图 10（熔融泵停车信号）。

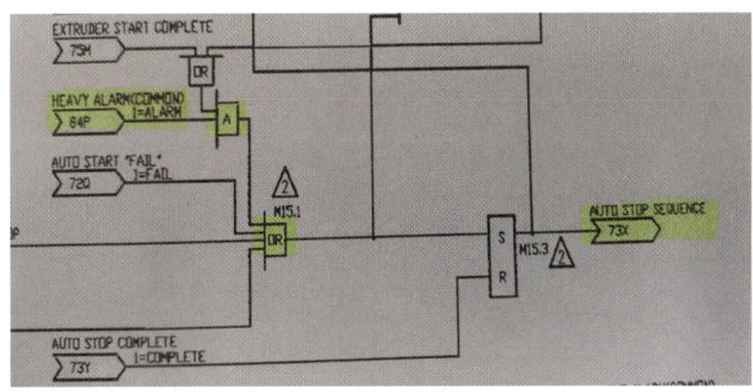

图 9　停车顺序控制

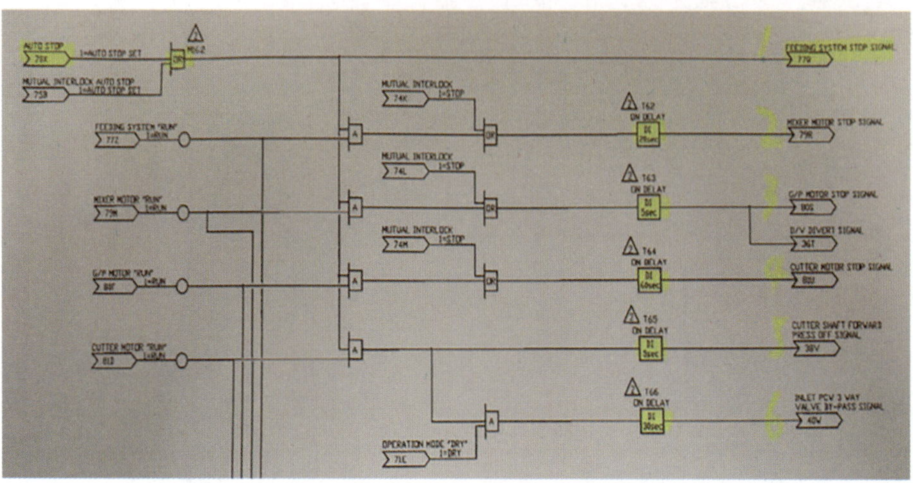

图 10 熔融泵停车信号

从图 7、图 9、图 10 可以看出 HEAVY ALARM（1oo1 联锁），也参与挤压造粒机组停车联锁。

（2）控制系统组态策略查停车原因

控制系统查 HEAVY ALARM 组态策略。TE7004-011C（M11.4）的高高报警中间变量引到 H27（HEAVY ALARM）报警块，见图 11。

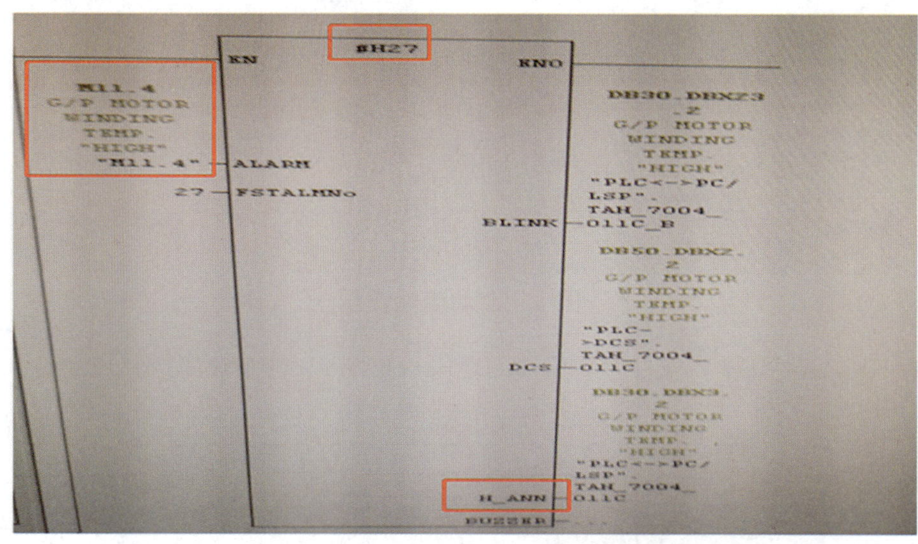

图 11 HEAVY ALARM 报警块

图 11 右下角的 H_ANN 引脚，在控制系统中经过几次引用，最后被送到中间变量 M50.2 重报警通信信号，见图 12。

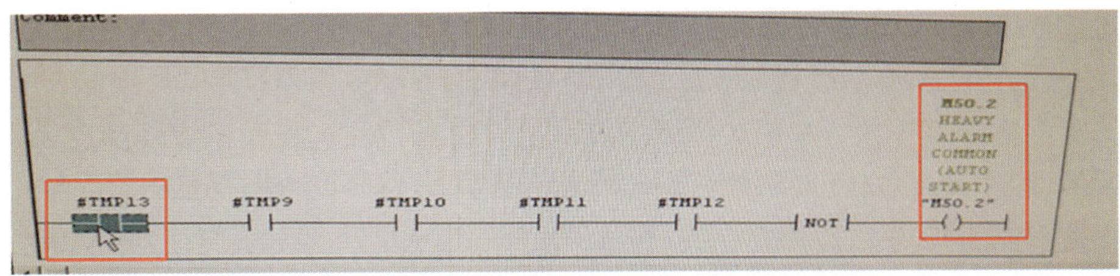

图 12　M50.2 重报警通信信号

控制系统中间变量 M50.2 最终送到图 8 的 AUTO START RESET&AUTO STOP SET，参与联锁停挤压造粒机组。

综上所述，这次挤压造粒机组真正的停车原因：因为电机绕组温度 TE7004-011C 开路，温度值瞬间升高，超过高高报警值，触发 HEAVY ALARM（1oo1）停车联锁，造成挤压造粒机组停车。

4.2 间接原因

控制系统班组在修改熔融泵电机绕组温度联锁时，没有充分研究原始逻辑图纸，仅修改温度高高联锁为 2oo3，没有修改温度高高报警（HEAVY ALARM），保持 1oo1 联锁停车条件；联锁逻辑修改后，调试工作是在机组停车状态下，模拟联锁触发测试逻辑，无法真实测试机组运行状态下的联锁逻辑。这是造成停车的间接原因。

4.3 管理原因

技术人员对关键（重要）联锁修改过程把关不严，联锁调试不彻底，致使联锁修改不完善；日常检维修和强制保养工作不全面，关键（重要）仪表设备存在漏检或不检等问题；大检修期间未对重要电机绕组温度进行全面检测或联系电气专业解体检查。这是造成停车的管理原因。

5. 事故整改情况及改进建议

5.1 事故整改情况

利用挤压造粒机组停车期间，修改、完善电机绕组温度高高报警（HEAVY ALARM）为 2oo3，下装、调试正常后联锁投入使用。

5.2 改进建议

（1）预知维修

结合近 10 年仪表设备故障频率和现场仪表运行状况，科学合理地制订仪表专业人员月度检修计划，确保对现场仪表开展有计划的预知维修，尤其是关键（重要）仪表设备；对于长期使用在振动环境下的仪表设备和接线端子，要考虑仪表设备的抗振性能，避免因振动造成仪表设备的频繁损坏。

（2）优化温度变送器设置

原温度变送器智能化较低，只能进行简单的量程和温度类型配置，无温度回路故障后显示：保持/最高/最低/报警灯功能，更换新型智能温度变送器，同时，为避免仪表“假报警”造成的误停车，将仪表回路开路设置显示最低（量程的下限值），既便于仪表故障判断和处理，也能有效地保证设备安全和装置的稳定生产。

（3）分级管控、定期更换

将仪表设备分为A级、B级、C级三级别；对分级后的仪表设备进行制度化、标准化管理，从而让备品备件物资采购更合理、库存有效性更高、设备周期性更换。

A级仪表设备：①造成反应器或挤压造粒机组停车；②A类机组联锁条件1oo1；③关键路径、关键设备；满足上述其中一项列为A级。

B级仪表设备：①除反应器、造粒机组外，造成局部停车；②A类机组2oo3联锁条件的仪表设备；③有备用设备，但影响装置生产较大。

C级仪表设备：除A级、B级外，其他仪表设备。

（4）建档工作

加强仪表设备档案建设工作，做好仪表设备检修和故障数据的记录与归档。

（5）质量管控

根据仪表设备的分级，对现场仪表设备进行分级管控。仪表工程师对关键（重要）联锁修改及调试过程，严格管控：

①对A级仪表设备的检修质量和检修全过程进行监督、检查、验收。

②对B级设备做好抽查，要求班长对检修质量和检修全过程进行监督、检查、验收签字；对C级设备，要求班长或作业负责人对检修质量和过程进行监督、检查、验收签字。

（6）强制保养

统计近5年挤压造粒机组停车记录，再结合停车联锁逻辑，编制挤压造粒机组停车消缺检查表。见表1。

表1　聚乙烯装置挤压造粒机组停车消缺检查表

序号	位号	检查内容	检查要求	检查设备运行数据及存在的问题	检查人	确认人
1	170SE7001-93A/B	检查主电机转速探头	检查支架是否牢固、固定螺母无晃动、测量间距及电压变化符合标准，探头表面和接线箱内整洁、接线端子牢固			
2	170SE7004-14A/B	检查熔融泵转速探头	同1			
3	170SE7010-2	检查干燥器转速探头	检查固定螺母无晃动、测量间距及电压变化符合标准，探头表面和接线箱内整洁、接线端子牢固			
4	170SE5011-2/6220-1/6213-2	检查下料系统各旋转设备转速探头	同1			

（续表）

序号	位号	检查内容	检查要求	检查设备运行数据及存在的问题	检查人	确认人
5	170LSHH8001-1/2/3/4	检查颗粒接收料斗料位开关检查	检查电机运行正常、转动臂无卡涩现象、无挂料现象、继电器正常动作			
6	170SE8002-2	检查颗粒接收料斗旋转下料阀转速探头	检查固定螺母无晃动、测量间距及电压变化符合标准，探头表面整洁、接线端子牢固			
7	170FT7007-026	检查切粒水流量计变送器	检查导压管是否通畅、零点是否飘移			
8	170LT7008-001	检查切粒水箱液位变送器	检查导压管是否通畅、零点是否飘移			
9	170LSHH5009-5	检查脱气仓料位开关	检查料位开关是否挂料、接线端子是否紧固			

6. 事故启示

石油化工、煤化工等企业关键（重要）仪表设备较多，既要做好设备分级、预知检维修、建档及质量管控工作，也要做好复杂控制逻辑的审批流程、过程管控、联锁调试及验收工作，减少因仪表设备误报警造成的非计划停车，为公司节约生产成本和优化物资费用的使用做好基础工作。

热电偶引线断造成机组非停事故

1. 事故单位及事故装置的基本情况

某煤化工企业为煤制天然气项目，采用碎煤加压气化、低温甲醇洗净化、甲烷合成技术，生产的天然气通过长输管道向外输送，同时副产焦油、粗酚、硫黄、硫铵等副产品。

空分装置一系列有 A、B 两个单元同步运行，每个单元包括一套氧气生产能力为 48000Nm³/h 的杭氧空分装置、一套进口曼透平压缩机组配套国产双良空冷岛系统组成。主要为后续装置提供氧气，为全厂各装置提供中低压氮气、仪表空气和工厂空气。

本项目采用德国曼恩机械生产的一拖二大型空分压缩机组，分别为蒸汽驱动透平机、空气压缩机、空气增压机。其控制系统分为两大块，一是压缩机、增压机采用北京康吉森公司搭建的 TRICONEX ITCC 系统，二是蒸汽透平机采用曼恩公司随机配备的西门子 S7-400/300 系统。

2. 事故情况

2.1 事故仪表的基本情况

主蒸汽温度有两个测点，分别是 TI121900A/B，采用热电偶 + 温变进行测量。两温度点在蒸汽透平机控制系统（西门子 S7-400/300）中低低（二取一，小于 460℃）联锁停机，该系统属于曼恩公司随机配备，版权保护，无法进入内部逻辑组态程序。

2.2 事故经过

2017 年 2 月 15 日 15 时 17 分，空分 B 单元机组跳车，仪表人员接到通知后立即查找跳车原因，发现 PLC 控制系统联锁首出“TI121900A-LL”，此时主蒸汽温度 TI121900A 显示为 62℃（跳车前此温度为 528℃）（图 1），经核实蒸汽管网系统实际温度、压力正常，仪表人员立即汇报分厂领导。

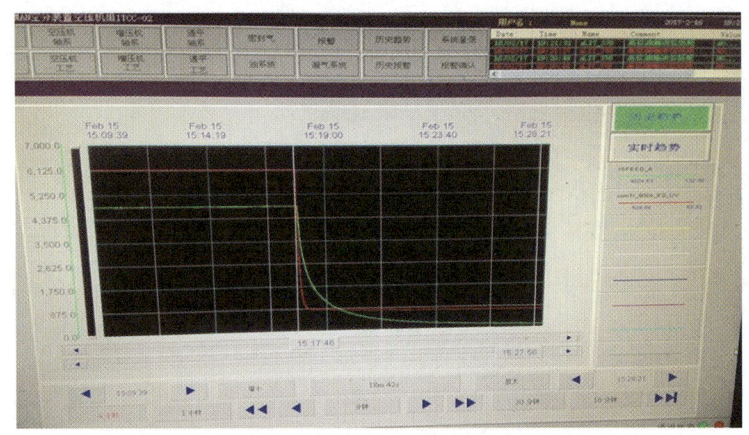

图 1　机组停车时主蒸汽温度历史趋势

注：红线为主蒸汽温度趋势，绿线为汽机转速趋势。

2.3 事故后果

本次事故引起空分 B 单元机组联锁跳车，停运 2h，停止向后系统供应氧气，导致后装置气化炉、低温甲醇洗、甲烷化合成等装置减一半负荷。

3. 事故处置过程

3.1 事故处置情况

机组跳车后，仪表人员成立临时抢修小组，立即对主蒸汽温度测点 TI121900A 回路进行检查，经排查系统卡件正常，测量回路电流为 5.6mA，判断为现场热电偶故障。

为了尽快恢复系统运行，仪控人员在 PLC 系统下位将温度测点强制为 530℃，随后运行人员启动机组。仪表人员组织现场搭设脚手架后，对温度测点进行检查发现，热电偶内密封填料损坏，且仪表引线有断点。

3.2 仪表故障消除情况

更换新热偶芯后，重新接线调试正常。

4. 原因分析

4.1 直接原因

热电偶长期在高温环境下工作，导致密封填料损坏，致使密封填料中的仪表引线断开（图 2），引起联锁跳车。

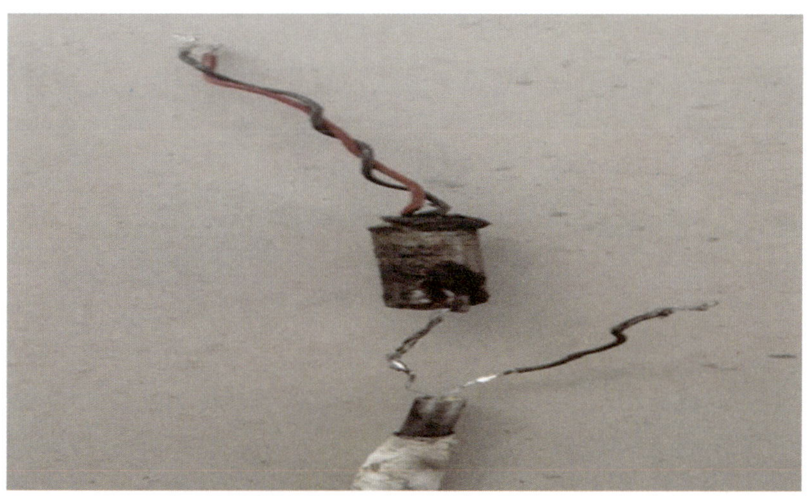

图 2　热电偶引线断开示意图

4.2 间接原因

（1）主蒸汽测点 TI121900A/B 二取一低低联锁跳机，设计不合理。

（2）仪控维护人员对高温高压环境下关键仪控设备，未能引起重视，对可能出现的异常预判能力不足。

4.3 管理原因

（1）蒸汽透平机控制系统（西门子 S7-400/300）曼恩公司版权保护，内部组态逻辑未开放，给查找跳机原因增加了一定难度。

（2）仪控维护人员对西门子（S7-400/300）控制系统内部操作步骤不熟悉，强制测点时间较长，进一步延迟了启机时间。

5. 事故整改情况及改进建议

5.1 事故整改情况

（1）为了解决西门子（S7-400/300）控制系统的局限性，在机组停机时将主蒸汽温度点 TI121900A/B 引到 ITCC 系统，逻辑改成二取二低低联锁输出至 PLC，原 PLC 系统中的两个温度测点进行强制，避免单一温度故障引起跳机。

（2）仪控分厂组织各班组人员详细学习工艺系统流程，熟悉机组跳车保护条件，对西门子控制系统内部逻辑进一步深入学习，做到全员皆知，出现故障能够快速准确处理。

5.2 改进建议

（1）利用停车检/临修时机，对带有保护的长周期运行机组的热电阻及热电偶芯进行拆卸检查，尤其是高温高压环境下测点更要仔细检查，确保元件及密封材质无损，保证机组稳定运行。

（2）排查全厂重要机组联锁停车逻辑，根据机组实际运行状况具体优化机组联锁保护条件，尽可能优化成“二取二”或“三取二”保护逻辑，避免单点保护故障动作引起机组非计划停车。

（3）仪控维护人员加强业务能力的提升，针对联锁逻辑进行深入学习，提高故障判断能力和综合分析能力。

6. 事故启示

大机组作为化工生产的核心，任何一次非停都会给生产造成巨大的损失，通常重要联锁仪表使用“二取二”或“三取二”保护逻辑来降低因单台仪表故障造成联锁误动作的概率。化工企业现场一般都存在高温、高压、腐蚀、振动等恶劣环境，此环境中运行的仪控设备损坏概率较大，重要的联锁仪表一旦发生故障，将直接影响工艺稳定运行。因此，仪表专业日常维护中要将大机组等重要设备、控制系统作为重中之重，特别是恶劣环境中运行的仪表一次元件，要加强巡检和定期检查，及时发现隐患，避免由于一次元件损坏引起装置非停对企业造成经济损失和降低安全生产风险。

温度仪表信号线中间接头松动导致压缩机停机事故

1. 事故单位及事故装置的基本情况

某公司 LDPE 装置采用德国巴塞尔公司 Lupotech TS 高压管式法工艺技术，该技术以乙烯为原料，丙醛或丙烯作为分子量调整剂，以过氧化物为引发剂，反应器采用乙烯单点进料 4 段反应的聚合方式，在 240 ～ 310MPa 高压状态下生产低密度聚乙烯均聚产品。

界区新鲜的乙烯进入装置，经过加热器，对乙烯加热，然后乙烯进入压缩单元，经过一次机、二次机压缩，压缩至聚合所需压力，然后去反应器进行聚合反应。

二次机是对称的两级压缩机，一段有四个缸，二段有六个缸。一段将进气从 28.5MPa 压缩到大约 120MPa，二段的最终出口压力大约为 260MPa。故障仪表 TE12701 是二次机一段 1B 缸十字头温度，为 Pt100 双支热电阻。

2. 事故情况

2.1 事故仪表的基本情况

LDPE 装置二次机 1B 缸十字头温度 TE12701，为 Pt100 双支热电阻（见图 1、图 2、图 3）。

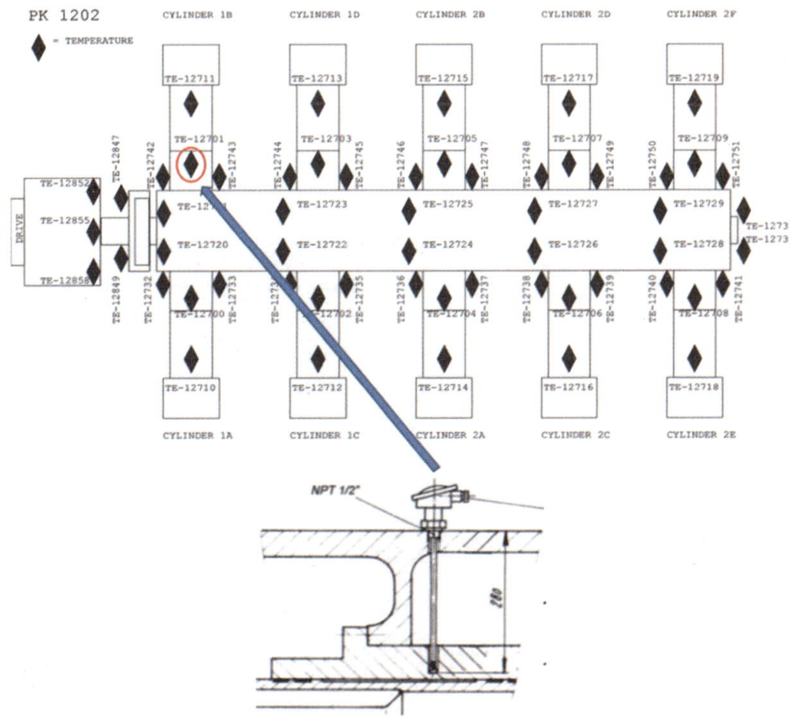

图 1　TE12701 安装位置示意图

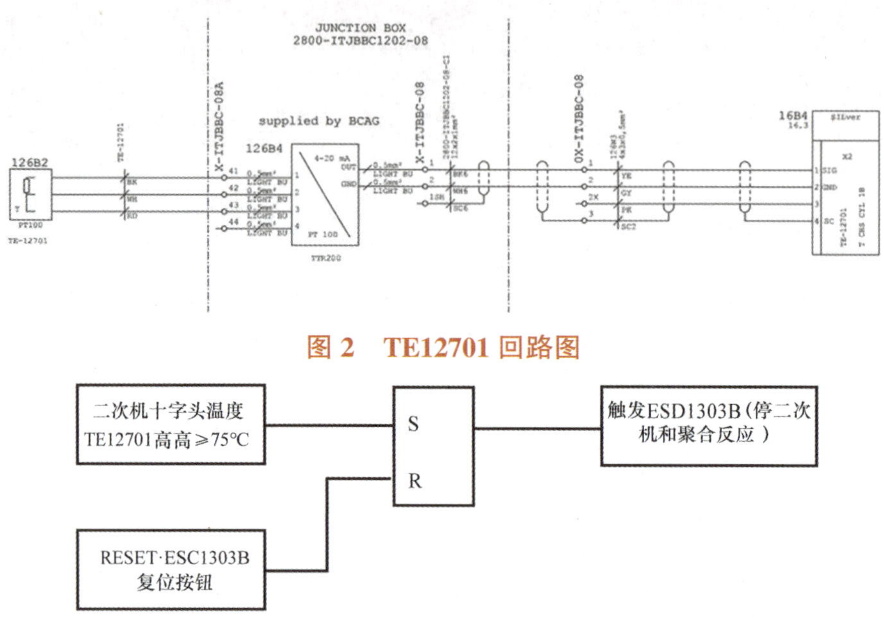

图 2　TE12701 回路图

二次机十字头温度 TE12701高高≥75℃

S

R

触发ESD1303B（停二次机和聚合反应）

RESET·ESC1303B 复位按钮

图 3　TE12701 联锁逻辑图

热电阻测温是基于金属导体的电阻值随温度的增加而增加这一特性来进行温度测量的，热电阻测得电阻信号，进入现场接线箱的温度变送器，将电阻信号转换为 4 ～ 20mA 信号，进入机组监控系统。由联锁逻辑图可以看出，TE12701 ≥ 75℃，触发 ESD1303B（停二次压缩机和聚合反应）。

2.2 事故经过

2020 年 4 月 4 日 18:48，LDPE 装置二次压缩机 1B 缸十字头温度 TE12701 在 1min 内由正常指示温度 67℃突然升高至 266℃，超过联锁设定值 75℃，造成二次机停机，LDPE 装置停车（见图 4）。

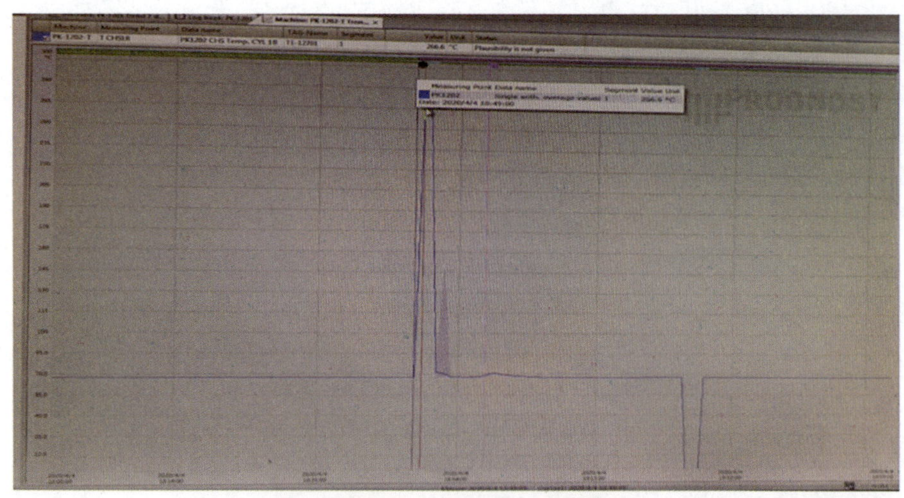

图 4　事故时 TE12701 趋势图

检查现场温度探头阻值正常，对该温度探头仪表回路进行检查，确认各端子紧固无松动。在对现场接线箱内端子检查时，发现晃动信号线捆扎线束，TE12701 仪表指示有较大变化，剪开信号线捆扎带，进一步进行检查后，发现在信号线束内，有信号线使用绝缘胶布包裹，并确认为 TE12701 信号线。拆开绝缘胶布，确认该信号线有中间接头，并且中间接头有松动迹象。将中间接头拆除，直接将信号线接上端子，温度指示稳定。

2.3 事故后果

二次机 1B 缸十字头温度 TE12701 误指示造成二次压缩机停机，LDPE 装置非计划停车。

3. 事故处置过程

3.1 事故处置情况

仪表专业检查确认二次机 1B 缸十字头温度 TE12701 突然升高为误指示，排查故障后，告知工艺人员，工艺人员按流程启压缩机，进行装置开车操作。

3.2 仪表故障消除情况

仪表专业检查接线箱内接线，发现 TE12701、TE12703、TE12705 的信号线均存在中间接头，将中间接头去除，直接将信号线接入端子，温度指示正常。

4. 原因分析

4.1 直接原因

温度信号线随意增设中间接头，中间接头在机组运行年限增长、外界环境振动等因素影响下，出现松动，造成信号线接触不良，导致电阻信号异常增高，是温度误指示异常波动，造成二次机联锁误动作的直接原因（见图 5）。

图 5 TE12701 现场接线图

4.2 间接原因

（1）《自动化仪表工程施工及质量验收规范》（GB 50093—2013）中 7.6.4 条明确规定：“仪表盘、柜、箱内的线路不得有接头，其绝缘保护层不得有损伤。”在装置建设阶段，该温度仪表信号线敷设安装工作严重不到位，施工人员未严格执行施工规范，随意设置信号线中间接头，并进行捆扎、隐藏至信号线束内，人为造成仪表设备隐患，这是此次事故的间接原因。而且，通过现场检查确认，并不存在信号线长度不够而需要增加中间接头的必要，初步判断为，施工人员为了满足信号线捆扎整体性，而增加中间接头。

（2）接线施工人员专业素质较低，安全意识淡薄，责任心缺失。对于增加中间接头可能造成的联锁风险识别不到位，侥幸心理严重。对仪表接线的相关施工要求、规范学习、理解不到位，施工工作存在严重失误。

4.3 管理原因

（1）在装置建设阶段，对仪表现场安装施工“三查四定”工作执行不到位，对《自动化仪表工程施工及质量验收规范》（GB 50093—2013）的参照执行不到位，质量验收工作不细致，未能发现现场接线箱内存在中间接头的隐患。

（2）开工后历次大检修，对端子紧固工作执行流于表面，质量验收把关不严，未能发现信号线接头隐患。

（3）相关维护经验不足，对已捆扎完整信号线束内，会存在中间接头的风险辨识不到位，未能识别出可能会存在中间接头的情况，未能进行相关质量的抽检工作。

5. 事故整改情况及改进建议

5.1 事故整改情况

将TE12701、TE12703、TE12705信号线的中间接头拆除，将信号线直接接至端子并确认紧固。利用装置检修期，对LDPE装置所有现场接线箱信号线进行排查，查看有无类似中间接头现象，排查结果无同类现象。

5.2 改进建议

（1）开展对装置内所有接线箱包括电缆槽盒内线缆有无接头情况排查工作，发现隐患立即整改。

（2）在历次大检修端子紧固工作要求中增加线缆接头情况检查内容，提早发现隐患问题。

（3）对于后期新建项目、技改技措项目，需要求施工与监理方对施工、监理人员加强对仪表相关技术规范的培训学习，严格按照《自动化仪表工程施工及质量验收规范》（GB 50093—2013）执行，从源头阻断施工人员可能出现的为施工方便私自采用中间接头接线的情况。同时加强甲方验收人员相关培训，提升验收工作质量，杜绝类似情况发生。

6. 事故启示

在项目建设、施工安装阶段，相比于仪表设备现场安装、调试工作，仪表接线因技术门槛不高，使得该项工作受关注度不够，所以容易引起相关监理、验收人员的忽视。对于接线施工人员，此项工作形式较单一，工作量较大，存在一定的出错概率，则需要施工方安排较强责任心人员来完成。

而在众多仪表类事故中，仪表回路中各接线端子松动造成仪表误指示、误联锁的事故历历在目。而由于仪表中间接头松动造成仪表故障也时有发生，所以，严禁在仪表信号线使用中间接头。

仪表接线的工作，在装置建设、包括后期技改技措、新项目实施到质量验收阶段，必须引起仪表管理人员的重视，尤其是联锁仪表回路的各端子、各线缆有无接头要逐一确认，从而避免类似事故的发生。

增压机推力轴承温度波动导致空分跳车事故

1. 事故单位及事故装置的基本情况

某公司于2009年投产，年产60万t甲醇项目，主要工艺装置有空分装置、热电站、煤浆制备、德士古气化装置、变换热回收装置、灰水处理、低温甲醇洗净化装置、卡萨利甲醇合成装置、精馏装置、超级克劳斯硫回收装置、氢回收装置、冷冻站、成品罐区、全厂水处理系统、汽车灌装站、输煤系统等。

空分装置由2套45000Nm³/h机组组成，DCS采用横河CS3000系统，由川空公司负责，自2012年起，热电阻温度信号经常在没有人为干预的情况下，出现大幅上下波动，曾造成空分装置多次停车事故发生，同时测点显示不准确对工艺人员操作带来极大困难，对生产安全稳定运行带来极大隐患。

2. 事故情况

2.1 事故仪表的基本情况

空分装置A/B套温度共有约200个温度测点，控制系统采用横河系统，温度卡为AAR145热电阻卡，回路中信号流向为现场热电阻的温度信号通过电缆到机柜间AAR145卡上，CPU采集完数据后通过网线传输到控制室操作站显示。

2.2 事故经过

空分装置A/B套温度自2012年起，屡次出现温度显示异常波动情况，到2017年后情况越来越严重。波动现象为随机一个温度大幅度上下波动或显示不准，DCS人员拆线测量显示正常，接线后相邻通道温度又开始波动。2018年8月30日，增压机正推力轴承温度TE-24415-B突然波动（图1、图2），导致空分跳车。

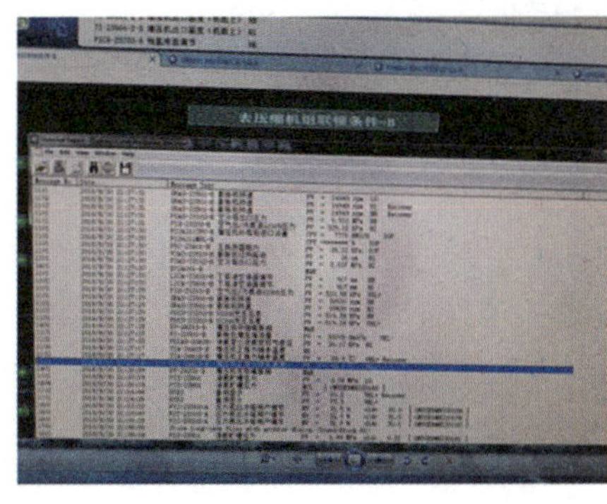

图1　TE-24415-B跳车操作记录

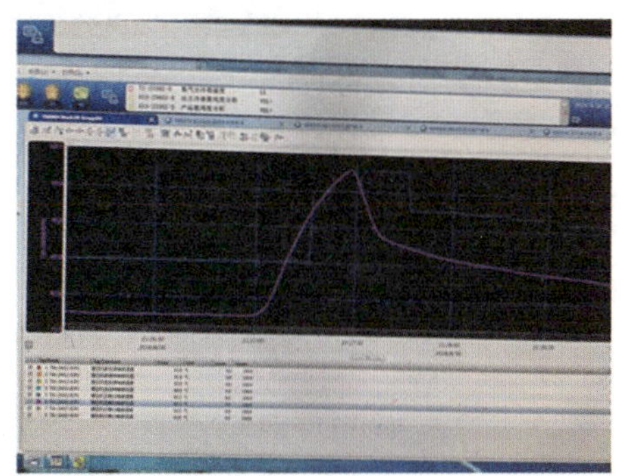

图2　TE-24415-B跳车趋势

2.3 事故后果

空分B套装置短停6h，导致气化装置与合成装置减负荷运行。影响甲醇产量300t左右，经济损失大约60万元。

3. 事故处置过程

3.1 事故处置情况

空分停车后查看趋势与SOE记录，判断为TE-24415-B突然升高导致跳车，仪表人员现场检查热电阻完好，输出电阻信号正常，DCS班组检查卡件通道，加信号测试卡件通道正常。判断为干扰导致温度信号突变造成停车。随后工艺人员组织开车，间隔4h后产出氧气，装置正常运行。由于空分一直存在干扰情况，温度信号随机波动，对于装置平稳生产是一个巨大的隐患，2018年10月电仪车间进行立项，2019年大检修期间对空分温度硬件回路进行改造。将热电阻卡AAR145改为模拟量卡AAI143，并在回路中增加P+F的温变安全栅（图3），避免温度信号因干扰产生波动。

图3　P+F温变安全栅分布图

3.2 仪表故障消除情况。

将12块RTD信号AAR145卡更换为4～20mA信号AAI143卡，以及增加200块P+F温变安全栅，改造完成后空分温度再无波动，装置运行平稳，至今未出现因温度突然异常导致跳车事件。

4. 原因分析

4.1 直接原因

增压机正推力轴承温度TE-24415-B受到外界的电磁信号干扰突然升高，导致空分跳车。

4.2 间接原因

（1）空分装置DCS机柜间正下方有电气变压器室，变压器运行时容易产生磁场，热电阻信号容易受到电磁干扰产生波动。

（2）仪表信号线与电气交流电源线未做隔离，电阻信号易受干扰。

4.3 管理原因

空分项目从前期设计到施工再到后期运维，都未考虑温度干扰因素，未能将潜在隐患进行解决处理，未定期对系统接地情况进行检查。

5. 事故整改情况及改进建议

5.1 事故整改情况

（1）利用2019年全厂系统大检修实施改造，更换卡件12块，增加温变安全栅200块。自改造完至今，控制系统运行稳定，温度再无波动。

（2）修订管理制度，对控制系统接地及屏蔽定期进行检查，形成台账。

5.2 改进建议

（1）机柜间设计符合HG/T 20508—2014规范；应远离易产生强电磁的电气配电室和变压器室等场所，交流电源电缆在机柜室内敷设应采取隔离措施。

（2）定期对机柜接地进行测试，接地电阻应小于4Ω。

（3）所有信号屏蔽线应在机柜间单端接地，屏蔽线用绝缘胶带缠绕，接地规范。

6. 事故启示

温度信号易受到外界的电磁信号干扰，控制系统机柜间选址时应避开电气变压器室等易产生强电磁的场所，交流电源电缆在机柜室内敷设时，应采取隔离措施。

汽轮机轴瓦温度接线端子松动导致全厂停车事故

1. 事故单位及事故装置的基本情况

某煤化工企业为大型煤制天然气示范项目，单期设计产能为13.3亿m^3/年。工艺主要采用碎煤加压气化、粗煤气耐硫变换冷却、低温甲醇洗净化、克劳斯硫回收加氨法脱硫、甲烷化合成及废水处理等工艺技术，生产的天然气通过长输管道向外输送。

项目分化工区和动力区，动力区一期由4台470t/h无中间再热褐煤锅炉、2台100MW抽凝式汽轮机组，1台30MW背压机组组成。锅炉生产的高温高压蒸汽，经汽轮机发电做功或减温减压器减压降温为中压、低压、低低压的不同品质蒸汽供化工区使用。其中低压蒸汽（2.0mPa）主要是供化工区空分装置机组使用。生产期间一般动力区运行3台锅炉、2台汽轮机（1台100MW抽凝式，1台30MW抽背式），减温减压器热备，当30MW抽背式机组跳车时，中压和低压蒸汽切换至减温减压器外供，设计为汽轮机和减温减压器无扰切换，实际切换中偶尔会造成蒸汽波动，遇有特殊情况时会造成化工区因蒸汽波动过大造成装置跳车，致使全装置停产。

2. 事故情况

2.1 事故仪表的基本情况

动力3号汽轮机（30MW抽背式）4号瓦轴承金属温度测点，采用的是Pt100型热电阻测量。

2.2 事故经过

2017年5月22日8:32，动力分厂3号汽轮机跳车，仪表人员接到工艺人员通知后立即进入现场查找跳车原因，在DCS上显示跳车首出信号是轴瓦温度过高。

仪表人员立即调取4个支撑瓦温度和4个工作推力瓦温度曲线，发现8:32:11支撑瓦4号瓦轴承金属温度有一个向上的突变（图1），其他轴瓦温度无明显异常。

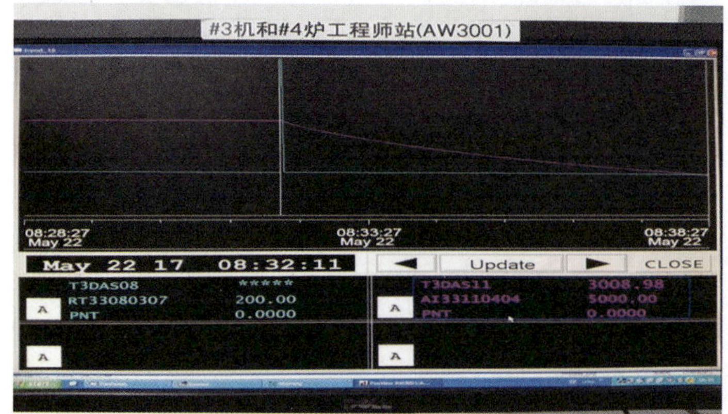

图1　3号汽轮机停机前后转速及支撑瓦4号瓦轴承金属温度曲线

注：紫色曲线为3号汽轮机转速，浅蓝曲线为3号汽轮机4号瓦轴承金属温度。

2.3 事故后果

本次事故造成3号汽轮机组停机33min，在此期间供化工区2.0MPa减压调节阀正在故障检修，无法切换，导致供化工区2.0MPa低压蒸汽全部中断，迫使化工区空分、气化、低甲、甲烷化及首站各装置全部停运，首站向天然气管网停供天然气14小时46分，给企业造成较大损失。

3. 事故处置过程

3.1 事故处置情况

仪表人员接到运行人员通知后，第一时间赶到现场查找分析跳车原因，并及时通知相关技术主管、分管领导、分厂领导。

在DCS上显示跳车首出信号是轴瓦温度过高，调取4个支撑瓦的轴振动曲线发现在跳车前后无异常情况，判断为4号瓦轴承金属温度测点显示异常导致跳车。为了快速启动3号汽轮机，按照公司《联锁报警管理规定》第一时间将轴瓦温度高联锁保护解除，并通知运行人员先行启动3号机组，于9时5分3号汽轮机启机，逐步恢复运行，2.0mPa低压蒸汽外供，化工区各装置陆续开车。

3.2 仪表故障消除情况

（1）仪表人员重点检查3号机4号瓦轴承金属温度测量回路，检查就地中间接线箱和控制柜端子，未发现虚接或短接现象；检查热电阻接线盒时发现热电阻其中一根接线（红色线）接线端子松动，有虚接现象；检查热电阻本体无问题后，对接线端子重新压线鼻子，且对整个回路端子进行紧固。

（2）该温度测点为单点保护，为了防止保护误动，在DCS中做温度坏点切除及速率变化过快切除。

通过以上两项措施后，3号汽轮机运行至今未再发生由于温度测点故障导致的停车事故。

4. 原因分析

4.1 直接原因

动力3号汽轮机4号轴瓦温度测点接线端子虚接，导致测量值异常触发停机联锁，致使3号汽轮机停机。

4.2 间接原因

（1）3号汽轮机停机时，动力供化工区2.0mPa减压调节阀正在故障检修，未起到热备作用，蒸汽线路无法切换，导致供化工区2.0mPa低压蒸汽全部中断，致使化工区全线停车，事故进一步扩大。

（2）该温度测点属于运行过程中新增加的保护，机组厂家原设计只有1号～3号瓦金属温度保护，且在DEH保护逻辑内；4号瓦金属温度测点属于后增加的联锁保护点，此点先引至DCS，通过DO卡件引至ETS参与保护，相关图纸没有做记录。

（3）由于该温度测点属于后增加的联锁保护点，且在DCS逻辑内，仪表人员在优化DEH保护逻辑内的单点温度测点时将此点遗漏，没有做温度坏点切除及速率变化过快切除工作。

4.3 管理原因

（1）仪表设备变更管理不到位，大机组新增重要保护联锁未执行变更手续，没有相关记录。

（2）仪表人员对相关管理规定执行不到位，在 3 号汽轮机启动前，未做好仪表回路及逻辑保护的传动检查，未能及时发现事故隐患。

5. 事故整改情况及改进建议

5.1 事故整改情况

（1）对动力供化工区 2.0mPa 减压调节阀立即进行抢修，第一时间恢复热备状态。

（2）仪表人员利用机组短停机会，对 3 号汽轮机所有联锁温度测点逐一排查，对接线端子进行压线鼻子或挂锡处理并重新紧固，对测量回路进行测试。

（3）新增加的 3 号汽轮机 4 号瓦温度测点联锁保护，按照《变更管理规定》补办相关审批手续，并完善相关逻辑图和记录，组织相关人员进行学习。

5.2 改进建议

（1）仪表人员根据机组停运间隙，全面细致检查用于机组保护的测点回路接线，检查接线端子腐蚀紧固情况，必要时做压线鼻子或挂锡处理。

（2）仔细梳理机组逻辑保护，特别是单点保护逻辑，尽量从逻辑优化上避免仪表误动引发停机。

（3）加强巡检和维护，对涉及保护联锁的测点在停车期间进行逐个回路检查和维护，并做好记录。

（4）加强变更管理，对新增或改造的仪表、逻辑修改等必须执行变更手续，做好相关记录和人员培训工作。

（5）加强业务能力的提升，针对联锁逻辑进行深入学习，提高故障判断能力和综合分析能力。

6. 事故启示

煤化工企业连续生产期间，参与机组监测和保护的仪表，出现任何一个小的失误或故障，都可能给企业生产带来巨大的损失，关键设备尤为重要。本次事故造成化工装置全停，其中最主要的原因是管理上的缺陷，仪表变更管理、联锁调试管理不到位，公用系统重要调阀不能实时热备。对关键机组仪表的日常维护具有很大警示作用，提醒我们对新增改造仪表或逻辑修改必须严格执行变更手续，对机组启机前联锁试验要高度重视，定期开展专项排查，及时消除隐患，确保设备及装置安全稳定长周期运行。

变送器引压管接头脱开导致大量泄漏丙烯事件

1. 事故单位及事故装置的基本情况

某煤化工企业为煤制烯烃项目，采用煤气化制甲醇、甲醇转化制烯烃（MTP）、烯烃聚合工艺路线生产聚丙烯产品。主要工艺流程为：水煤浆与氧气在气化装置加压气化得到粗合成气，经变换、低温甲醇洗、净化、甲醇合成及精馏装置，生产出精甲醇。再以精甲醇为原料生产出乙烯、丙烯、LPG、芳烃等，最后通过分离、聚合、挤压造粒生产出颗粒状聚丙烯（PP）树脂产品。

全厂 DCS 采用 Honeywell 公司的 TPS 控制系统。

2. 事故情况

2.1 事故仪表的基本情况

PP 装置二线丙烯回收泵出口压力 PT5569-2 在丙烯回收泵密闭小屋内，取样点在泵出口管道上，泵启动后出口压力为 4.5MPa，通过引压管路与变送器连接（图 1）。

图 1　现场安装图

2.2 事故经过

2019 年 12 月 12 日 5:33，工艺人员发现 PP 装置二线丙烯回收泵 G-5569 室内大量丙烯泄漏，情况非常紧急，工艺班长带领班组人员做好防护措施进入泵房内，发现是丙烯回收泵出口压力 PT5569-2 引压管接头脱开造成，迅速关闭根部阀门，切断丙烯泄漏源。随后通知仪表维护人员去现场检查处理。

2.3 事故后果

此次仪表未遂事故，工艺人员处理及时，避免了一场重大的安全生产事故的发生。

3. 事故处置过程

3.1 事故处置情况

5:40，仪表维护人员到达现场检查确认 PT-5569-2 仪表引压管连接直通卡套接头为脱开状态，随后更换引压管及世伟洛克卡套接头，6:50 恢复完成，将此表投入使用。

3.2 仪表故障消除情况

更换 PT-5569-2 仪表引压管及世伟洛克卡套接头，并对引压管安装防振动支架，整改后已投运两年，仪表运行稳定可靠。

4. 原因分析

4.1 直接原因

事故发生后发现脱开直通卡套接头为国产，并且直通卡套接头质量存在问题，前卡环、后卡环有生锈现象（图 2）（直通卡套接头是 316 不锈钢材质压力等级 3000PSI）；国产卡套紧固住引压管后，后卡环与前卡环能够顺畅脱开，不能够保证卡箍的紧固力均匀，而根部阀连接的世伟洛克接头后卡环能够完全固定在前卡环内，保证卡箍与引压管的紧固力更加均匀可靠（图 3、图 4），由于卡箍与引压管的紧固力不均匀、强度不够导致使用时瞬间引压管在接头卡环内直接脱出（如果事故原因是由于卡套接头处未拧紧，测量介质丙烯泄漏时会有汽化结霜现象，并且丙烯泄漏后会有烃类气味，在日常巡检过程中会很容易发现接头结霜和闻到气味，而在卡套脱开前并无此现象，故在脱开之前此卡套处并无松动泄漏）。所以，引压管从直通卡套接头内脱开是造成此次事故的直接原因。

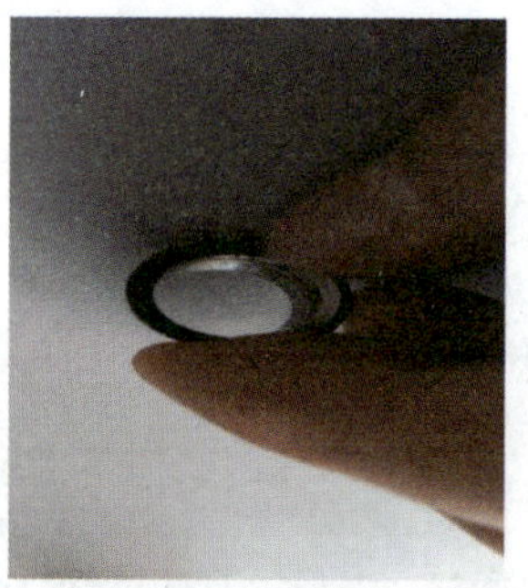
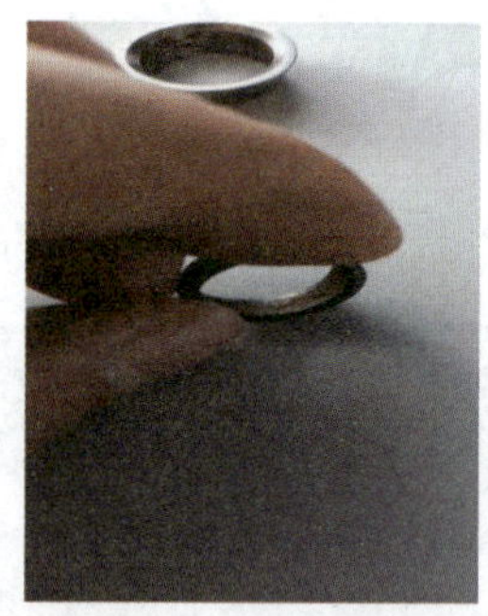

图 2　前、后卡环生锈

图 3　国产卡套接头

图 4　进口卡套接头

4.2 间接原因

变送器引压管最初施工无支撑，引压管根部阀处振动大，导致引压管摆动幅度大，卡套接头内部存在相位差和机械应力，使卡套接头和卡环间隙变大，介质在高压状态下打破力平衡，瞬间脱扣是此次事故的间接原因（靠近根部阀处应力较大的、世伟洛克接头未松开，而应力较低的离根部阀较远的国产卡套崩开，再次说明国产卡套存在问题，如图 1 所示）。

4.3 管理原因

（1）项目建设期对现场仪表管路接头设计审查、验收工作不严格，没有及时发现国产卡套与其引压管不匹配的问题；对变送器引压管路是否稳定可靠缺乏方案论证，分析工作存在漏洞，没有评估出现场引压管晃动脱开存在的隐患，为装置的稳定运行遗留下了安全隐患是此次事故的管理原因。

（2）仪表维护人员维护不到位，定期工作和日常巡检流于形式、对现场存在的隐患排查不彻底，没有及时发现引压管存在脱开的风险，也是此次事故的管理原因。

5. 事故整改情况及改进建议

5.1 事故整改情况

仪表维护人员更换进口世伟洛克卡套接头，保证卡箍与引压管的紧固力均匀，并对引压管安装防振动支架。并对装置其他引压管路接头全面排查。

5.2 改进建议

（1）在今后工作中，加强检修技改施工验收管理，坚决不能让设备带病运行，更不能存在安全隐患。

（2）针对本次事件所暴露出的问题，制订详细的整改计划，对所辖界区仪表管路和接头进行全面排查，对不合适的卡套进行更换或者待停车后直接对焊，对有晃动的引压管进行加支架稳固。

（3）针对本次事件所暴露出的问题，制订详细的应急处置培训计划，定期组织类似问题的应急考问，进行针对性培训，杜绝类似事件再次发生；组织全员对此次未遂事件进行深刻学习，举一反三，查找不足，总结经验。

6. 事故启示

煤化工企业安全第一，预防为主，防治结合，安全工作是一切工作的基础，出现安全问题一票否决，一处小小的跑冒滴漏都可能对企业带来巨大的灾难。加强检修技改施工验收管理，真正把巡检和定期工作落实在实处，坚决不能让设备带病运行。仪表人员需不断提升管控能力，工作方法、行为意识，将安全第一的理念融入各项工作中去，确保安全生产。

润滑油压力引压管接头崩开导致引风机跳车事故

1. 事故单位及事故装置的基本情况

某煤化工企业由联合化工装置、联合石化装置、热电装置、公用工程、辅助设施、厂外工程等6大系统组成。主要生产装置包括：空分装置、煤气化装置、甲醇装置、甲醇制烯烃装置、聚乙烯装置、聚丙烯装置、自备热电站等。

项目热电装置工程包括2×50MW抽汽凝汽式机配4×480t/h高压煤粉炉。锅炉产主蒸汽并入主蒸汽母管，向空分装置提供9.8mPa蒸汽，经过减温减压向化工提供4.2mPa蒸汽。

该企业热电中心每台锅炉由2套引风机、2套送风机、2套一次风机组成锅炉的风系统。每台风机采用液耦调速，并自带润滑油系统，其中每台润滑油系统供油压力低联锁保护由一台压力变送器检测实现。

2. 事故情况

2.1 事故仪表的基本情况

1号锅炉B引风机润滑油供油压力（B1PT32_02）为麦克生产的MDM4951系列电容式压力变送器（图1），已工作10年，按要求校验合格。当压力测量小于0.03MPa延时10s，发出B引风机润滑油供油压力低联锁信号（图2），引起B引风机跳闸（图3）。

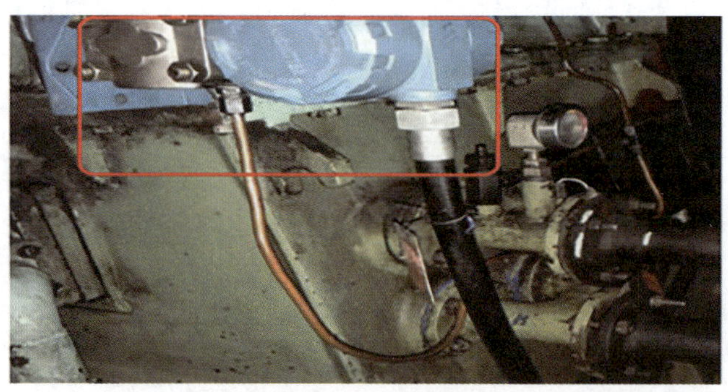

图1　B引风机润滑油供油压力变送器

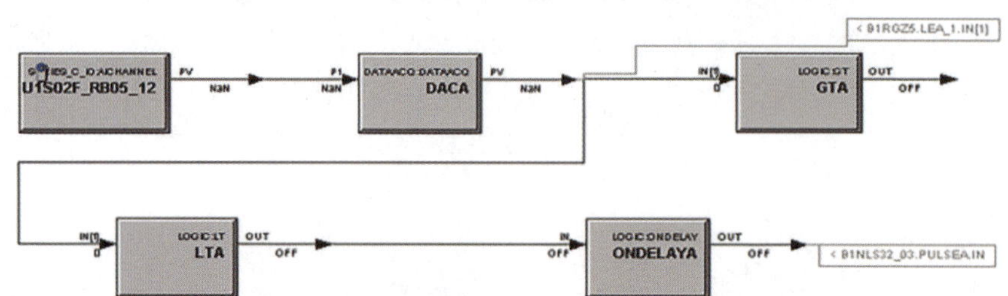

图2　B引风机润滑油供油压力低联锁逻辑生成回路

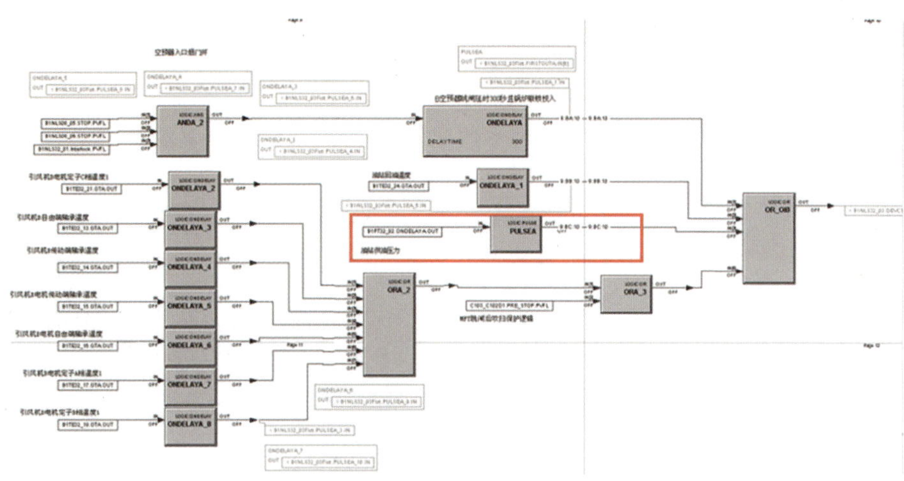

图 3　B 引风机润滑油供油压力低联锁跳引风机回路

2.2 事故经过

2019 年 11 月 11 日上午 9:22:21 1 号炉 B 引风机联锁跳闸，联锁跳风机显示 B 引风机润滑油供油压力低。

9:35 热电现场仪表班接到工艺人员通知 1 号炉 B 引风机油压低跳闸，压力变送器取样油管脱落。

9:40 热电现场仪表班长带领工作负责人赶到 1 号炉 B 引风机油压变送器处，发现 B 引风机供油压力变送器油管渗油，液耦平台地面上有油。

据热电设备工程师、锅炉检修班专工、锅炉检修班长称，稍早他们在其他作业点工作，突然得到工艺人员通知 1 号炉 B 引风机因漏油联锁停，他们一行人立马赶到 B 引风机液耦平台。热电设备工程师说当时发现 B 引风机润滑油供油压力变送器接头处与引压管路脱开，他们随即将管重新连接紧固，但还渗油。

通过图 4、图 5 看出，9:22:09 引风机润滑油供油压力变送器引压管由于长时间运行且连接处存在薄弱环节，油压在 3s 后 9:22:11 由 0.12MPa 降为 0MPa，延时 10s 后联锁跳 B 引风机，在 9:22:26 时油管被恢复，风机余速将油压升至 0.08MPa 直到风机转速为零，油压至 0MPa。

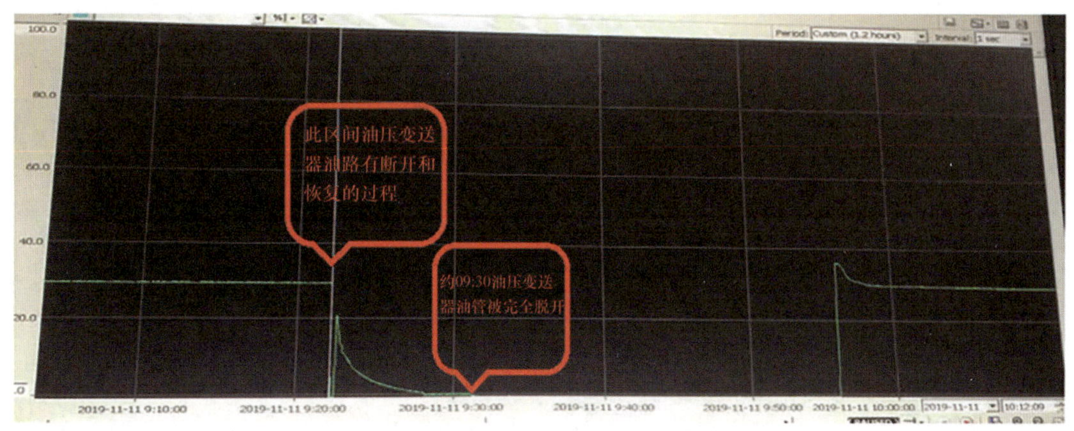

图 4　B 引风机润滑油供油压力变化曲线 1

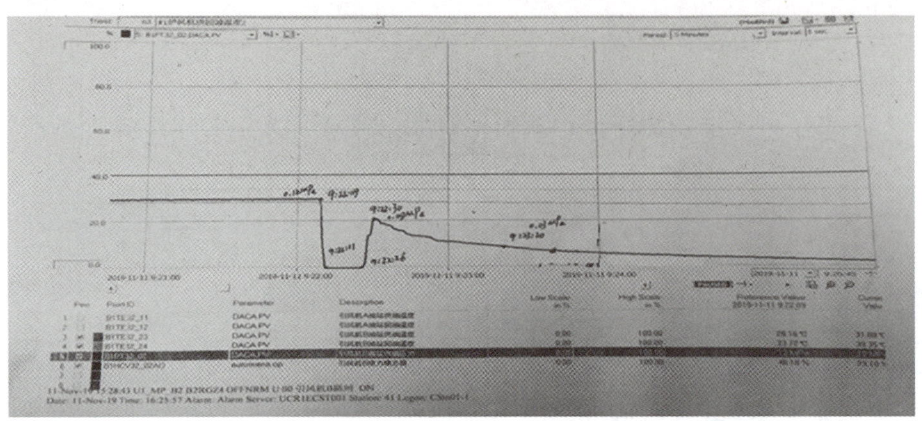

图5 B引风机润滑油供油压力变化曲线2

2.3 事故后果

此次事故导致1号锅炉B引风机停运27min，影响1号锅炉蒸汽产量70t，减产的蒸汽负荷分别由在运行的另外两台锅炉承担，全厂的影响基本不大。

3. 事故处置过程

3.1 事故处置情况

仪表检修班长安排工作负责人回班组取专业工具对铜管接头重新制作，恢复变送器连接，9:50分工艺人员启动引风机运行，仪表人员检查变送器无渗漏后离开现场。

3.2 仪表故障消除情况

当时为了快速恢复生产，仪表检修人员把与压力变送器连接的铜管接头进行了重新制作，投用后不渗漏；在后来的1号炉轮修时将该引压管路更换为不锈钢材质，进一步提高了安全性，效果明显。

4. 原因分析

4.1 直接原因

1号炉B引风机润滑油供油压力变送器引压管采用铜管扩口接头连接，铜管扩口接头配用管的规格要求比较灵活，与管道焊接后，有连接牢靠、密封性能好等特点；因为接头端是锥面，管子是直的，需要有一定探作水平的操作者使用专用的胀口工具且将管子端头扩成喇叭口，来配合接头的锥面，加工制作麻烦，喇叭口成型难度较大；可维护性麻烦；扩口接头，一旦现场发生泄漏，难以修复，维修时检修人员必须携带扩口模具、弯管器、切割工具、修磨锉刀到现场重新配制管线来替换旧管，维修难度大、对检修人的技能有很高的要求。1号炉B引风机润滑油供油压力变送器经过10年的数次下线校验，变送器的频繁拆、装操作，使铜管发生了变形且铜管扩口接头胀口处受到严重的损伤（图6），回装后发生泄漏且没能及时修复，导致在运行过程中扩口突然崩开脱出。

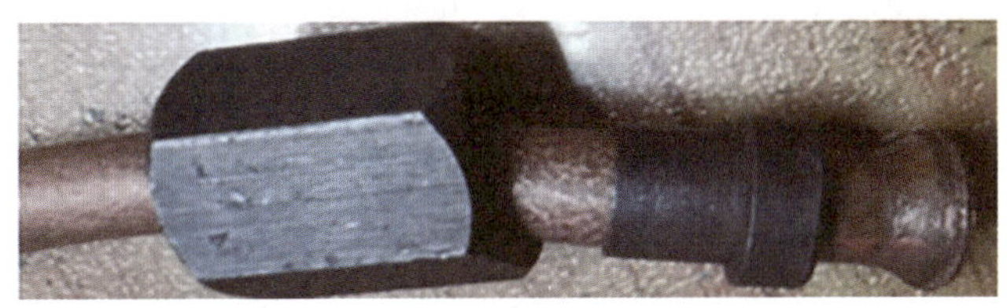

图 6　铜管接头胀口

4.2 间接原因

仪表检修人员在平时的工作中，没有严格执行公司巡检管理制度、仪表强制保养制度等要求，发现仪表的跑、冒、滴、漏时，不深入剖析，发现小隐患不制定管控措施，一点点地将小隐患酿成事故。

4.3 管理原因

在 1 号炉 B 引风机润滑油供油压力引压管与变送器接头多次出现渗漏油的情况下，仅采取紧固，可是效果短暂，后来只停留在频繁地擦拭。没能把此处作为潜在的隐患，在重要回路的仪表的检查重点分析的不够，检修质量存在漏洞。如果巡检发现这种缺陷，及时办票进行检查处理就会避免本次事故的发生。

5. 事故整改情况及改进建议

5.1 事故整改情况

为了快速处理仪表故障，当时重新制作了铜管扩口接头，最短的时间恢复了生产。在 2019 年 12 月 1 号锅炉的轮修时将该引压管更换为选用可靠性更高的卡套式接头和屈服强度和抗拉强度更高的不锈钢管（图 7），并把引压管接头处作为检修重点部位之一。

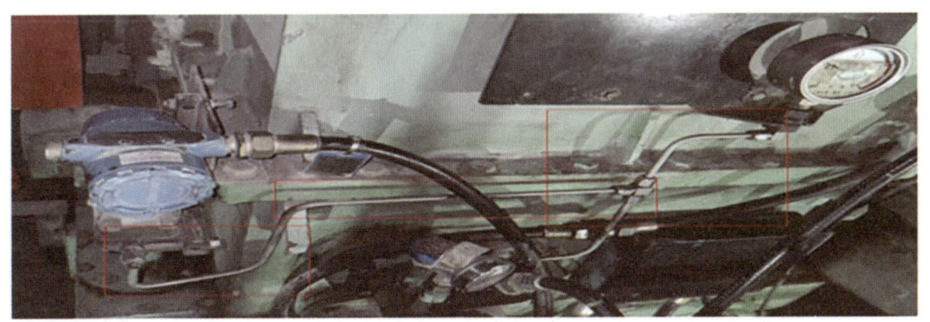

图 7　B 引风机润滑油供油压力引压管更换为不锈钢管

5.2 改进建议

直接原因改进建议：我们发现引压管路、接头渗漏油情况，要进行分析，根据情况区别对待：①如果随时具备处理条件的渗漏点，立即组织处理不得耽搁；②需要工艺人员调整运行方式倒停设备的渗漏点；③不能立即处理且需要很长时间后才有条件处理的渗漏点。

暂不具备处理条件的渗漏点，仪表人员要对渗漏处挂渗漏标识牌，观察渗漏是否稳定，对渗漏处要勤擦拭，防止油污污染环境，特别是注意油滴到高温高压设备引起火灾造成次生灾害引发事故。

对于需要工艺人员调整运行方式倒停设备的，与工艺人员保持沟通，争取早具备条件早处理隐患。

对于需要很长时间后才有条件处理的渗漏点，要分析是什么原因导致的渗漏，例如：①密封垫老化、密封面破损导致密封失效；②胀圈变形、老化导致失效；③引压管接头处有瑕疵等原因。紧固后渗漏没有缓解的，则要分析仪表与接头是否存在崩开的可能，如果存在崩开的风险则要制作连接固定卡具防止崩开，泄漏台账要详细记录该点，待工艺具备条件后彻底解决。

间接原因改进建议：要重视检查经历了长时间且有数次检修拆、装操作的接头、引压管的接头胀口处、焊口处是否损坏严重或有裂纹、具备更换条件的要更换为更可靠的连接方式，仪表对此类的油回路检修后，要联合机械专业和工艺人员一起对油路进行试压以及严密性试验保证其可靠。

管理原因改进建议：对重要的仪表回路巡检、检修点要分析全面，分别细化检查项目，加强检修深度，提高检修质量；平时注重排查隐患，研究隐患的治理，能否通过仪表换型或更换材质把隐患根治。

6. 事故启示

仪表人员要在日常的巡检、强制保养等工作中提高质量，发现跑、冒、滴、漏，则要检查和查找原因，对于能够消除的要及时消除，对于暂不具备消除条件的要有管控措施，不能任由隐患扩大，引起大的事故。切记大意不得，千里之堤，溃于蚁穴。

压力变送器指示异常造成压缩机停车事故

1. 事故单位及事故装置的基本情况

某煤化工项目以净化气（煤制合成气）、转化气（天然气转化）、DCC 富氢气为原料，生产 MTO 级甲醇，设计规模为 240t/h，采用庄信万丰戴维技术有限公司（JM-Davy）的低压合成技术。

合成气压缩机将来自天然气转化单元来的新鲜合成气，通过压缩机低压缸将膜分离气和 DCC 富氢气一起进行压缩。低压缸出口气经过气液分离后进入压缩机高压缸压缩，作为甲醇合成的新鲜原料气，送至甲醇合成装置合成甲醇。同时把来自合成工段循环气，通过压缩机压缩送至甲醇合成反应器，该装置于 2020 年投产运行。

2. 事故情况

2.1 事故仪表的基本情况

02731PT-012A 检测压缩机出口压力，参与机组防喘振曲线计算，现场设置单台压力变送器实现压力远传测量，采用某品牌压力变送器，材质为 316L，引压管取压，安装方式为终端接头直连式安装，采用 HART 通信协议，传回信号为 4 ～ 20mA 标准信号引入 ITCC 系统，该仪表于 2020 年安装投用。

2.2 事故经过

7 月 20 日 5 时 18 分 ITCC 监控画面显示甲醇合成气压缩机循环段出口压力 02731PT-012A 满量程报警，防喘振阀 02731FV-005 因 02731PT-012A 满量程缓慢打开，且手动无法复位，5 时 22 分仪表人员到达现场首先通知工艺人员尽快联系内操人员解除联锁，在进一步检查时发现表头无显示（图 1），测量变送器正负端工作电压 5.8VDC，7 月 20 日 5 时 58 分 02731PT-012A 仪表人员在未和工艺人员确认联锁切除的情况下，对表头进行拆线测量供电电压操作，结果导致仪表输出信号瞬间从满量程波动至下限值以下，回路通道故障报警，压缩机防喘振控制失败，触发压缩机防喘振联锁停车。8 时 20 分仪表人员完成压力变送器更换，10 时 33 分压缩机正常开车。事故发生前工艺参数见图 2。

图 1　02731PT-012A 显示黑屏无显示

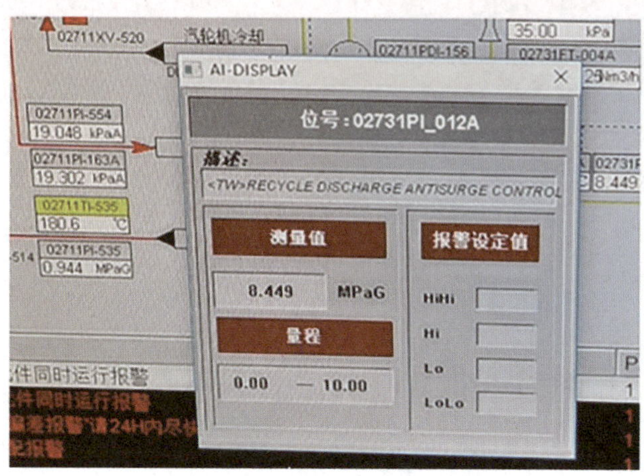

图 2　事故发生前工艺参数

2.3 事故后果

因 02731PT-012A 突然拆线掉电，导致回路通道报警，系统默认为机组防喘振控制失败，触发跳车信号，02711K01、02711K05 合成气压缩机全部跳车，合成系统紧急停车。

3. 事故处置过程

3.1 事故处置情况

仪表人员到达现场，首先通知工艺人员尽快联系内操人员解除联锁，仪表人员进一步检查首先发现表头无显示，然后测试正负端工作电压 5.8VDC，基于上述两个条件判定变送器彻底故障，即使拆线也不会产生其他影响，于是仪表人员在未和工艺人员确认联锁切除的情况下对表头进行拆线测量供电电压操作，结果导致仪表输出信号瞬间从满量程波动至下限值以下，引发回路通道故障报警，压缩机防喘振控制失败，触发压缩机防喘振联锁停车。

3.2 仪表故障消除情况

对机柜间相应端子进行检查，接线紧固无异常，柜内元器件工作正常，机柜间及现场进行回路供电电压测量，电压显示正常，后对现场变送器进行更换后通知工艺人员正常开车。压力变送器 02731PT-012A 趋势见图 3。系统 SOE 记录见图 4。

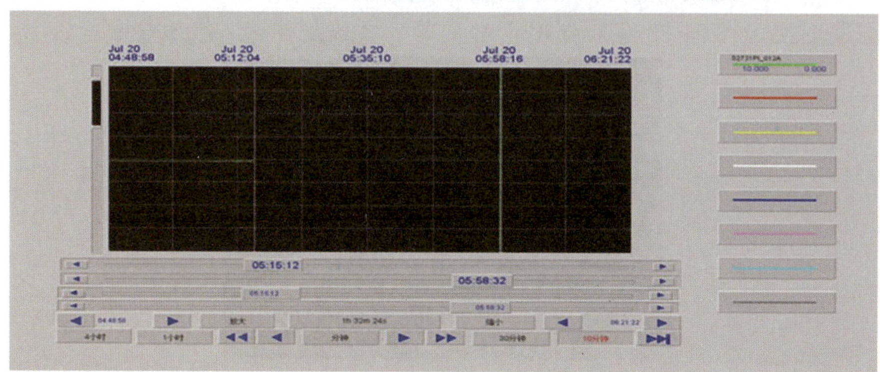

图 3　压力变送器 02731PT-012A 趋势

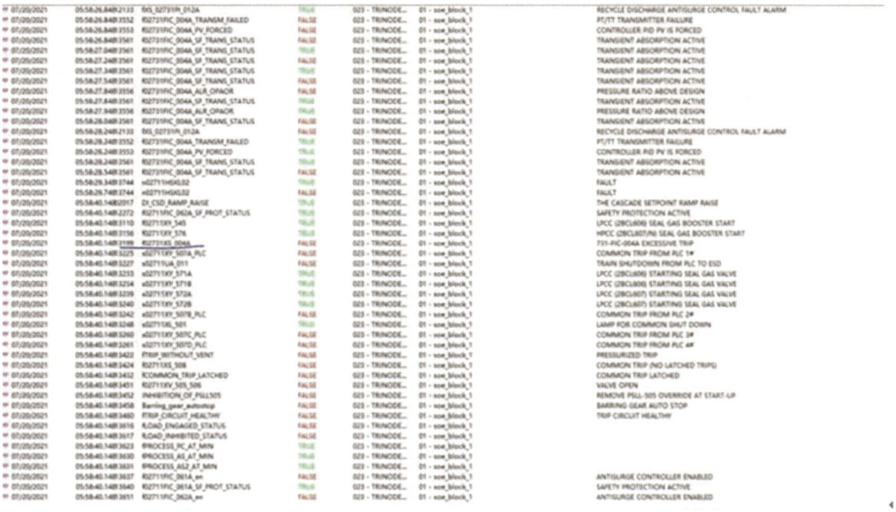

图 4　系统 SOE 记录

4. 原因分析

4.1 直接原因

仪表人员对仪表检维修规程执行不到位，在未确认联锁被切除的情况下，直接拆除表头接线，造成回路通道报警，触发机组联锁。联锁画面首出见图 5。

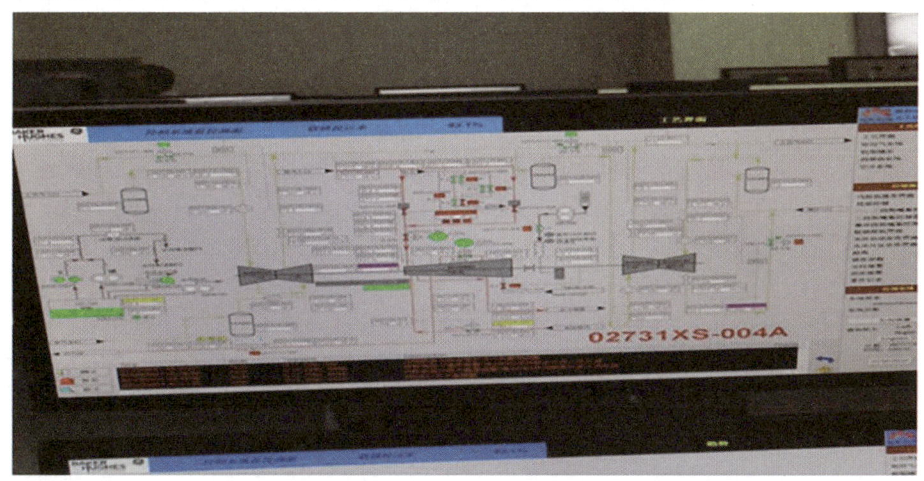

图 5　联锁画面首出

4.2 间接原因

（1）仪表人员对存在设备回路通道报警会触发机组联锁认知不足，对设备特性掌握深度不够，在指示异常且工作电压偏低的情况下，误判为设备彻底故障，有联锁可能被解除或联锁本来就不起作用的麻痹思想。

（2）工艺人员对装置联锁的应急预案不熟练，当第一时间出现指示 100% 故障时，没有及时解除联锁或给仿真值，丧失了宝贵的 46min 维护窗口时间，造成一次不必要的停车。

4.3 管理原因

系统工程师在组态 02731PT-012A 时未设置 HH、H 等报警值，事故发生前虽有压力信号突变，但未及时在监控画面上提示操作人员，也是致使跳车事件发生原因之一。

5. 事故整改情况及改进建议

5.1 事故整改情况

（1）要充分认识到参与联锁的设备回路通道报警会引发机组或装置联锁的风险，在仪表检维修过程中要严格执行操作规程，绝不能想当然、搞变通，打折扣。

（2）对于参与机组联锁的压力变送器，要熟练掌握其工作特性，按规定频次进行巡检，按规范进行校验，按生命周期进行更换，确保设备可靠工作。

（3）工艺人员与仪表人员要协同配合，熟练掌握现场应急处置方案，第一时间采取有效而果断的措施，避免事态进一步恶化。

5.2 改进建议

（1）组织编制关键设备的工作特性培训课件，定期组织仪表维护人员进行培训，以便熟练掌握。

（2）制订联锁回路应急处置方案，并组织工艺及仪表维护人员培训学习，熟练掌握画面报警查询、仿真值强制、联锁解除等应急情况下的处理措施。

（3）组织系统维护人员在机组检修时增加单点联锁回路、关键控制回路测量仪表故障的退守策略，完善 02731PT-012A 的 AIDISPIAY 的报警值设置组态，提前提示操作人员调整操作，预防喘振时间。

（4）在下次停机时完善 02731PT-012A 的 AIDISPIAY 的报警值设置组态，在压力测量信号异常时提前提示操作人员调整操作，降低喘振事件发生概率。

（5）组织车间全体人员对该起事故进行经验分享，吸取该起事故经验教训，并将学习记录记入个人学习档案。

6. 事故启示

修改联锁条件，增加联锁系统的可用性，积极配合工艺及系统完善联锁优化方案，尽可能取消单点联锁，实现三取二等兼顾安全性和可用性的联锁方式，确保生产安全稳定运行。

压力开关校验设定值错误导致机组非停事故

1. 事故单位及事故装置的基本情况

某煤化工企业为大型煤制天然气示范项目，单期设计产能为 13.3 亿 m^3/年。工艺主要采用碎煤加压气化、粗煤气耐硫变换冷却、低温甲醇洗净化、克劳斯硫回收加氨法脱硫、甲烷化合成及废水处理等工艺技术，生产的天然气通过长输管道向外输送。

项目分化工区和动力区，动力区一期由 4 台 470t/h 无中间再热褐煤锅炉、2 台 100MW 国产高压、抽凝式直接空冷汽轮机组，1 台 30MW 国产背压机组组成。生产期间一般 1 台汽轮机（100MW 抽凝式）运行，同时驱动 100MW 发电机，发电机发出的电经变压器将电压升压后送至 220kV 母线，通过各降压变将电能送至化工区、动力区使用，并将多发的电能通过专用线送至电网。一般情况下，都是自发自用，实现零购电微上网。

2. 事故情况

2.1 事故仪表的基本情况

动力 2 号汽轮机排气压力采用 3 台压力变送器测量，真空度采用 1 台压力变送器和 3 台压力开关两种方式进行测量，模拟量作为监控显示，开关量采用三取二联锁停机。压力开关品牌为 SOR；规格型号为 54NN-K118-N4-B1A-30-0（图 1）。

图 1　机组压力变送器及真空度测量压力开关

2.2 事故经过

2017 年 5 月 18 日 12 时 47 分，动力分厂 2 号汽轮机跳车，仪表人员接到工艺人员通知后立即进入现场查找跳车原因，在 DCS 上显示跳车首出信号是排汽装置真空低停机

（DEH 高压保安油失去遮断停机），仪表人员立即根据首出信号做针对性检查。确认是真空低，压力开关三取二输出停机。

排除机组 DEH 遮断模块故障后重点检查汽轮机排汽装置压力，调取排汽压力模拟量值发现排汽压力最低达到 -54kPa（图 2），未达到停车联锁值。进一步检查压力开关取压管线，未发现漏气、堵塞等异常情况，检查压力开关接线未发现虚接或短接等异常。于是怀疑压力开关定值存在问题，拆卸压力开关送实验室进行校验，发现压力开关动作定值设定为 -55kPa 左右，与设计定值不符，确认定值设定错误。

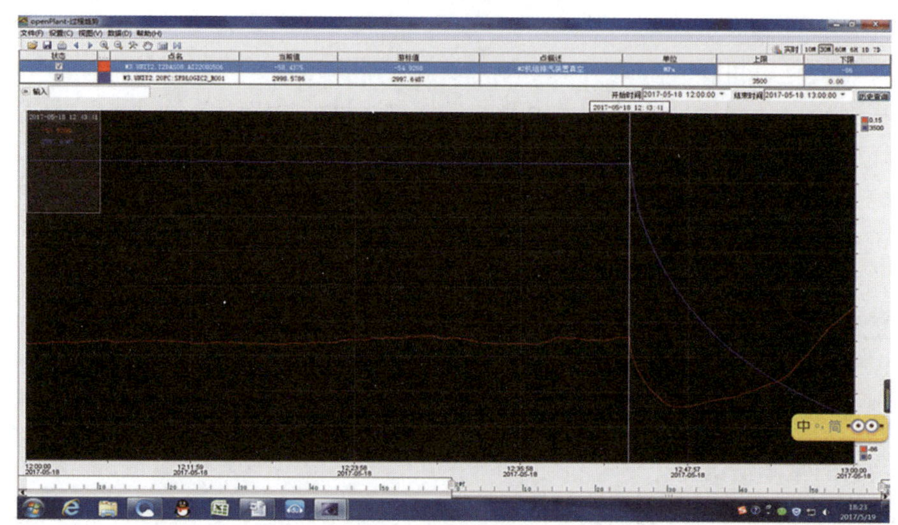

图 2　2 号汽轮机停机前后转速及排汽真空压力曲线

注：蓝色曲线为 2 号汽轮机转速，红色曲线为 2 号汽轮机排汽装置真空压力。

2.3 事故后果

本次事故引起 2 号汽轮机组停机 3.75h，生产用电全部从电网购电，产生外购最大需量电费约 216 万元。

3. 事故处置过程

3.1 事故处置情况

仪表维修人员接到运行人员通知后，第一时间赶到现场查找分析跳车原因，并及时通知相关技术主管、分管领导、分厂领导。

仪表人员断定为排汽装置压力开关问题后，按照公司《联锁报警管理规定》第一时间将排汽压力联锁保护摘除并通知动力运行人员先行启动 2 号机组。机组启动后于 17:10 2 号机组并网发电。

3.2 仪表故障消除情况

仪表人员将 3 台压力开关重新校验，将原来错误设定的“表压”-55kPa 改为“绝压”55kPa（设计值），开关校验完成后安装接线，确定无问题后，按照《联锁报警管理规定》审批后将机组排汽压力联锁保护投用。

4、原因分析

4.1 直接原因

2016 年 5 月 10 日，外委维保单位仪表人员把用于 2 号汽轮机排汽装置保护的 3 台压力开关定值标定错误，将“绝压”55kPa（设计值）的定值错误的校验为“表压”-55kPa（相当于绝压 32kPa），致使联锁保护动作，最终导致机组联锁停车。

说明：“绝压”就是绝对压力，即介质（液体、气体或蒸汽）所处空间的所有压力；“表压”就是流体的绝对静压与测量地点的大气压压力的差值；即“绝压 = 表压 + 大气压”。设计定值绝压为 55kPa，按照公式换算成表压应该为：表压 = 绝压－大气压 = 55 － 87= -32kPa，仪表维护人员在抽真空时，如果按表压 -32kPa 进行标定就正确了，但在实际操作过程中，是按照表压 -55kPa（相当于绝压 32kPa）进行定值设定的，所以导致 2 号机实际压力没有到达设计压力时触发跳车。

2 号汽轮机排汽装置真空保护的 3 台压力开关，于 2016 年 5 月 10 日检修校验完毕后，直至 2017 年 1 月 17 日 2 号汽轮机启机运行。2017 年 1—5 月，该企业由于地处高寒地带，环境温度较低，空冷效果较好，排汽装置压力控制较低，进入 5 月中旬气温逐渐升高，排气装置压力控制较高，达到错误设定的联锁定值导致停车。

4.2 间接原因

（1）用于汽轮机排汽压力保护的压力开关管路设计不合理，3 台压力开关引压管路取自同一根取压管，失去了三取二保护逻辑功能。

（2）外委维修单位人员对汽轮机排汽装置 3 台压力开关进行送检校验，仪控分厂实验室人员配合其完成校验工作，并出具校验报告（图 3）。报告中压力开关校验值为 -55kPa 左右，即表压为 -55kPa。维修单位人员和仪表实验室人员都没有发现错误，最终导致仪表在回装后，在 2 号机排汽压力没有到达设计定值的情况下，触发机组跳车。工程师审核把关不严，对机组重要保护重视程度不够。

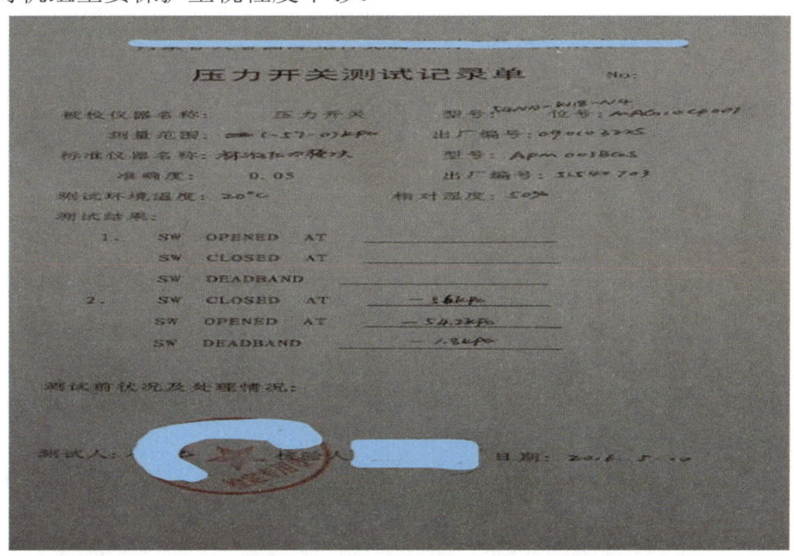

压力开关测试记录单　No:

被校仪器名称：压力开关　型号：　位号：

测量范围：

标准仪器名称：　型号：

准确度：0.05　出厂编号：

测试环境温度：20℃　相对湿度：50%

测试结果：

1.　SW　OPENED　AT

　SW　CLOSED　AT

　SW　DEADBAND

2.　SW　CLOSED　AT　-56kPa

　SW　OPENED　AT　-54.2kPa

　SW　DEADBAND　-1.8kPa

测试前状况及处理情况：

测试人：　校验人：　日期：2016.5.10

图 3　2 号汽轮机排汽装置真空压力开关校验记录

（3）机组跳车后，仪表专业人员未能快速分析出跳车原因，导致启机延误，进一步加大外购电量，并增加了最大需量电费。专业技能水平不够。

4.3 管理原因

（1）仪表外委人员专业技术水平不高，对用于排汽压力保护的开关定值设定不熟悉，绝压和表压分不清楚，导致开关定值校验错误。对外委人员专业把关不严。

（2）仪控分厂对外委人员的管理不到位，对重要位置仪表的检修维护及校验等工作重视程度不够。

（3）仪控分厂及外委人员的基础技术能力及紧急事故处理能力还需加强。

5. 事故整改情况及改进建议

5.1 事故整改情况

（1）针对此次事故举一反三，排查 1 号、3 号机排汽压力开关校验定值是否准确。

（2）利用机组检修期间，将汽轮机排汽压力保护开关安装位置进行整改，将原来安装在一根取压管线上的 3 台压力开关分开布置，其中 1 台安装在变送器取压管线上，1 台安装在就地压力表取压管线上，另外一台保留在原有取压管线上，实现 3 台开关分别独立取压，防止误动。

（3）对仪表实验室检定人员进行“绝压”和“表压”的专项培训，针对参与联锁的重要仪表校验，定值设定等工作，必须指定专人逐一把关和确认，确保检定仪表合格。

5.2 改进建议

（1）排查全厂所有机组压力开关保护定值，确保开关正确动作。

（2）全面排查机组联锁保护，保护逻辑是否合理，保护定值是否准确，发现问题履行相关手续进行更正。

（3）仪表人员加强巡检和维护，对涉及保护联锁的测点在停车期间进行逐个回路检查和维护。

（4）仪表人员加强业务能力的提升，针对联锁逻辑进行深入学习，提高故障判断能力和综合分析能力。

6. 事故启示

煤化工企业连续生产，参与联锁的压力开关较多，由于校验人员的疏忽，联锁值设定错误，就会造成非停甚至更严重的后果。因此，仪表专业一定要加强检定校验管理，机组检修后开车前必须严格进行联锁试验，及时发现设定值偏差等低级错误，避免因仪表设定值不准确引起装置非停对企业造成经济损失。

变送器一次阀未投运造成汽轮机停车事故

1. 事故单位及事故装置的基本情况

某煤化工企业为煤制烯烃项目，采用煤气化制甲醇、甲醇转化制烯烃（MTP）、烯烃聚合工艺路线生产聚丙烯产品。主要工艺流程为：水煤浆与氧气在气化装置加压气化得到粗合成气，经变换、低温甲醇洗、净化、甲醇合成及精馏装置，生产出精甲醇。再以精甲醇为原料生产出乙烯、丙烯、LPG、芳烃等，最后通过分离、聚合、挤压造粒生产出颗粒状聚丙烯（PP）树脂产品。

项目配套5台420t/h东方锅炉（集团）公司制造的9.8MPa、540℃高压褐煤锅炉。两台100MW空冷汽轮机和一台82MW抽背式汽轮机。主蒸汽采用母管制，1号、4号炉直接向母管供汽，2号、3号、5号炉既可向汽轮机供汽又可向母管供汽。

动力区DCS采用北京日立公司的H5000M系列控制系统。

2. 事故情况

2.1 事故仪表的基本情况

测量2号低加液位仪表是EJA导压管差压变送器，测量不准严重影响运行人员的判断，很可能造成跳机事故。

2.2 事故经过

2018年7月29日12时21分，汽轮机1号、2号、3号轴瓦X、Y方向轴振均开始缓慢上升；值长立即派人就地测听各轴承声音，检查主汽门、调速汽门实际开度，运行人员就地检查发现3号轴瓦附近声音增大，汽轮机内部无异常声响。同时，监盘人员立即对机组相关运行参数进行调整，但上升趋势仍没有减缓。12时50分，1号轴瓦X方向轴振达到99.35μm，Y方向轴振54.57μm，2号轴瓦X方向轴振达到250μm，Y方向轴振153μm，3号瓦X方向轴振达到69.03μm，Y方向轴振72.58μm，此时虽未达到汽轮机振动保护逻辑动作的条件（任一轴瓦某方向轴振大于250μm，相邻轴瓦同方向轴振大于125μm，上述两个条件同时具备时，汽轮机振动保护动作，机组跳闸，未设延时功能），但因2号轴瓦X方向轴振持续上升，且上升速度呈增快趋势，当班值长立即下令手动打闸停机。

机组停机后，工艺工程师会同电仪专业人员立即就地查看汽轮机惰走过程中各轴瓦和汽缸的情况，高、低压缸及各轴瓦等其他部位未发现明显异常，汽轮机惰走曲线与标准工况基本一致，未发现异常。13时10分，汽轮机转速到零，投盘车，盘车电流无波动，主轴晃度与原始值一致。

经进一步检查，发现2段抽汽温度、高压缸排汽温度（该测点位于高压排汽缸下部供热抽汽管道上，距离高压排汽缸底部约400mm），高压排汽缸下半内壁温度（该测点位于高压排汽缸底部，两根供热抽汽管道之间），高压排汽缸上半内壁温度（该测点位于高压排汽缸顶部，两根低压缸进汽管道之间）在汽轮机振动异常上升之前，在不同时间段先后开始下降。到机组打闸前，分别由235℃、241℃、208℃和248℃下降至100℃、121℃、121℃和240℃。从机组振动开始增大直至停机的过程中，汽轮机所有轴瓦温度、推力瓦温度、轴位移、高压缸胀差均无明显变化，高压缸和低压缸胀差受高压排汽缸温度和低压缸进汽温度降低的影响略有升高，但均在正常范围内。

通过对2号低加汽侧排水检查，发现2号低加水位变送器测量不准，随后发现变送器一次阀处于关闭状态，2段抽汽管道及供热抽汽管道内发现存水。

进入低压排汽缸内部检查，低压末级叶片无损伤。调取机组打闸前中压排汽缸，上、下缸内壁温度的变化记录，汽轮机振动呈缓慢爬升无明显阶跃，低压缸进汽温度虽略有下降，但仍有约100℃过热度，以及上述其他检查情况和机组实际运行状态综合分析，基本可以排除高、低压缸进水，对汽轮机造成水冲击的可能性。

2.3 事故后果

汽轮机因低加水位变送器故障被迫手动停机24h，不再给化工区各用电装置供电，直接经济损失30万元。

3. 事故处置过程

3.1 事故处置情况

查明事故原因后，热控人员第一时间到现场处理，处理完成后，等待汽轮机冲车。

3.2 仪表故障消除情况

事故发生后，热控人员对机组所有变送器一、二次阀门进行了检查，以免再次发生类似事故。

4. 原因分析

4.1 直接原因

机组停运后对系统进行检查，发现2号低压加热器水位差压变送器一次阀处于关闭状态，导致水位测量数据失真。正常疏水调节阀无法根据真实水位进行自动调节，造成2号低压加热器汽侧满水，2号低压加热器疏水通过汽轮机2段抽汽管道和供热抽汽管道溢流至中压缸排汽口处，造成汽轮机高压排汽缸的下缸温度下降，导致高压排汽缸上下缸存在约120℃的温差，高压排汽缸上、下缸膨胀不均匀，引起转子主轴汽封发生动静摩擦加剧，造成排汽口邻近的3号轴瓦 X 方向轴振持续升高。在3号轴瓦 X 方向轴振开始升高约3min后，并引起2号轴瓦 X 方向轴振迅速升高，最终因达到汽轮机振动保护值后打闸停机。

2号低压加热器因水位测量失效，正常疏水调门无法正常调节，加热器满水倒流，是本次停机的直接原因。

4.2 间接原因

2 号低压加热器水位保护设置不合理，该加热器水位保护由一个开关量(就地液位开关，初始设计高报值 900mm，高高报值 1050mm）和一个模拟量（差压变送器）组成，其中高报值（水位 900mm，主控报警）由模拟量输出控制，高高报值（水位 1050mm，联锁开启紧急疏水调节阀、水侧旁路阀，关闭抽汽电动阀、逆止阀和水侧出入口电动阀）由开关量和模拟量采用二取二的保护逻辑控制，因水位差压变送器模拟量输出失效，造成加热器水位高异常后，联锁高报和高高报保护均未发出，致使 2 号低压加热器未能切除，是造成本次停机的间接原因。

4.3 管理原因

（1）运行人员监盘不到位，机组启动后未能对 2 号低加水位偏低，正常疏水调门开度不正常的情况引起重视，主观认为是由于 2 号低加正常疏水和紧急疏水调门内漏造成的，未进行进一步检查核实，未及时发现该加热器水位测量失真，在机组出现振动故障后对故障原因分析能力不强；未能及时发现 2 段抽汽异常及高压缸的上、下缸温差异常，导致停车事故的发生。

（2）热工维护人员和设备维护人员在启机前后未对机组重要保护和重要参数进行细致检查，未能及时发现缺陷。

（3）热控人员在 5 月 12 日至 5 月 22 日的 1 号机组停备期间，在完成“汽轮机低压加热器液位计表管更换”工作后，未对 2 号低压加热器水位差压变送器系统进行恢复，在机组启动前及启动后对变送器进行检查时不认真，未发现该变送器一次阀处于关闭状态，参与联锁控制的仪表未投用，造成水位监视数据失真，是本次停机管理方面的失误。

5. 事故整改情况及改进建议

5.1 事故整改情况

汽轮机打闸后，各专业第一时间到现场处理、查看历史趋势、分析问题，确定原因后立即组织排查，举一反三，并增加仪表开车确认表，持表逐一确认仪表投运。

5.2 改进建议

（1）严格按照电力公司《关于规范发电机组启动阶段管理的通知》要求，机组启动前做好设备、系统的检查、试运行和保护传动工作，机组启动后对主辅机系统进行全面检查，对所有控制系统、保护装置等逐一确认，保证运行状态符合规程要求。

（2）全面、深入地开展排查工作，对机组各种保护逻辑进行全面检查和梳理，遵循“宁可误动、不能拒动”的原则，修正错误或不合理的保护设置，同时对保护装置进行彻底检查，消除安全隐患，切实保证设备安全，坚决杜绝走过场的情况发生。

（3）认真对照电力公司关于机组“降非停”的工作要求以及“降非停”行动计划查找存在的问题，针对“降非停”行动计划逐项落实，将动态检查作为日常工作的重要内容之一。

（4）运行人员特别要加强对运行规程和二十五项反事故措施的培训和学习，深刻理解相关要求；要针对各种典型事故案例开展技术培训。梳理典型事故案例，制订相应的应急处置方案，并组织各运行班组进行实战演练，对演练过程中存在的问题进行完善，提高故障处理能力。

（5）加强设备管理，规范检修、维护、消缺工作，特别是加强过程管控。加强点检工作管理，规范点检具体工作内容，真正发挥出点检工作的重要作用。

6. 事故启示

针对煤化工企业连续生产的特点，仪表专业人员任何一个小的失误或故障，都可能对化工生产带来巨大的损失。在检修、技改工作中加强过程管控，技术管理人员执行“逐项、逐点”验收法。推广检修交生产责任确认单，“谁主管、谁负责”失职追责。

气柜液位仪表故障造成煤锁气压缩机停车事故

1. 事故单位及事故装置的基本情况

某煤化工企业为大型煤制天然气示范项目，总设计能力为 40 亿 m^3/年，一期设计产能为 13.3 亿 m^3/年。采用碎煤加压气化、低温甲醇洗净化、甲烷合成技术，生产的天然气通过长输管道向外输送，同时副产焦油、粗酚、硫黄、硫铵等副产品。

一期气化装置共有碎煤加压气化炉 16 台，分 A/B 两个系列，每 8 台气化炉为一个单元，设置 5000m^3 的煤锁气气柜 1 个，2 个气柜与 3 台压缩机相对应。气柜中煤锁气的高度由安装在气柜上的液位计测量，流量由安装在煤锁气管线上的自控阀控制。运行期间，1 台压缩机对应 1 个气柜，并设置气柜液位低低—压缩机跳车联锁，气柜中的煤锁气经压缩后送煤气变换冷却装置。工艺流程图如图 1 所示。

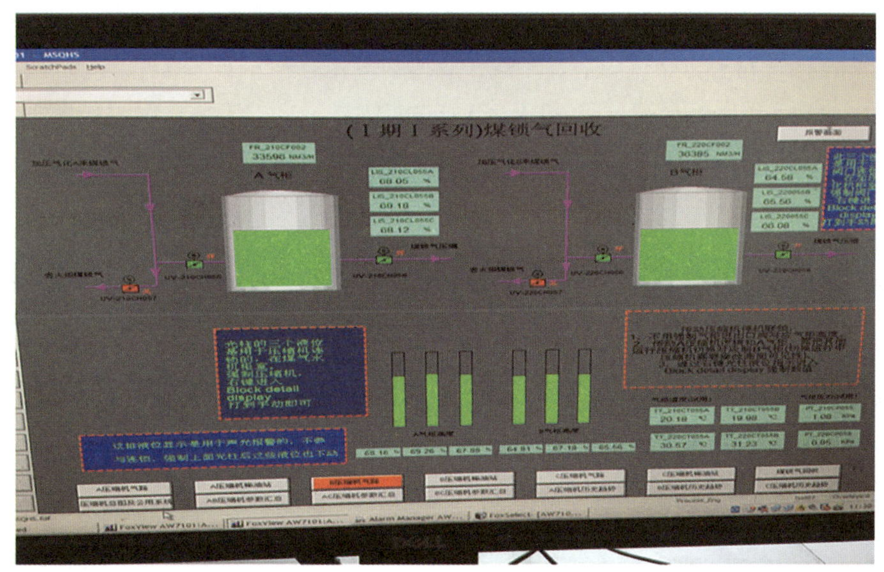

图 1　工艺流程图

2. 事故情况

2.1 事故仪表的基本情况

气柜液位仪表选用横河 EJA 系列差压变送器，软管取压，测量范围 0% ～ 100%，低低联锁设定值为 30%。从图 2 可以看出，液位计取压软管自然垂降，当气柜扭动或遇极端大风天气可能造成软管飘动甚至缠绕，引起液位测量偏差。为保证测量可靠性，每个气柜设置了 3 台同样的液位仪表经一入两出安全栅后，一路进入气化 DCS 控制器参与气柜进出口阀门联锁，另一路进入煤气水分离机柜间 SIS 参与压缩机停车联锁。气柜液位计局部图见图3。

图2　气柜液位计安装图

图3　气柜液位计局部图

2.2 事故经过

2019年1月4日1时14分，仪表气化值班人员接到工艺操作人员电话通知，加压气化气柜B液位LT220CL055C在DCS画面显示坏点。随即仪表值班人员开始检查仪表，首先把气柜液位LT220CL055C在DCS上的显示强制为正常值，然后对该仪表进行检查。在检查过程中，气柜B另一台液位计LT220CL055液位显示突然下降，触发压缩机停车联锁，最终导致煤锁气压缩机A停车。

仪表气化值班人员接到通知后，立即赶往现场对停车原因进行检查并按程序上报。仪表值班人员首先对气柜B液位LT220CL055进行检查，发现该仪表引压软管缠绕在附近护栏上，将其脱开后液位显示正常。随后对液位LT220CL055C进行检查，发现该表此时显示正常，检查接线无松动，安全栅、卡件工作状态正常，因未检查出原因，故将该表暂时投入手动状态。于2时21分，煤锁气压缩机A开车。

2.3 事故后果

此事故造成加压气化煤锁气压缩机A停机车43min，为气化运行带来安全隐患。

3. 事故处置过程

事故处置情况

气柜液位LT220CL055C信号先进入气化机柜间，经一入两出安全栅，其中一路进入气化DCS控制器参与气柜进出口阀门联锁，另一路进入煤气水分离机柜间参与压缩机停车联锁。仪表气化值班人员在已经判断出气柜液位LT220CL055C坏点是仪表原因时，在处理过程中仅把进DCS的一路信号进行强制，未将另一路联锁停煤锁气压缩机信号强制，致使进SIS的液位LT220CL055C一直处于故障状态（正确操作应该把这两个信号都强制，一是防止气柜进出口阀门勿动，二是防止压缩机停车）；而此时气柜另外一个液位LT220CL055的引压软管恰巧也缠绕在附近护栏上，造成数值波动，最终液位信号LT220CL055、LT220CL055C同时故障，触发联锁导致煤锁气压缩机A停车（逻辑为气柜液位低低三取二联锁停机）。联锁逻辑图见图4。

CALCA:31V001AINC3 Properties
All | Standard | Support | Connectable | Real Input | Boolean Input | Integer I
Period 1 [0.5 SEC|0.5 SEC]
Phase 0
Loopid A煤锁气压缩机控制
RI01 CP711501:LIS210CL055.PNT
RI02 CP711501:LIS210CL055B.PNT
RI03 CP711501:LIS210CL055C.PNT
RI04 CP711501:LIS220CL055.PNT
RI05 CP711501:LIS220CL055B.PNT
RI06 CP711501:LIS220CL055C.PNT
RI07 0.0
RI08 0.0
Ma 0 [Manual]
Initma 1 [Auto]
Timini 0 [initial state change allowed for DON, DOFF, OSP, FF, MR]
M01 30
CALCA

All | Standard | Support | Connectable | Real Input | Boolean Input | Integer I
Step01 CST
Step02 SUB RI01 M01
Step03 SSN M05
Step04 CLR M05
Step06 SUB RI02 M01
Step07 SSN M06
Step08 CLR M06
Step10 SUB RI03 M01
Step11 SSN M07
Step12 CLR M07
Step14 AND M05 M06
Step15 AND M05 M07
Step16 AND M06 M07
Step17 OR 3
Step18 OUT BO01
Step20 SUB RI04 M01
Step21 SSN M08
Step22 CLR M08
Step24 SUB RI05 M01
Step25 SSN M09
Step26 CLR M09
Step28 SUB RI06 M01
Step29 SSN M10
Step30 CLR M10
Step32 AND M08 M09
Step33 AND M08 M10
Step34 AND M09 M10
Step35 OR 3
Step36 OUT BO02
CALCA

CP711505
31V001AALM
Descrp: LOGIC BLOCK
CALCA
CP711505
31V001APER
Descrp: LOGIC BLOCK
CALCA
CP711505
31V001A
CALCA

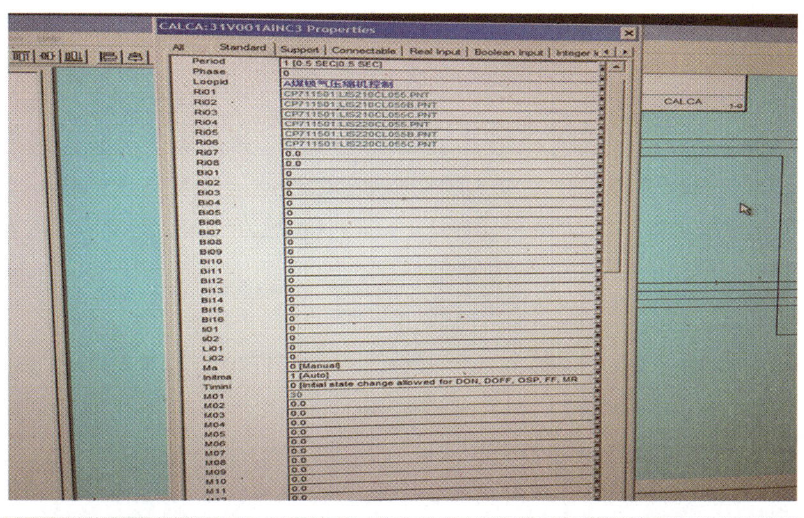

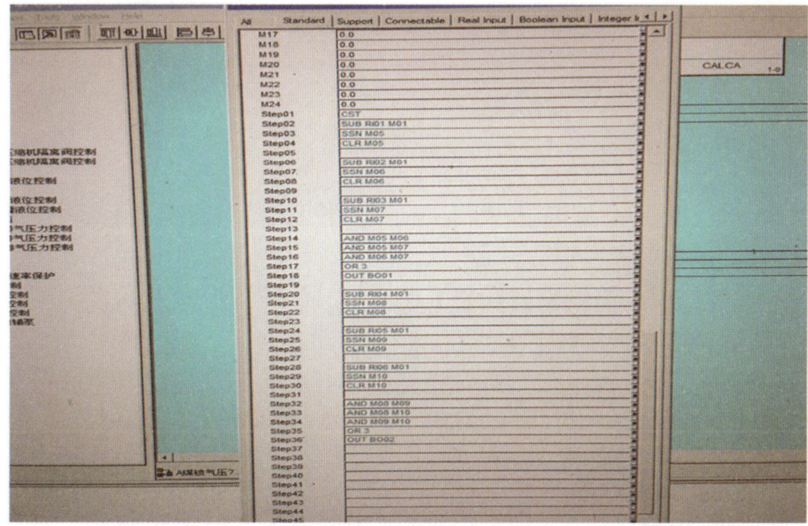

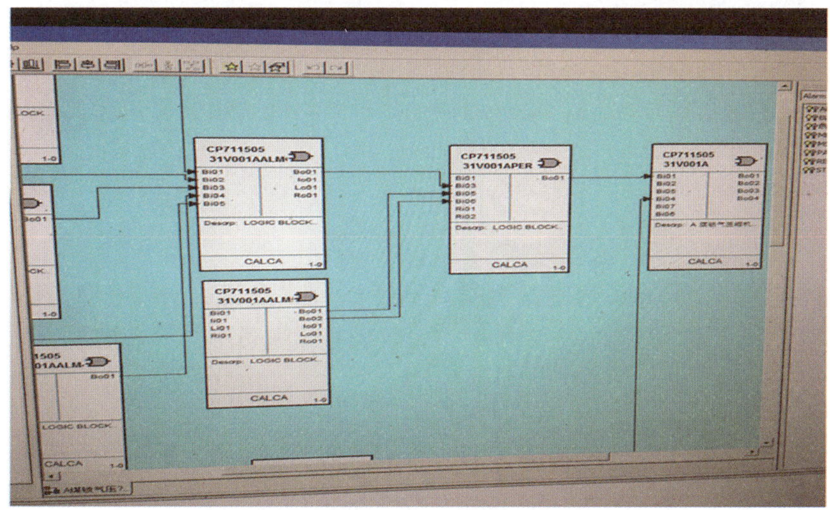

图 4　联锁逻辑图

4. 原因分析

4.1 直接原因

本次停车事故直接原因是气柜液位 LT220CL055 的引压软管缠绕在附近护栏上，造成数值波动；同时在处理气柜 B 液位 LT220CL055C 时，一路参与压缩机停车联锁信号未强制，在检查仪表过程中，液位信号 LT220CL055、LT220CL055C 同时低低触发联锁导致煤锁气压缩机 A 停车。

4.2 间接原因

仪表人员业务水平不精、深度不够，对负责范围内停车联锁关键仪表组态逻辑掌握不全面；处理突发问题时未能通观全局，专业知识不扎实，专业人员培训不到位。

4.3 管理原因

专业管理存在漏洞，仪表值班人员巡检不到位，未能及时发现气柜液位计引压软管缠绕护栏情况；气柜液位的引压软管防护措施不足，存在隐患，仪表设备管理不到位。

5. 事故整改情况及改进建议

5.1 事故整改情况

针对此次事故举一反三，全面排查两个气柜液位仪表，梳理联锁逻辑，确认联锁回路中仪表的现场位置。

全员进行针对性培训，深入掌握和研究工艺机理、界区联锁逻辑及参数设置，提高故障判断能力和综合分析应急处理能力。

扩展性排查联锁仪表及其附件，对于已经出现过的故障情况进行综合分析，根据使用年限，对必要部位进行提前更换，循序渐进，确保联锁设备完好。

5.2 改进建议

加强防护引压管措施，进行定期检修维护，加强重点部位关键仪表巡检，保证现场仪表设备正常运行。

创新思路，采用新技术、新设备，针对气柜特定工况，寻求专用解决方案。

管理可以再细化，涉及联锁仪表可以增加联锁表格确认和处置预案，系统培训，熟悉逻辑功能。

6. 事故启示

仪表故障处理要坚持系统思维，不能头痛医头，脚痛医脚，要考虑上下左右的系统关联，了解回路关联、逻辑功能等系统性联系，仪表技术人员不能只看到单体仪表，至少要看到一个回路，脑子里要牢固树立一个系统概念。

仪表维护不仅要有系统观念，更要注重细节，沉着细致，充分了解被处置仪表或系统的性能特性，甚至设备的生命周期，进而采取正确应对措施。

汽提塔分液罐假液位造成锅炉切料事故

1. 事故单位及事故装置的基本情况

某厂煤气化净化装置采用西北化工研究院的多元料浆气化专利技术生产合成气。多元料浆气化技术是西北化工研究院自主开发的一种气流床加压气化专利技术。装置由料浆制备系统、气化及气体洗涤系统、灰水处理系统、变换热回收系统组成。

热动力装置配置4台320t/h煤粉锅炉和2台50MW直接空冷抽凝式供热汽轮发电机组，包括配套的辅助系统、除灰渣、变配电、综合控制、脱硫、脱硝等系统。其中本厂锅炉除渣采用干式固态排渣方式。3台锅炉可掺烧废气，每台锅炉对应2个独立的废气燃气枪（配置在煤粉燃烧器最下层二次风喷口）。锅炉掺烧化工废气由火炬回收气和煤气化变换单元来的酸性气两部分组成。煤气化变换热回收系统中洗氨塔分离出来的低温冷凝液与来自净化装置的酸水进入汽提塔汽提出溶解在水中的H_2、CO、H_2S、NH_3后进入酸性气经水冷后进入汽提酸性分离罐进行气液分离。分离出来的酸性气体由外管送至热动力装置掺烧。当掺烧系统出现故障，汽提酸性气引致酸性气火炬掺烧。

2. 事故情况

2.1 事故仪表的基本情况

设计采用PID自动调节低温冷凝液泵出口阀LV15020来稳定汽提塔分液罐液位LT15020，汽提塔分液罐液位LT15020低低停低温冷凝液。保证送至热动力装置的酸性掺烧气体不含低温冷凝液，及低温冷凝液泵不空打（见图1、图2）。

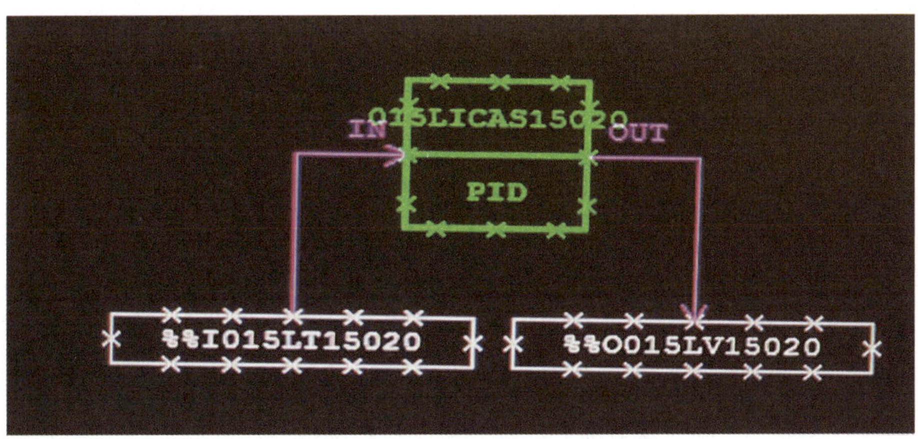

图1　液位控制调节阀

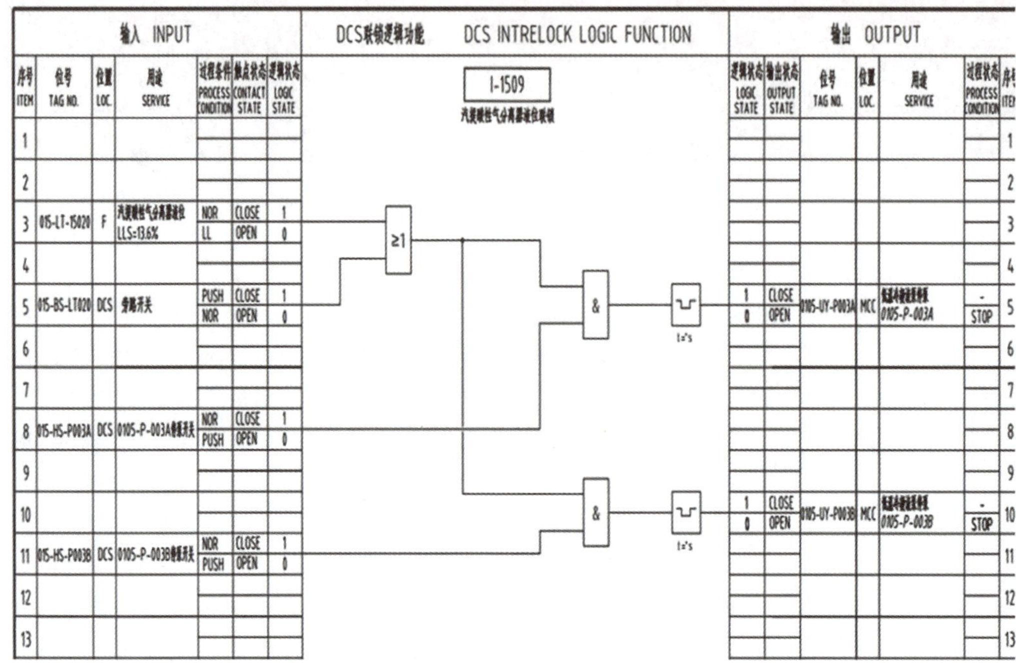

图 2　汽提塔分液罐液位 LT15020 联锁

2.2 事故经过

2020 年 5 月 24 日，某厂热电动力站一班主操作人员发现 3 号锅炉干渣机排渣电机过载报警停运，立即委派外操人员去现场确认，外操作人员至现场打开 3 号锅炉干渣机入孔，发现内部有水并且出现渣泥结块堵塞。经过对现场进一步确认，发现 3 号炉变换酸性气燃料气枪喷燃口滴水，打开观察口发现喷燃口在喷气的同时伴随着水雾。水汽下沉和干渣混合结块，导致链条运送受限不畅，影响排渣。工艺人员立即将锅炉的燃料由煤粉切换到天然气，并告知调度情况联系气化工艺人员及仪表人员调查酸性气带水原因。

2.3 事故后果

锅炉渣泥堵塞发现较晚，造成堵塞情况较严重，为清理堵塞的渣泥及调查事故原因，工艺人员紧急将 3 号炉的燃料由煤粉切换到天然气，引起全厂蒸汽管网压力波动，并造成直接经济损失百余万元。

3. 事故处置过程

3.1 事故处置情况

接到通知后，仪表人员立即赶到现场配合事故调查，与工艺人员沟通，了解目前运行情况；根据工艺流程，逐一排查运行参数：通过查看历史趋势，发现变换装置汽提塔分液罐液位频繁在 40% ～ 90% 波动，偶尔波动到满量程情况；同时低温冷凝液泵出口阀 LV15020 从自动切到手动（PID 自动切至手动）；而汽提塔塔顶压力、温度和汽提塔分液罐底排液低温冷凝液泵出口流量趋势均未出现工艺指标超限和异常波动；初步判断液位计 LT15020 出现故障。

3.2 仪表故障消除情况

（1）办理仪表检修作业票，佩戴四合一现场排查，对比就地液位计，进一步判断远传液位计 LT15020 出现故障。

（2）仪表人员去现场初步检查，液位变送器表头完好、正负压侧两只毛细管无异常。

（3）由工艺人员将液位变送器根部阀关死后，仪表人员逐一松开所有螺栓，分别拆下变送器两侧膜盒检查。

（4）拆除检查变送器两侧膜盒发现，负压侧膜片破损（图 3），硅油泄漏，并且膜片附着结晶污垢，影响测量精度。正压侧硅油缺失（图 4），膜片变形且附着固体结晶，影响测量。

图 3　负压侧膜盒

图 4　正压测膜盒

（5）确认膜盒损坏，立即更换安装新的备件，按照设计要求设置相关参数，做好迁移，进行单表调试，和就地液位计对比正常后通知工艺人员投用。

4. 原因分析

4.1 直接原因

汽提塔分液罐液位计故障导致示值异常，进而造成 PID 控制器液位自动调节无序，导致液体满罐外溢，酸性气体带液。

4.2 间接原因

（1）经过详细对照 LT15020 液位及调节阀趋势，液位控制器 PID 参数设置不合理致使控制作用超调，液位波动幅度过猛，法兰膜盒的膜片因受负压而鼓包。

（2）工艺操作参数波动幅度过大，以至于分液罐温度控制值超出范围，因而在法兰膜盒膜片处出现固体结晶。

4.3 管理原因

（1）工艺操作人员管理培训内容不完善，培训效果不到位，落实不彻底。工艺主操作人员未能及时发现液位控制器状态变化。

（2）工艺操作人员基于操作经验不丰富和责任心缺失，未能及时发现液位显示异常波动、及时对比就地和远传液位示值，未能即刻把 PID 控制器自动模式切至手动模式进行调节。

（3）气化装置工艺操作人员未能精准判断仪表故障和工况波动区别，也未能及时按照完善的应急处置方案进行有序操作。

（4）热电装置工艺人员巡检质量不到位，造成淤泥较长时间累积。

（5）锅炉掺烧酸性气属于热电动力中心负责，汽提酸性分离罐操作属于煤气化中心负责，双方在技术层面沟通、协调以及技术配合不足。

（6）仪表人员巡检不到位，与工艺人员技术沟通不深入。

（7）仪表人员未能及时识别工艺操作环境，对工艺操作引起的仪表寿命减少进行及时预判。

5. 事故整改情况及改进建议

5.1 事故整改情况

经调查分析 LT15020 液位计法兰膜片有变形、损伤、结垢等不良情况，及时更换备件后交付工艺投用正常。

5.2 改进建议

（1）中心间开展团建，增加专业协调配合默契度，用凝聚活动来提高员工责任心，培养员工价值观。

（2）对涉及酸性气掺烧的两个中心制定公司交互界面以便于及时沟通、协调和技术配合。

（3）在双法兰隔膜密封差压液位计选型中，对照设计文件查工艺指标、仪表数据表、计算书等，选用耐负压膜片以增加使用寿命。

（4）联系行业内有业绩厂家对比金刚膜片和钽膜片经济成本，结合成本考量，选择经济性以及使用寿命相匹配的双法兰隔膜密封差压液位计。

（5）仪表成立技术小组，对腐蚀性、易结晶、易结垢等仪表使用环境进行专项分析说明，制定仪表特护保养制度。

（6）仪表人员重点检查安全仪表（SIS）和联锁仪表，根据工艺运行状况及时进行仪表寿命预判、必要时进行维修或者更换。

（7）定期对仪表设备进行强制保养，尤其是此类特殊介质工况的仪表，建立特殊仪表质量管理台账。

（8）在后面新建项目或改造项目，在经济允许的情况下，像此类重要联锁仪表增加冗余度，增强仪表系统抗击故障能力。

6. 事故启示

（1）仪表成立技术小组，对腐蚀性、易结晶、易结垢等仪表使用环境进行专项分析说明，制定仪表特护保养制度。

（2）仪表人员重点检查安全仪表（SIS）和联锁仪表，根据工艺运行状况及时进行仪表寿命预判、必要时进行维修或者更换。

（3）精通仪表设备所在工段工艺流程，清楚介质类型、压力、温度等。

（4）仪表人员应该熟悉掌握各类仪表设备性能、原理、工作方式、安装方式、安装规范、运行环境等，这样才能高效排查仪表问题、维护好仪表。

（5）在各类仪表设备故障导致生产事故后，仪表与工艺应从事故中吸取经验和教训，从仪表设备本质安全、技术管理、检修维护质量以及工艺操作等方面深入挖掘各类隐患，及时消除各类问题。

汽提塔液位计冻凝故障造成合成装置停车事故

1. 事故单位及事故装置的基本情况

某化工企业主要装置由 180 万 t/年甲醇（英国 DAVY 工艺包）、60 万 t/年甲醇深加工（美国 LUMMUS 工艺包）、40 万 t/年轻油加工利用（美国 KBR 工艺包）、45 万 t/年聚乙烯（ineos 工艺包）、25 万 t/年聚丙烯（ineos 工艺包）、20 万 t/年丁醇（英国 DAVY 工艺包）、8 万 t/年2-PH（二丙基庚醇）（英国 DAVY 工艺包）、2.5 万 t/年乙丙橡胶（意大利 FASTECH 工艺包）等 8 套主装置及配套的公用工程系统组成。

本次事故发生在 180 万 t/年天然气转化合成装置工艺冷凝液汽提塔（0403-C-211）液位高高联锁仪表上。工艺冷凝液汽提塔是一个填料塔，它使用来自总管的中压蒸汽脱除工艺冷凝液中溶解的可溶性气体和有机物，然后与补充的中压蒸汽混合返回到转化炉进料中。

参与联锁跳车的液位计为浮筒液位计（043LT024/025/026），三取二后由 SIS 系统触发联锁。

2. 事故情况

2.1 事故仪表的基本情况

工艺冷凝液汽提塔（0403-C-211）设备上共安装有 5 台远传液位计，4 台浮筒液位计（043LT023/024/025/026），1 台差压液位计（043LT021）。其中浮筒液位计（043LT024/025/026）参与三取二联锁，浮筒液位计（043LT023）参与工艺冷凝液汽提塔液位低低报警，差压液位计（043LT021）参与工艺冷凝液汽提塔液位控制。

浮筒液位计由检测、转换、变送三部分组成；检测部分由浮筒、连杆组成；转换部分由杠杆、扭力管组件、传感器组成；变送部分由 CPU、A/D、D/A 及 LCD 显示器组成。浮筒浸没在外浮筒内的液体中，与扭力管系统刚性连接，外浮筒内液体的位置或界面高低的变化，引起浸没在液体中浮筒的浮力变化，从而使扭力管转角发生变化。液位越高时，浮筒所受浮力越大，扭力管所受的力矩就越小，扭角也越小；反之则越大。**扭力管带动传感器产生角位移，产生电信号的变化，经过信号处理输出 4 ～ 20mA 的电流，在液晶屏上显示液位高度（见图 1）。**

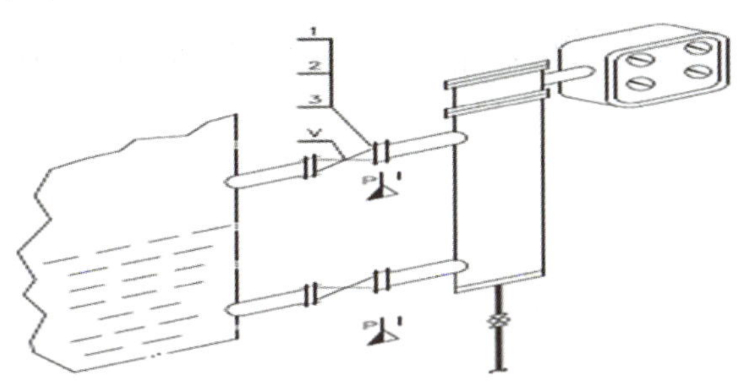

图 1　安装图

2.2 事故经过

2021 年 11 月 8 日凌晨天然气转化合成装置联锁停车，经调取 SIS 系统 SOE 报警记录（图 2），显示汽提塔液位高高报触发装置联锁停车，通过与工艺人员沟通，结合历史趋势、报警操作记录，具体过程如下。

11/08/2021	02:56:27.439	12632	f043_LT_025_HH	[illegible]	009 - TRINODE009	01 - soe_block_1	0403-C-211液位高高
11/08/2021	02:56:27.439	12814	n043_LT_025_HH	[illegible]	009 - TRINODE009	01 - soe_block_1	0403-C-211液位高高
11/08/2021	[illegible]	[illegible]	[illegible]	[illegible]	[illegible]	[illegible]	[illegible]
11/08/2021	02:56:27.739	12822	n043_LT_026_HH	[illegible]	009 - TRINODE009	01 - soe_block_1	0403-C-211液位高高
11/08/2021	02:56:27.739	13140	[illegible]	FALSE	009 - TRINODE009	01 - soe_block_1	0403-C-211液位
11/08/2021	02:56:27.739	13248	fA_PAGE9	[illegible]	009 - TRINODE009	01 - soe_block_1	
11/08/2021	02:56:27.739	13249	fQ_PAGE7	[illegible]	009 - TRINODE009	01 - soe_block_1	
11/08/2021	02:56:27.739	13250	fE_PAGE17	[illegible]	009 - TRINODE009	01 - soe_block_1	
11/08/2021	02:56:27.739	13251	fG_PAGE19	[illegible]	009 - TRINODE009	01 - soe_block_1	
11/08/2021	02:56:27.739	13252	fF_PAGE18	[illegible]	009 - TRINODE009	01 - soe_block_1	
11/08/2021	02:56:27.739	[illegible]	[illegible]	[illegible]	009 - TRINODE009	01 - soe_block_1	
11/08/2021	02:56:27.739	[illegible]	[illegible]	[illegible]	009 - TRINODE009	01 - soe_block_1	
11/08/2021	02:56:27.739	13292	[illegible]	[illegible]	009 - TRINODE009	01 - soe_block_1	
11/08/2021	02:56:27.739	13293	fX_PAGE11	[illegible]	009 - TRINODE009	01 - soe_block_1	
11/08/2021	02:56:27.739	[illegible]	fK_PAGE19	[illegible]	009 - TRINODE009	01 - soe_block_1	
11/08/2021	02:56:27.739	[illegible]	fZ_PAGE18	[illegible]	009 - TRINODE009	01 - soe_block_1	AUX BURNER PROVING
11/08/2021	02:56:27.839	13010	s044_XSOV_002A	[illegible]	009 - TRINODE009	01 - soe_block_1	
11/08/2021	02:56:27.839	13017	[illegible]	FALSE	009 - TRINODE009	01 - soe_block_1	0404-V-113出口合成气切断
11/08/2021	02:56:27.839	13023	s040_FSOV_040	FALSE	009 - TRINODE009	01 - soe_block_1	0403-V-311顶部出口至0403-E-113切断
							进0403-C-211中压蒸汽流量

图 2　SOE 报警记录

工艺操作人员发现 043LT021 液位显示降低，为调节该液位，将 043FV010（冷凝液外送阀）打手动，由 53% 开度逐步手动操作至阀门全关，同时将 043FV009（0403P411A/B 出口冷凝液流量调节阀）打手动操作，阀门开度由 14.8% 开度逐步手开至 30%，当开大入口阀，关闭出口阀时，043LT021 液位显示依然在不断减小，而汽提塔的高高联锁液位计 043LT024/025/026 出现 50% 高报，之后液位超 60% 高高联锁触发 SIS 装置跳车，见图 3 工艺流程图。

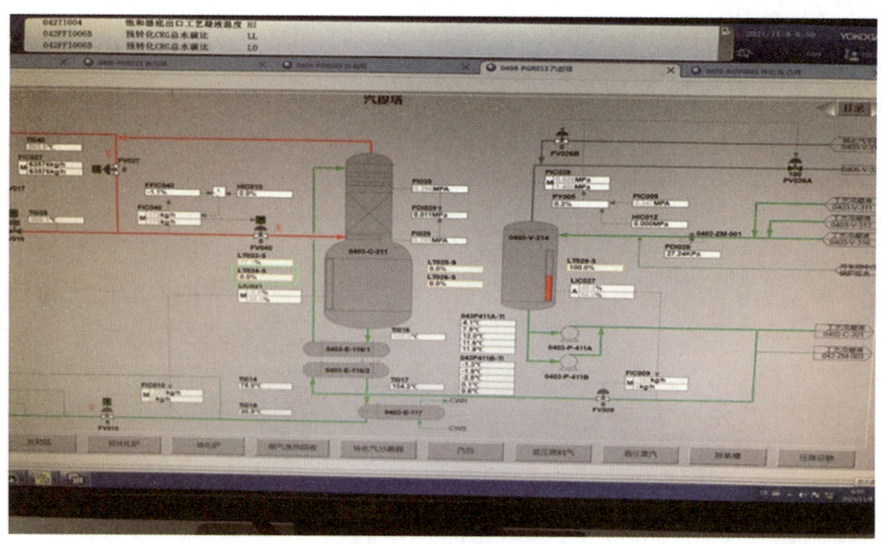

图 3　工艺流程图

根据对阀位操作与流量计指示的趋势对比（图 4），调节阀与流量计均正常，结合工艺流程、液位趋势，判断 043LT021 液位显示不准。停车后，仪表人员到现场查看，发现 043LT021 液位计伴热冻凝，导致液位显示不准。

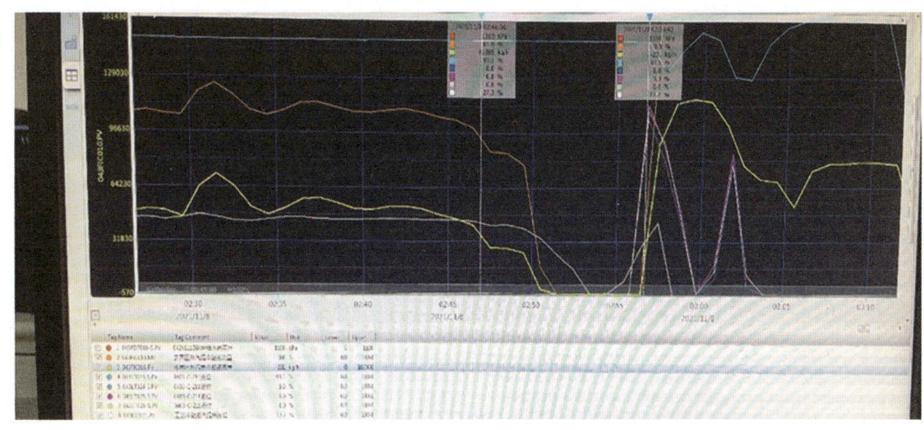

图 4　历史趋势

2.3 事故后果

转化合成装置跳车导致氢气中断，最终造成丁醇/2-PH 装置、乙丙橡胶装置、PP 装置、PE 装置非计划停车，煤基气大量放空，给公司造成巨大损失。

3. 事故处置过程

事故发生后，立即组织仪表人员检查 043LT021 液位计，在发现引压管冻凝后立即疏通伴热，当引压管内介质解冻后，液位恢复正常。随后仪控人员又检查其余 4 台浮筒液位计，结果均显示测量正常。故障解除后，工艺组织系统开车。

4. 原因分析

4.1 直接原因

气温骤降，车间没有应急防冻管控措施，巡检工作执行不到位导致 043LT021 液位计伴热冻凝，仪表失灵。

4.2 间接原因

操作人员应急处置能力不足，业务不熟练，问题判断不清。DCS 画面中可同时显示 4 台液位计的实时测量值（参与 SIS 系统联锁的 3 台仪表测量值通过通信方式在 DCS 画面上显示），当 043LT021 液位计显示异常后没有第一时间查看其他 3 台仪表的显示及趋势，错误判断造成错误操作，引起汽提塔实际液位升高，触发高高联锁装置停车事故。

4.3 管理原因

（1）巡检不到位。气温降低后，仪控人员对伴热投用情况巡检不到位，伴热流通不畅未能及时发现，导致局部伴热冻凝，引起液位测量失灵。

（2）培训不到位。操作人员工艺理论知识不熟悉，对待事故应急处置能力不强，无法从全局充分考虑问题、解决问题，导致事故扩大。

5. 事故整改情况及改进建议

5.1 事故整改情况

事故发生后，组织工艺、电仪人员对装置内伴热逐一排查，打通整个伴热系统，对伴热系统供回压差较小的问题，通过调度与公用工程联系，提升伴热给水压力，保证伴热系统的流通性，避免了因局部压差小引起流通不畅，出现冻堵现象。

增加重点仪表、联锁仪表巡检点，避免因巡检不到位产生的冻堵现象出现。

对未加伴热的关键性仪表，进行逐一摸排，增加伴热。

5.2 改进建议

（1）仪表专业人员应编制并发布防冻防凝应急预案，专项事故预案，明确应急预案启动条件，定期组织演练并严格执行。

（2）仪表保温伴热的管理及维护是北方仪表人员冬季工作重点，要从思想上、行动上提高认识，加强巡检。

（3）仪表人员冬季必须密切关注热水换热站供水压力及供水温度，回水压力及回水温度，确保供热设备正常运行，工艺参数达到设计指标。

（4）随着企业的大型化及自动化水平的不断提高，仪表数量在不断提升，而维护人员在不断减少，靠人工巡检已经不能完全满足需求。仪表人员要想办法利用信息化手段逐步代替人力。例如，可以通过仪表的 Hart 功能自动采集仪表的温度，然后在 DCS 上显示，当温度低于设定温度时自动报警并推送给仪表维护人员，变事后管理为事前处置。

（5）工艺人员作为装置的主人，不但要加强工艺操作知识的培训学习，还要进行电仪相关知识的培训、应急处置能力的培训，提高综合能力，防止事故扩大。

6. 事故启示

仪表保温伴热管理是北方仪控人员冬季一项极其重要的工作，伴热维护不到位轻则导致仪表显示偏离真实值，影响测量精度；重则冻坏仪表，同时由于仪表的虚假指示会导致没有经验的操作人员对生产工况做出错误判断，进而引发事故事件，给企业带来巨大经济损失。因此要求仪控人员制定管理制度，提高责任心，养成良好工作习惯（冬季技术人员每天上班第一件事就要查看分管装置联锁仪表、重点仪表历史趋势，查看仪表 Hart 温度，发现问题第一时间处理，变被动管理为主动管理）。另外，仪控人员也要加强工艺流程学习，在设计、施工、运行维护阶段做好仪表设备的风险管控及隐患排查。

液位变送器导压管路冻堵导致锅炉停车事故

1. 事故单位及事故装置的基本情况

某煤化工企业为煤制烯烃项目，采用煤气化制甲醇、甲醇转化制烯烃（MTP）、烯烃聚合工艺路线生产聚丙烯产品。主要工艺流程为：水煤浆与氧气在气化装置加压气化得到粗合成气，经变换、低温甲醇洗、净化、甲醇合成及精馏装置，生产出精甲醇。再以精甲醇为原料生产出乙烯、丙烯、LPG、芳烃等，最后通过分离、聚合、挤压造粒生产出颗粒状聚丙烯（PP）树脂产品。

项目配套 5 台 420t/h 东方锅炉集团公司制造的 9.8MPa、540℃高压褐煤锅炉。两台 100MW 空冷汽轮机和一台 82MW 抽背式汽轮机。主蒸汽采用母管制，1 号、4 号炉直接向母管供汽，2 号、3 号、5 号炉既可向汽机供汽又可向母管供汽。

动力区 DCS 采用北京日立公司的 H5000M 系列控制系统。

2. 事故情况

2.1 事故仪表的基本情况

锅炉汽包液位是锅炉正常运行重要参数之一，汽包液位参数测量的准确性对锅炉及其他主蒸汽系统的安全运行十分重要。汽包液位过高可能造成蒸汽带水，使蒸汽品质恶化，加重主汽管道和汽轮机积垢，降低出力和效率，严重的可以使汽轮机发生事故；汽包液位过低则不利于锅炉的水循环，水冷壁管可能局部过热甚至发生爆管现象。鉴于汽包液位对锅炉、汽轮机及管道的重要性，汽包配有三种不同测量原理的液位测量装置，其中有两套电接点液位计、两套云母液位计和三套分别独立取压的差压式液位计。差压式液位在逻辑中设置为三取二超限紧急停炉（图 1）。

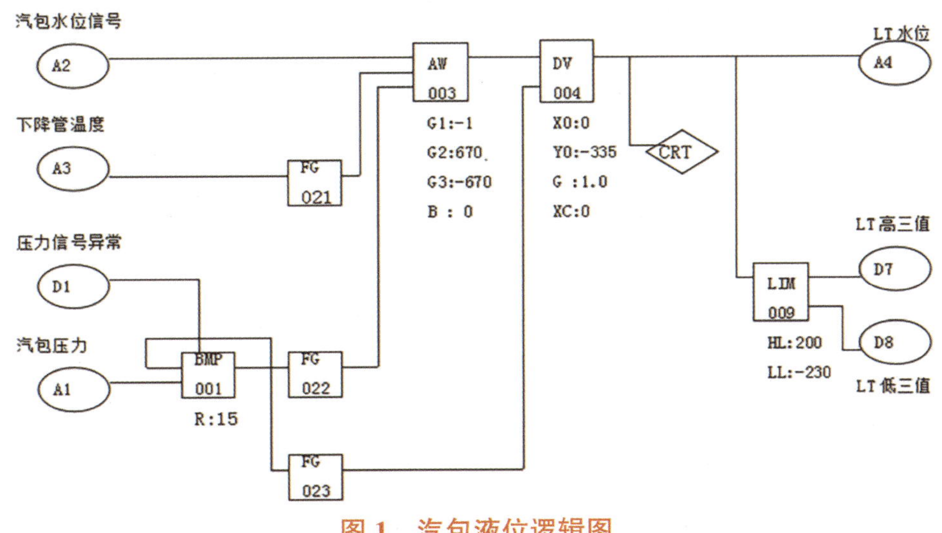

图 1　汽包液位逻辑图

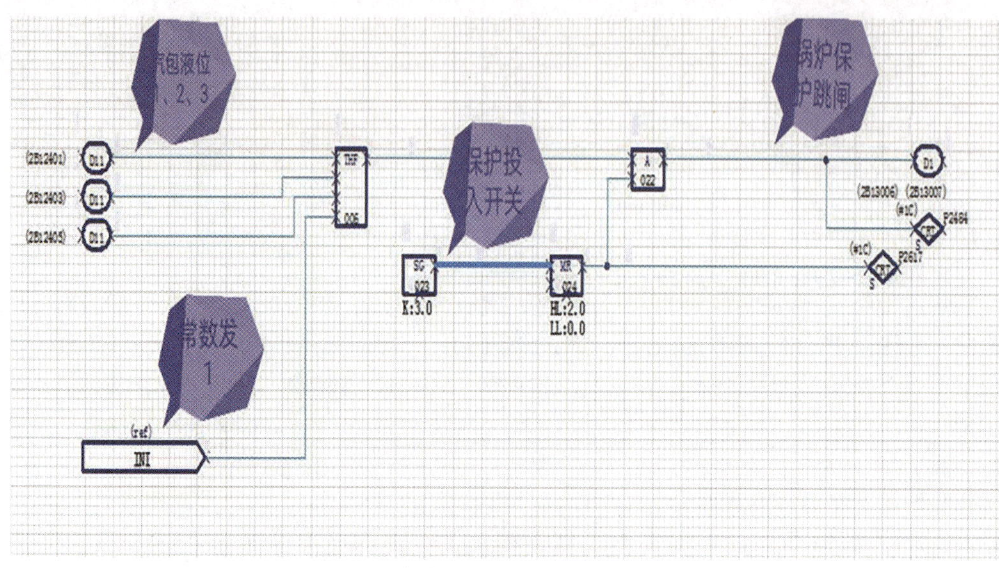

图 1　汽包液位逻辑图（续）

2.2 事故经过

2020 年 1 月 12 日 19:00，动力分厂 3 号锅炉在启动过程中，运行人员电话通知 3 号炉汽包液位 2 异常，仪表维护人员现场检查，经过导压管排污、变送器静压、线路干扰等常规检查，未发现异常原因。因为 3 号炉在每次点炉过程中水位信号都不稳，等汽包压力升到正常工作压力 11.55MPa 后，液位自动恢复正常。仪表维护人员和工艺运行人员沟通后决定，先观察一段时间再处理。在观察过程中，工艺工程师和调度长多次催促仪表专业处理，仪表维护人员反馈具备条件的仪表已检查完成，坚持先观察一段时间，待升压后再排查。

2:30，汽包压力升到 8MPa，汽包液位 2 波动仍然较大，运行管理人员再次催促仪表专业处理，仪表维护人员现场检查发现汽包液位 2 正压侧导压管堵，用测温枪测周边温度，在 4 ～ 8℃，于是仪表人员排除冻堵因素，判断导压管内有脏物堵塞，和运行人员沟通，等汽包压力升高后利用系统压力再冲一下，运行人员同意。

3:07，汽包液位 1 指示异常，开始快速上升，数值已经超限，此时汽包液位 2 数值为 0，汽包液位 3 与电接点水位计及云母水位计一致。运行人员要求仪表维护人员快速处理汽包液位 1，仪表人员处理汽包液位 1 期间，3:19，3 号锅炉灭火。首出为汽包液位高高，历史曲线记录显示汽包液位 3 由 -107 mm 突变到最大，汽包液位三取二超限导致锅炉 MFT 动作（图 2）。

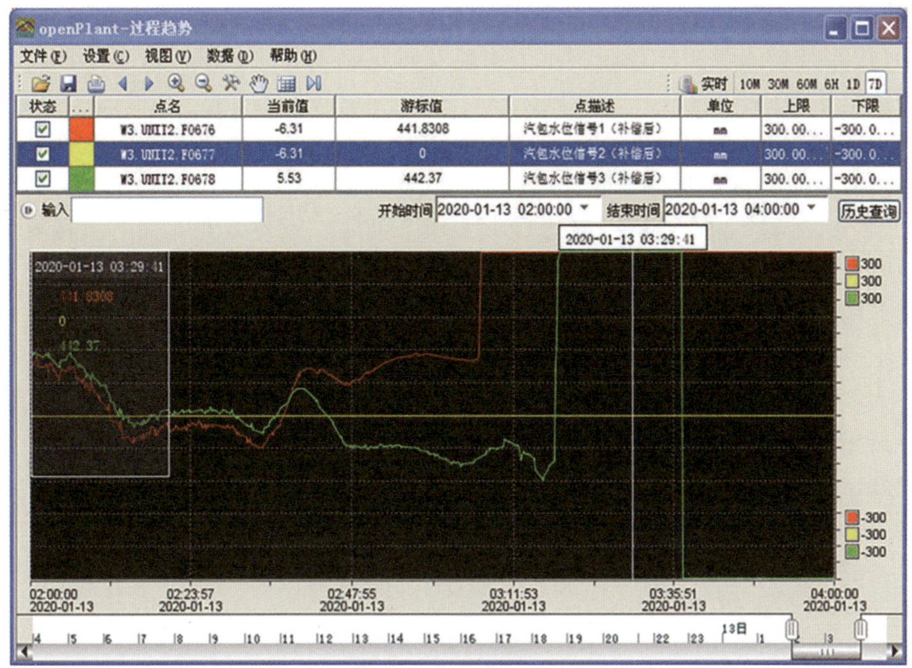

图 2　汽包液位变化趋势

2.3 事故后果

3 号锅炉跳车，化工区各装置开车节点被迫推迟。

3. 事故处置过程

3.1 事故处置情况

事故发生后，仪表维护人员立即对 3 号锅炉三台汽包液位计进行检查，现场打开变送器排气阀无介质流出，判断变送器取样管路不畅造成汽包液位波动，结合当时现场气温判断汽包液位变送器取样管路冻堵，仪表维护人员用热风枪烘烤变送器导压管路，重新对各仪表取样管路排污后，4:58 汽包液位恢复正常，5:08，3 号炉重新点火，启动成功。

3.2 仪表故障消除情况

事故发生后，仪表维护人员仔细分析原因，发现汽包液位测量管路紧挨地面，在冬天极易冻堵，历年曾多次因汽包液位测量管路冻堵造成锅炉非停，于是暂时对测量管路采取增加电伴热，重新包保温，严禁开窗等措施，等锅炉短停检修时，对其取样管路进行改造。

4. 原因分析

4.1 直接原因

液位变送器导压管冻堵导致显示异常，触发锅炉 MFT 联锁误动作是本次事故的直接原因。

4.2 间接原因

（1）仪表维护人员工作经验不足，不能及时正确判断仪表故障产生的原因，导致汽包液位联锁锅炉 MFT 动作。

（2）在锅炉短停检修期间，汽包液位变送器保温伴热整改不彻底，存在缺陷，现场存在隐患没有及时发现和消除，隐患排查工作还存在漏洞，工作不扎实。

（3）各专业人员沟通不畅，隐患排查工作不彻底，设备专业人员对汽包安全阀动作不畅未及时处理。锅炉汽包所用差压液位计利用单室平衡容器形成参比水柱，与负压侧的实际水位产生差压，然后在 DCS 内对该压差做温度压力补偿，原理图见图 3。每次锅炉启动前汽包上满水时汽包液位显示正常，锅炉点火时汽包液位降低，因为汽包安全阀动作不畅，外界大气进入汽包缓慢，导致平衡容器中的水被抽空，等锅炉运行一段时间后，蒸汽在平衡容器中慢慢凝结，蒸汽凝结完成后汽包液位变送器显示正常，这是 3 号炉在每次点炉过程中液位信号显示不准，等运行一段时间后液位自动恢复正常的原因。

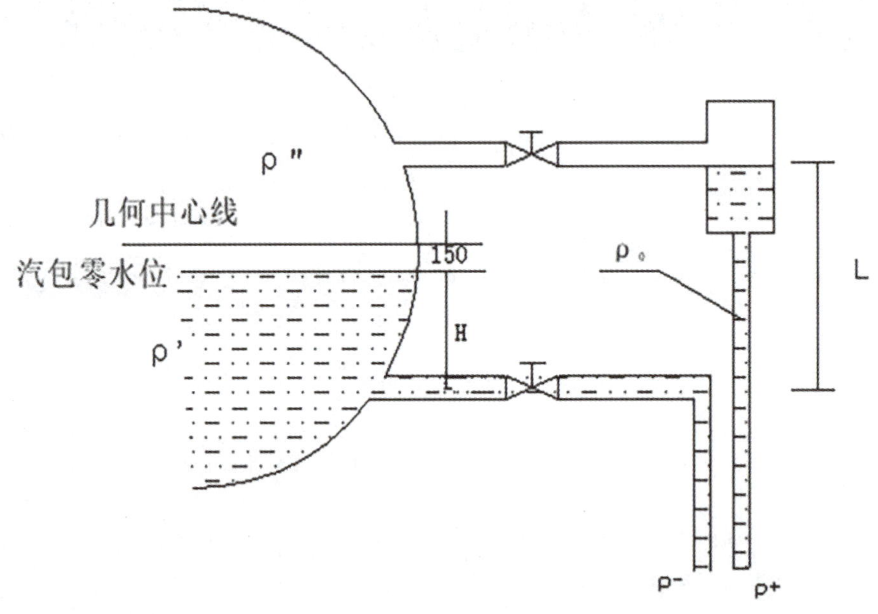

图 3　汽包液位测量原理

（4）仪表维护人员专业素质较低，对现场联锁仪表熟悉程度不够，对重要仪表缺陷判断错误，在处理带联锁的重要仪表时没有办理联锁解除票证，并且风险辨识不足，最终因仪表指示错误造成锅炉跳闸，是本次事故的间接原因。

4.3 管理原因

（1）管理存在盲区，没有从历年 3 号炉汽包液位变送器取样管路冻堵引发的事故案例中吸取教训。工作作风不严、不实，事故整改措施要求缺失，各级管理人员责任缺失。

（2）管理存在漏洞，仪表管理人员责任心不强，对汽包液位的重要性认识不足，消缺过程跟踪不到位，组织不力，想当然凭经验做事，对设备的掌控能力不够，存在麻痹思想，忽视锅炉停运期间由于环境温度低可能造成仪表取样管路冻堵的风险，没有评估出设备存在隐患，导致事故扩大是此次跳车的管理原因。

5. 事故整改情况及改进建议

5.1 事故整改情况

利用锅炉短停检修机会，仪表专业人员制订可行性方案，对汽包液位测量管路进行了改造，彻底消除了测量管路冻堵的安全隐患，目前已投运一年，汽包液位运行稳定，保障了锅炉的安全稳定运行。

5.2 改进建议

（1）加强仪表人员技能培训，进行专题培训和学习，提高仪表维护人员的技能水平、责任心及对突发事件的精准判断能力，增强员工对设备的驾驭能力。

（2）进一步完善检修消缺管理制度，杜绝思想麻痹，严抓检修过程及质量，检修期间全面排查事故隐患，对存在的隐患要彻底消除。对现场仪表保温伴热进行彻底检查，不流于形式，及时发现问题、整改问题，极寒天气应对措施要落实到位，避免再次出现冻堵现象。

（3）通过本次事故举一反三，加强各专业人员沟通，利用年度检修联系设备人员对锅炉安全阀顺畅度进行检查，彻底消除存在隐患。

（4）择机找出具体案例进行实操演练，规范重大缺陷处理流程，把规范化处理重大生产问题形成常态化、制度化机制。通过学习加强仪表维护人员对重要设备故障等突发异常事件的认识，提高员工对突发事件的应急处理能力。

（5）加强仪表专业人员的管理，加强对仪表维护人员的事故教育，要深刻反思本次事故教训，充分发挥一线员工的积极性、主动性和创造性。

（6）管理人员要认真反思、提高认识，带头部署、安排、组织协调现场工作，要发挥监督作用，提升执行力，重要缺陷提级监护，靠前指挥，到岗到位，加强重要缺陷现场组织管理，确保检修消缺工作落实到位。

6. 事故启示

煤化工企业连续生产，仪表作为生产运行的眼睛，任何一个小的失误或故障，都可能给企业生产带来巨大的损失，关键设备尤为重要。在装置停车期间，排查隐患不彻底有可能造成跳车事故的发生。发生事故后，吸取教训不深刻，不发现整改隐患有可能造成事故再次发生。仪表专业人员应齐心协力，突出重点，关注细节，做好防护，排查隐患，保障设备的稳定运行，避免因仪表原因引起设备跳闸对企业造成重大损失。

误开烧嘴冷却水流量计排污阀造成气化炉停车事故

1. 事故单位及事故装置的基本情况

某煤化工企业为煤制甲醇项目，主要工艺流程为：水煤浆与氧气在气化装置加压气化得到粗合成气，经变换、脱硫、脱碳净化得到满足甲醇合成要求的精制合成气，经甲醇合成装置获得甲醇。

气化工段为7台德士古气化炉，进烧嘴和出烧嘴的冷却水各使用3台流量计进行测量，均为罗斯蒙特的3051系列差压变送器。参与联锁情况为：①烧嘴冷却水入口流量FT318A/B/C和出口流量FT319A/B/C各通过三取二逻辑参与气化炉停车联锁；②出口流量FT319A/B/C的平均值与入口流量FT318A/B/C的平均值进行减法运算，流量差FDT319318的高报警值和低报警值也参与气化炉停车联锁。

2. 事故情况

2.1 事故的基本情况

2021年8月，气化装置3号炉停车检修，检修完投料运行后，保运单位人员对3号气化炉的烧嘴冷却水入口流量计FT318A/B/C恢复保温时，误动作将FT318C的取压管排污阀打开，导致烧嘴冷却水C点流量回零，烧嘴冷却水流量差高报警，最终导致3号气化炉联锁停车。

2.2 事故经过

2021年8月18日10时左右，3号气化炉跳车，DCS显示跳车原因为烧嘴冷却水进出口流量差FDT319318出现高报警触发联锁。随即现场操作人员赶往气化框架3号气化炉八楼，发现烧嘴冷却水入口流量计FT318A/B/C位置有保运人员进行恢复保温作业，同时发现地面有积水。经检查，保温作业人员携带的作业票无仪表管理人员签字确认，也无仪表专业监护人在场。

经初步分析，是由于保温专业人员在恢复流量计保温时，将FT318C点取压管排污阀误动作打开，流量计测量值变为零，导致烧嘴冷却水出口与入口流量差高报警联锁停车。

2.3 事故后果

事故导致3号气化炉联锁停车。

3. 事故处置过程

3.1 事故处置情况

事故发生后，工艺操作人员立即进行停炉后的相关应急操作，同时为气化炉重新投料运行做准备。仪表人员立即赶往现场检查烧嘴冷却水流量计FT318的故障情况，发现C点流量计正向取压管的排污阀在打开状态，立即将其关闭，并将流量计重新投用。

3.2 仪表故障消除情况

仪表专业人员接到通知后，立即办理作业票去现场进行处理。首先将流量计 FT318C 的正向取压管排污阀关闭，然后将流量计重新投用，并检查调试，最后确认 FT318A/B/C 三台流量计均正常工作后，告知工艺操作人员。

4. 原因分析

4.1 直接原因

事故的直接原因是保运人员恢复保温时，误将流量计 FT318C 的正向取压管排污阀打开，流量计的测量值快速降为零值，虽未触发 FT318A/B/C 的三取二联锁，但是导致了烧嘴冷却水出口与入口流量差 FDT319318 高报警联锁，3 号气化炉延时 5s 后联锁停车。主要逻辑结构见图 1 和图 2。

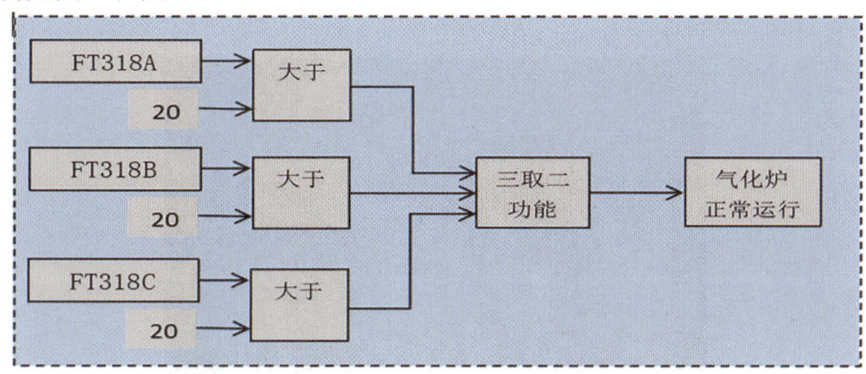

图 1　烧嘴冷却水流量三取二逻辑结构图

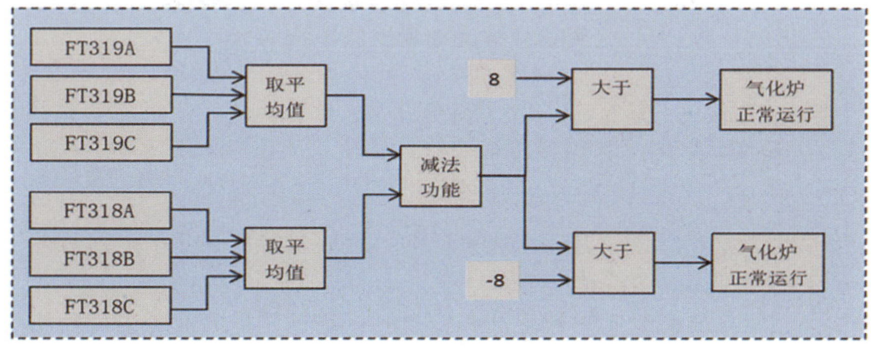

图 2　烧嘴冷却水进出口流量差逻辑结构图

4.2 间接原因

（1）保温作业人员未办理与仪表相关作业票，不了解仪表设备作业过程中的安全风险，将该联锁仪表当作常规设备进行恢复保温作业。

（2）保温作业人员在作业前，未联系仪表专业人员进行检查确认，也未通知仪表人员进行监护。

（3）仪表专业人员给保温专业人员提供恢复保温的清单时，对作业的具体时间未进行提前确认，也未交代联锁仪表作业过程中存在的安全风险和注意事项。

4.3 管理原因

（1）保运单位保温专业的管理存在较大问题，没有严格要求作业票证制度的落实，保温专业人员在作业前，未进行安全风险辨识。

（2）保运单位仪表专业对仪表设备的管理不到位，对仪表设备的相关作业缺乏足够的关注，重视力度不够。

（3）业主单位对保运单位的管理存在漏洞，仪表管理人员对现场作业情况缺乏足够的了解。

5. 事故整改情况及改进建议

5.1 事故整改情况

经过分析，该类流量计取压管的排污阀为球阀，且正常关闭状态下手柄与排污管线呈垂直状态（图 3），受到外界力量时容易发生误动作将排污阀打开，存在安全隐患。

图 3　整改前导淋阀手柄

经过仪表专业人员的分析研究，为了避免此类误动作再次发生，将气化装置易发生误动作的联锁仪表悬挂警示牌，并加强日常巡检。

5.2 改进建议

（1）跨专业作业时，必须提高作业票证的办理要求，加强监护，涉及的专业都需要做好安全风险的辨识和安全措施的落实。

（2）加强保运人员的专业知识培训和安全制度培训，提高业务能力和责任心，从根本上避免人为事故的发生。

（3）业主单位要加强对现场作业的管理，要深入作业现场，充分掌握现场作业的具体情况。

6. 事故启示

仪表设备类型较多，数量较大，结构和工作原理各不相同，而且多数都会引起联锁效应。提升仪表专业的管理水平和仪表设备的维护质量是一个漫长而艰巨的任务，必须从点滴做起，从每个仪表人员做起，不断积累经验，不断改进和完善仪表设备的维护工作，才能使仪表设备运行更稳定，更长久。

误碰安全栅接线端子导致壳牌气化炉跳车事故

1. 事故单位及事故装置的基本情况

某煤化工企业为煤制烯烃项目，采用煤气化制甲醇、甲醇转化制烯烃（MTP）、烯烃聚合工艺路线生产聚丙烯产品。主要工艺流程为：水煤浆与氧气在气化装置加压气化得到粗合成气，经变换、低温甲醇洗、净化、甲醇合成及精馏装置，生产出精甲醇。再以精甲醇为原料生产出乙烯、丙烯、LPG、芳烃等，最后通过分离、聚合、挤压造粒生产出颗粒状聚丙烯（PP）树脂产品。

2. 事故情况

2.1 事故仪表的基本情况

气化装置汽包液位是气化炉正常运行重要参数之一，汽包液位测量的准确性对气化炉的安全运行十分重要。在水线流程中，汽包给水调节阀 113FV0046 起着至关重要的作用，气化炉在运行中如果给水调节阀出现故障无法调节，将会致使气化炉被迫停车，影响装置的长周期稳定运行。

2.2 事故经过

2021 年 11 月 27 日 16 时 04 分，气化仪表维护人员接工艺人员通知："1 号气化炉汽包给水调节阀 113FV0046 无法调节，流量 113FT0046A/B/C 指示均超量程"。随即工艺人员和仪表维护人员赶往现场检查，在赶往现场过程中，1 号气化炉跳车，首出为汽包液位高高。

1 号气化炉跳车后，仪表维护人员对调节阀 113FV0046 进行了全面检查，发现机柜间安全栅接线端子松动，重新插入紧固接线端子。为彻底排除故障，控制系统维护人员将 113FV0046 对应的安全栅进行更换。随后联系工艺人员，调试给水调节阀 113FV0046 动作正常，并且 113FT0046A/B/C 流量变化与阀位开度相符合。

现场确认阀门失气故障位为保持当前阀位；定位器信号回路失电故障位为阀门全开，并且与初始设计一致。随即对阀门异常全开原因进行前期追溯分析调查。调查发现 2021 年 11 月 27 日 14 时 15 分，仪表维护人员开具工作票处理 1 号气化炉出口温度 113TI0018B（与 113FV0046 同一机柜）指示波动缺陷，机柜间监控显示，当时仪表维护人员正在机柜间进行备用电缆查找工作。经询问当事人，情况属实，作业时间点与汽包给水阀失控时间完全吻合，确定仪表维护人员在机柜间查找备用信号电缆时误将 113FV0046 安全栅信号电缆插拔端子拽松导致回路断开，阀门故障全开，引起 1 号气化炉跳车。

2.3 事故后果

此次事故造成 1 号气化炉中断运行，停运 3 小时 33 分。

3. 事故处置过程

3.1 事故处置情况

确定事故原因后，仪表维护人员对汽包给水调节阀113FV0046信号电缆接线紧固检查、电缆绝缘检查、定位器反馈连接检查、安全栅检查并更换、气源洁净度检查、气源接头紧固检查、气路气密测试检查完成后，2021年11月27日19时40分1号气化炉开始启动，21时06分6条煤线烧嘴全部投入运行，启动完成。

3.2 仪表故障消除情况

事故发生后，仪表维护人员举一反三，针对可能存在的回路隐患，进行全面排查，并对气化炉重要阀门气动附件及线路进行逐一排查确认，防止类似事件再次发生。

4. 原因分析

4.1 直接原因

仪表维护人员在处理气化炉出口温度113TI0018B波动缺陷，寻找备用电缆时，作业人员盲目施工，对槽盒内电缆线进行拉扯，造成113FV0046所在安全栅插拔端子松动，导致113FV0046汽包补水阀控制回路断线，阀门到全开故障位，是本次事故的直接原因。

4.2 间接原因

（1）项目建设期对控制系统机柜配点设计审查、验收工作不严格，没有及时发现重要联锁仪表和不带联锁仪表为同一个机柜、同一块卡件的问题。装置运行时，卡件故障或消缺过程极易误动跳车，为装置的安全稳定运行遗留下了较大的隐患。

（2）项目建设期对现场阀门失电状态设计审查、验收工作不严格、不充分、不深入，没有评估出阀门定位器故障或接线松动造成回路失电后都会致使阀门全开导致事故进一步扩大的风险，不能预判出现问题后对装置造成的影响及危害，为装置的安全稳定运行遗留下了较大的隐患，是此次事件的间接原因。

4.3 管理原因

（1）管理存在盲区，事故学习及反事故措施落实不到位，对仪表多次类似事件未能举一反三，未能深刻吸取教训，工作散漫，责任缺失。

（2）维保单位内部管理缺失，安全意识淡薄。113TI0018B为煤气化装置跳车联锁点，仪表专业安全交底不到位，未能对缺陷处理工作进行有效分级管控。工作票危险点分析及安全措施流于形式、工作随意性大、“三讲一落实”工作执行不到位、对处理缺陷风险辨识分析不到位、不能预判出现问题后对装置造成的影响及危害。

（3）机柜间作业管理不到位，机柜间上锁、进出准入登记、保护措施未能有效落实。重点区域作业风险管控及重视程度不足，机柜内作业相邻测点必要的安全措施未得以落实、未对作业内容进行危险点分析、双人作业制度执行不到位、未能起到相互监护作用，是本次事故的管理原因。

5. 事故整改情况及改进建议

5.1 事故整改情况

在机柜间对联锁回路进行明显标识，防止类似事件再次发生（图1）。

图 1　机柜间联锁标识牌

5.2 改进建议

（1）组织开展举一反三自查整改工作，利用装置短停检修机会对机柜信号线逐个检查紧固，并形成签字表以便追溯。

（2）制订可行性方案，利用年度检修机会将重要联锁仪表和不带联锁仪表分机柜、分卡件配置，防止异常事件的发生，彻底消除有可能存在的隐患。

（3）制订可行性方案，利用装置短停检修机会将阀门回路失电状态改为保持当前阀位，避免因仪表故障引起事故进一步扩大，影响装置稳定生产。

（4）组织全员学习此次仪表事故，深刻反思检维修作业风险辨识、安全措施落实以及作业过程管控，并对此次事件全员写出自己的认识、体会和在今后的作业中如何做到举一反三，确保不再发生类似事故。

（5）组织学习公司《检维修作业票管理规定》，严肃作业票填写、签发。加强仪表维护人员教育，强化安全作业意识，严格执行双人作业制度，相互监护，同等责任；仪表管理人员对作业内容、风险辨识、安全措施落实及作业人员工作能力、工作状态严格把关，重要缺陷升级管理。

（6）加强机柜间管理，制定机柜间管理制度，机柜间门锁升级管理，机柜间钥匙专人管理，非作业人员禁止进入机柜间。制定机柜间规范作业流程及作业要求，制定考核机制，制定切实有效的安全作业管控措施，并进行细化分类，组织全员学习。

6. 事故启示

这是一起典型的仪表维护人员作业过程未重视作业环境等因素导致的生产跳车事故。

（1）利用每次大检修机会全面排查现场和机柜间中的仪表接线端子、腐蚀氧化情况，做到及时发现、消除潜在安全隐患。

（2）现场装置运行过程中消缺时，要熟悉作业环境及周围有可能存在的隐患，做好风险辨识、危险因素分析及落实好安全措施，避免扩大生产事故。

误碰手动球阀导致锅炉停车事故

1. 事故单位及事故装置的基本情况

某煤化工企业为煤制烯烃项目，采用煤气化制甲醇、甲醇转化制烯烃（MTP）、烯烃聚合工艺路线生产聚丙烯产品。主要工艺流程为：水煤浆与氧气在气化装置加压气化得到粗合成气，经变换、低温甲醇洗、净化、甲醇合成及精馏装置，生产出精甲醇。再以精甲醇为原料生产出乙烯、丙烯、LPG、芳烃等，最后通过分离、聚合、挤压造粒生产出颗粒状聚丙烯（PP）树脂产品。

项目配套5台420t/h东方锅炉集团公司制造的9.8MPa、540℃高压褐煤锅炉。两台100MW空冷汽轮机和一台82MW抽背式汽轮机。主蒸汽采用母管制，1号、4号炉直接向母管供汽，2号、3号、5号炉既可向汽机供汽又可向母管供汽。

动力区DCS采用北京日立公司的H5000M系列控制系统。

2. 事故情况

2.1 事故仪表的基本情况

锅炉密封风机润滑油母管手动球阀位于密封风机润滑油站就地箱中，关闭后会导致密封风机油站母管油压低，联锁停密封风机油泵，进而停密封风机，最终导致锅炉MFT动作（图1）。

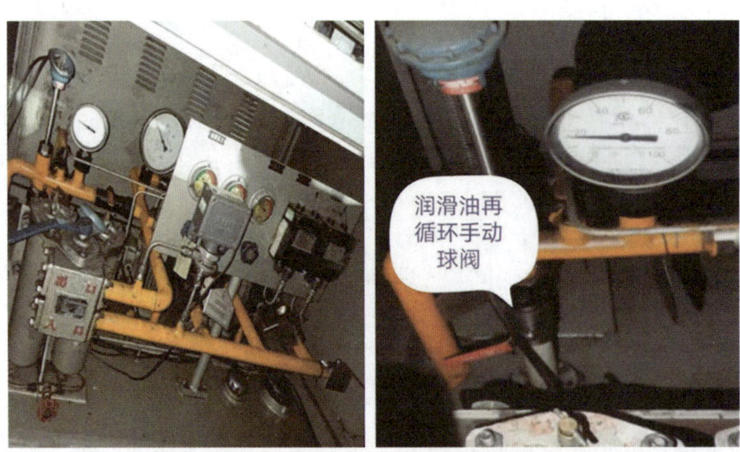

图1　密封风机油站就地箱内设备图

2.2 事故经过

2021年8月29日7:45，仪表维护人员接到运行人员电话通知，4号炉密封风机油站回油温度指示异常。接到通知后，仪表工作负责人立即到集控室办理工作票，工作班成员到4号炉密封风机油站做准备工作。在办理工作票过程中，工作班成员在现场擅自将温度接线盒打开，用万用表测量温度元件阻值。在测量过程中误碰润滑油母管手动球阀，导致密封风机油站母管油压低，密封风机油站主油泵停运、备用油泵启动。密封风机油压低延时 5s 停运密封风机，密封风机跳闸后延时 10s 联锁停止锅炉一次风机，锅炉 MFT 动作，首出“失去一次风机”（图 2）。

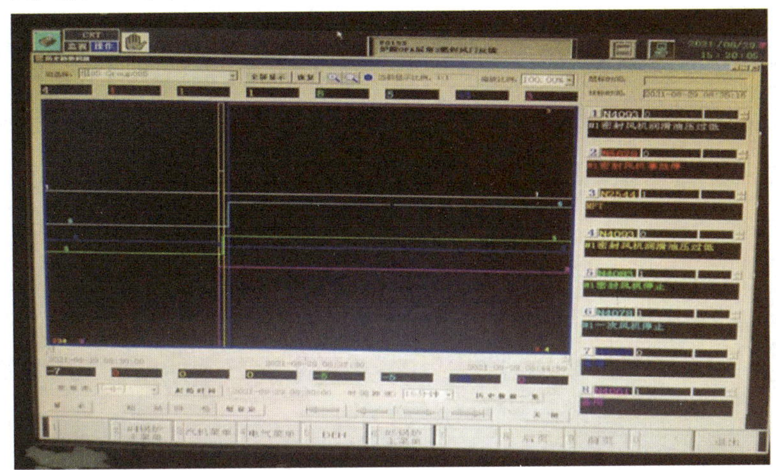

图 2　锅炉跳闸曲线

2.3 事故后果

4 号锅炉停车，主蒸汽母管流量减少 320t/h，压力波动大，化工区各装置降负荷，直接经济损失 35 万元。

3. 事故处置过程

3.1 事故处置情况

查明事故原因后，运行人员立即组织锅炉启动，10:30 锅炉启动完成。

3.2 仪表故障消除情况

事故发生后，工艺人员将手动球阀手柄拆除，以免再次误关导致跳炉事故。

4. 原因分析

4.1 直接原因

仪表维护人员工作票未办理完成，工作班成员擅自在现场开展工作，误碰现场手动球阀是造成此次事件的直接原因。

4.2 间接原因

设备保护初始设计不合理，密封风机油站压力低为单点保护，增加风机误动作频次，对设备稳定运行具有一定安全隐患，是造成此次事件的间接原因（图 3）。

4.3 管理原因

（1）维保单位内部管理缺失，安全意识淡薄，维护人员工作随意性大，专业素质不够，事故预想不够，“三讲一落实”工作执行不到位，对处理重大缺陷风险辨识不到位，不能预判出现问题后对装置造成的影响及危害，是造成此次事件的管理原因。

（2）公司对维保单位的管理存在漏洞，对无票作业的重要性认识不足、重视深度不够，同时反映出对事故学习及反事故措施落实不到位，对仪表多次类似事件未能举一反三，没有从以往的无票作业事故案例中吸取教训，工作作风不严、不实，各级管理人员责任缺失。

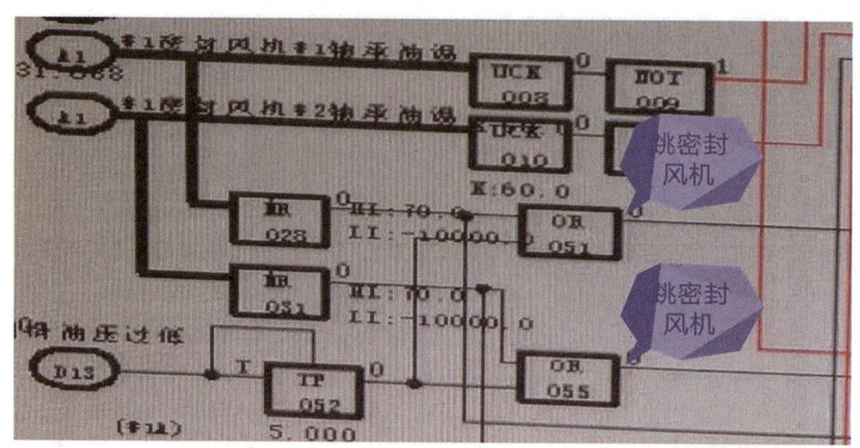

图 3　密封风机轴承温度和润滑油母管压力低单点保护逻辑

5. 事故整改情况及改进建议

5.1 事故整改情况

配合动力中心设备专业增加密封风机油站工作，增加压力测点，把油站压力低单点保护改为“三取二”保护，彻底消除现存油站的隐患。

5.2 改进建议

（1）在以后锅炉运行时，将润滑油母管手动球阀手柄拆除，以免再次误关导致跳炉事故。

（2）针对密封风机润滑油母管油压低单点保护问题，逻辑中增加油压低报警与油压低保护同时实现保护动作。

（3）对所有风机联锁保护逻辑进行梳理，利用停炉机会对不合理的逻辑进行优化。

（4）规范维保单位的管理，召开专业会议，组织班组员工认真学习本次事故，给维护人员灌输此次事件的危害性，让仪表全部员工对类似事件举一反三，吸取教训，加强维保单位“两票一证”管理工作，定期抽查相关作业票证，杜绝无票作业，避免类似事件的发生。

（5）严格审查外委维修单位的资质，多了解外委维修单位的客户评价，避免资质不完善的单位中标。维保单位招标效果以及人员面试存在待改善的空间，对于发生故障直接造成停机的重要设备，要在合同中明确规定质保期内发生问题的相关赔偿。

6. 事故启示

煤化工企业连续生产，仪表作为设备生产运行的眼睛，任何一个小的失误或故障，都可能给企业生产带来巨大的损失。仪表人员需严肃“两票一证”的执行，将“三讲一落实”作为一种管理理念、工作方法、行为意识融入各项工作中去，避免因人为原因引起设备跳闸对企业造成重大损失。

仪表工违章操作造成液氨泄漏事件

1. 事故单位及事故装置的基本情况

某煤化工企业为大型煤制天然气示范项目，单期设计产能为13.3亿m^3/年。采用碎煤加压气化、低温甲醇洗净化、甲烷合成技术，生产的天然气通过长输管道向外输送，同时副产焦油、粗酚、硫黄、硫铵等副产品。

该企业氨库装置属于一级重大危险源，共设置2台（一开一备）2000m^3液氨球罐634-B001A/B，其中A罐于2012年8月投用，B罐于2015年9月投用。装置工艺流程：外购成品液氨用罐装槽车运输，以液体形态储存于液氨球罐中，液氨在送入动力区和化工区烟气脱硫前，先经液氨蒸发器蒸发汽化，汽化后的汽氨在通过过热器加热处理后，经过氨吸收冷却器后供应烟气脱硫使用。

每台球罐分别安装有雷达液位计（LT-634CL001A/B）和伺服液位计（LT-634CL002A/B），用于液氨液位的监测和联锁。

2. 事故情况

2.1 事故仪表的基本情况

伺服液位计位号为LT-634CL002A；品牌为E+H；型号为NMS5-62AG20BGJ3D0A；工艺介质为液氨；操作压力为1.43MPa；操作温度为5～35℃；测量范围为0～17000mm。液位计安装图见图1，氨库装置的流程图见图2。

图1　伺服液位计LT-634CL002A现场安装图

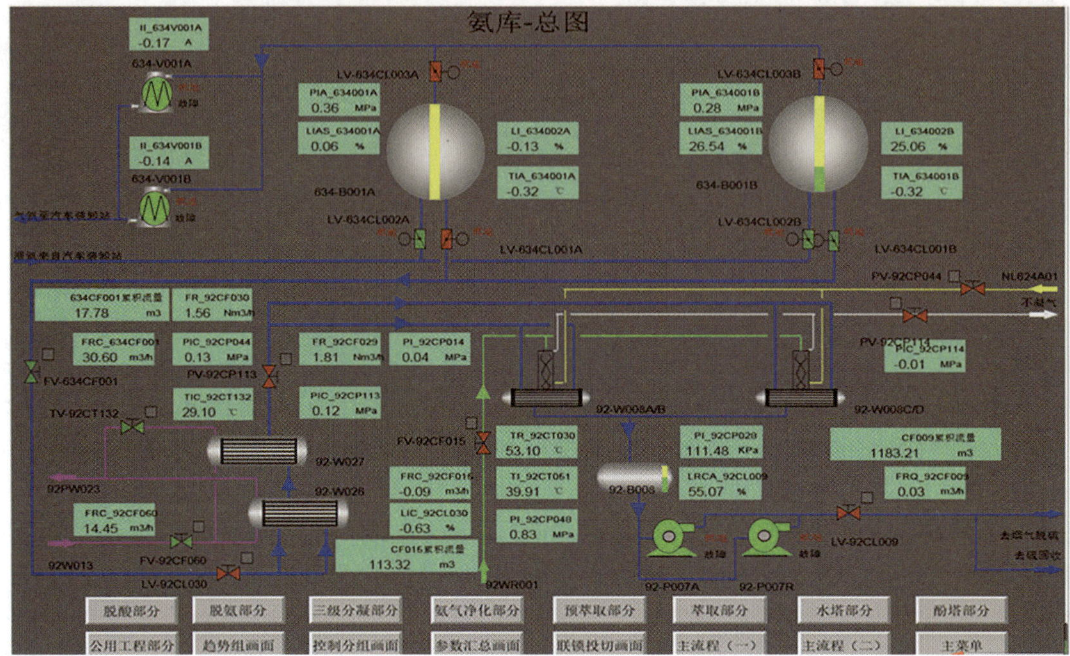

图 2　氨库装置总图

2.2 事故经过

2015 年 9 月 21 日 10 时 30 分仪控人员接到工艺人员电话通知，酚氨回收液氨球罐 B 球罐伺服液位计 LT-634CL002B 指示不准需要处理。仪表维护人员开具工作票后开始调校该液位计，因该液位计是第一次投用，需要输入伺服液位计的实际安装位置高度进行调试。仪表人员在没有查阅到相关参数的情况下，认为液氨 A 球罐（已投用）安装位置高度参数应该和 B 罐相同，于 15 时 40 分，仪表人员（共 4 人）到液氨 A 球罐实地查看确认。由于不熟悉伺服液位计的内部构造，工作负责人认为需要打开后盖的 10 根固定螺栓后才能操作和查看相关数据，16 时 17 分许，指挥工作班成员打开后盖的第 5 根螺栓（共有 10 根螺栓）（见图 1 红框位置）时，氨气喷出发生了泄漏，在现场的 4 名仪表人员迅速撤离氨罐。

2.3 事故后果

本次液氨 A 球罐液位计泄漏事故是典型的违章指挥、违章作业造成的责任事故，造成直接经济损失 1900 元，并令作业人员处于潜在的人身伤害之中，由于人员撤离及时，应急处置得当，未造成人员中毒。

3. 事故处置过程

3.1 事故处置情况

16 时 17 分氨罐伺服液位计法兰连接处开始泄漏，仪表人员立即通知中控运行人员 A 球罐 LT-634CL002A 液位计泄漏。16 时 18 分，中控室可燃及有毒报警系统发出液氨球罐气体超标报警信号，运行人员立即向分厂和调度室汇报，调度人员迅速通知消防、气防出警，同时通知公司相关领导、生产部、应急中心等相关部门，启动了公司级应急救援预案。公司副总经理（主持工作）担任现场应急抢险总指挥，首先采取了警戒、疏散、隔离、雾化稀释泄漏点等措施，在了解发生泄漏的真实情况后，17 时 25 分通过采取了紧固液位计后盖螺栓，泄漏得到了有效控制，18 时 15 分关闭了液位计下手动球阀，彻底控制了泄漏源。经确认再无泄漏后，经过现场洗消和清理，现场解除警戒，应急预案关闭，结束救援抢险。

3.2 仪表故障消除情况

在事故紧急处置过程中，由于关闭液位计下手动球阀，导致悬挂浮子的细钢丝折断，无法进行测量。后经运行人员将 A 罐液氨导入 B 罐，通过置换，具备条件后，拆卸伺服液位计并在厂家指导下重新更换了细钢丝，并且调试正常。

4. 原因分析

4.1 直接原因

仪表工作票内容是“检修调试B球罐伺服液位计LT-634CL002B”，作业过程中私自到“A球罐伺服液位计 LT-634CL002A”处进行操作造成液氨泄漏，作业内容与票证不符属于违章操作。仪表人员对可能发生危害辨识不清，未采取可靠的隔离措施即开始检修工作，检查过程中工作负责人指挥工作班成员拆卸液位计表头后盖螺栓属于违章指挥，盲目操作、擅自扩大工作范围是本次事故的直接原因。

4.2 间接原因

仪表人员专业知识缺乏，对伺服液位计结构、原理、参数不熟悉，盲目拆卸表头后盖螺栓导致液氨泄漏是本次事故的间接原因。

4.3 管理原因

（1）仪控分厂、检维修公司作业管理不严格，检维修作业存在随意性。

（2）仪控分厂、检维修公司对员工安全教育培训不够，相关责任人员安全意识淡薄，对作业中存在的危险有害因素辨识不清或未进行辨识，防范措施严重缺失，对作业中可能发生氨气泄漏的危险，未采取应对防护措施，对氨气的危害程度认识不清。

5. 事故整改情况及改进建议

5.1 事故整改情况

（1）仪控分厂加强作业人员培训，对伺服液位计结构、原理、功能、维护要点等进行专项培训，进一步提高维护人员技能水平。

（2）组织仪表维护人员对一级重大危险源进行风险辨识，对液氨等介质的性能危害进行培训，提高人员对重大危险源装置的认知能力。

（3）加强工作票的管理和学习，对仪控专业“特殊检修”作业票中“必须采取的安全措施”和“危险因素控制措施”进行深入分析和学习，杜绝违章指挥、违章操作行为。

（4）加强对仪控设备检修作业监督管理工作，对重要设备进行检修时要制订详细的检修方案，经分厂审核批准后实行。

5.2 改进建议

（1）加强现场作业管理，特别是危险性较大的重大危险源、关键装置、重点部位，要坚决杜绝无证、无票未经审批的作业发生，一经发现严肃考核，决不姑息。

（2）要不断提高仪表维护人员的专业知识，没有过硬的专业知识作支撑，危害辨识就无法实现，安全就难以保障。

（3）严格执行工作票管理规定，非工作班成员禁止参加作业，全面分析工作危险点，针对危险点采取相应的预防措施，必要时请求气防和消防专业人员监护。

6. 事故启示

煤化工企业一般都存在重大危险源，比如液氨、丙烯罐等。液氨球罐属于公司的一级危化品重大危险源，储存的介质液氨，对人体具有较强的腐蚀性，喷溅在人体上易造成冻伤，扩散后的氨气属于毒性、易燃易爆气体。企业应加强仪表人员的安全教育培训，提高人员对危险介质危险特性的认知，提高人员防范事故风险及应急处置的能力，进一步规范仪表检维修作业管理。

仪表人员停错电源造成丙烯压缩机组停车事故

1. 事故单位及事故装置的基本情况

某煤化工企业为大型煤制天然气示范项目，总设计能力为 40 亿 m^3/年，一期设计产能为 13.3 亿 m^3/年。采用碎煤加压气化、低温甲醇洗净化、甲烷合成技术，生产的天然气通过长输管道向外输送，同时副产焦油、粗酚、硫黄、硫铵等副产品。

一期气化装置共有碎煤加压气化炉 16 台，分 A/B 两个单元，每 8 台气化炉为一个单元。一个单元对应 1 套低温甲醇洗装置，1 套变换冷却装置，1 套丙烯压缩制冷装置；丙烯压缩制冷装置为对应的甲醇洗工序提供 -40℃和 0℃两个级别的冷量。丙烯压缩机组采用蒸汽透平 + 离心式压缩机的形式，蒸汽透平采用的是杭汽 HNK40/56/20 汽轮机，压缩机采用日立 3MCH1006 丙烯压缩机。控制和保护系统采用 TRICON 的 ITCC 系统。

2. 事故情况

2.1 事故仪表的基本情况

电源控制柜也称电源分配柜、电源柜等，名称叫法不尽相同，该机柜主要用于给各控制系统、中间仪表、辅助设备等提供电源，不同控制系统、不同设计院、不同使用单位都有着各自的配置习惯，共同点都是非标的、专项定制的，这次介绍的也没有特别之处。电气专业两路 UPS 电源分别送到机柜间电源控制柜的两侧，经电源分配器后供电给下游的 DCS、ITCC 等，机柜和供电原理如图 1、图 2 所示。

图 1　电气控制柜

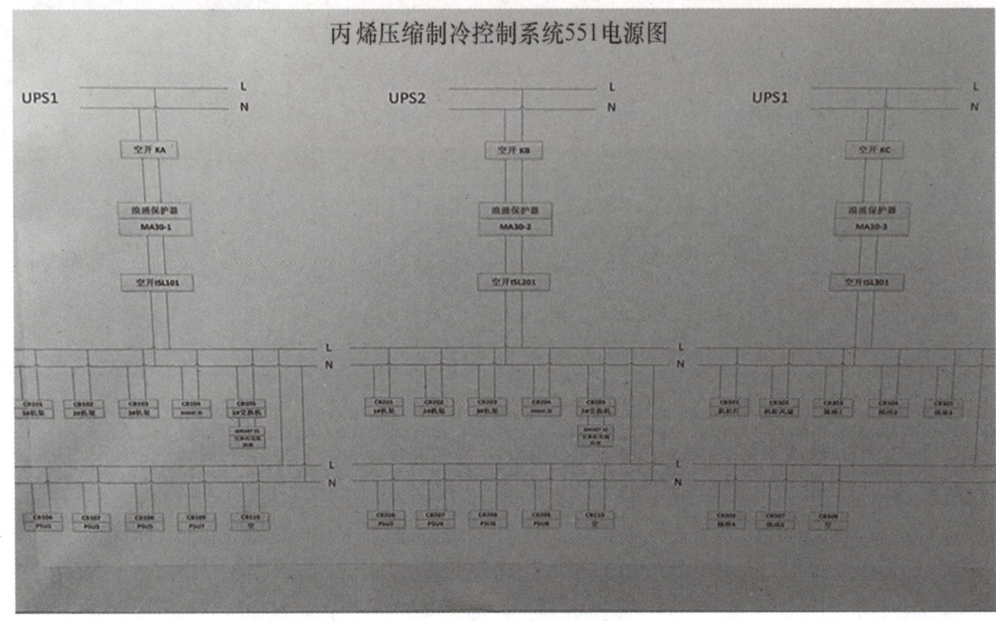

图 2　供电图

2.2　事故经过

9 月 17 日 14 时 20 分，因电气合成班组准备更换低温甲醇洗 2 号 UPS 电源，仪表合成班组接到通知后，派仪表专业人员到达低温甲醇洗机柜间确认各电源、卡件状态，同时进行配合。仪表专业人员认为在更换 UPS 电源过程中有可能出现晃电情况，而造成卡件损坏，未经请示和申请，擅自陆续关闭丙烯压缩 ITCC 控制系统工程师站、现场操作员站、DCS 控制系统工程师站、历史站、现场操作员站、停送某单位流量计、丙烯球罐伺服液位计等设备电源，停 2 号 UPS 供电的 DCS 系统、丙烯压缩 ITCC 控制系统电源。仪表专业人员在停丙烯压缩 B 单元 ITCC 控制系统电源过程中误将 1 号 UPS 供电开关断开，然后通知电气合成班组，仪表检查完毕，可以更换 2 号 UPS 电源。9 月 17 日 14 时 59 分，电气人员断开 2 号 UPS 电源，随即丙烯压缩 B 单元 ITCC 控制系统全部停电，造成丙烯压缩 B 单元停车。

2.3　事故后果

本次事故导致丙烯压缩机组 B 单元停车，首站天然气外供中断 4 小时 57 分。

3. 事故处置过程

事故处置情况

9 月 17 日 15 时 00 分，丙烯压缩 B 单元停车后，仪表合成班作业人员依次向电仪中心领导、合成中心领导如实汇报停车原因，并通知合成中心人员可以进行系统开车。合成中心操作人员反馈防喘阀无法切换到手动状态，开车后无法进行控制，随后仪表人员查找无法切换到手动的原因，15 时 44 分查明需要启机条件全部满足后，防喘阀自动切换为手动控制状态，告知合成中心人员后，合成中心人员组织确认启机条件，16 时 06 分丙烯压缩B单元开始启机，17时12分启机完成。事故未造成人员伤害和直接财产损失。

4. 原因分析

4.1 直接原因

仪表合成班组作业人员误操作将丙烯压缩B单元ITCC控制系统1号UPS供电开关当成2号UPS供电开关断开，在电气人员断开2号UPS电源后，导致机组B单元因控制系统失电停车，是本次事故的直接原因。

4.2 间接原因

（1）仪表合成班组人员未严格按UPS更换方案执行，擅自决定将丙烯压缩B单元ITCC控制系统1号UPS电源断电。

（2）仪表合成班组人员在对丙烯压缩B单元ITCC控制系统1号UPS电源断开的过程中监护和确认不到位。

4.3 管理原因

电仪中心安全、作业过程管理不到位，风险辨识不全面，安全交底不到位，检维修作业管控不到位，技术培训管理不到位，“三讲一落实”不到位。

5. 事故整改情况及改进建议

针对电仪中心管理宽松、两个专业内部衔接管控缺失的问题值得反思，应认真吸取教训，举一反三。加强检维修作业全过程管理，尤其是检修前安全交底、文明作业、过程监管、质量验收、技术培训等各个环节。对于重点设备的检修、维护应严格按编制的检修方案执行，超范围不检修。

强化仪表人员的安全意识，提升仪表检维修作业的风险辨识能力，以“三讲一落实”为抓手，强化属地安全管理，落实属地安全责任。

加强安全培训，切实提升一线监护、作业人员的安全风险辨识能力，严格落实作业范围、明确对作业区其他设施的影响，加强管控，抓好落实。

6. 事故启示

此次事故最没有技术含量，之所以分享是从两方面考虑：一是电仪统一管理是很多企业的常态，电仪专业管理的融合是一个值得探讨的话题；二是经验主义和制度刚性问题，部分电仪检维修人员现场待久了，经验意识浓烈，规矩意识淡薄，这也是具有普遍性、老大难的问题，值得警示。

仪表人员强制信号错误导致装置非停事故

1. 事故单位及事故装置的基本情况

某煤化工企业为大型煤制天然气示范项目，单期设计产能为13.3亿m^3/年。采用碎煤加压气化、低温甲醇洗净化、甲烷合成技术，生产的天然气通过长输管道向外输送，同时副产焦油、粗酚、硫黄、硫铵等副产品。

该企业甲烷化装置主要是将来自低温甲醇洗的净化气经换热器加热后，进入脱硫槽进行精脱硫。脱硫后的原料气经加热后分为两股，分别进入第一大量甲烷化反应器和第二大量甲烷化反应器进行反应，最终生成甲烷含量大于95%的产品气，经过首站加压、脱水后送往长输管网。

2. 事故情况

2.1 事故仪表的基本情况

甲烷化装置分别设有现场操作站和中央控制室集中操作站，分别设有ESD辅操台，设置紧急停车按钮（图1），机组采用ITCC系统（TRICONEX）控制；首站装置原设计只有现场操作站，中央控制室内无操作站，根据公司总体规划化工区集中监控要求，需要把首站现场操作员站迁移至中央控制室进行集中操作。

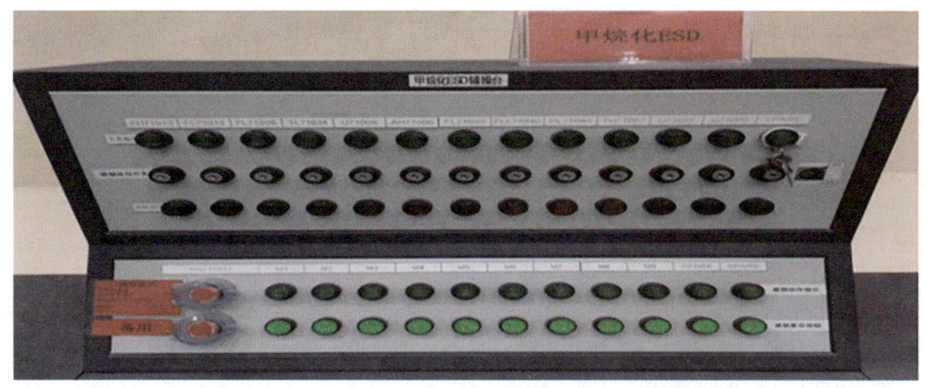

图1　中央控制室内甲烷化装置ESD辅操台

2.2 事故经过

2017年11月03日9时46分，仪表人员进行首站操作员站迁移到中央控制室工作（无施工方案）过程中，由于在中央控制室甲烷化操作台处敷设网线要经过甲烷化ESD辅操台，辅操台上安装了ESD紧急停车按钮。甲烷化操作人员提出对ESD紧急停车按钮功能进行强制解除，以避免穿线过程中误碰ESD辅操台下电缆引起接线松动造成联锁停车。

仪表人员到甲烷化工程师站后，在未办理任何审批手续的情况下进行相关操作，将中控甲烷化辅操台 ESD 紧急停车按钮（位号为 dHS_71017_C，见图 2）强制为“0”（为避免停车应该强制为“1”），导致装置联锁停车。仪表班长发现停车后立刻把误操作情况告知甲烷化分厂，并告知无设备问题可以立即开车，于当日 10 时 10 分合成装置成功开车。

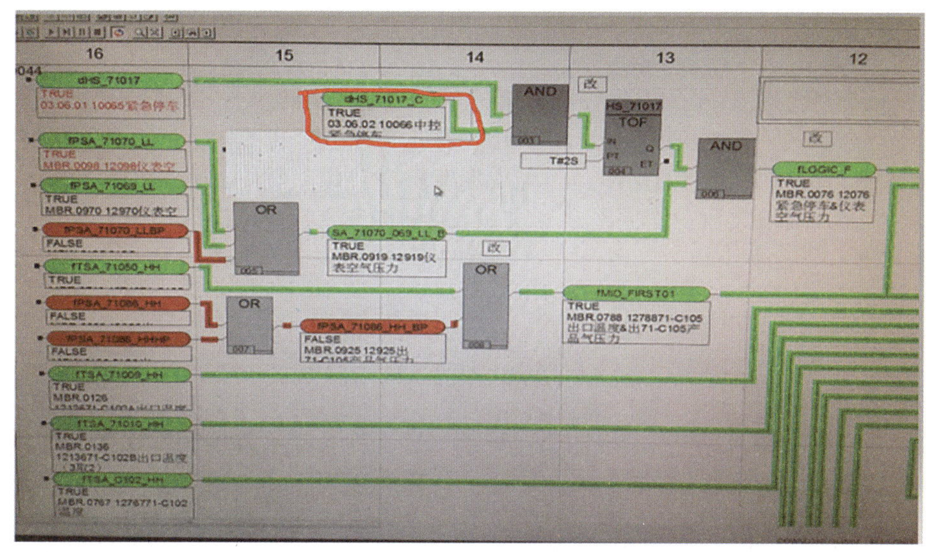

图 2　甲烷化 ESD 紧急停车按钮（图红框部分）逻辑图

3. 事故处置过程

3.1 事故处置情况

仪表人员发现误操作导致甲烷化装置停车，立即逐级进行汇报，分厂在得知设备无故障的情况下，立即组织甲烷化装置开车，后续首站陆续开车正常后，天然气外送管网。

3.2 仪表故障消除情况

仪控分厂领导组织班长及技术员，共同确认中控紧急停车按钮（dHS_71017_C）联锁逻辑后恢复按钮正常投用状态。

4. 原因分析

4.1 直接原因

本次停车事故主要是因为仪表人员在首站操作员站迁移到中控室工作中，在无人监护的情况下，私自一人进行联锁解除操作，误将 ESD 紧急停车按钮强制为“0”（实际解除联锁应该强制为“1”），等同于按下了中控甲烷化辅操台 ESD 紧急停车按钮，从而导致甲烷化 ESD 紧急停车，属于操作事故。

4.2 间接原因

仪表操作人员在没有认真确认 dHS_71017_C 正常逻辑状态的情况下，将 ESD 紧急停车按钮信号状态强制为“0”，触发 ESD 紧急停车程序，导致装置停车。

4.3 管理原因

（1）仪表人员在进行首站操作员站迁移过程中，没有提前进行风险辨识和风险预控，没有按照“五定”的原则制订详细的实施方案。

（2）仪表人员实施过程中没有开具“仪控第一种工作票”，开具的“仪控第二种工作票”，使用仪控工作票类别不当，安全措施不全面，未意识到施工过程中容易误碰辅操台 ESD 紧急停车按钮接线等风险。

（3）在施工过程中，意识到存在误碰急停按钮接线风险后，没有按照公司《联锁报警系统管理规定》办理“联锁投运/解除申请表”，在执行过程中，未按照“联锁作业必须采用双人执行的方式，一人操作、一人现场监护”要求执行。执行制度刚性不强。

（4）仪表人员对装置停车系统逻辑关系不清楚，强制信号过程中“0”和“1”混淆，专业技能水平有待加强。

5. 事故整改情况及改进建议

5.1 事故整改情况

（1）针对首站操作员站迁移工作，编制详细的施工方案，增加施工过程中风险辨识和需要采取的安全措施，并逐级审批同意后进行施工作业。

（2）组织仪表人员进行《电气、仪表工作票实施细则》《联锁报警系统管理规定》专项培训，对不按规定执行的人员加大考核力度。

（3）组织仪表人员对所维护的界区停车联锁逻辑进行专项培训，不断提高个人业务水平。

（4）在进行系统操作或逻辑修改前，必须编制专项方案，操作过程中一人操作、一人现场监护，做到“手指口述”，避免误操作。

5.2 改进建议

（1）仪控专业人员需加强管理，在实施技改、变更、迁移、大修等检修作业前，必须严格制订详细的实施方案，办理各种票证，进行风险辨识和风险预控，落实安全措施。在实施过程中，各级专业管理人员必须按照实施方案检修作业，落实好各项安全措施，确保仪控专业检修作业安全可控。

（2）仪表人员在进行联锁投退操作前，必须严格按照公司《联锁报警系统管理规定》执行，办理“联锁投退申请单”，经公司逐级审批通过后，采用双人执行的方式进行。

（3）针对此次事故，要从专业角度及管理角度深刻反思工作上存在的漏洞和不足，同时组织各班组认真学习，严格执行公司相关制度，吸取事故教训，避免类似事故再次发生。

6. 事故启示

煤化工生产企业各装置一般都设有紧急停车系统，是对生产装置可能发生的危险或不采取措施将继续恶化的状态进行自动响应和干预，从而保障生产安全，避免造成重大人身伤害及重大财产损失的控制系统。仪表人员必须掌握系统中联锁逻辑关系，进行联锁投运/切除工作时必须严格执行相关制度，严格按照“联锁作业必须采用双人执行的方式，一人操作、一人现场监护”的原则作业，避免因仪表人员误操作引起装置非停对企业造成重大经济损失和重大安全风险。

仪表人员关闭联锁仪表根部阀造成装置停车事故

1. 事故单位及事故装置的基本情况

某 60 万 t 煤制甲醇项目于 2009 年投产，采用水煤浆气化工艺，主要工艺流程：水煤浆与氧气在气化炉加压得到粗合成气，经变换、低温甲醇洗得到满足甲醇合成要求的精制合成气，再经卡萨利工艺甲醇合成装置获得甲醇。

2. 事故情况

2.1 事故仪表的基本情况

合成装置汽包压力 PT7042B 参与合成大联锁，配有蒸汽伴热和仪表保温箱，位置在合成汽包顶部，冬季寒冷状态下有冻堵的风险，具体联锁情况如下：汽包压力 PT7042A 和 PT7042B 任意一点与合成塔进口压力 PT7024 差值大于 6.6MPa 会引发合成气压缩机停车、合成气切气，造成整个合成装置联锁停车及蒸汽过热炉的联锁停车（见图 1）。

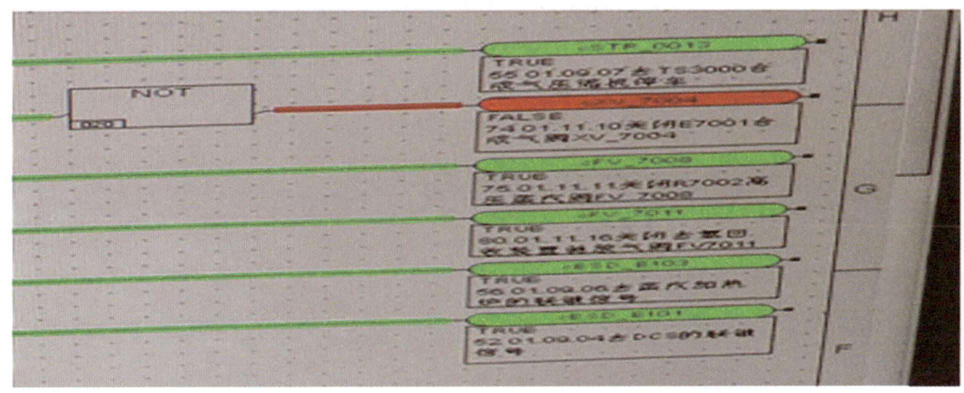

图 1　PT7042B 联锁逻辑组态图

2.2 事故经过

2017 年 12 月 24 日 22 时，仪表值班人员王某和冯某接到工艺主操范某电话告知汽包压力 PT7042B 与 PT7042A 有偏差且怀疑 PT7042B 不准确，要求仪表人员立即确认，仪表人员王某到中控室与范某询问情况并落实此压力是否有联锁，范某在查阅 DCS 联锁后告知王某无联锁，王某遂在未办理检修票证和联锁票证的情况下抵达现场，经工艺监护人员李某现场确认后，开始检查 PT7042B 压力。在检查过程中，因拆导压管需关闭仪表根部阀导致压力变小，联锁触发，合成气压缩机停车，合成装置停车。

2.3 事故后果

事故造成合成装置停车 9h，影响精甲醇产量 1050t。合成塔内件损坏，造成严重经济损失。

3. 事故处置过程

3.1 事故处置情况

事故发生后，工艺人员立即要求恢复导压管，排查各启动条件是否满足，并组织进行合成气压缩机的开车工作。

3.2 仪表故障消除情况

仪表示值因导压管介质冻堵导致显示偏差，仪表人员遂立即消除冻堵，加强导压管保温，并在保温箱上加盖一层棉被。

4. 原因分析

4.1 直接原因

（1）仪表人员王某未办理检修票证和联锁票证就开始作业；

（2）工艺人员范某、李某和仪表人员王某对业务不熟，没能立即判断测点是否关联联锁；

（3）DCS 及现场仪表对联锁信号的警示未完善。

4.2 间接原因

（1）班组票证管理松懈，员工票证意识淡薄；

（2）现场防冻保温工作欠缺，仪表人员未对事故仪表提前加强保温，导致 PT7042B 在夜间降温期间存在偏差；

（3）判断问题盲目武断，麻痹大意，没有认真分析，导致事故发生。

4.3 管理原因

合成装置和电仪中心票证管理松懈，监督检查不到位，员工技能培训不足，未按规定对联锁测点悬挂警示标识。

5. 事故整改情况及改进建议

事故整改情况

（1）电仪中心和合成装置对所有联锁信号重新梳理并加强培训，加强票证管理；

（2）DCS 将联锁画面重新组态，将所有联锁放置在 DCS 操作画面，避免操作工联锁不熟悉引起的仪表检修事故；

（3）电仪中心及各装置加强现场保温，对保温伴热地毯式检查，严防冬季仪表及管道冻堵；

（4）对现场参与联锁的测量元件增加红色联锁标识警示牌，避免检修人员误操作。

6. 事故启示

此次事故并非偶然性发生，实际为仪表人员冬季防冻检查不到位、管理监督检查不到位造成。工艺人员对相关联锁逻辑不熟知、未与 DCS 人员确认联锁及票证管理薄弱导致此次事故，应加强工艺人员联锁培训，并提高仪表检修人员的安全检修意识和风险辨识能力，工作态度和分析问题要严谨有效，才能保障自身安全和生产稳定。

信号电缆接地造成化工区上煤皮带全部停车事故

1. 事故单位及事故装置的基本情况

某煤化工企业为煤制天然气项目，采用碎煤加压气化、低温甲醇洗净化、甲烷合成技术，生产的天然气通过长输管道向外输送，同时副产焦油、粗酚、硫黄、硫铵等副产品。

化工区和动力区使用的煤炭，通过翻车机系统将火车来煤翻卸至翻车机下方煤仓，再通过输煤皮带机、斗轮机等各转运设备设施将来煤存放至煤场，然后再根据生产需要将煤场的原煤用斗轮机或直接送至各用煤装置，为各用煤装置提供合格的原料煤。

化工区气化炉上煤途径，主要是从筛分楼通过活化给料机、细粒弛张筛、输煤皮带（A60101A/B-A60104A/B）进入气化煤仓（图 1）。

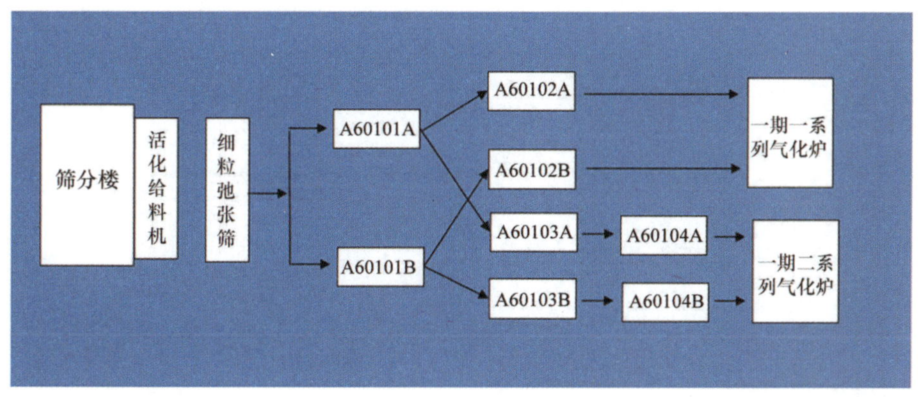

图 1　化工区一期上煤系统

2. 事故情况

2.1 事故仪表的基本情况

本企业输煤系统采用就地集中的监控方式，上煤操作控制分程控自动、程控手动及就地手动三种方式。系统采用美国 Rockwell Allen-Bradley 可编程控制器（PLC）与上位管理机组成的控制系统。系统硬件分别设置在输煤机柜室和远程站，其中化工区上煤系统涉及的硬件设置在 16 号远程站，其中 DI 点隔离继电器（欧姆龙）采用 48VDC 供电（图 2）。

2.2 事故经过

2017 年 9 月 26 日 19 时 10 分，输煤界区化工上煤皮带 A60101、A60102、A60103、A60104 跳停（图 3），上位机显示对应皮带及其附属设备状态消失，输煤工艺操作人员立即通知仪表人员，接到通知仪表人员根据故障现象立即去 16 号远程站检查，检查后发现控制柜 48VDC 供电电源跳闸。情况紧急，仪表人员与运行人员沟通后决定试送电，送电后上位机显示相应皮带及其附属设备状态正常，工艺操作人员启动皮带，于 19 时 24 分化工皮带正常上煤。

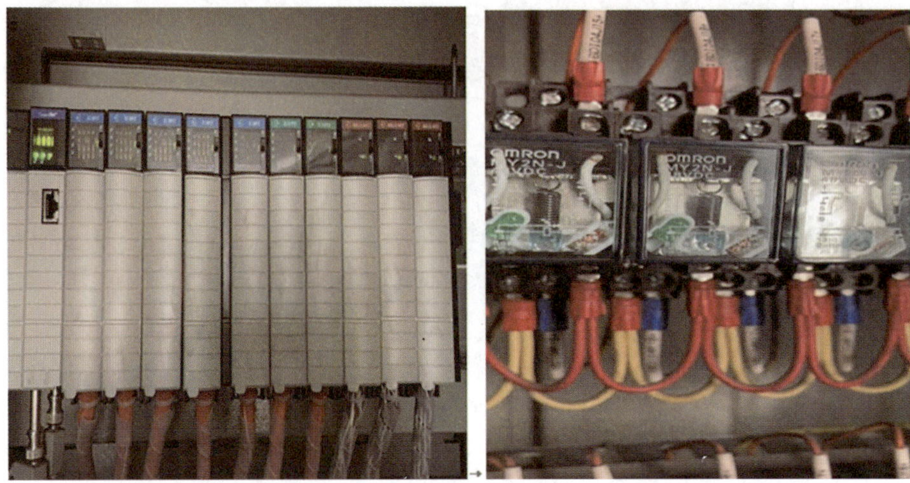

图 2　设置在 16 号远程站内 PLC 卡件（AB）及继电器（48VDC）

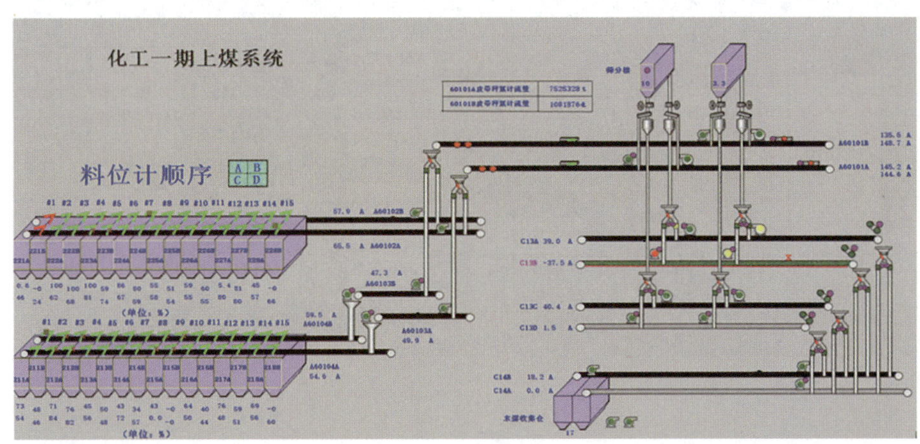

图 3　化工区一期上煤系统

2.3 事故后果

本次事故导致输煤界区化工上煤皮带停止运行 14min，由于送电及时，后续气化炉减负荷运行，未造成气化炉全停事故。

3. 事故处置过程

3.1 事故处置情况

仪表人员接到工艺人员通知后，立即到 16 号远程站检查，检查后发现控制柜 2 号柜 DI 点 48VDC 供电电源（图 4）跳闸。为不影响生产运行，与运行人员沟通后决定试送电，上电后发现 A60102B 皮带 3 号犁煤器故障，其故障现象为同时有抬起和落下信号（正常情况下只有一个 DI 信号），有故障信号，远程无法操控犁煤器，随后将 3 号犁煤器就地开关打至检修位，仪表人员检查 3 号犁煤器控制回路，发现控制电缆（48VDC 供电）有接地现象，为不影响生产，立即更换电缆备用芯，更换完毕后，与运行人员调试 3 号犁煤器，犁煤器动作正常（犁煤器信号及 48VDC 供电控制回路示意图见图 5）。

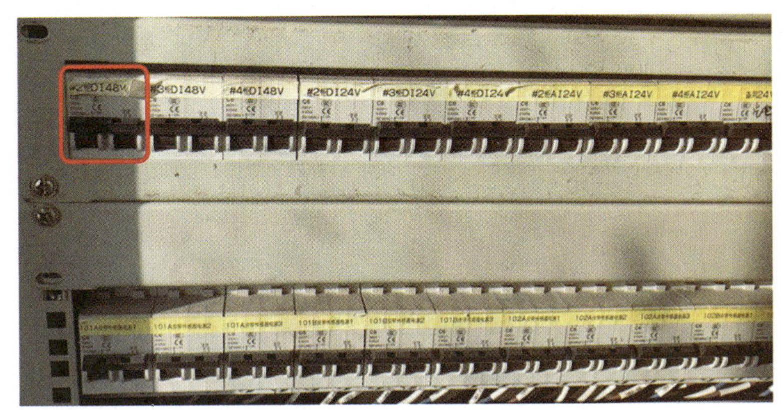

图 4　16 号远程站系统控制柜供电电源

注：事发时电缆接地导致图中红框内 2 号柜 DI 点 48VDC 供电电源跳闸。

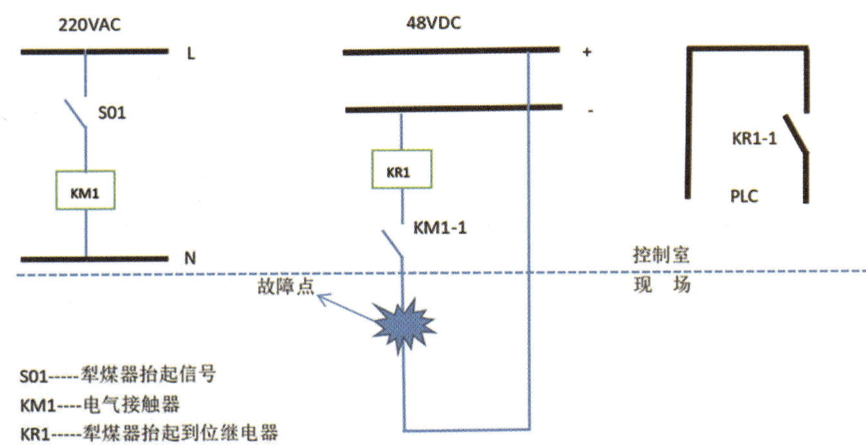

图 5　犁煤器信号及 48VDC 供电控制回路示意图

3.2 仪表故障消除情况

利用检修期间，仪表人员对犁煤器控制电缆进行检查，发现电缆外皮有破损处导致接地，重新更换控制电缆，并对槽盒进行了保护。

4. 原因分析

4.1 直接原因

控制柜 2 号柜 DI 中 48VDC 供电电源跳闸后，触发带式输送机电机断路保护器保护条件动作（说明：此点为 DI 点，对应继电器使用 48VDC 电源供电，继电器长带电，失电保护动作）（图 6），导致输煤皮带保护停动作，致使化工上煤皮带 A60101、A60102、

A60103、A60104 全部急停。

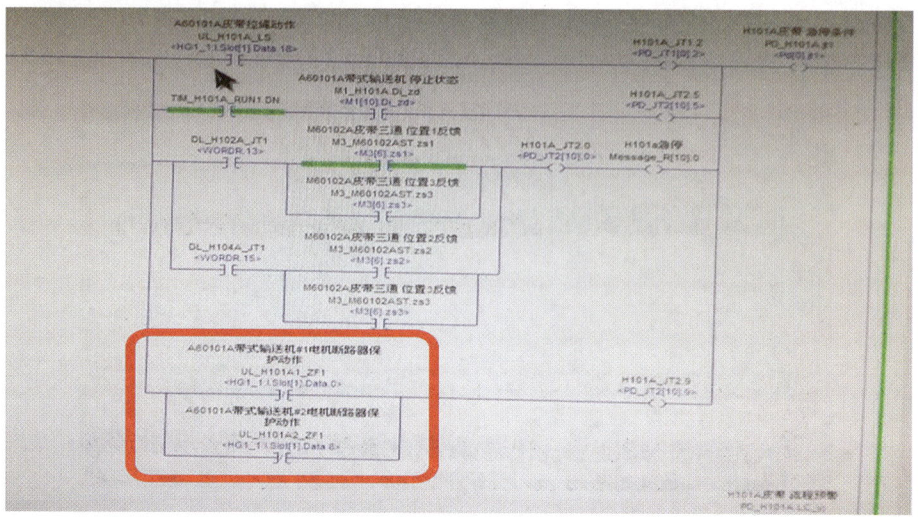

图 6　输煤上煤皮带联锁停止逻辑条件

注：48VDC 供电电源跳闸，触发带式输送机电机断路保护器保护条件动作。

4.2 间接原因

（1）输煤界区环境恶劣，电缆槽盒内积煤积粉情况严重，冬季严寒对电缆护套冻裂破皮（图 7），清扫人员在清理槽盒内煤粉时导致 A60102B 皮带 3 号犁煤器控制电缆破损裸露处与槽盒接地短路，导致控制柜 48VDC 供电电源跳闸。

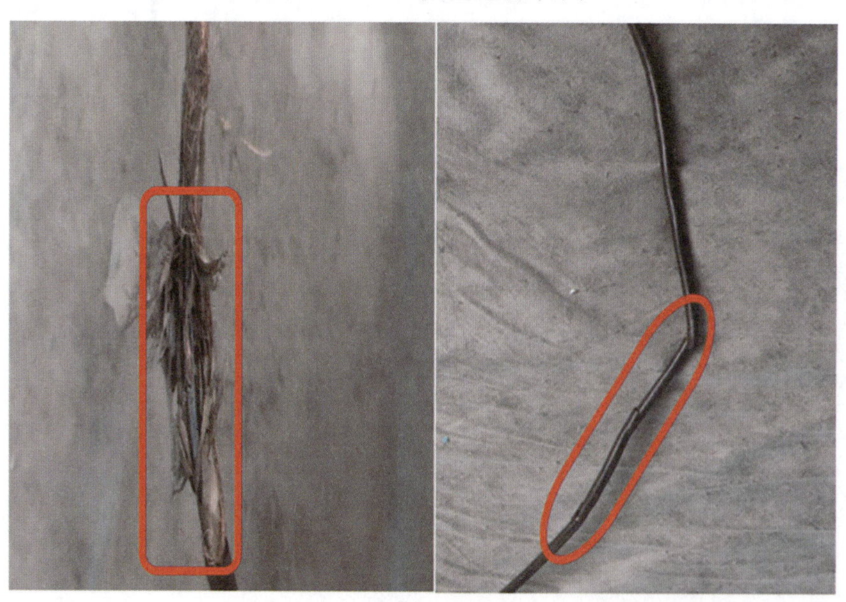

图 7　A60102B 皮带 3 号犁煤器控制电缆破损裸露情况

（2）控制柜 48VDC 供电电源分配（图 8）设置不合理，各支路未配置单独保险端子，单一回路线缆接地导致总空开跳闸。

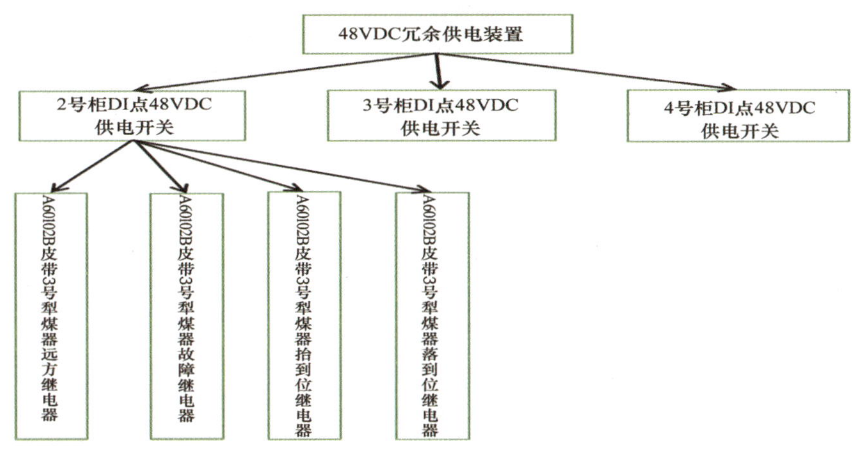

图 8　控制柜 48VDC 供电电源分配图

4.3 管理原因

仪控人员日常巡检维护不到位，电缆防护不到位，环境恶劣地点重点部位电缆未能引起足够重视。

5. 事故整改情况及改进建议

5.1 事故整改情况

（1）针对此次事故举一反三，利用输煤皮带停运间隙，排查输煤界区所有皮带、犁煤器等控制电缆接地情况，并做好记录。

（2）各皮带犁煤器抬到位、落到位等信号回路增加单独的保险端子，避免由于单回路线缆短路或接地造成 48VDC 总空开跳闸。

（3）仪控专业加强对输煤界区远程站仪控设备巡检和维护，及时对控制电缆进行清灰、做好防火、防水封堵工作。

5.2 改进建议

（1）对现场环境较恶劣、粉尘较多、控制电缆槽盒较长，特别是有输煤系统的单位，更要加强日常巡检，及时清理煤粉，防止煤粉自燃和对电缆的损害。

（2）涉及仪表多回路供电共用一个主空开时，各支路要设置单独的保险端子。

（3）对于北方极寒天气较多的单位，输煤系统电缆槽盒内积煤积粉较多，电缆使用时间较长，尤其未设计耐低温的电缆，很容易对电缆护套造成冻裂破损，要定期检查，必要时进行更换。

6. 事故启示

煤化工企业一般都有气化炉或者锅炉，上煤系统尤为重要，各输煤皮带都是联锁运行，一旦其中一条皮带控制出现故障就会造成整个输煤线联锁停运，气化炉或锅炉就容易出现断煤风险，导致全部停车事故。因此，仪表专业一定要加强输煤控制系统及仪控设备、电缆等的日常检查，加强巡检质量，及时发现隐患，避免因仪表原因引起装置非停或生产波动对企业造成较大经济损失。

阀门回讯信号线接地导致系统放火炬事件

1. 事故单位及事故装置的基本情况

某企业为煤间接液化项目，主要工艺流程：水煤浆与氧气在气化装置加压气化得到粗合成气，经净化、合成、精制装置，生产出石脑油。

合成装置将净化单元来的合成气和还原单元提供的催化剂浆液，在特定条件下生成一系列的烃类化合物，经激冷、闪蒸、分离、过滤得粗产品。该装置DCS采用某进口品牌产品。

2. 事故情况

2.1 事故仪表的基本情况

触发本次事故的继电器板为系统成套产品，接收DI信号，相关信息如图1所示。

订货信息 / order data

产品型号 / description	订货号 / order no.	每包装数量/pcs per package
UM122-IC50/32R/NO/DI/F/CS1304	2904806	1

技术规格 / technical data

输入	Input	
额定工作电压	nominal operating voltage U_N	24V DC
允许变动范围（相对于 U_N）	permissible range (in reference to U_N)	0,9~ 1,1 xU_N
典型工作电流 @U_N	typ. input current at U_N	9.5 mA
输入电路特点	input circuit features	Free wheeling diode yellow LED status indication Plugable fuse: MST T 315mA
输入侧电源 (V+)	Input circuit power supply (V+)	Yes, 24V DC
最大电源电流	max. total current（power supply）	2A（Plugable fuse 2A）
电源电路特点	power supply circuit features	Green LED status indication Polarity protection diode
输出	output	
触点类型	contact type	1 NO, dry
触点材料	contact material	AgNi, Au flashed
最大开关电压	max. switching voltage	250V AC/30V DC
最大开关电流	max. switching current	5A
最大持续负载电流	limiting continuous current	5A
最小开关负载容量	min. switching capacity	100uA, 100mV DC
干/湿接点输出	dry/wet contact output	Dry

图1　继电器板产品说明

2.2 事故经过

2021年8月29日，合成装置反应器催化剂回收添加项目进行仪表调试工作，15时18分左右，现场调试人员对某气动切断阀进行反馈故障处理后，通知控制系统仪表人员查看是否显示正常。控制系统仪表人员查看画面未收到相关反馈，到机柜间进一步查看故障原因，发现该控制回路所在的整个继电器板掉电，经查为上级供电保险熔断，随即对保险进行了更换。继电器板掉电，触发还原系统超压联锁，造成放空阀全开，系统对火炬放空约11min，系统压力从1.83MPa降至0.3MPa，16时09分左右系统压力恢复正常。

2.3 事故后果

事故造成合成装置还原系统对火炬放空 11min，并对正处于还原阶段的催化剂性能产生了一定的影响。

3. 事故处置过程

3.1 事故处置情况

事故发生时，控制系统仪表人员正在合成机柜间内配合调试，发现继电器板掉电后，通过测量判断其上级刀闸保险熔断，随即将备用端子上规格为 T1A 250VAC 的保险进行了替换，继电器板恢复正常，放空阀关闭，系统压力逐步恢复正常。

3.2 仪表故障消除情况

系统恢复正常后，对事故原因进一步排查，发现该故障气动切断阀关反馈继电器板上配置的回路保险规格为 T1A 250VAC，低于继电器板上配置的 T2A 250VAC 规格，与继电器板上级刀闸保险规格一致，判断为该回路出现越级跳闸所致。通过查看该继电器板上其他回路的保险规格为 T315mA 250VAC，对该回路的保险进行了更换，消除了仪表故障。

4. 原因分析

4.1 直接原因

通过查看 DI 继电器板说明书和系统配电图，单回路保险规格为 T315mA 250VAC，继电器板总保险规格为 T2A 250VAC，继电器板上级刀闸保险规格为 T2A 250VAC。但通过查看机柜内实际配电，回路保险为 T1A 250VAC，继电器板总保险为 T2A 250VAC，继电器板上级刀闸保险为 T1A 250VAC。回路保险与继电器板上级刀闸保险规格一致，在回路发生接地时造成越级跳闸，整个继电器板掉电，导致该继电器板上的所有信号置 0，导致来自 SIS 系统的 IL-0002-702（还原系统超压联锁）触发，造成放空阀全开，触发还原系统超压联锁，为该事故的直接原因。各级保险配置见图 2，还原系统超压联锁接线端子及联锁见图 3。

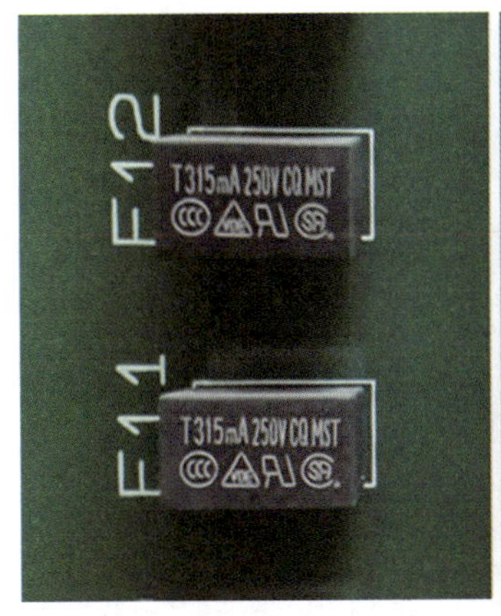

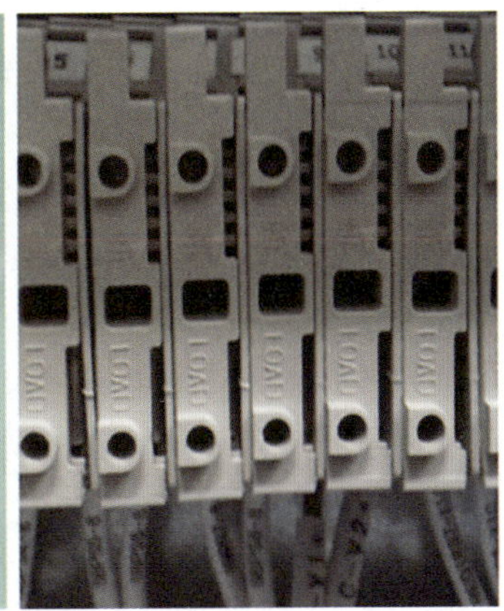

图 2　各级保险配置

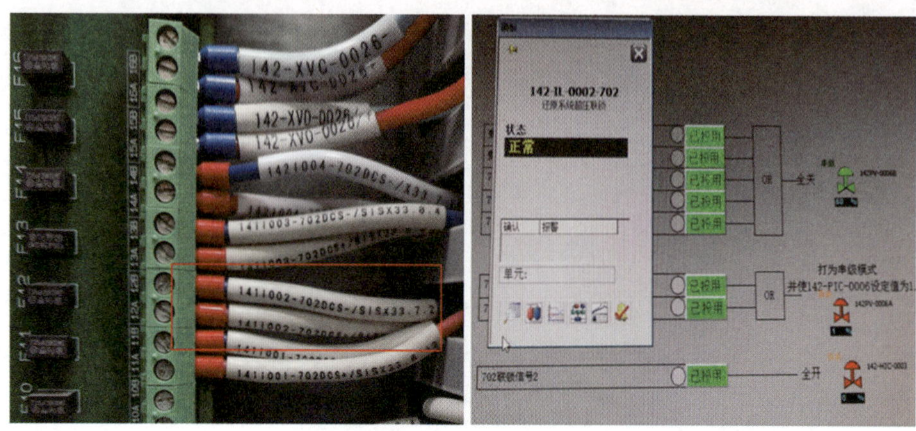

图 3　还原系统超压联锁接线端子及联锁

4.2 间接原因

现场仪表调试人员在处理气动切断阀反馈故障过程中，拆除的电缆误碰触阀位开关接线盒内壁，导致整个回路接地，为该事故的间接原因。

4.3 管理原因

（1）现场仪表、控制系统调试人员思想麻痹，“三惯三乎”思想严重，没有意识到新扩建项目中的仪表信号会关联到运行设备，给运行系统带来影响。故障排除过程中牵扯到拆、接线处理的，既未按规定办理停电工作票，又未将拆下的电缆线头包扎完好；调试前未按照系统配电图要求安装规格正确的保险。

（2）车间管理和培训力度不够，未深入落实标准化检修各过程的把控，导致班组人员执行检修、维护技术规范不严格，随意性强。

5. 事故整改情况及改进建议

5.1 事故整改情况

（1）加强控制系统各类保险维护管理，建立电源保险更换记录，详细记录损坏原因及保险规格。

（2）加强各类卡件、保险备件的管理，集中、分类、规范存放。

（3）加强业务和安全培训，培训内容增加规范标准、事故案例和故障处理实操等内容。

（4）深刻吸取事故教训，加强日常操作的风险辨识和措施管控，举一反三，切实提高现场操作各环节的标准化管理和安全保障能力。

（5）在 DCS 监控画面放空阀旁边增加联锁旁路按钮，在紧急情况下可进行联锁切除，实现阀门手动操作功能。

（6）加强“干标准活、做放心人”宣传教育，让理念真正融入日常工作中去。

5.2 改进建议

（1）对公司各控制系统供电配置进行排查，统计各级配电保险规格型号，并对保险配置进行评估，不合理的地方列出整改清单，在具备条件的情况下进行更换。

（2）技改项目新增的测点接入在运行装置控制系统的，在接线、拆线、调试、故障处理时，都应按照运行装置设备对待。对整个调试过程进行风险评价，制定防范措施后方可开展相关工作。

（3）加强检维修标准化管理，凡现场设备检维修牵扯到拆、接线处理的，检修人员必须办理《控制系统及现场仪表停送电工作票》，控制系统仪表人员在确认无误后，现场人员方可按照办理的票证执行相关操作。

6. 事故启示

随着煤化工生产过程自动化水平的逐步提高，DCS 发挥了越来越重要的作用，直接关系到整个生产系统的安全性和稳定性。但大多数仪控人员，重点关心控制系统的 CPU、卡件、网络、冗余等方面的配置情况，对控制系统的供电系统配置重视度不够，也未加强保险更换的日常管理，极易发生因保险配置错误或更换错误造成的越级跳闸事故，甚至出现更大的生产安全事故。

仪表接地错误造成挤压机振动超标事件

1. 事故单位及事故装置的基本情况

某公司 PP 装置采用 INEOS 公司的 INNOVENE 气相法工艺，主要流程是将烯烃联合装置送来聚合级丙烯在一定的温度、压力下经催化剂催化聚合成聚丙烯粉料，挤压机将来自料斗的粉料进行混合、熔融挤出、造粒成本色聚丙烯颗粒料。

故障仪表为挤压机电机轴承箱振动探头，其位号是 VI4314A。

2. 事故情况

2.1 事故仪表的基本情况

振动探头 VI4314A 安装于电机轴承箱机壳位置，为接触式振动探头，采用本特利加速度振动探头进行振动监测（见图 1）。其原理为：当振动探头内的加速度计感受振动时，由弹簧压紧在压电元件上的重金属质量块随之振动，其方向与振动加速度方向相反，产生一惯性力，其大小由 $F=ma$ 决定。惯性力作用在压电元件产生电荷，电荷量正比于惯性力，即与被测加速度成正比，经测量电路转换为电压信号输出至机组监控系统。VI4314A 联锁逻辑图见图 2。

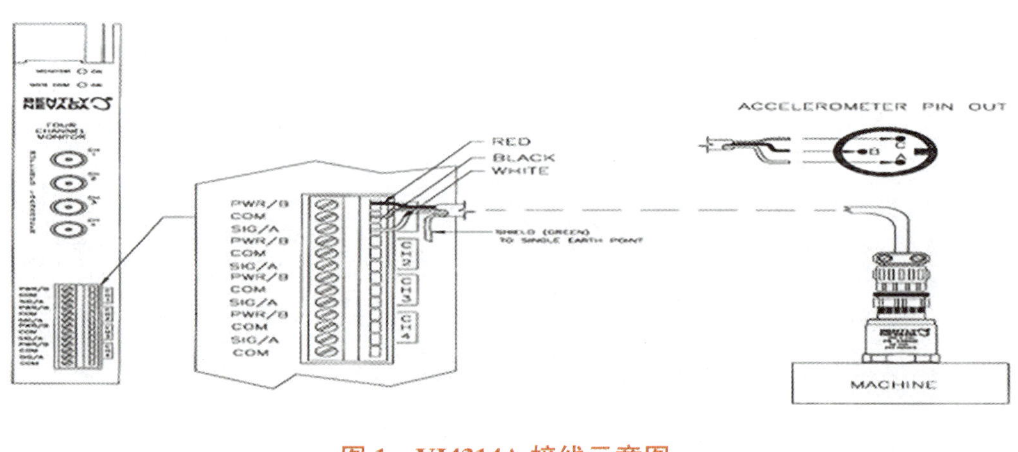

图 1 VI4314A 接线示意图

挤压机电机轴承振动 VI4314A高高≥11mm/s → 延时1秒 → 送停挤压机

图 2 VI4314A 联锁逻辑图

2.2 事故经过

2021 年 11 月 9 日 17:05:58，VI4314A 突然升高至 11.74mm/s，瞬间下降至 7.44mm/s，并持续波动。波动最高值已超过联锁值 11mm/s，因未达到延时 1s 条件，未造成挤压机停机。VI4314A 波动趋势图见图 3。

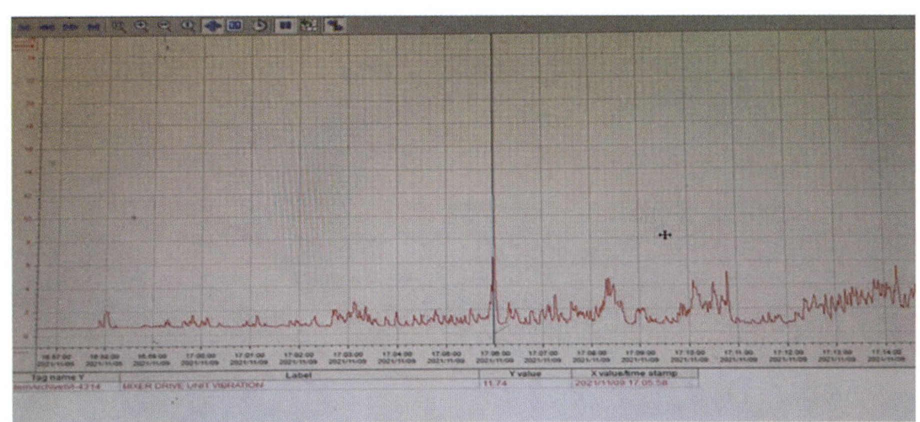

图 3　VI4314A 波动趋势图

工艺人员解除挤压机联锁观察运行。仪表专业人员对振动探头进行检查：首先对振动探头进行更换，更换探头后该振动值仍出现波动。同时检查回路中各端子紧固无松动，回路安全栅工作正常，查看本特利 3500 卡件正常，收集本特利 3500 系统日志确认无异常。

在检查振动回路信号线时发现该回路信号线屏蔽层存在多点接地的情况，即在机柜侧和现场接线箱侧均进行了接地连接，由此判断造成振动指示值波动的原因为：由于外界电磁干扰，在信号线金属屏蔽层产生屏蔽环流，在现场接线箱和机柜间电势不相等情况下，形成较大的电势环流对振动信号产生干扰作用，导致振动探头指示值异常波动。

2.3 事故后果

该振动探头波动未造成挤压机停机，对装置生产未造成影响。但影响工艺对设备运行状况判断。振动发生波动后，工艺人员切除挤压机联锁保护观察运行，在此工况下若出现机组实际振动值达到联锁动作值的异常情况时，机组存在失去联锁保护进而导致轴瓦损坏的风险。

3. 事故处置过程

3.1 事故处置情况

由于未造成挤压机停机，工艺人员切除联锁观察运行，仪表检查确定振动波动为信号电缆屏蔽层多点接地且出现电磁干扰导致，解除现场接线箱屏蔽接地，观察该振动无波动。工艺人员投用联锁，挤压机正常运行。

3.2 仪表故障消除情况

检查仪表接地，确认在现场接线箱仪表信号线屏蔽层和机柜间内信号线屏蔽层同时接地连接，解除现场接线箱内信号线屏蔽层接地，保持一端接地，观察振动探头波动故障消除。

4. 原因分析

4.1 直接原因

造成此次振动探头波动的直接原因为：仪表信号线屏蔽层存在两端接地，在两端接地的情况下，金属屏蔽层受到外界干扰磁通影响，会产生屏蔽环流，在现场接线箱和机柜间电势不相等情况下，会形成较大的电势环流，环流会对信号产生干扰作用。导致振动探头指示值异常波动。VI4314A 现场接线箱见图 4。

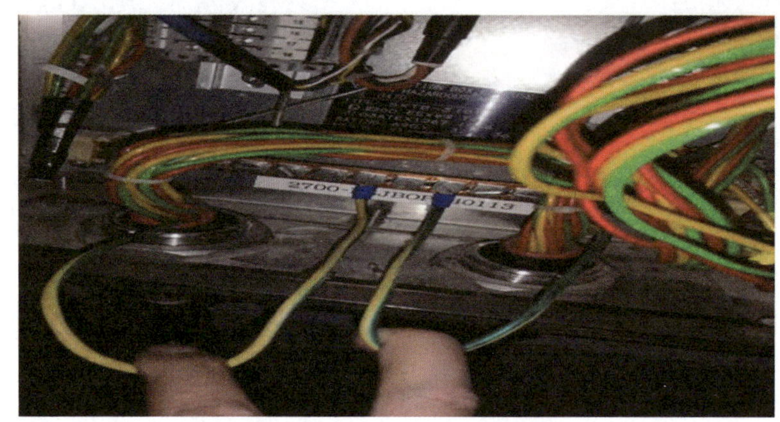

图 4　VI4314A 现场接线箱

4.2 间接原因

造成本次波动故障的间接原因为：未按照相关规范进行仪表接地施工，留存故障隐患。屏蔽接地作为工作接地的一种，应满足相关规范要求，《仪表系统接地设计规范》（HG/T 20513—2014）中 5.1.2 条规定："现场仪表的工作接地一般应在控制室侧接地。"同时，厂家提供技术资料也标注为单端接地，如图 5 所示。

在装置建设期间，施工人员未按照上述规范及技术资料进行施工，存在接地随意连接现象，造成两端接地（两端接地易引起电磁干扰导致测量值波动），是此次事件的间接原因。

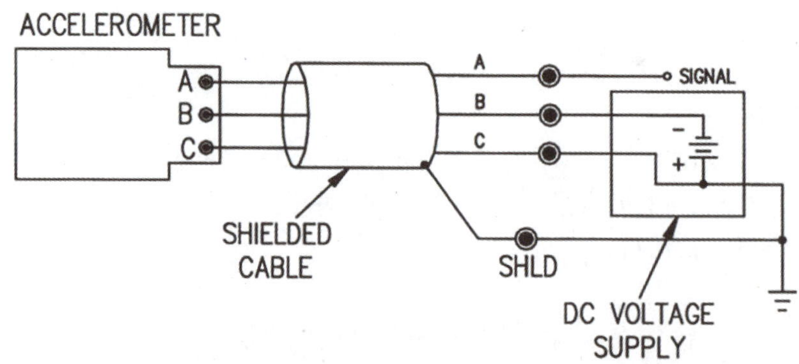

图 5　VI4314A 接线示意图

4.3 管理原因

化工仪表和控制系统的接地目的是：①保护人身安全和仪表电气设备的安全运行；②保证仪表信号的传输和抗干扰性。所以，正确的仪表接地尤为重要。必须按照行业相关接地规范实施。否则存在外界干扰导致仪表误指示的风险隐患。对于需要两端接地的情况，在《仪表系统接地设计规范》（HG/T 20513—2014）中 5.2.1 条规定："现场总线仪表系统的信号是以数字通信方式传输，总线信号电缆屏蔽层的接地与模拟信号电缆有所不同，总线电缆屏蔽层的两端都宜做接地连接。"所以，对于屏蔽接地如何连接，规范做了明确要求，应根据实际具体情况实施。

在项目实施期间，施工人员与监理人员对仪表工作接地的要求掌握不到位，施工期间出现偏差，对于接地不良所导致的后果评估不足。同时，项目"三查四定"、验收等工作存在欠缺，对接地检查、查验不到位，未能发现两端接地的情况。对可能造成回路干扰隐患未能及时辨识，从而导致后期故障的发生。

5. 事故整改情况及改进建议

5.1 事故整改情况

将现场接线箱屏蔽接地线拆除，确认控制室屏蔽接地线良好。利用检修期，排查 PP 装置仪表接地情况，检查模拟信号线有无类似两端接地现象，并进行整改。

5.2 改进建议

（1）将该振动探头信号线的两端接地进行整改，解除现场接线箱信号线屏蔽接地线。

（2）检查装置同类信号线接地情况，查看有无模拟信号线屏蔽两端接地现象。

（3）组织仪表管理、维护人员对《仪表系统接地设计规范》（HG/T 20513—2014）进行再次深入学习。对仪表工作接地、保护接地、本安接地、防静电接地的各种接地要求进行掌握。在后期新项目建设、技改技措阶段，对仪表的接地施工情况进行查验，确保接地按照规范施工，避免同类故障发生。

6. 事故启示

仪表异常波动是一种典型的仪表故障，易造成仪表误联锁、误指示，对生产影响较大。造成仪表波动的原因较多，检查过程较为烦琐，需各种原因逐一排查。此次故障也是为仪表管理维护人员提供一点启示，检查仪表波动故障，可以查看仪表接地是否存在不规范、不正确的情况，排除是否由于接地不良引起的仪表波动。

同时，在装置新建及技改技措项目实施阶段，需对仪表接地工作加以重视，严格按照规范进行施工。对施工、监理、验收各方的工作也需进行相关督促，避免存留个别接地不规范、不正确情况，消除仪表运行隐患。

阀门电磁阀电源线接地造成合成装置停车事故

1. 事故单位及事故装置的基本情况

故障设备属60万吨煤制甲醇项目，变换工段开工加热器TV2113阀门附件电磁阀短路，造成控制室该组供电空开跳闸8个供电回路失电，最终导致现场压缩机进口切断阀、合成塔入口阀等阀门失电关闭造成停车。

2. 事故情况

2.1 事故仪表的基本情况

故障原因为保运单位员工在整改变换工段开工加热器TV2113阀门附件电磁阀线路时造成短路，导致控制室该组供电空开跳闸。该阀门一般在开车时使用，由于保运人员操作不当导致事故发生。

2.2 事故经过

2021年4月3日10:45，合成气压缩机一段进口切断阀HV3105、合成气压缩机出口调节阀HV3110、合成气一段进口旁路切断阀XV3102相继全关，造成合成切气。经现场检查，以上阀门电磁阀均已失电，导致阀门全关，后查看合成SIS系统，发现以上阀门的电磁阀失电指令并未给出，随后怀疑是电磁阀保险烧坏或空开跳闸，经查看合成SIS机柜，发现一空开跳闸（图1）。

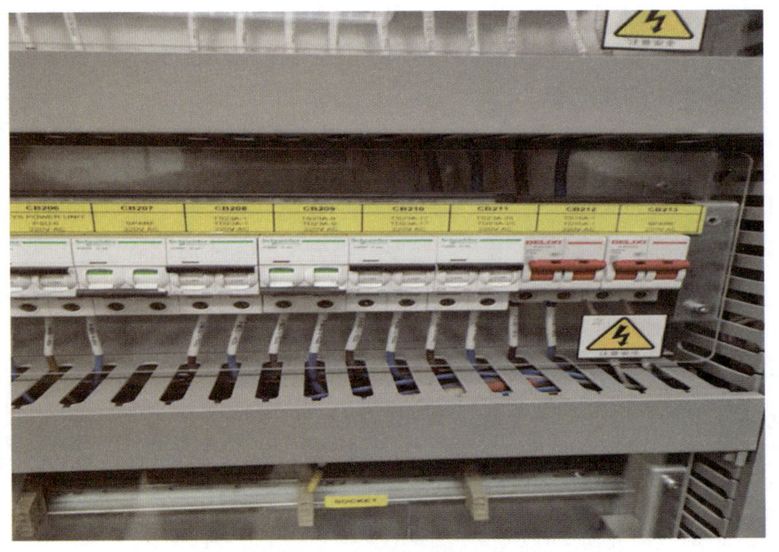

图1 SIS机柜空开

该空开下端带有 8 个通道，共计 8 台阀门电磁阀，分别是 PV3401B（氢回收非渗透气调节阀）、HV3401（氢回收膜入口阀）、TV2113（E2112 壳程高压蒸汽入口阀）、HV3105（合成气压缩机一段进口切断阀）、HV3110（合成气压缩机出口调节阀）、HV3111（出口氢气切断阀）、FV3102（合成开车新鲜气调节阀）、XV3102（合成气一段进口旁路切断阀），经检查以上阀门通道保险以及测量阀门电磁阀电源线电阻值，发现 TV2113 电源通道保险烧坏，且阀门电磁阀线路存在接地现象，经咨询相关工艺及仪表人员得知，仪表保运人员整改 TV2113 阀门附件检修，大家决定暂不恢复该通道保险，恢复其他通道及设备，将空开合闸，随即现场阀门恢复正常，11:55 左右合成开始接气恢复生产。

经进一步现场检查 TV2113 阀门，发现该阀门电磁阀接线处有打火痕迹（图 2）。

图 2　电磁阀接线端子

询问工艺及仪表保运人员，事故发生时保运人员正在对阀门进行电缆线路整理，整理过程中触碰电磁阀电源线，导致电源线接地，从而造成合成 SIS 机柜内空开跳闸。

2.3 事故后果

合成装置切气 1 小时 10 分钟。

3. 事故处置过程

3.1 事故处置情况

事故发生后先在控制系统中检查阀门关闭是否为控制系统指令，检查后没有联锁动作、输出指令正常。最后检查电源空开发现空开跳闸。

3.2 仪表故障消除情况

断开 TV2113 现场电磁线恢复空开供电。

4. 原因分析

4.1 直接原因

（1）合成 SIS 机柜内空开跳闸，现场阀门全关是造成本次事故的直接原因。

（2）通道保险烧坏后空开越级跳闸也是造成本次事故的原因。

4.2 间接原因

（1）TV2113 阀门电磁阀接线松动，仪表人员日常巡检及维护不到位。

（2）仪表保运人员现场整理阀门电缆线路未能与工艺人员和 DCS 人员进行详细沟通，未能了解阀门电源线及信号线与整个 DCS 及 SIS 系统的关系，未采取相应防范措施。

4.3 管理原因

仪电中心对仪表保运人员管理不到位，未能规范其作业流程。

5. 事故整改情况及改进建议

5.1 事故整改情况

对于带电线路严禁带电作业，必须与系统班组人员对接停电后方可作业。

5.2 改进建议

（1）规范仪表保运作业流程，使整个作业过程可控。

（2）加强专业化管理，各项作业及时跟踪及监督，保证作业安全可靠。

（3）加强对保运队人员业务培训，提高业务能力，熟悉和了解作业过程中存在的风险。

（4）由于机柜内空开上口与总电源并联连接，本次不具备条件更换，下次择机更换空开。

（5）当在线运行的联锁仪表和联锁阀门存在隐患时，要经仪表、仪表保运、工艺等专业人员风险评估后，再进行作业。

6. 事故启示

严格落实事故“四不放过”原则，举一反三，防微杜渐，杜绝此类事故的再次发生。

紧急停车信号电缆接地导致气化炉联锁停炉事故

1. 事故单位及事故装置的基本情况

某煤化工企业为大型煤制天然气示范项目，总设计能力为 40 亿 m^3/年，一期设计产能为 13.3 亿 m^3/年。采用碎煤加压气化、低温甲醇洗净化、甲烷合成技术，生产的天然气通过长输管道向外输送，同时副产焦油、粗酚、硫黄、硫铵等副产品。

一期气化装置共有碎煤加压气化炉 16 台，分 A/B 两个单元，每 8 台气化炉为一个单元。单台气化炉生产能力（产气量）38756Nm^3/h（干气），每个单元生产能力（产气量）310045Nm^3/h（干气）。碎煤加压气化炉属于移动床气化工艺，原料煤与气化剂在 4.1MPa 压力下，逆流接触进行气化反应。

2. 事故情况

2.1 事故仪表的基本情况

本次事故出现在气化 B 单元 224 号炉辅操作台急停按钮上，该按钮是气化炉的手动急停按钮，带防护罩，随控制系统操作台成套组装供货，如图 1 所示。

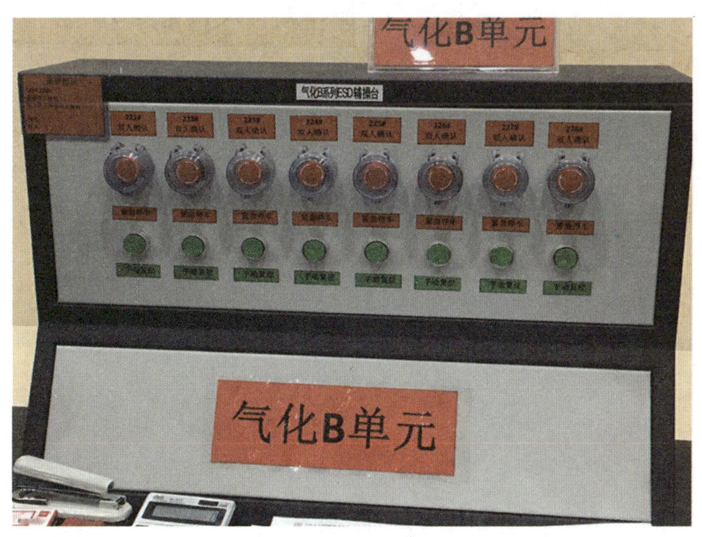

图 1　气化炉手动急停按钮辅操台

2.2 事故经过

2021 年 5 月 28 日 15 时 33 分，气化中心加压气化 B 单元 224 号炉联锁停车，ESD 系统显示首出为中控室手动紧急停车，电仪中心仪表人员接到通知后，立即对紧急停车控制回路进行检查，经细致排查，确定为中控室手动紧急停车回路电缆有接地现象，紧急停车信号误发导致 224 号炉联锁停车。15 时 54 分告知工艺操作人员 224 号炉中控室紧急停车信号电缆故障引起停车，已按照《联锁、报警管理规定》将联锁解除，224 号炉具备通氧开车条件。由于气化中心 224 号炉有其他检修项目，16 时 05 分该气化炉由事故跳车转入泄压检修。

2.3 事故后果

本次事故导致加压气化 B 单元 224 号炉停炉 21min。

3. 事故处置过程

事故处置情况

2021 年 5 月 28 日 15 时 33 分，电仪中心仪表人员接到工艺操作人员通知 224 号炉停车后，立即对 224 号炉中控室紧急停车按钮信号回路进行检查，发现中控室 224 号炉紧急停车按钮的接线牢固、按钮接触良好；机柜间内 ESD 系统控制器及卡件、通道正常，无报警现象，接线端子接线牢固。调取 SOE 记录发现 224 号炉中控室紧急停车信号 dHS_224CH007_2 自 5 月 26 日至 28 日多次触发（详见图 2），每次触发不足 2s 便恢复正常，由于紧急停车系统有 2s 延时未能触发气化炉停车。而此时间段煤气水 822 单元两相分离离心机厂家正在进行电缆敷设工作，敷设槽盒与 224 号炉中控室紧急停车信号电缆为同一槽盒，信号触发时间段均为敷设电缆工作时间段，怀疑厂家敷设电缆时致使 224 号炉中控室紧急停车信号电缆破损接地，导致紧急停车信号触发。

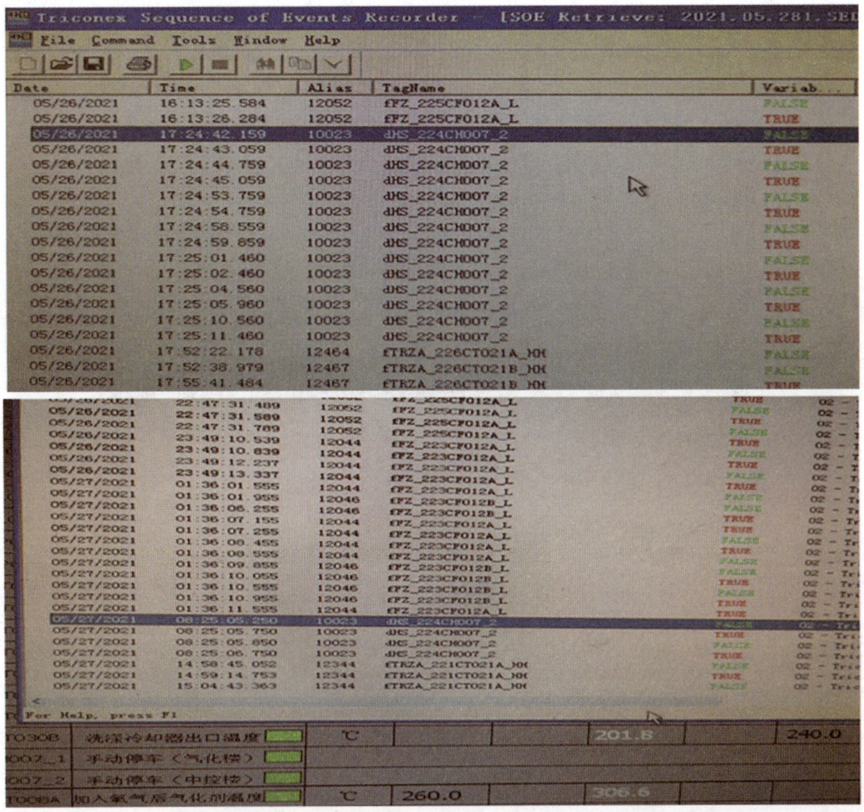

05/28/2021	04:50:46.499	12060	fFZ_227CF012A_L	FALSE	02 -
05/28/2021	04:50:46.599	12062	fFZ_227CF012B_L	TRUE	02 -
05/28/2021	04:50:46.799	12062	fFZ_227CF012B_L	TRUE	02 -
05/28/2021	04:50:47.699	12062	fFZ_227CF012B_L	FALSE	02 -
05/28/2021	04:50:50.299	12062	fFZ_227CF012B_L	TRUE	02 -
05/28/2021	04:50:50.899	12060	fFZ_227CF012A_L	FALSE	02 -
05/28/2021	04:50:51.199	12060	fFZ_227CF012A_L	FALSE	02 -
05/28/2021	04:50:51.599	12062	fFZ_227CF012B_L	TRUE	02 -
05/28/2021	04:51:18.905	12062	fFZ_227CF012B_L	TRUE	02 -
05/28/2021	04:51:19.005	12062	fFZ_227CF012B_L	FALSE	02 -
05/28/2021	04:52:00.707	12062	fFZ_227CF012B_L	TRUE	02 -
05/28/2021	04:52:01.007	12062	fFZ_227CF012B_L	FALSE	02 -
05/28/2021	07:31:18.151	12052	fFZ_225CF012A_L	TRUE	02 -
05/28/2021	07:31:18.751	12052	fFZ_225CF012A_L	FALSE	02 -
05/28/2021	07:59:57.894	10023	dHS_224CH007_2	TRUE	02 -
05/28/2021	07:59:58.094	10023	dHS_224CH007_2	FALSE	02 -
05/28/2021	08:12:13.002	10023	dHS_224CH007_2	TRUE	02 -
05/28/2021	08:12:14.502	10023	dHS_224CH007_2	FALSE	02 -
05/28/2021	14:01:13.253	12443	fTRZA_225CT021B_HH	TRUE	02 -
05/28/2021	14:01:52.654	12443	fTRZA_225CT021B_HH	FALSE	02 -
05/28/2021	14:10:05.653	12052	fFZ_225CF012A_L	TRUE	02 -
05/28/2021	14:10:06.253	12052	fFZ_225CF012A_L	FALSE	02 -
05/28/2021	14:23:58.476	12467	fTRZA_226CT021B_HH	TRUE	02 -
05/28/2021	14:24:30.377	12467	fTRZA_226CT021B_HH	FALSE	02 -
05/28/2021	14:34:56.692	12371	fTRZA_222CT021B_HH	TRUE	02 -
05/28/2021	14:34:57.792	12369	fTRZA_222CT021B_FL	FALSE	02 -

For Help, press F1

030B	洗涤冷却器出口温度	℃			203.1		240.0
007_1	手动停车（气化楼）						
007_2	手动停车（中控楼）						

05/28/2021	04:50:46.499	12060	fFZ_227CF012A_L	FALSE	02 -
05/28/2021	04:50:46.599	12062	fFZ_227CF012B_L	TRUE	02 -
05/28/2021	04:50:46.799	12062	fFZ_227CF012B_L	TRUE	02 -
05/28/2021	04:50:47.699	12062	fFZ_227CF012B_L	FALSE	02 -
05/28/2021	04:50:50.299	12062	fFZ_227CF012B_L	TRUE	02 -
05/28/2021	04:50:50.899	12060	fFZ_227CF012A_L	FALSE	02 -
05/28/2021	04:50:51.199	12060	fFZ_227CF012A_L	FALSE	02 -
05/28/2021	04:50:51.599	12062	fFZ_227CF012B_L	TRUE	02 -
05/28/2021	04:51:18.905	12062	fFZ_227CF012B_L	TRUE	02 -
05/28/2021	04:51:19.005	12062	fFZ_227CF012B_L	FALSE	02 -
05/28/2021	04:52:00.707	12062	fFZ_227CF012B_L	TRUE	02 -
05/28/2021	04:52:01.007	12062	fFZ_227CF012B_L	FALSE	02 -
05/28/2021	07:31:18.151	12052	fFZ_225CF012A_L	TRUE	02 -
05/28/2021	07:31:18.751	12052	fFZ_225CF012A_L	FALSE	02 -
05/28/2021	07:59:57.894	10023	dHS_224CH007_2	TRUE	02 -
05/28/2021	07:59:58.094	10023	dHS_224CH007_2	FALSE	02 -
05/28/2021	08:12:13.002	10023	dHS_224CH007_2	TRUE	02 -
05/28/2021	08:12:14.502	10023	dHS_224CH007_2	FALSE	02 -
05/28/2021	14:01:13.253	12443	fTRZA_225CT021B_HH	TRUE	02 -
05/28/2021	14:01:52.654	12443	fTRZA_225CT021B_HH	FALSE	02 -
05/28/2021	14:10:05.653	12052	fFZ_225CF012A_L	TRUE	02 -
05/28/2021	14:10:06.253	12052	fFZ_225CF012A_L	FALSE	02 -
05/28/2021	14:23:58.476	12467	fTRZA_226CT021B_HH	TRUE	02 -
05/28/2021	14:24:30.377	12467	fTRZA_226CT021B_HH	FALSE	02 -
05/28/2021	14:34:56.692	12371	fTRZA_222CT021B_HH	TRUE	02 -
05/28/2021	14:34:57.792	12369	fTRZA_222CT021B_FL	FALSE	02 -

For Help, press F1

030B	洗涤冷却器出口温度	℃			203.1		240.0
007_1	手动停车（气化楼）						
007_2	手动停车（中控楼）						

图 2　紧急停车信号动作情况

在开具好工作票和高处安全作业许可证后，对槽盒内电缆进行检查，检查发现部分电缆保护层和屏蔽层均已磨损或破损，同时还有多根电缆存在类似情况（详见图 3），仪表人员对破损电缆处理后，测试紧急停车信号 d HS_224CH007_2 恢复正常。

图 3　破损电缆照片

4. 原因分析

4.1 直接原因

离心机厂方施工人员在进行煤气水分离 822 单元两相分离离心机电缆敷设过程中踩踏槽盒内电缆，造成 224 号炉中控室紧急停车信号电缆破损接地，导致 224 号炉中控室紧急停车信号触发，引起 224 号炉联锁停车。

4.2 间接原因

离心机厂方施工人员安全意识淡薄，在电缆敷设过程中施工不规范，对正在使用的电缆未做有效保护，风险辨识不到位。

4.3 管理原因

电仪中心安全管理不到位，风险辨识不全面，电缆敷设前，安全交底不到位。

电缆施工过程电仪中心人员监管不到位，监护人未发挥作用。

5. 事故整改情况及改进建议

针对此次事件举一反三，加强检维修作业管理，特别是外委单位的施工管理，属地单位要对施工安全交底、文明作业、过程监管、质量验收等各个环节加强管理。对于生产型企业，外委单位施工前一定要组织各单位进行系统全面的风险辨识，然后按辨识结果编制详细的施工方案。外委单位施工应按方案要求施工，监护人对安全措施的落实情况进行检查。

强化仪表人员的安全意识，提升仪表检维修作业的风险辨识能力，以“三讲一落实”为抓手，强化属地安全管理，落实属地安全责任。

加强安全培训，切实提升一线监护、作业人员的安全风险辨识能力，严格落实作业范围、明确对作业区其他设施的影响，加强管控，抓好落实。

6. 事故启示

此次事件本身并不大，是常见的受第三方施工影响、殃及池鱼的典型案例。值得思考的是在安排施工及检维修作业时，仪表管理、监护人员系统思维、安全意识不到位，对属地施工影响及风险辨识不充分，安全交底不彻底，甚至是敷衍，这种现象具有一定的普适性，值得警示。

备用油泵自启联锁设置不当导致压缩机跳车事故

1. 事故单位及事故装置的基本情况

某精细化学品项目，采用拥有自主技术产权的中科高温浆态床费托合成工艺技术和航天长征粉煤加压气化技术制液体石蜡、稳定轻烃及液化石油气等。主要工艺流程为：煤浆及粉煤与氧气在气化装置加压气化得到粗合成气，经变换、脱硫、脱碳净化得到满足高温浆态床要求的净化合成气，经高温浆态床后产出 F-T 蜡，最后经加氢裂化及加氢精致装置后获得相关精细化学品。

2020 年 6 月某油品加工装置往复式压缩机润滑油泵主泵故障跳车，备泵自启，但润滑油主管压力没有保住触发联锁导致往复式压缩机跳车，装置减负荷 30min。

2. 事故情况

2.1 事故仪表的基本情况

往复式压缩机设置主、备两台油泵，当运行油泵故障跳车后油压降至 0.27MPa 时备用油泵启动，保证油压不低于联锁值 0.15MPa，确保往复式压缩机正常运行所需油压。

2.2 事故经过

2020 年 6 月，某往复式压缩机主油泵因设备原因停机，备用油泵自启（备泵自启油压联锁值 0.27MPa），2s 后润滑油主管压力低低触发压缩机停机联锁动作（压缩机跳车油压联锁值 0.15MPa），导致装置减负荷。经查看 DCS 趋势、事件记录，SIS 的 SOE 记录，找到此次跳车事故的主要原因为：润滑油泵启停联锁设置在 DCS 中，往复式压缩机停机联锁设置在 SIS 控制，两套系统扫描周期差异较大。当主油泵故障停机后，DCS 检测到油压降至 0.27MPa 触发备泵自启联锁时，SIS 中检测到的油压值已接近压缩机跳车联锁值 0.15MPa，备用泵启动后润滑油总管压力没有立即恢复（现场润滑油管线未设置蓄能器、高位油箱，润滑油管线较细，蓄能较少，油压下降快），导致油压继续下降触发润滑油总管压力低低联锁触发，压缩机停机。

2.3 事故后果

某油品加工装置压缩机停机后，装置减负荷 30min。

3. 事故处置过程

3.1 事故处置情况

车间根据梳理情况委托设计并立项，对压缩机停车联锁及油泵自启联锁进行重新设计，目前改造工作已完成压缩机运行良好。

3.2 仪表故障消除情况

（1）联系压缩机厂家征得书面认可后将润滑油主泵运行状态丢失信号直接引入备泵自启联锁条件中，减少油泵启动时间。

（2）联系压缩机厂家征得书面认可后给润滑油总管压力低低触发压缩机跳车联锁增设 2s 延时。

4. 事故原因分析

4.1 直接原因

设计审查不到位。润滑油泵启停联锁设置在 DCS 中，往复式压缩机停机联锁设置在 SIS 控制。DCS 的扫描周期为 1s，而 SIS 系统的扫描周期为 87ms，当 SIS 扫描到润滑油压低低时，DCS 刚刚检测到油压低信号，DCS 发出指令启备泵润滑油总管油压没有及时补充导致停车联锁触发。

4.2 间接原因

（1）开车前的联锁测试流于形式。应在联锁测试时发现的问题没有得到及时发现并处理。

（2）联锁设计不合理。一般情况下润滑油系统均设有蓄能器或高位油箱，润滑油总管压力低低触发压缩机跳车联锁均设有 2s 延时，而本项目均没有设计。

4.3 管理原因

联锁管理制度未严格执行，联锁调试、确认管理松懈，管理人员监督、管理不到位。

5. 事故整改情况及改进建议

5.1 事故整改情况

（1）联系压缩机厂家征得书面认可后给润滑油总管压力低低触发压缩机跳车联锁增设 2s 延时。

（2）临时措施：联系压缩机厂家征得书面认可后将润滑油主泵运行状态丢失信号直接引入备泵自启联锁条件中，减少油泵启动时间，逻辑图如图 1 所示。

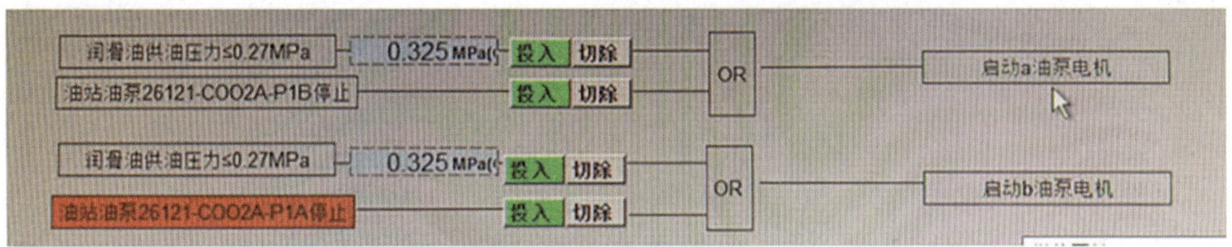

图 1

5.2 改进建议

针对发现的问题对全厂压缩机、机泵进行全面普查，找专业设计单位出具变更。

6. 事故启示

（1）联锁是化工企业的生命线，企业自控及工艺人员一定要把握好设计审查、HAZOP 分析、SIL 评估及开车前的联锁测试等重要节点，上述节点是发现问题及处理问题的关键时段，一旦错过，问题发现及整改的难度将会大大增加。

（2）自控人员要积极参与项目各类审查、HAZOP 分析、SIL 评估及规范、规程、工艺流程的学习，确保隐患、问题及时发现并得到处理。

（3）新建项目设计审查工作不细致、不彻底，没有及时发现系统之间扫描周期差异问题及联锁设计违反常规等问题。

（4）风险辨识不到位。

基础设计阶段备泵自启联锁与压缩机停车联锁均设置在 SIS 中，详细设计阶段为减少项目投资，EPC 方将泵自启联锁由 SIS 改到 DCS，没有进行风险辨识评审。

（5）自控人员劣化分析工作执行不到位，SIL 评估及 HAZOP 分析不彻底。

感应开关信号误报导致压车钩三次撞坏事故

1. 事故单位及事故装置的基本情况

某煤化工企业为煤制天然气项目，采用碎煤加压气化、低温甲醇洗净化、甲烷合成技术，生产的天然气通过长输管道向外输送，同时副产焦油、粗酚、硫黄、硫铵等副产品。

该企业使用的煤炭，通过翻车机系统将火车来煤翻卸至翻车机下方煤仓，再通过输煤皮带机、斗轮机等各转运设备设施将来煤存放至煤场，供生产使用。

2. 事故情况

2.1 事故仪表的基本情况

输煤界区一期共有 2 套（2 号、3 号）翻车机，形式为“C”形转子式翻车机（图 1），生产厂家为武汉电力设备厂。翻车机压车机构由分别安装在靠车梁和小纵梁上的 14 个压车机构组成，压车钩与车帮接触部分装有缓冲橡胶，压车机构运行时不损车帮。

翻车机系统由两大部套组成：翻车机、重车调车机。这两大部套通过 PLC 集中控制，将其连为一个有机的整体，按设定程序运行。PLC 采用 AB 公司产品。翻车机压车梁上安装接近开关（型号：XS8C40FP260），用来检测翻车机压车状态。接近开关是非接触型的物体检测装置，工作原理为高频振荡型。这种开关的工作原理以高频电路状态的变化为基础。当金属物体（它相当于工作机械运动部件上的触块）进入以一定频率振荡着的高频振荡器的线圈磁场时，由于金属物体内部产生涡流损耗，致使振荡电路的电阻增大，能耗增加，结果导致振荡减弱，输出发生变化，常开触点闭合，常闭触点打开。

图 1 “C”形转子式翻车机

2.2 事故经过

该企业 2021 年 1 月 1 日、10 月 31 日、12 月 26 日输煤 2 号翻车机共发生 3 次压车钩与火车车厢发生碰撞，造成 2 号翻车机压车钩损坏，火车车厢有破损事故。

2.3 事故后果

三次事故造成 2 号翻车机 2 号、9 号、3 号压车钩不同程度损毁，火车车厢破损，共计造成铁路压车近 30h，直接经济损失近 30 万元。

3. 事故处置过程

3.1 事故处置情况

2 号翻车机 2 号、9 号、3 号压车钩一年内三次与火车车厢发生碰撞，事故发生后，各相关人员立即赶到现场，组织抢修，机务检修人员利用电焊切割下损坏压车钩，前两次更换备用压车钩，最后一次由于无备用压车钩，紧急在二期 1 号翻车机上拆卸压车钩更换。仪控专业根据每次误发信号的不同，对信号回路中电缆、槽盒及相关电子元件进行维护。每次更换压车钩抢修大约用时 10h，造成铁路压车，延迟翻卸。

3.2 仪表故障消除情况

（1）第 1 次压车钩与火车车厢发生碰撞

仪控专业检查压车钩信号误报原因，发现 2 号翻车机对位时，压车钩升到最高位，对位完成后压车钩压车至最低位，在压车过程中，翻车机随带电缆槽盒外侧边缘被压车钩中位松压到位感应开关的挡铁刮变形，正常情况挡铁不会刮到电缆槽盒，由于电缆槽盒外侧边缘被翻车过程中煤块冲击变形，所以压车钩压车过程中挡铁刮到电缆槽盒外侧边缘，致使其变形（图 2）。仪控人员重新处理变形的电缆槽盒后，对信号调试正常。

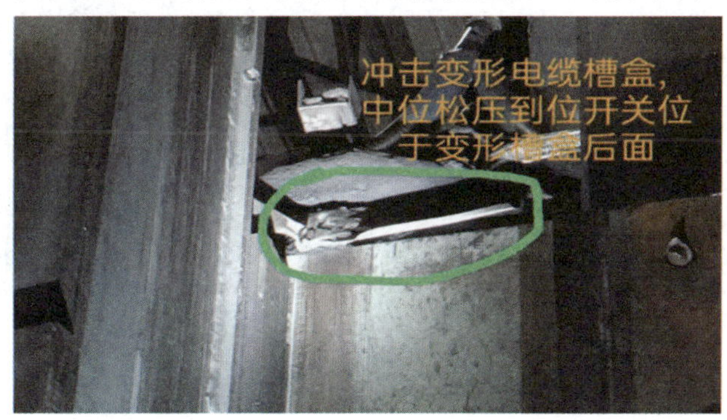

图 2　变形后的电缆槽盒外侧边缘图片

（2）第 2 次压车钩与火车车厢发生碰撞

压车钩松压到位信号是由电感式传感器发出的，正常情况下只有压车钩实际松压到位后由焊接在压车钩上的挡铁触发传感器发出信号。任何金属或者含金属的异物接触或者距离传感器足够近都能触发信号的发出，所以如果煤中携带金属类异物落到传感器上会有触发信号。在碰撞发生后的现场检查中发现 9 号压车钩松压到位传感器旁边有 2m 长金属线芯（图 3）。经实际试验，该金属线芯能触发传感器发出信号。清理干净随运煤车带来的金属线。

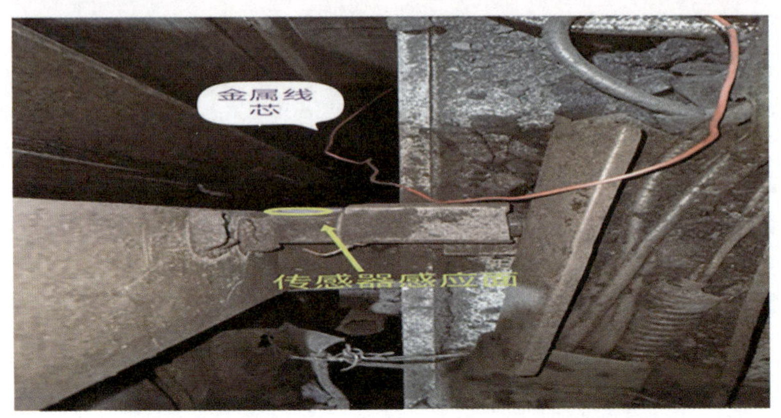

图 3　导致压车钩到位信号误发的金属线图片

（3）第 3 次压车钩与火车车厢发生碰撞

仪控专业检查 3 号压车钩出现中位松压到位误触发信号是由于松压开关电缆外皮多处冻裂且有磨损破皮地方（图 4），因电缆短路造成中位松压到位信号提前误触发。立即对损坏电缆进行更换，对其他元件进行检查维护。

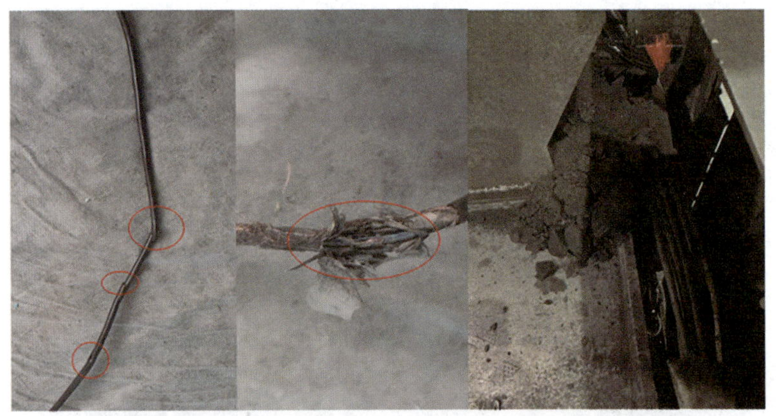

图 4　导致压车钩到位信号误发的磨损破皮的信号电缆

4. 原因分析

4.1 直接原因

2 号翻车机 2 号、9 号、3 号压车钩一年内 3 次与火车车厢发生碰撞，每次都是由于压车钩升中位（实际在低位未动作）过程中误发到位信号，运行操作人员也未及时发现实际压车钩未升到位，导致系统自动运行下一步，牵车继续前行，导致相撞事故。

4.2 间接原因

（1）输煤系统工艺人员未按要求确认 2 号翻车机翻车前所有压车钩要松压到位，只是单纯从控制画面上判断压车到位显示正常后认为压车钩松压正常，且现场巡检人员未及时发现异常情况，随后按牵车流程进行操作，造成压车钩被撞，反映出现场巡检人员工作不认真，未及时发现压车钩状态异常。

（2）2 号翻车机 2 号压车钩被撞，由于变形的电缆槽盒外边缘触发中位松压到位感应开关，由于感应开关一直有中位松压信号，导致压车钩升中位过程中，2 号压车钩一直在低位不能动作。当其他压车钩松压到位后，满足牵车条件，工艺启动重调机牵整列车皮，最后造成 2 号压车钩与火车车厢相撞。

（3）2 号翻车机 9 号压车钩被撞，现场检查 9 号压车钩松压到位传感器外观完好，经实际试验传感器工作正常。后发现随火车车厢来煤中混有不同长度的细铁丝（图 5），在翻卸过程中细铁丝触碰到压车钩松压到位传感器导致信号误发。

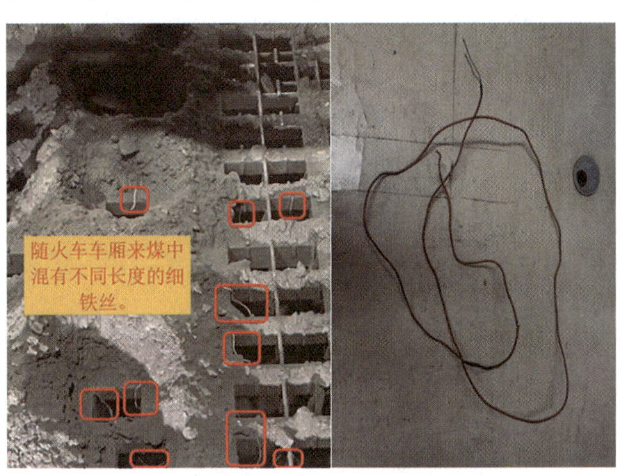

图 5　火车车厢来煤中混有不同长度的细铁丝

（4）2 号翻车机 3 号压车钩被撞，是由于 3 号压车钩松压开关电缆外皮多处冻裂且有磨损破皮地方，因电缆短路造成中位松压到位信号提前误触发，程序判断 3 号压车钩已经升到位置，停止上升 3 号压车钩，实际压车钩未松压到位。

4.3 管理原因

（1）输煤系统工艺运行人员未严格按照操作规范执行，要求当第一辆煤车进入翻车机前，需要现场核实所有压车钩松压到位后，方可通知中控室可以接车作业。

（2）仪控检修维护人员对翻车机随带电缆槽盒巡检维护不到位，未及时发现翻车机随带电缆槽盒外侧边缘有变形现象。

（3）仪控检修维护人员巡检不到位，未及时发现隐蔽位置电缆有冻裂破损现象，维护人员责任心不强。

5. 事故整改情况及改进建议

5.1 事故整改情况

（1）要求工艺运行人员，翻车机压车钩在牵引重车和推出空车前必须全面检查，确保实际处在正确位置，防止仪表信号误报时，损毁压车钩。

（2）仪控维护人员在翻车机短时停翻期间，对翻车机相关仪控设备进行逐项检查和维护；翻车机大修或长时间停翻时，将翻车机所有压车钩的松压到位开关的电缆全部更换。

（3）在翻车机上方增加高清摄像头，让监盘人员清楚看到每个压车钩的状态，确认所有压车钩位置正常后再做下一步牵车操作。

（4）在现有基础上，在翻车机每个压车钩上再额外增加一个压车钩松压到位开关，程序中通过“二取二”方式进行选择判断压车钩到位情况，提高压车钩动作可靠性。

5.2 改进建议

（1）翻车机在翻卸过程中，由于煤块四散砸击，保护信号异常时有发生，多次出现误报现象，需要重点提高信号保护的精准率，切实起到设备保护。

（2）加强翻车机的巡检和维护，翻车机发生异常及时查明原因，并将缺陷消除，保证设备的完好，对易受煤流冲击的电缆进一步加强防护。

（3）加强翻车机作业人员的日常监管，保证每项作业落到实处，操作人员切实起到监护的作用。

6. 事故启示

煤化工企业连续生产，用煤量非常大，每天火车进煤至少 6 列以上。近一年来，由于煤炭需求量剧增，铁路运输车皮异常紧张，如果企业经常出现压车或损坏火车车厢情况，不仅企业直接遭受损失，铁路将对企业减少派车频次，导致企业进煤量大大减少，影响生产负荷。因此，对企业输煤系统要高度重视，加强设备巡检和维护，定期开展专项排查，及时消除隐患，对设计不合理部位及时改进，确保输煤系统长周期稳定运行，为企业做好供煤保障。

仪表伴热管焊错导致蒸汽系统窜油事件

1. 事故单位及事故装置的基本情况

某装置工艺是把干煤在一定的压力和催化剂的作用下，与供氢溶剂和氢气中的离子氢反应，从而使固态煤转化成液体石油组分及部分油渣的过程，进一步提质分离后可生产出合格车用汽柴油燃料、航空煤油、净化燃料气及石油类苯甲苯二甲苯。

该装置分馏系统冷低分设备的气相介质去轻烃回收装置，油相介质经换热器加热至117℃进常压分馏塔，酸性水去酸性水汽提装置。2021 年 9 月初，该装置开始停工检修，2021 年 11 月上旬投煤、开始生产。

2. 事故情况

2.1 事故仪表的基本情况

仪表位号为 FT-3202；介质为轻油；工作温度为 54℃；工作压力为 2.779MPa；使用标准孔板、差压变送器。差压变送器为 ROSEMOUNT3051 系列，安装在仪表保温箱内。有 2 条引压管和 1 条伴热管，规格与材质均为 Ø18x3、20 号碳钢，用于测量冷中压分离器罐底部出口轻油流量。

2.2 事故经过

2021 年 9 月，装置检修开始后，检修单位接到将冷中压分离器罐底部出口轻油流量 FT-3202 仪表箱移位的任务。待检修条件具备及办理相关票证后，9 月 30 日上午开始施工。仪表检修人员冯某与工艺安装专业检修人员李某到现场进行技术交底，冯某告知李某仪表箱需要整体向南平移约 1m 距离，须割断仪表箱上方的 2 条引压管和 1 条伴热管。冯某打开仪表各排污阀，确定无介质后，告知李某仪表伴热管及导压管内均无介质，可以作业。冯某随后去往其他作业区域。10 时 40 分，李某完成 3 条管线切割，13 时 30 分，李某预制好管线，进行焊接恢复作业，焊接前未通知冯某现场确认，焊接完成后告知冯某检查焊口，冯某对焊口进行了检查，确认无问题，当天作业结束。作业完成后，由于系统无压力，无法进行气密试验，仪表人员联系相关单位进行了着色检查，检查合格（见图 1）。

2021 年 10 月 31 日，装置已进油为投煤做准备，伴热管线已大部分陆续投入，工艺人员发现低压蒸汽管网油气味较大，怀疑低压蒸汽带油，经排查发现冷中压分离器油相孔板流量计 FT-3202 的负压侧引压管和仪表伴热管焊错。

图 1　FT-3202 变送器引压管、伴热管

2.3 事故后果

造成油品窜入蒸汽管网，现场大量冷凝液直排，环保装置蓄水池液位高，对环保造成较大的压力。

3. 事故处置过程

3.1 事故处置情况

生产单位安排对装置各区域低压蒸汽和凝结水进行排放，同时安排人员对装置低压蒸汽及凝结水进行排查。11 月 2 日 22:30，排查发现冷中压分离器油箱管线孔板流量计 FT-3202 的负压引压管与仪表伴热管焊错。随后，工艺外操作人员关闭 FT-3202 仪表引出线一次手阀，并加大各区域低压蒸汽及低压凝结水直排，低压蒸汽及低压凝结水中的油气味逐渐消失，并最终消除。

3.2 仪表故障消除情况

11 月 5 日，工艺安装专业与仪表专业的检修人员配合，将焊接错误的引压管重新断口、焊接，整改完成，仪表投用正常。

4. 原因分析

4.1 直接原因

孔板流量计 FT-3202 仪表箱移位时，标记不清，痕迹管理缺失，作业人员将负压引压线和仪表伴热管焊错。

4.2 间接原因

（1）仪表作业人员对现场作业交底不清，且未对所要移动的仪表引管和伴热管线做正确标记，作业完成后未仔细进行检查，没有把好质量验收关。

（2）工艺安装专业作业人员对作业风险辨识不到位，切割、回焊管线前后未进行仔细确认，也未通知仪表管理人员进行确认。

（3）工艺监护人员履职不到位，在作业过程中未做好监管，作业完成后未进行确认。

4.3 管理原因

（1）管理存在漏洞，各专业对改造设备的重要性认识不足，对设备的掌控能力不够，存在麻痹思想，设备存在的隐患没有评估到位。

（2）仪表检修单位对仪表箱动改过程中的质量和安全注意事项交底不清楚，培训不到位，过程管控不到位。

（3）工艺安装检修单位缺乏对仪表引压管切割、焊接作业的交底与过程管控措施，检修方案落实不到位；作业人员盲目操作，作业过程及完成后的管控、确认不到位。

（4）装置区域缺乏对检修现场特种作业的过程监管，如动火作业、高处作业、受限空间作业等高风险作业中，进行风险辨识、过程安全、质量验收还有提升空间。

5. 事故整改情况及改进建议

5.1 事故整改情况

（1）检修单位严格按照检维修规范完善施工方案，认真辨识作业中存在的安全及质量风险，编制安全、质量管控卡，检修完工验收时需落实作业人员、监护人员、 管理人员签字确认制度，从制度、流程把控作业质量。

（2）按照事故的“四不放过”原则进行教育，举一反三，相关单位、专业传达学习。

5.2 改进建议

（1）相关单位加强对施工人员的安全技能培训，提高员工作业技能和安全意识，在直接作业现场及执行过程加强监督检查；

（2）现场作业的风险辨识卡、风险控制卡，针对作业安全交底描述项要有详细的作业步骤，作业票内容、动火作业票，要有可行性的风险评估。

（3）针对风险较大的常规作业，项目负责人、作业负责人、作业人、监护人要现场交底，作业结束后要进行确认，规范作业管理程序。

6. 事故启示

仪表引压管的切割、焊接等检修施工，涉及仪表专业、设备安装专业、生产工艺等多方协作，各专业应加强自身管理，认真制订施工方案，严抓安全、质量管控要求。任何检修作业，均应按照“三问法”（作业过程中有哪些风险、自身保护采取何种措施、发生意外如何采取应急措施）落实到作业过程中。

挖断消防控制电缆导致罐区泡沫系统异常自启事件

1. 事故单位及事故装置的基本情况

故障设备属60万t甲醇项目成品罐区配套泡沫灭火装置，泡沫灭火装置配置有泡沫储罐、泡沫发生器等，本次故障原因为施工单位在动土作业过程中挖断泡沫灭火控制系统远程启动控制电缆导致。

2. 事故情况

2.1 事故仪表的基本情况

泡沫灭火装置配置有泡沫储罐进出口阀，当发生火灾时进出口阀打开，消防水抽引泡沫液形成消防水夹带泡沫液的灭火介质进入火场灭火。导致泡沫灭火系统启动。泡沫灭火远程控制电缆在埋地铺设后未在总图做标注，且在地面未设置标桩。

2.2 事故经过

8月23日14时55分成品罐区操作人员在接到某公司现场施工人员挖断泡沫站控制线和成品罐区北边A罐泡沫管线法兰处漏泡沫液的通知后，马上检查确认现场所有泡沫设施，发现A罐东西两组泡沫管线总管电磁阀前和B罐西泡沫管线总管电磁阀前共三处漏泡沫液，并确认泡沫液进罐前的电磁阀及各支路手阀都处于关闭状态。15时06分操作人员回控制室检查中控消防控制柜确认正常，15时12分后操作人员到达泡沫站检查发现泡沫站备泵自启，立刻打开控制柜切换至手动现场停泵，关闭泡沫液、消防水阀门。经查发现挖沟机挖断泡沫站远程一键启动控制线，导致线路短路致使泡沫站误自启。

2.3 事故后果

泡沫灭火系统自动启停，系统管线充满泡沫液。手阀关闭避免了泡沫液进入产品甲醇储罐，从而避免产品受到污染。

3. 事故处置过程

3.1 事故处置情况

事故发生后操作人员停止泡沫灭火系统工作，并联系保运人员消除泡沫管线漏点，清洗置换相关管道。

3.2 仪表故障消除情况

恢复被损坏电缆，并设置地面标桩。

4. 原因分析

4.1 直接原因

施工单位挖断泡沫站一键启动控制线，造成泡沫站自启，泡沫液溢流。

4.2 间接原因

（1）仪电中心在未核实地下控制线敷设情况下签署了动土作业证。

（2）技术质量部在 2016 年更新全厂总图时未将此部分地埋控制线走向、埋深等情况在总图中标注，除原参与工程管理人员外无人知晓。

4.3 管理原因

施工过程管理不规范，相关专业动土作业证签字确认走过场，总图管理缺失。

5. 事故整改情况及改进建议

5.1 事故整改情况

排查同类问题，杜绝类似事故再次发生。

5.2 改进建议

（1）技术质量部尽快修订下发《动土作业安全管理规定》，明确职责，规范签署票证程序，严格执行。

（2）技术质量部尽快组织核实未纳入总图管理的地下设施、管道、缆线等，并按期完成全厂总图修订，并下发执行。

（3）各中心、部门认真学习总图和动土作业相关管理执行，严格执行相关程序，各负其责，确保今后动土作业安全、有序进行。

（4）建议从泡沫站泡沫泵控制柜取泡沫泵启动信号，连接消防输入模块送至火灾报警控制器。这样做可以保证电缆挖断或有故障时，有信号反馈。

（5）加强作业管理，对于在作业过程损坏的设备设施及时汇报属地相关人员。

6. 事故启示

（1）票证签字人员要熟悉现场，加强与工艺人员的沟通。

（2）工艺人员要加强监盘，时刻关注参数的变化。

（3）中控监控画面要添加消防设施启动、停止报警，操作人员第一时间发现故障。

对讲机信号干扰温度变送器造成压缩机停车事故

1. 事故单位及事故装置的基本情况

某企业 32 万 t/年烧碱、40 万 t/年PVC 项目。采用电石法制乙炔，电解盐水、氯化氢合成制氯化氢；氯化氢与乙炔加成反应制氯乙烯。氯乙烯压缩机为氯乙烯气体加压，以便氯乙烯气体液化。

2. 事故情况

2.1 事故仪表的基本情况

氯乙烯压缩机排气温度 1 采用三线制热电阻温度计进行测量，通过某品牌温度变送器、30×1 多芯电缆，将信号送至氯乙烯压缩机控制柜（见图 1）。排气温度超 105℃时压缩机将联锁跳停（见图 2）。

图 1　变送器安装位置

图 2　控制器温度上限

2.2 事故经过

2019 年 6 月 20 日，氯乙烯压缩机 B-1 排气压力高，工艺主控人员（内操作）联系仪表人员现场检查排气压力。仪表人员到达现场后使用对讲机联系现场操作人员（外操作）到现场确认仪表位号并作为监护人进行现场监护。联系过程中，压缩机忽然跳停。经检查，跳停原因为氯乙烯压缩机 B-1 排气温度瞬时超温，引起压缩机联锁跳停。

2.3 事故后果

B-1 压缩机跳停，造成单条生产线降量 50%（总负荷降量 25%）。此次事故压缩机停机 10h，提升负荷用时 7h，从停机到恢复 100% 负荷共用时 17h。

3. 事故处置过程

3.1 事故处置情况

根据 DCS 首出记录显示，压缩机停车是因温度“超温”触发联锁。经对联锁条件趋势逐一确认，首出联锁记录无误。对热电阻相关检查是故障处理的主要方向。

首先，对现场端、PLC 端接线端子进行检查，未发现接线端子松动的情况。其次，用信号发生器给温度变送器输入电阻信号，对温度变送器与 PLC 温度通道分别进行温度变送器的单体校验和 PLC 温度通道打点单回路校验，并连校。经检查温度变送器与 PLC 温度通道全部正常。再次，对热电阻进行校准，经检查热电阻完好。最后，检查多芯电缆及接地情况，发现多芯电缆未作接地。综上，初步判断为热电阻电缆受磁场或电磁波干扰，引起电流信号波动，造成温度瞬时跳变。于是，仪表人员重新敷设温度变送器电缆作为解决方案。敷设的电缆为 1×2×1.5 本安电缆，并按照规范做屏蔽电缆接地。

以上工作全部完成后，认为可能造成故障的原因已初步排查完毕，准备开车。但是在使用对讲机与工艺主控人员交流时，排气温度 1 再次出现瞬间升高的情况，温度波动原因仍未找到。

因已对可能造成温度计跳变的硬件原因全部排查，温度仍然出跳变升高的情况。此时，判断故障原因还是磁场或电磁波干扰造成的。梳理温度两次瞬时升高的情况，发现都是在使用对讲机通话过程中发生的。于是按住对讲机通话键，将对讲机放置在温度变送器旁边做试验，温度再次发生跳变升高。

3.2 仪表故障消除情况

经详细检查和综合分析判断，温度计瞬时跳变是由于对讲机通话时，形成的无线电通信低频电磁波对温度变送器干扰造成的（见图 3）。更换温度变送器后，再次用对讲机做干扰试验，温度无明显变化，故障消除（见图 4）。

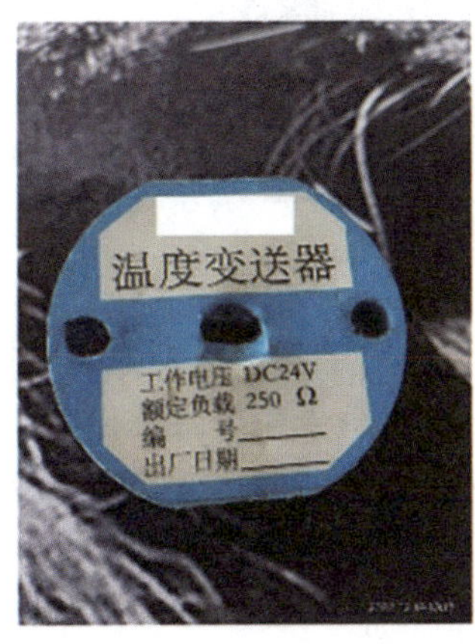

图 3　更换前温变

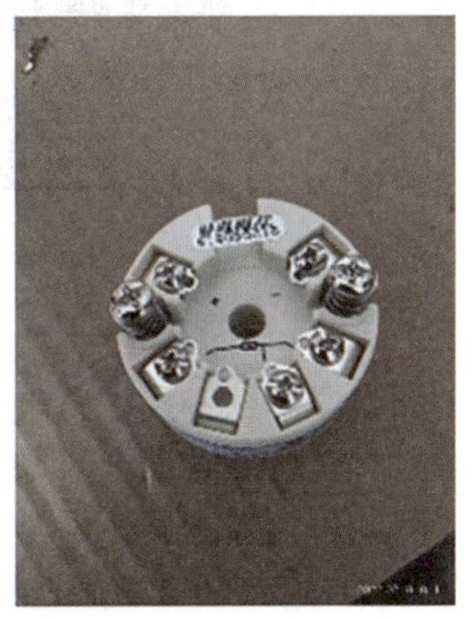

图 4　更换后温变

4. 原因分析

4.1 直接原因

对讲机通话时形成的无线电通信低频电磁波，对排气温度1对温度变送器转换变送的输出电流产生干扰，温度瞬时跳变显示最大值，联锁压缩机跳停。

4.2 间接原因

（1）原有温度变送器抗磁场干扰能力较差。

（2）温度变送器连接电缆采用总屏多芯电缆（见图5），联锁信号与非联锁信号、模拟量信号与数字量信号混用电缆，且电缆屏蔽未接地。

（3）重要联锁，未在确保安全的前提下设置联锁延时触发逻辑。

图5　温度变送器主电缆

4.3 管理原因

（1）压缩机组成套设计中，仪表选型不符合实际应用要求，仪表抗干扰能力弱。

（2）压缩机组施工过程中，未参照施工、验收标准，施工质量不符合要求。尤其是成套设备的控制柜接地不合格，成套设备的日常检修时的接地检查也是管理盲点。

（3）电缆设计缺陷，工程设计资料中联锁信号与非联锁信号、模拟量信号与数字量信号共用多芯电缆。

（4）压缩机组配套仪表，运行、维护、管理缺失，温度变送器长达8年未检修、检查、更换。未对成套机组重要联锁仪表检测元件制订检修计划。压缩机组成套仪表成为巡检、隐患排查等管理盲区。

5. 事故整改情况及改进建议

5.1 事故整改情况

事故发生后，首先，更换温度变送器，采用抗干扰能力强的温度变送器，消除电磁干扰现象。其次，为消除电磁场可能对电缆造成干扰的情况，重新敷设总屏＋分屏电缆，并按要求做好连接电缆接地。最后，制订成套机组仪表检测元件定期检维修计划。遵循逢停（停机）必查，逢检（检修）必校原则，根据机组检修、生产大检修、小修等周期，按实际情况确定定期更换的准确日期。同时列入机组仪表检修作业指导规程和专项教培计划以确保每一个仪表检测点均有人维护，有人管理。

5.2 改进建议

（1）成套机组技术协议中，一定要约定配套仪表技术条件，品牌要求。

（2）认真审核设计院或厂家提供的仪表工程设计资料，确认电缆选型、接线箱分配、仪表安装等符合要求。

（3）做好仪表施工管理，保证施工质量符合相关标准规范要求。

（4）细化《巡检、维护管理制度》，并严格落实执行。

（5）在压缩机本体、JB 箱、PLC 控制柜张贴禁止 3 米以内使用对讲机的告知提示牌。

（6）PLC 内部增加合适的延时组态，即温度高高多长时间以后，确定联锁发生。如果增加温度测点，结合“2oo2 或者 2oo3”等联锁方式，可以更准确地判断压缩机运行时真实的温度信号，避免联锁误动作。还应考虑，断点、开路、接触不良等其他非真实的温度高高情况，如果有可组态的安全栅或隔离栅，PLC 通道，可以组态开路反向（联锁反方向）输出报警或者不触发输出联锁的诊断。

6. 事故启示

（1）严格管控产品质量。涉及重要联锁仪表检测元件，必须选用性能符合要求的产品。如果联锁具备优化条件，可增加测点，采用“多取多”的联锁方式提高系统可用性。尤其要对成套设备配套仪表提出要求，避免出现“买得便宜，用得贵”的情况。

（2）严格管控施工质量。本次事故，施工过程中仪表电缆屏蔽接地工作未做，体现出仪表专业对成套机组仪表检测元件的施工质量管理缺失。

（3）工程设计资料未将联锁信号与非联锁信号、模拟量信号与数字量信号区分。

仪表信号干扰造成气化磨机停车事故

1. 事故单位及事故装置的基本情况

某煤化工企业主要以煤为原料，经过气化、变换、净化、合成及精馏等工艺生产，生产纯度大于等于99.99%的精甲醇，副产液氩、液氮、液氧等，是国家全过程质量管理试点工程。

此次发生停车事故的为二期项目气化702工段F球磨机，报警记录为小齿轮驱动端垂直振动高高联锁跳车。

2. 事故情况

2.1 事故仪表的基本情况

VT20652F（DCS通信记录位号名：VT-NH20601F52）对固定端小齿轮轴承垂直振动值进行测量，探头型号：美国PRO LP202，变送器型号：Allen-Bradley 931U-C9C7C-BC，当测量值大于等于7mm/s，延时2s触发磨机跳车联锁，回路原理图（图1）。

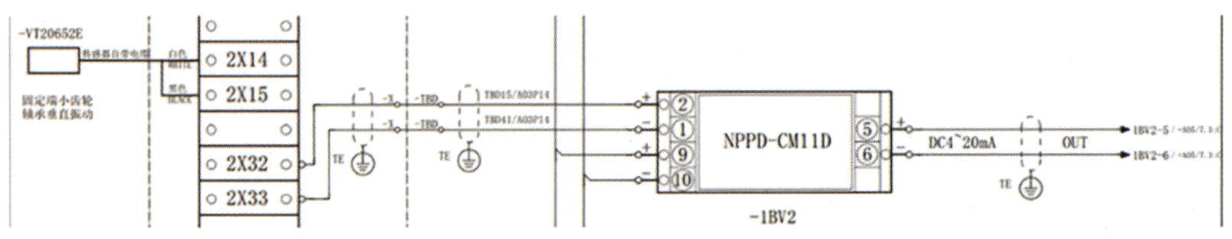

图1　回路原理

2.2 事故经过

1月10日11时15分仪表化工班值班人员接气化工艺操作人员通知，11时11分F套磨机因小齿轮驱动端垂直振动高高联锁跳车。

11时20分工艺人员在仪表人员暂未到场的情况下启动该磨机，仪表值班人员到现场后对运行中磨机的小齿轮驱动端垂直振动探头进行检查，未发现问题，跳车时由于多个振动测点同时存在波动现象，包括小齿轮温度，工艺和仪表人员检查均未发现问题。

12时34分磨机再次启动后各仪表运行正常。

2.3 事故后果

二期气化共有4套磨机，对应两台运行的气化炉，平时运行3台即可满足气化炉正常运行，因此F套磨机停车未对生产系统造成影响。

3. 事故处置过程

3.1 事故处置情况

事故发生后，仪表与工艺人员积极排查跳车原因，对现场设备全面检查，及时组织恢复生产。

3.2 仪表故障消除情况

仪表值班人员对波动测点进行了紧固，针对多个测点出现波动的情况，机电科组织召开专业分析会，对事件进行全面的分析调研。

4. 原因分析

4.1 直接原因

通过在 DCS 侧调取 F 磨机的运行趋势记录，以及当事人的描述，此次磨机跳车前，仪表多个测点均同时发生了异常波动，在停机后仪表测点依然存在这种现象，异常测点如下：

小齿轮非驱动端水平振动 VT-NH20601F50；

小齿轮非驱动端垂直振动 VT-NH20601F51；

小齿轮驱动端垂直振动 VT-NH20601F52；

小齿轮驱动端水平振动 VT-NH20601F53；

小齿轮轴承 1 号测温 TT-NH2601F58；

小齿轮轴承 2 号测温 TT-NH2601F59。

综上，怀疑该类事件是由于外界干扰因素造成的。通过排查动火作业票证记录，当天该区域磨机上方给煤机处存在动火作业，对该区域附近的视频监控回放，画面显示在此时间段存在电焊弧光和作业人员走动画面，确定存在焊接施工作业，因此判定此次事件为电焊作业对仪表元器件造成干扰噪声引起跳车的事件，趋势（见图 2、图 3）。

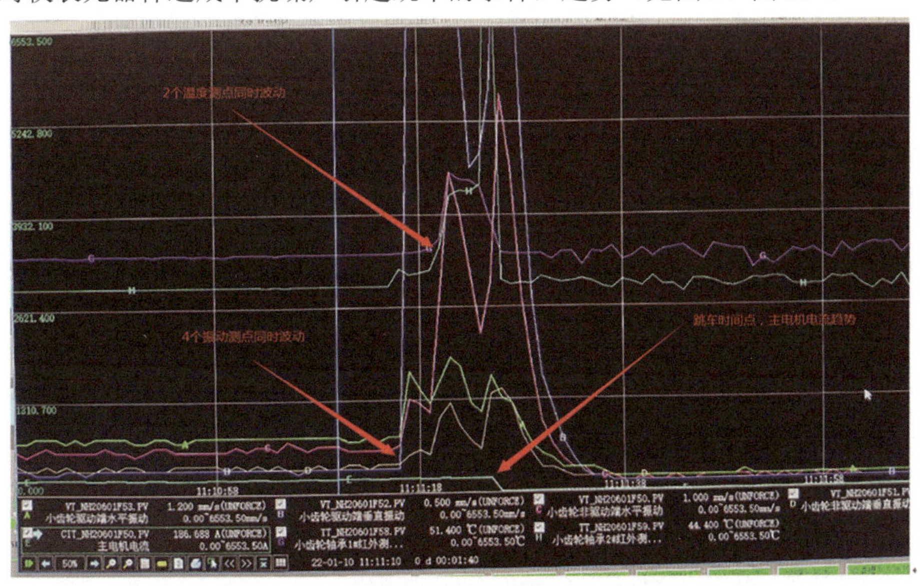

图 2　F 磨机跳车前仪表波动测点趋势图

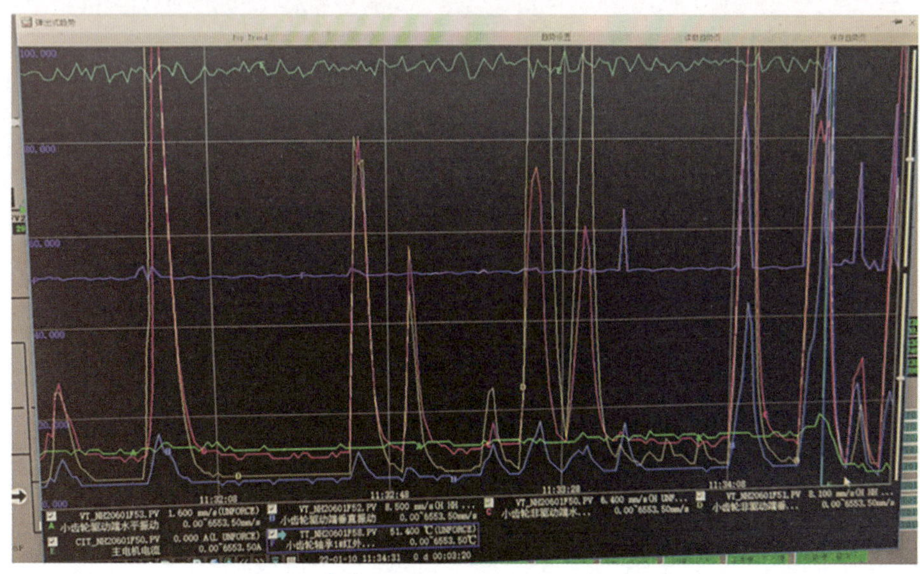

图 3　F 磨机跳车后仪表波动测点趋势图

4.2 间接原因

工艺车间监护人员未对现场电焊接地情况进行确认是此次事件的间接原因。

4.3 管理原因

加强现场动火作业的管理，规范施工。

5. 事故整改情况及改进建议

5.1 事故整改情况

（1）利用每次例检对磨机所有振动测点探头进行紧固处理，为避免长时间振动造成的螺纹松动，采取在螺纹处涂抹密封胶或黏合剂形式。

（2）对现场就地盘信号屏蔽情况进行检查，最大可能地消除干扰保护设备。

5.2 改进建议

为避免类似问题的再次出现，建议将磨机 4 个壳振测点做四取二联锁设置，对磨机的其他单点联锁也做相应设置变更，同时增加 3s 延时，由工艺人员出联锁变更单仪表车间负责实施。

6. 事故启示

为预防此类事件的发生，现场特殊施工作业进行时，电焊机设备必须采用独立接地系统的接地端子，接地端子连接在接地线上，连接紧固、无锈蚀，且在进行管道焊接时不允许地线夹连接在支撑该管道的钢结构上，规范动火作业。

循环气色谱仪预处理系统故障影响聚丙烯装置开车

1. 事故单位及事故装置的基本情况

聚丙烯装置是某煤化工公司的一个主要的生产装置，装置于2010年8月首次生产开车。该装置应用美国DOW化学公司的UNIPOLPP技术，由原料精制、反应、树脂脱气、尾气回收、树脂和添加剂处理、挤压造粒、产品掺混以及储存等单元组成。

现场设置用于检测循环气组分的2台在线色谱分析仪，位号分别是180AT4001A、180AT4001B，型号都是ABB PGC2000 Series E2，生产时2台色谱仪同时投运，处于一备一用的状态，可以进行数据比对，也能保证一台出故障时切换至另一台进行检测从而不影响生产。该仪表的样品提取点（简称：取样点）设置在循环气压缩机K-4003之后，利用压缩机前后段工艺管道内产生的压差，在前级预处理处设置了快速循环回路，样品进入预处理后返回到压缩机前段的工艺管道。这样布置降低了样品传输的时间滞后，并使工艺流体的耗损量降至最低。

2. 事故情况

2.1 事故仪表的基本情况

用于聚丙烯装置的色谱在线分析仪表全部集成在1套分析小屋内，色谱分析系统包括了取样、前级预处理、二级预处理及色谱仪本体。样品从管道内取出首先进入前预处理完成两级过滤、减压，然后经过汽化减压阀送至分析小屋外的二级预处理系统中。前级预处理系统见图1。

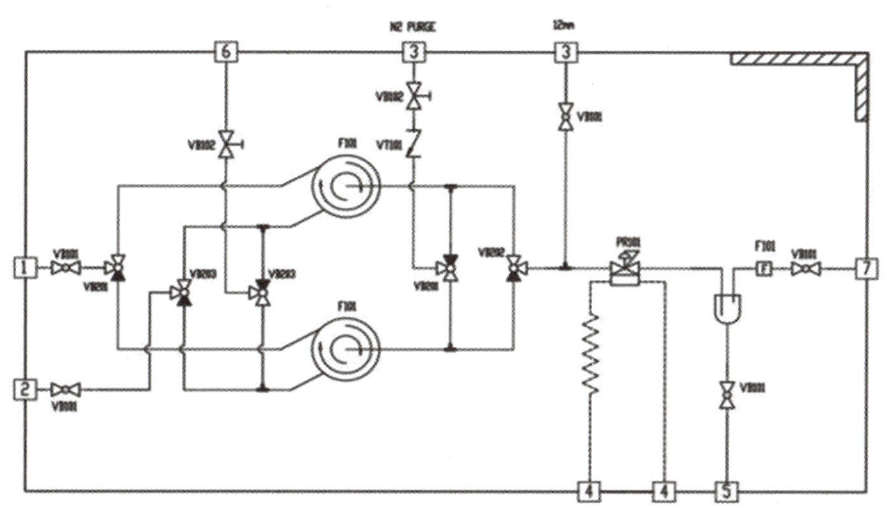

图1　前级预处理系统

在前预处理中，为防止管线内粉料积聚，通过三通球阀的切换，引入氮气可以分3路对管线进行吹扫。分别是吹扫进样管线、快速循环回路管线和膜式过滤器。为防止样品发生相变，从取样点到分析小屋整个样品传输过程全部采用蒸汽伴热。二级预处理系统见图2。

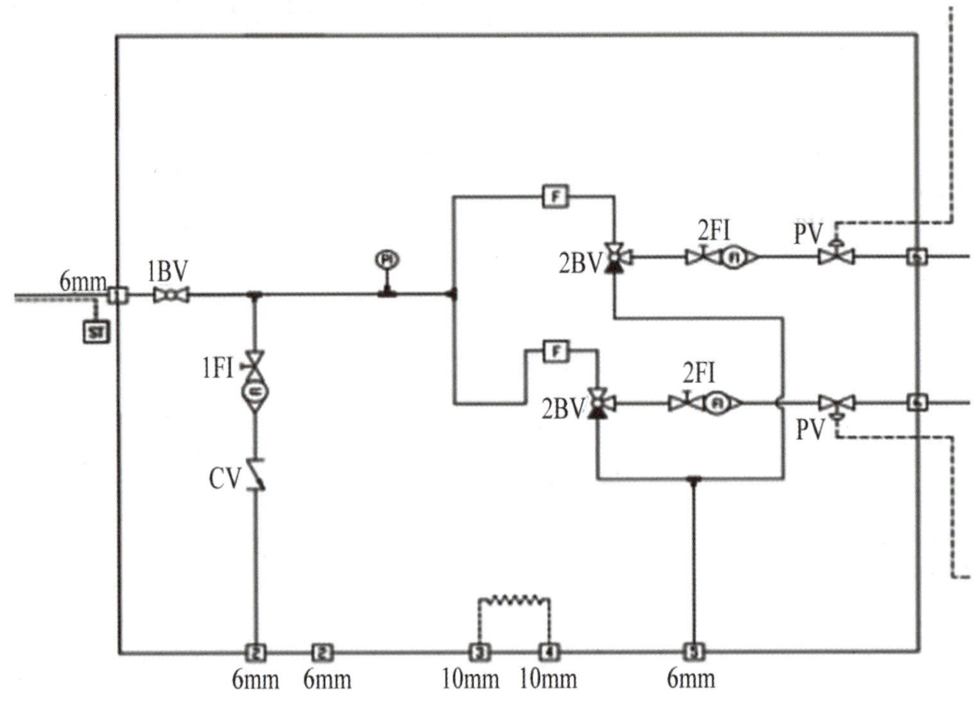

图2　二级预处理系统

在二级预处理系统中，样品完成二次减压、进色谱检测前的流量调节及旁通流量调节，然后送入色谱进行检测。系统中PV为大气平衡阀，为气动/常开弹簧回复型，在色谱仪采样阶段阀动作关闭可以起到一个平衡阀后大气压的作用。

2.2 事故经过

该煤化工企业聚丙烯装置在一次计划性停车消缺后，装置准备投料开车。反应器在建组分阶段，用于监测组分含量的循环气色谱仪180AT4001A出现测量波动，导致工艺操作人员无法判断2台色谱测量值的真实性。正常情况下，反应器注入丙烯含量在80%左右，丙烯风压达到2600kPa左右时开始注入氢气，氢气含量根据生产产品的牌号进行确定，在0.2%～1%。其中，氢气的含量决定着产品的熔融指数，直接影响产品质量，而丙烯含量过高，会导致PDS出料罐压力超2864kPa触发联锁动作，导致PDS阀出料停止（见图3）。随后操作人员切换至180AT4001B套，联系仪表人员对A套进行检查确认。

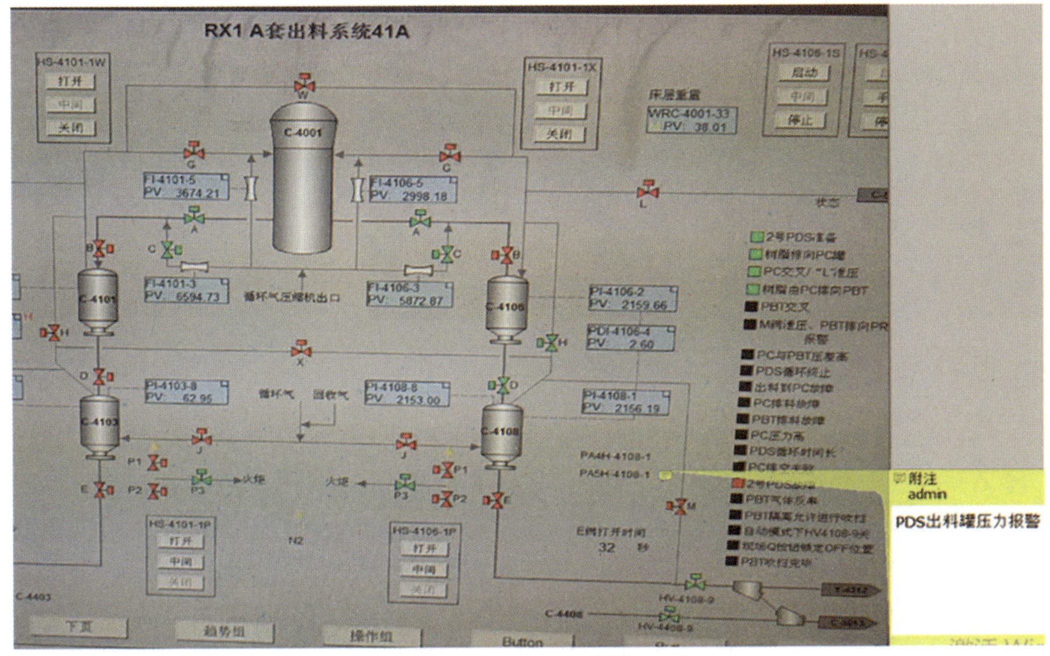

图 3　出料系统 PDS 出料罐压力报警联锁

2.3 事故后果

色谱仪测量波动，工艺操作人员无法掌握反应器内组分的真实含量，导致无法正常开车。

3. 事故处置过程

3.1 事故处置情况

色谱出现测量波动后，工艺操作人员手动切换至循环气 B 套仪表进行观察，联系分析仪表班组对 A 套仪表进行检查，同时联系分析检测中心采取手动取样方式进行组分含量对比分析。仪表维护人员在检查过程中发现以下几个问题。

（1）二级预处理系统中，在色谱采样阶段大气平衡阀打开，进样流量计的浮子有跳动现象，判断原因是样品压力不够稳定（见图 4）。随后对过滤器进行逐个检查，发现 T 形过滤器中的纤维过滤芯有轻微变色的现象，为节约时间，直接对纤维过滤芯进行更换。更换完成后手动操作色谱仪进行采样，流量计浮子仍然有跳动。分析认为样品管线或预处理系统中有堵塞的情况，随后对管线进行了分段排查。关闭进样一次阀后，脱开二级预处理一次球阀和前级预处理汽化减压阀前，烧结过滤器后的出口处接头，使用仪表风进行管线吹扫，最终问题锁定在蒸汽减压阀（见图 5）。具体现象是打开样品一次阀后，在对蒸汽减压阀进行压力调节过程中，一字旋钮旋转超过 2/3 圈，压力仍然没有变化，根据以上两种现象，判断为蒸汽减压阀内部管路堵塞（内部为 1/8in OD Tube）。

图 4　色谱仪进样流量计与大气平衡阀

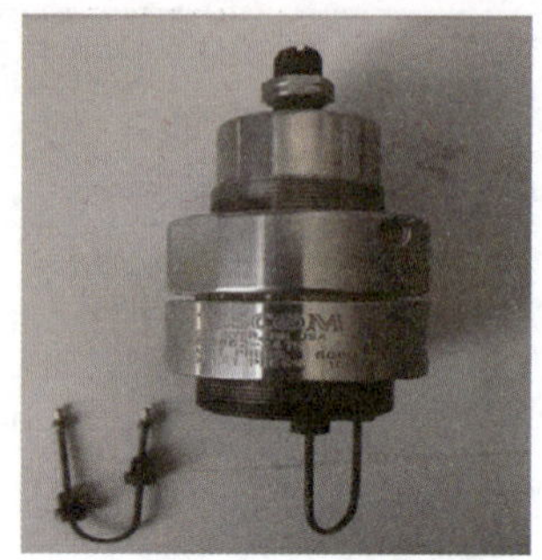

图 5　蒸汽减压阀内部示意图

（2）完成对二级预处理的检查后，使用电子流量计对仪表的样品返回口、反吹排放口及检测器排放口进行了流量测试，测试结果显示色谱仪取样阀 1 号阀存在定量管堵塞或窜气的可能，这也是仪表测量波动的一个重要原因。根据图 6 可以看出，该型号的色谱仪属于串联取样方式，如果阀 1 的定量管存在堵塞情况就会影响到后面的采样阀，导致定量管定量不准确或采不到样品的情况出现。隔膜阀内部管路示意图见图 6。

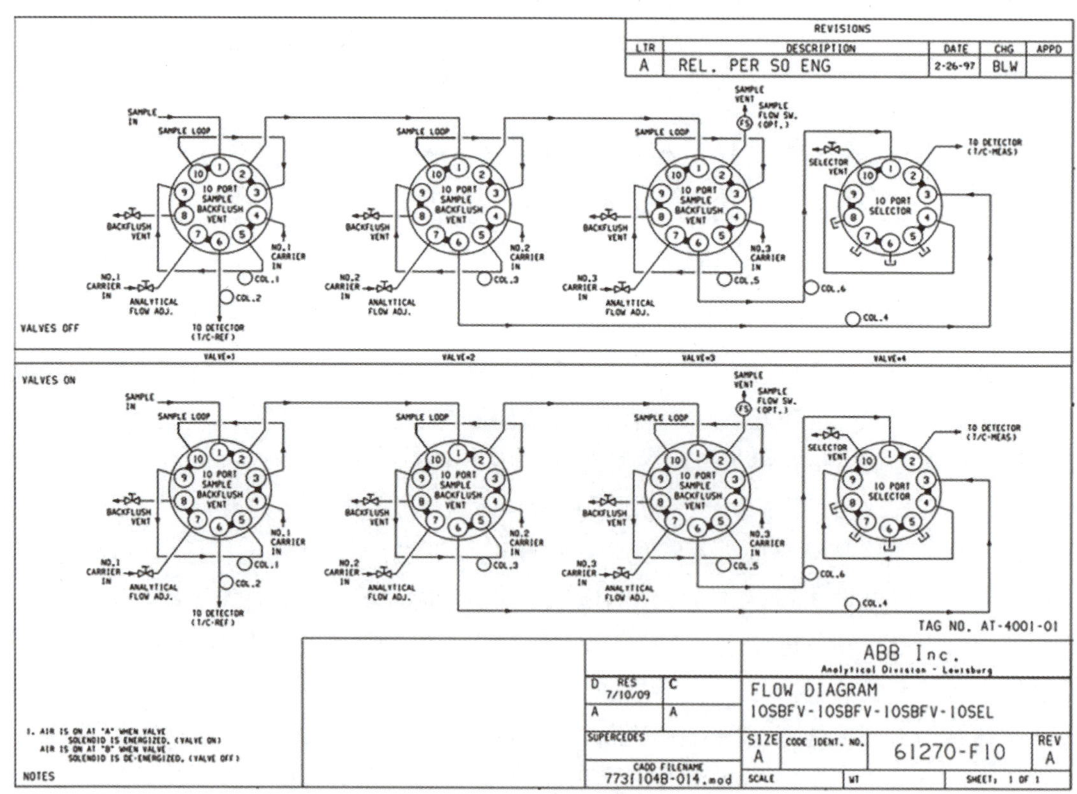

图 6　膜片阀内部管路示意图

3.2 仪表故障消除情况

在确认了仪表的故障原因后，班组工程师及技术人员讨论维修方案，进行以下几个方面的维修。

（1）为了缩短色谱仪停运时间，决定对蒸汽减压阀进行整体更换。由于装置处于运行中，预处理系统长时间的伴热停运会导致丙烯冷凝进一步堵塞管线，所以在关闭一次阀后对管线进行了连续的吹扫。更换完毕后，压力调节正常。

（2）解决取样阀阀塞断裂的问题，在拆下 1 号取样阀后首先进行了线下的气密测试，测试结果在可接受的范围，评估后认为该阀可以继续使用。在整体拆解开后，发现 1 支阀塞已经断裂（见图 7）、膜片接触面有污染（见图 8），这种问题直接导致腔体在阀体内流通不畅、定量不准确的情况发生从而影响仪表的测量稳定性。由于该阀腔体内没有明显的堵塞现象，仪表维护人员对膜片接触面进行了清洗、对阀塞进行了更换，重新组装后做气密性测试，回装仪表后又进行流量测试显示正常。

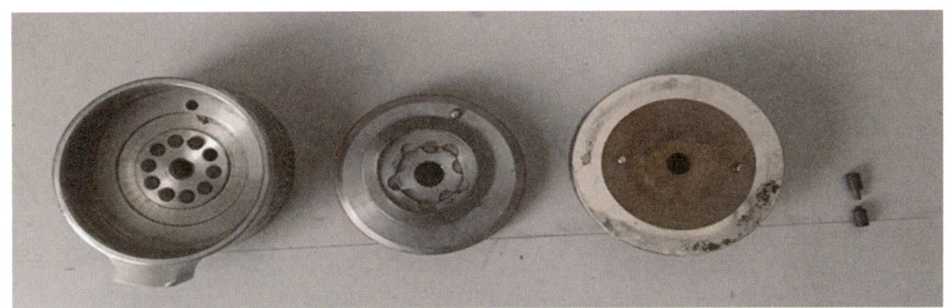

图 7　膜片阀解体后发现一支阀塞断裂

图 8　隔膜阀接触面污染

（3）检查预处理系统时发现了大气平衡阀驱动气接口处有微漏现象，系内部密封圈老化导致，更换密封圈后气密检查合格。

在处理完相应故障后，对色谱仪送仪表风吹扫、送载气上电，温度达到设置点开始检测，运行良好。

4. 原因分析

4.1 直接原因

蒸汽减压阀内部管路存在堵塞导致样品压力不稳定、色谱仪取样阀阀塞断裂导致色谱仪取样阶段无法精确定量是本次事故的主要原因。

4.2 间接原因

（1）仪表人员维护巡检不到位，没有及时发现二级预处理中进样流量计浮子存在跳动的现象，经过一段时间积累最终导致蒸汽减压阀内样品管严重堵塞。

（2）仪表人员对管路流量测试方法掌握程度不好，在维护中没有及时发现阀体动作时流量的不正常变化。

（3）隔膜阀为色谱仪运行关键备件，长期没有备件替换，在近期的故障处理中只能依靠原先替换下的旧阀进行内部的组件替换，影响了膜片阀的运行稳定性。

4.3 管理原因

在日常巡检或仪表强制保养过程中，对色谱仪及相配套的预处理系统的检查存在漏洞，对重要（关键）仪表的维护保养过程管控不到位，质量把关不严，是本次事故的管理原因。

5. 事故整改情况及改进建议

5.1 事故整改情况

对已经断裂的隔膜阀阀塞进行了更换，对阀体内部进行清洗后更换新的膜片，线下进行了气密性测试，然后回装；对前级预处理的汽化减压阀阀体内部样品管进行了疏通、清洗，回装后调整压力正常；重新投运仪表，连续运行没有出现测量波动的情况。

5.2 改进建议

（1）定期测试仪表内部管路流量，清洗隔膜阀，更换易损件

① 在每月定期维护中或大检修期间，使用电子流量计对仪表内部的载气及样品管路进行测试，根据出厂调试报告修正偏差。

② 每半年清洗隔膜阀内部膜片接触面、阀塞端面、疏通阀体通气孔；半年更换膜片，减少内部污染，更换后检查气密性后再进行回装。针对测量工艺介质干净、含杂质少的在线色谱仪，可以适当延长维护周期。

（2）加强对预处理系统的预知性维修

对现场每一台仪表及相应预处理系统建立台账和故障记录，建立仪表备件清单，清单中需进一步完善相关信息，包括仪表使用寿命评估、备件在售情况、同类型设备更新后备件的库存等。编制预知性检维修计划，利用装置计划停车等时机对仪表及预处理系统进行检查，例如分析仪表预处理系统中使用最多的过滤器、减压阀和流量计等。

6. 事故启示

色谱仪作为一种新型的检测仪器用于混合化学物质的分离和分析，因其分离速度快、分析周期短等特点被广泛用于化工行业。但是色谱仪本身构造复杂，应用过程中还是存在很多技术问题，一旦出现数据失真的情况就会影响产品的产量和质量。要想实现色谱仪的稳定运行，在装置生产中更好地发挥作用，一方面要在故障处理过程中不断总结经验，提高仪表维护人员的技能水平，另一方面要根据仪表的特性和相关预处理系统的特点进行预知性维护和定期检修，尤其是对需要处理介质组分复杂、含水含尘及含有腐蚀性气体介质的预处理系统更要尤为关注。一套成熟、稳定、可靠的预处理系统对仪表的运行起到决定性作用。

接触器触点烧坏造成锅炉跳炉事故

1. 事故单位及事故装置的基本情况

某煤化工企业主要生产和销售聚乙烯、聚丙烯、工业甲醇、工业硫黄、乙二醇等。公司年转化煤炭 440 万 t，实现从煤炭到甲醇再到聚烯烃及各种化工产品的“由黑到白”完整产业链条，形成技术路线完整、产品种类齐全的煤炭深加工产业体系。

动力装置锅炉单元配有 4×260t/h 煤粉锅炉及相关附属设备，同时配套 2 台 25MW 抽背式汽轮机及 1 台 100MW 高温高压抽汽凝汽式直接空冷汽轮发电机组，为下游化工装置提供蒸汽、电力等供应。

2. 事故情况

2.1 事故仪表的基本情况

事故阀门为 3 号锅炉引风机入口电动调节阀，于 2013 年采购安装，阀体为江苏金通灵流体机械科技股份有限公司生产，电动执行机构为德国 AUMA 生产。调节阀为百叶窗形式，由电动执行机构连动杆驱动，其作用为调节引风机抽取锅炉的烟气量，控制 3 号锅炉炉膛负压。

2.2 事故经过

2020 年 12 月 2 日 7:40:47，动力 3 号炉联锁停炉，触发原因为 3 号炉炉膛负压达到 -1500Pa，触发压力低低联锁跳炉。检查趋势曲线时发现 3 号炉炉膛引风机入口电动调节阀阀位反馈在 7:40:42 时突然全开，造成炉膛负压低低联锁跳炉。

2.3 事故后果

3 号炉炉膛负压低低，造成动力装置 3 号锅炉停炉，紧急切炉造成下游装置蒸汽波动。

3. 事故处置过程

3.1 事故处置情况

3 号炉紧急停炉后，工艺立即切炉，仪表专业进行故障消除。

3.2 仪表故障消除情况

事故发生后，仪表班组人员对 3 号炉炉膛引风机入口电动调节阀进行检查，发现电动执行机构内部电路部分有烧焦痕迹，判定为电动执行机构损坏。更换备用电动执行机构，现场调试正常后交付工艺使用。

4. 原因分析

4.1 直接原因

事故发生的直接原因为 3 号炉炉膛引风机入口电动调节阀电动执行机构损坏，造成调节阀全开，导致炉膛负压达到 -1500Pa，触发压力低低联锁跳炉。

4.2 间接原因

事故发生后，对故障的电动执行机构进行了下线解体后，发现接触器触点和电机烧坏（见图 1、图 2）。判定为接触器触点烧坏黏结后电机供电电源无法切断，电机一直处于带电状态，造成电机烧坏，导致电动调节阀无法控制，进一步导致炉膛负压达到 -1500Pa，触发压力低低联锁跳炉。

图 1　烧坏的接触器触点

图 2　烧坏的电机

5. 事故整改情况及改进建议

5.1 事故整改情况

事故发生后，仪表专业人员更换了备用电动执行机构，现场调试正常后交付使用。

在用的接触器为机械结构触点，长时间使用后，其动作触点易磨损，同时，由于大电流的冲击触点也极易烧毁。通过这次事故，仪表对于长期使用且动作频繁的电动执行机构接触器更换成可控硅控制电路，彻底解决这一问题。

5.2 改进建议

（1）对于大电流的在用接触器，应定期检查其触点完好情况。

（2）对于长期使用且动作频繁的接触器，可更换成可控硅控制电路，解决触点烧坏问题。

6. 事故启示

化工厂仪表专业人员对于大电流接触器缺乏定期检查和日常维护保养要求，往往是故障后直接更换，不注重日常的检查维护。对于接触器，必要的检查维护是必需的，尤其是触点的破损和烧蚀情况，因此需定期检查、维护、保养，可以避免或提前发现问题并及时处理。

仪表检修人员 CO 中毒事故

1. 事故单位及事故装置的基本情况

某煤化工企业为 60 万 t/年煤制乙二醇，项目采用上海浦景工艺的羰化、加氢两步间接法合成乙二醇。其中氧化酯化、羰化反应、草酸酯加氢这 3 个单元按（A、B、C）3 个系列并联设置，即每个系列生产能力为 20 万 t/年乙二醇；乙二醇精制单元按（A、B）两个系列并联设置，即每个系列生产能力为 30 万 t/年乙二醇；尾气处理单元为单系列设置。

2. 事故情况

2.1 事故仪表的基本情况

2022 年 1 月 17 日 16 时 30 分左右，仪表检修人员在现场作业过程中出现 CO 中毒现象。

2.2 事故经过

2022 年 1 月 17 日 16 时 30 分左右，仪表岗位赵某受班长刘某指派，对合成 B 单元酯化进料加热器相关管道的阀门拆除工作进行监护。随后赵某电话联系某维保单位负责人陈某，陈某指派李某、白某两名仪表维保人员到达阀门拆除作业现场。因工作需要赵某为阀门拆除人员携带一台可燃有毒报警仪后，去合成 A 单元现场日常工具柜内没有寻找到 CO 过滤式防毒面罩，便直接到达作业现场。因作业票是白班所办，检查发现作业票监护人及作业人员均已变更，随后要求李某、白某二人在作业人员所持票证上签字，随后将自己的名字也签在票证上。赵某核实作业工具为非防爆工具，立即要求李某更换为防爆工具后准许其阀门拆除作业。在作业过程中作业人员提出配备 CO 过滤式防毒面罩要求，但防毒面罩未配备到位的情况下仪表维保人员仍继续开展阀门拆除作业，人员携带的便携式报警仪报警后暂停了一段时间作业，并撤离到安全通风处。待报警仪解除报警后，作业人员继续并完成了阀门拆除检修工作，恢复作业在对法兰螺栓进行连接紧固时，作业人员白某出现不适并瘫软于作业平台上，监护人赵某与维保人员李某迅速将中毒人员白某移动至通风良好的安全地点。得到汇报的班长刘某和运行经理徐某迅速赶到现场进行增援。经过观察询问发现中毒人员意识清醒，属于轻度 CO 中毒表现。后经吸氧约 30min 后，中毒症状全部消失，身体恢复正常并将其送回宿舍休息观察。

2.3 事故后果

事故造成一名检修人员中毒，后经吸氧等措施恢复健康。

3. 事故处置过程

3.1 事故处置情况

作业人员白某出现不适并瘫软于作业平台上，监护人赵某与维保人员李某迅速将中毒人员白某移动至通风良好的安全地点。得到汇报的班长刘某和运行经理徐某迅速赶到现场进行增援。经过观察询问发现中毒人员意识清醒，属于轻度 CO 中毒表现。后经在公司吸氧约 30min 后，中毒症状全部消失，身体恢复正常并将其送回宿舍休息观察。

3.2 仪表故障消除情况

将中毒人员白某移动至通风良好的安全地点，后经吸氧约 30min 后，中毒症状全部消失，身体恢复正常。

4. 原因分析

4.1 直接原因

作业人员未按阀门拆除作业票的安全防护措施要求佩戴防毒面罩，监护人员没有按阀门拆除作业票的相关要求监督作业人员落实安全防护措施，是导致本次事故的直接原因。

4.2 间接原因

（1）当班班长刘某负有该危险作业的教育培训和技术交底的责任，未对变更后的监护人员、作业人开展安全培训、技术交底。

（2）作业人员和监护人员对作业票内的风险辨识和防护措施落实内容未进行详细了解，更未对相关措施落实情况进行一一核实。

（3）作业人员安全意识淡薄，明知未落实安全措施的情况下仍开始作业，且在已经发现有 CO 泄漏的情况下，经过一段空气自然稀释后，不进行科学确认（化验分析等），仍不采取任何防护措施继续开展作业。

（4）作业票各级审批人员未尽到督促落实安全措施责任，未对作业现场的安全防护措施落实情况进行核实，就签批了危险作业票。

4.3 管理原因

（1）作业票管理不到位，执行不到位。

（2）危险作业管理不规范，作业单位随意安排非作业票内作业人员实施危险作业，实施安全教育人陈某未对作业人员进行安全培训、技术交底的管控措施。

（3）维保单位安全教育不到位，管理人员以至作业人员未落实安全防范措施。

（4）应急措施未落实，导致在施救过程中，施救速度缓慢。施救人员自身未穿戴应急救援装备进入现场盲目施救，增加了事故扩大的风险。

5. 事故整改情况及改进建议

5.1 事故整改情况

（1）公司健安环部组织全体员工，分批次召开事故现场会，由作业人员、监护人、各级管理人员讲事故经过、分析原因、讲自身工作漏洞、讲改进办法。让全体员工受到深刻教育。提高各级人员安全意识。同时组织维保单位全体员工进行安全教育及安全技能培训，提高作业人员及管理人员的安全意识。

（2）要求维保单位对全体员工进行作业资格审查，明确相关人员作业资格，明确作业类别及职责，形成文件报健安环部。

（3）严格执行特殊风险作业安全交底工作。

（4）要求维保单位管理人员开展为期 3 个月的特殊作业专项安全检查，检查记录报健安环部存档。

5.2 改进建议

建议将“所有存在中毒窒息风险作业必须佩戴呼吸系统防护装备”作为安全强制窒息条款，违反者按违反禁令对待。

6. 事故启示

（1）作业票办理必须严格、严谨办理，绝对不允许形同虚设，流于形式。

（2）监护人、作业人严格禁止随意变更。

（3）监护人、作业人必须按规定认真阅读了解和落实作业票上的风险辨识和防护措施。

（4）作业票申请流程相关审批人员对作业票的申请办理、风险辨识、防护措施落实必须严格把关。

（5）加强安全管控措施和安全培训，防止人员安全意识淡薄、麻痹大意。

（6）作业人员和监护人员都知道阀门拆除作业存在中毒窒息的风险，但当事人的经验主义和麻痹思想导致其未落实安全防护措施。严禁经验主义和思想麻痹。

（7）严禁各级领导审批办理作业票时只签字不到现场认真确认核实防护措施落实到位情况。